高等学校教材

炸药与火工品

（第2版）

王玉玲　余文力　主编

西北工業大學出版社

西　安

【内容简介】 本书是以对炸药与火工品的基本性质、作用原理及使用管理的阐述为主线组织编写的，主要内容包括热力学基础知识、炸药爆轰理论、起爆药和猛炸药的基本性质、火工品的知识，以及炸药、火工品的安全使用与管理等。

本书适合于从事炸药与火工品专业及相关专业的技术与管理的人员学习和参考。

图书在版编目(CIP)数据

炸药与火工品 / 王玉玲，余文力主编. — 2版. —西安：西北工业大学出版社，2022.12

ISBN 978-7-5612-8179-6

Ⅰ. ①炸… Ⅱ. ①王… ②余… Ⅲ. ①炸药-基本知识 ②火工品-基本知识 Ⅳ. ①TQ56

中国版本图书馆CIP数据核字(2022)第066952号

ZHAYAO YU HUOGONGPIN

炸 药 与 火 工 品

王玉玲 余文力 主编

责任编辑：王玉玲 **策划编辑**：华一瑾

责任校对：胡莉巾 **装帧设计**：李 飞

出版发行：西北工业大学出版社

通信地址：西安市友谊西路127号 邮编：710072

电 话：(029)88491757，88493844

网 址：www.nwpup.com

印 刷 者：兴平市博闻印务有限公司

开 本：787 mm×1 092 mm 1/16

印 张：17.375

字 数：456千字

版 次：2011年12月第1版 2022年12月第2版 2022年12月第1次印刷

书 号：ISBN 978-7-5612-8179-6

定 价：68.00元

前言(第2版)

炸药与火工品是武器系统中不可缺少的成分与部件,在常规武器、核武器及航空航天系统等军事工程中得到广泛应用。作为爆炸能源,炸药、火工品既是武器和爆炸系统完成预定功能的“源”,同时又是这些系统发生意外爆炸、造成人身伤亡事故的“根”,因此,对从事相关专业的人员来说,学习和掌握炸药与火工品的基础知识和基本理论是十分必要的。

《炸药与火工品》(第2版)是在保留第1版的编写风格及主要内容的基础上进行修订的,增加了炸药的热分解、炸药爆压的实验测定、做功能力的经验计算等内容,修改和完善了炸药爆炸的特征、炸药化学变化的基本形式、炸药的分类、炸药的应用、对炸药的基本要求、炸药的氧平衡、炸药的爆炸反应方程式、凝聚炸药爆轰参数的计算、机械感度和猛度的实验测定方法、空气冲击波的爆炸相似律等内容,补充了思考与练习题及部分例题。

本书第一章至第八章由王玉玲编写,第九、十章由余文力编写。

由于水平和经验有限,书中难免存在疏漏和不妥之处,恳切希望读者批评指正。

编　者

2022年3月

前言(第1版)

炸药与火工品是武器系统中不可缺少的成分和部件，在常规武器、核武器及航空航天系统等军事工程中得到广泛应用。作为爆炸能源，炸药、火工品既是武器和爆炸系统完成预定功能的“源”，同时又是这些系统发生意外爆炸、造成人身伤亡事故的“根”。因此，对从事相关专业的人员来说，学习和掌握炸药与火工品的基础知识和基本理论是十分必要的。

本书是以炸药与火工品的基本性质、作用原理及使用管理的阐述为主线组织编写的，主要内容包括热力学基础知识、炸药爆轰理论、起爆药和猛炸药的基本性质、火工品的知识，以及炸药、火工品安全使用与管理等。本书适合于用作从事炸药与火工品专业及相关专业的技术与管理人员学习和了解有关炸药与火工品知识的参考书。

本书第一章至第七章由王玉玲编写，第八章、第九章由余文力编写。由于水平和经验有限，书中难免存在不妥之处，恳切希望读者批评指正。

编　者

2011年3月

目　录

第一章　热力学基础知识

作为宏观描述热现象的热力学是研究爆炸现象的理论基础之一，因此，本章主要介绍热力学的部分理论知识，为后续炸药与火工品知识的学习奠定基础。

在热力学中，表征系统状态的基本参量(即状态参量)是压强、密度(或比体积)和温度。联系这些参量并用来描述系统状态变化规律的关系式，即为状态方程式。此外，在热力学中还引入了只与状态有关的所谓状态函数，诸如热力学能(也称为内能)、焓和熵等。

第一节　气体的状态参量和状态方程

一、气体的状态参量

在热力学中为了描述物体的状态，常采用一些表示物体有关特性的物理量作为描述状态的参量，称为状态参量。气体的状态参量有三个，即压强 p、密度 ρ(或比体积 $v=1/\rho$)和温度 T。我们知道，一定质量的气体在一定容积的容器中，只要它与外界没有能量交换，内部也没有任何形式的能量转换(例如没有发生化学变化或原子核反应等)，那么不论气体内各部分的原始温度和压强如何，经相当长的时间后，终将达到气体内各部分具有相同温度和相同压强的状态，而且长期维持这一状态不变。这种状态称为气体的平衡状态。

当气体与外界交换能量时，它的状态就要发生变化。气体从一状态不断地变化到另一状态，其间所经历的过渡方式称为状态变化的过程。如果过程所经历的所有中间状态，都无限接近平衡状态，这个过程就称为准静态过程，也称平衡过程。

二、理想气体的状态方程

在讨论压力变化小于几兆帕的气体流动时，往往近似地视气体为理想气体。

所谓理想气体，是指气体分子不占任何体积，彼此之间不存在任何作用力(引力或斥力)的气体。

实验事实证明，表征气体平衡状态的三个参量 p、v(或 $1/\rho$)、T 之间存在着一定的关系式，称为气体的状态方程。

对于理想气体，其状态方程为

$$pv=R_gT \quad 或 \quad p=\rho R_gT \tag{1-1}$$

其中，R_g 为理想气体常数，它可以取为摩尔气体常数 R 除以气体的摩尔质量 M，即 $R_g=R/M$。实验结果表明，所有气体的 R 值均相同，并有 $R=8.314$ J/(mol·K)。显然，对于不同的气体，R_g 值不同。

该方程也可以采用摩尔质量作为质量单位，则其形式为

$$pV=nRT$$

式中：V——气体所占体积；

n——气体的物质的量，$n=m/M$，m为气体的质量。

理想气体是热力学中理想化了的一种气体，虽然在实际中并不存在这种气体，但它却是一个既简单又非常有用的概念。当压强不高或密度较低时，所有的真实气体都可以当作理想气体来处理。

当气体的压强很高、气体密度较大时，气体分子本身所占有的体积(称之为余容，一般定义为分子体积的4倍)就不能忽略了，因为随着密度的增大，气体分子间距离不断缩小，分子之间的相互作用力就变得明显起来。这时理想气体状态方程已不能描述其状态变化规律，而必须寻求更为合适的状态方程。

对于气体压强在数兆帕到数十兆帕范围内的真实气体，其状态变化行为常可用范德瓦尔状态方程描述。当气体压强和密度更高时，例如火炮炮膛内火药燃烧及火箭燃烧室内推进剂速燃所形成的压强高达数百兆帕，而凝聚炸药爆轰瞬间所形成的气体产物压强高达数万兆帕(或数十吉帕)，范德瓦尔状态方程已不能较好地描述它们的状态变化行为，需要建立更加稠密的气体模型以构造它们的状态方程。

理想气体的状态方程，即使在压强接近于临界压强的情况下，只要温度大大超过临界温度，也能给出足够准确的结果。本书所讨论的问题，往往是高温和高压同时出现，因而在实际的工程计算中仍然是经常采用理想气体的状态方程。

第二节　热力学第一定律

在一般的情况下，当系统的状态发生变化时，做功和传递热量往往是同时存在的。如果有一系统，外界对系统传递的热量为Q，系统从内能为E_1的状态(初态)改变到内能为E_2的状态，同时系统对外做功为A，那么

$$Q = E_2 - E_1 + A \tag{1-2}$$

式(1-2)就是热力学第一定律的数学表达式。热力学第一定律说明：外界对系统所传递的热量，一部分使系统的内能增加，一部分转变为系统对外所做的功。显然，热力学第一定律就是包括热量在内的能量守恒和转换定律。

对于状态的微小变化过程，热力学第一定律可写作

$$\delta Q = \mathrm{d}E + \delta A \tag{1-3}$$

式中：$\mathrm{d}E$——内能的全微分。

因为内能是状态函数，其变化量只取决于系统的初态和终态，而与所经历的过程无关，所以能写成全微分的形式；而Q和A不是状态函数，它们的变化量与经历的过程有关，因此一般不能写成全微分的形式。

为了研究系统在状态变化过程中所做的功，我们举气体膨胀为例。如图1-1所示，设有一汽缸，其中气体的压强为p，活塞的面积为S，$\mathrm{d}x$为活塞移动的距离，F为总的外界负载力，则系统在无摩擦的准静态过程中所做的功为

$$\delta A=F\mathrm{d}x=pS\mathrm{d}x=p\mathrm{d}V$$

将此式代入式(1-3),可以得到

$$\delta Q = dE + p dV \tag{1-4}$$

以上讨论是对于一定质量的气体而言的。对于单位质量的气体来说,式(1-4)可写为

$$\delta q = de + p dv = de + p d\left(\frac{1}{\rho}\right) \tag{1-5}$$

式中:δq——单位质量气体吸收或放出的热量;

de——单位质量气体的内能增量;

dv——单位质量气体的比体积改变量。

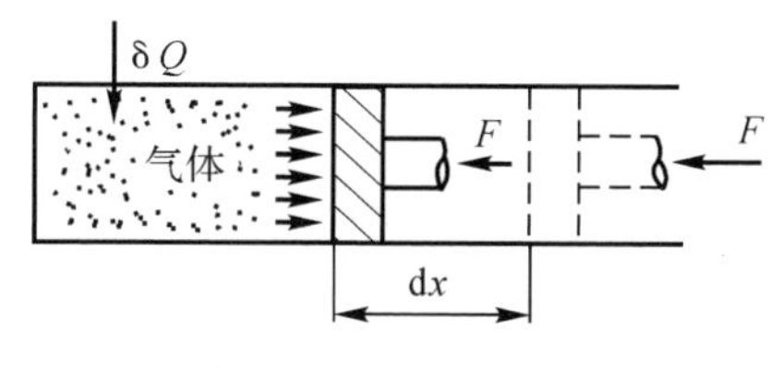

图1-1 气体膨胀过程

第三节 热力学的一些基本概念

前已述及,压强 p、温度 T 和密度 ρ 是代表气体状态的3个基本参量。此外,热力学还引进了几个状态函数来表示气体的状态。热力学能(也称为内能)E、焓 H 和熵 S 是其中常用的3个状态函数,现分别予以简要介绍。

一、热力学能和比热容

在物理学中,内能的概念为系统内部能量的总和,它是系统本身的性质,即它在过程中的变化只取决于系统所处的初态和终态,而与过程进行的路径无关。系统的内能包括系统内分子的热运动动能、分子之间相互作用所形成的分子作用势能(称为冷内能和弹性能)、原子内各层电子作旋转运动的旋转能和电子所在电子层的位势能、原子核内所包含的核能及其他种类的能量等,但不包括整个系统(物体)的运动能和位势能。现在还不能测定某系统内能的绝对值,但可以测定在某一过程中系统内能的变化量。

在一般的过程中,系统内分子的电子能和核能通常是不易激发的,所以系统内能主要由分子热运动能和相互作用势能构成。其中,分子热运动能主要与温度有关,也受密度的影响,而分子相互作用势能则表现为压强的高低,它主要与比体积(或密度)有关。因此,比内能为比体积 v 和温度 T 的函数,即

$$e = e(v, T) \tag{1-6}$$

取微分后得到

$$de = \left(\frac{\partial e}{\partial v}\right)_T dv + \left(\frac{\partial e}{\partial T}\right)_v dT \tag{1-7}$$

其中,$\left(\frac{\partial e}{\partial v}\right)_T$ 代表等温过程中比内能随比体积的变化率,而 $\left(\frac{\partial e}{\partial T}\right)_v$ 代表等容过程中比内能随温度的变化率。换言之,$\left(\frac{\partial e}{\partial T}\right)_v$ 表示的是在等容过程中,温度提高或降低一个微小量所吸收

或放出的热量，将其定义为比定容热容，用 c_v 表示，即

$$c_v = \left(\frac{\partial e}{\partial T}\right)_v = \left(\frac{\delta q}{\mathrm{d}T}\right)_v \tag{1-8}$$

实验证明，对于理想气体，因忽略了分子之间的相互作用力，故有 $\left(\frac{\partial e}{\partial v}\right)_T = 0$，它表明理想气体比内能的变化与比体积变化无关，而只取决于温度。

由于 $\left(\frac{\partial e}{\partial v}\right)_T = 0$，则式(1-7)可以写为

$$\mathrm{d}e = c_v \mathrm{d}T \tag{1-9}$$

两边积分，得到

$$e - e_0 = c_v(T - T_0)$$

如果取 $T_0 = 0$ K 时的比内能 $e_0 = 0$，则得到

$$e = c_v T \tag{1-10}$$

式(1-10)表明，单位质量理想气体的内能等于比定容热容与绝对温度的乘积。

在等压过程中，温度提高或降低一个微小量时，单位质量物质吸收或放出的热量，定义为比定压热容 c_p，即

$$c_p = \left(\frac{\delta q}{\mathrm{d}T}\right)_p$$

由于 $\mathrm{d}e = c_v \mathrm{d}T$，$p\mathrm{d}v = \mathrm{d}(pv) - v\mathrm{d}p$，则式(1-5)可改写为

$$\delta q = c_v \mathrm{d}T + \mathrm{d}(pv) - v\mathrm{d}p$$

在等压条件下，由于 $\mathrm{d}p = 0$，则由上式可得到

$$\left(\frac{\delta q}{\mathrm{d}T}\right)_p = c_v + \frac{\mathrm{d}(pv)}{\mathrm{d}T} = c_p \tag{1-11}$$

对于理想气体，有

$$pv = R_g T$$

代入式(1-11)后，得到

$$c_p = c_v + \frac{\mathrm{d}(R_g T)}{\mathrm{d}T} = c_v + R_g \tag{1-12}$$

此即理想气体比定压热容与比定容热容的关系式。可见，理想气体的比定压热容与比定容热容之间仅相差一气体常数值。

需要指出，物质的比热容是与它们的分子结构及在热运动中的自由度状态相关的，故应是随着温度的变化而改变的，并且物质的密度变化也对比热容有影响。但是，在温度和密度改变不大的情况下，可近似地取比热容为常数。

理想气体的比定压热容与比定容热容之比，称为理想气体的绝热指数(或等熵指数，物理学中称为比热比)。这一比值用 κ 表示，即

$$\kappa = \frac{c_p}{c_v} \tag{1-13}$$

由式(1-12)和式(1-13)可以得到

$$c_v = \frac{R_g}{\kappa - 1}, \quad c_p = \frac{kR_g}{\kappa - 1} \tag{1-14}$$

绝热指数 κ 的取值取决于气体分子结构：单原子气体，$\kappa = 1.67$；双原子气体，$\kappa = 1.4$；多原

子气体，$\kappa=1.33$。对于理想气体，一般取 $\kappa=1.4$。

一般来说，物质的比热容是随温度的变化而改变的，因而其绝热指数 κ 也将随温度的变化而改变。表 1-1 给出了空气的绝热指数与温度的变化关系。显而易见，只是在温度发生很大变化时，绝热指数才发生显著变化，因而在一般情况下，常常把绝热指数 κ 近似视为常数。对于空气，取 $\kappa=1.4$。

表 1-1　空气的绝热指数与温度的关系

T/K	273	287	373	2 273
κ	1.406	1.405	1.396	1.283

二、焓

热力学中还引进了如下的状态函数，分别叫作焓和比焓，其定义分别为

$$\left.\begin{aligned} H &= E + pV \\ h &= e + pv \end{aligned}\right\} \tag{1-15}$$

式中：H——物质的焓；

E——物质的内能

p——压强；

V——体积；

h——单位质量物质的焓；

e——单位质量物质的内能，即比内能；

v——比体积。

显然，压强越高，体积越大，所含有的压力位能越高。当气体处于静止时，焓 $H=E+pV$ 概括了气体的总能量，故焓代表了气体所含有的总能量。

由热力学第一定律，有

$$\delta q = \mathrm{d}e + p\mathrm{d}v = \mathrm{d}e + \mathrm{d}(pv) - v\mathrm{d}p$$

故

$$\mathrm{d}h = \mathrm{d}e + \mathrm{d}(pv) = \delta q + v\mathrm{d}p \tag{1-16}$$

由此可见，在等压($\mathrm{d}p=0$)过程中，向系统加入的热量将全部转化为系统的焓，即

$$(\mathrm{d}h)_p = (\delta q)_p$$

由 c_p 定义，有$(\delta q)_p=c_p\mathrm{d}T$，故

$$\mathrm{d}h = c_p\mathrm{d}T \tag{1-17}$$

积分式(1-17)，得

$$h - h_0 = c_p(T - T_0)$$

在绝对零度时的比焓为 $h_0=c_pT_0=0$，因此有

$$h = c_pT \tag{1-18}$$

这就是说，理想气体比焓等于比定压热容与温度的乘积。

三、熵

熵和热力学能、焓等类似，也是热力学中的一个状态函数。它在某一过程中的变化只与物

质的初态和终态有关，而与过程所走的路径无关。

熵的概念是在研究理想热机的循环过程中引出来的，它已成为判定一个过程能否自动进行以及进行的方向和限度的一种判据。熵在一切热力学过程的研究中得到了广泛的应用，具有很重要的实际和理论意义。在这里我们不追究熵概念的由来，只讨论熵及等熵过程的物理含义。

由式(1-16)和式(1-17)，可以得到

$$\delta q = c_p \mathrm{d}T - v\mathrm{d}p \tag{1-19}$$

考察该式可知，它不是一种全微分式。由微分学的概念可知，假如量 φ 的微分式为

$$\mathrm{d}\varphi = M\mathrm{d}T + N\mathrm{d}p$$

则其为全微分式的充要条件为$\dfrac{\partial M}{\partial p}=\dfrac{\partial N}{\partial T}$。据此，由式(1-19)不难看出

$$\frac{\partial M}{\partial p} = \left(\frac{\partial c_p}{\partial p}\right)_T = 0$$

而

$$\frac{\partial N}{\partial T} = -\left(\frac{\partial v}{\partial T}\right)_p \neq 0$$

可见，式(1-19)中的$\left(\dfrac{\partial c_p}{\partial p}\right)_T \neq -\left(\dfrac{\partial v}{\partial T}\right)_p$，这表明该式不是热量 q 的全微分式。因此，量 q 不是状态函数，就是说，由某一状态 A 变到状态 B 的过程当中，q 值的改变量不是一个固定的值，而是与所经历的过程有关的。如图1-2所示，由状态 A 沿实线 AB 变到状态 B 所需的热量为 q_1，而由 A 沿等压过程到 C，再沿等容过程到状态 B 所需的热量就与 q_1 不同，而是 q_2 与 q_3 之和，并且 $q_1 \neq q_2 + q_3$。

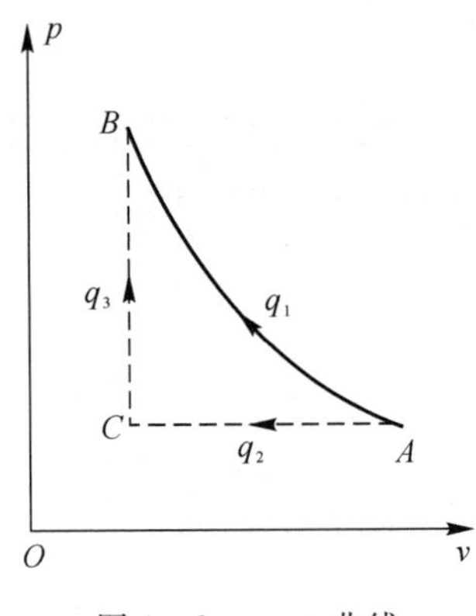

图1-2　$v-p$ 曲线

如果将式(1-19)等号两边同除以温度 T，则式(1-19)变为

$$\frac{\delta q}{T} = c_p \frac{\mathrm{d}T}{T} - \frac{v}{T}\mathrm{d}p$$

对于理想气体，上式可改写为

$$\frac{\delta q}{T} = c_p \frac{\mathrm{d}T}{T} - R_g \frac{\mathrm{d}p}{p}$$

考察上式可看出，$\dfrac{\delta q}{T}$为某一量的全微分，这个量为状态参量 T 和 p 的函数，它的变化只取

决于始末状态，而与所经历的过程无关。热力学上把这个量叫作熵，以 S 表示，即

$$dS=\frac{\delta q}{T}=c_p\frac{dT}{T}-R_g\frac{dp}{p} \tag{1-20}$$

由于式(1-20)为 S 的全微分，因此可以对其进行积分，从而可以得到

$$S-S_0=c_p(\ln T-\ln T_0)-R_g(\ln p-\ln p_0)$$

由式(1-14)可得理想气体的 $R_g=\frac{\kappa-1}{\kappa}c_p$。将其代入上式可以得到

$$S-S_0=c_p\left(\ln\frac{T}{p^{\frac{\kappa-1}{\kappa}}}-\ln\frac{T_0}{p_0^{\frac{\kappa-1}{\kappa}}}\right) \tag{1-21}$$

对于等熵过程，即 $S=S_0$，有

$$\frac{T}{p^{\frac{\kappa-1}{\kappa}}}=常数 \tag{1-22}$$

此式是以状态参量 T 和 p 表示的理想气体的等熵方程式。

由于 $T=\frac{pv}{R_g}=\frac{p}{\rho R_g}$，代入式(1-22)后，便可整理得到以 p 和 ρ(或 v)表示的等熵方程，其形式为

$$p\rho^{-\kappa}=常数\quad 或\quad pv^{\kappa}=常数 \tag{1-23}$$

式(1-22)和式(1-23)具有相同的意义，它们都描述了等熵条件下单位质量理想气体状态参量之间的关系。

最后，分析一下等熵过程的物理含义。由熵的定义可知，等熵过程中必须满足条件

$$dS=\frac{\delta q}{T}=0$$

可见，在温度 T 不为零时，只能是 $\delta q=0$。这就是说，在整个热力学过程中，物质系统与外界没有任何热交换发生，即过程是绝热的；在整个过程中，系统内部不容许由于气体分子间的黏性摩擦或气体分子与容器壁的摩擦而产生热量，这就要求过程是可逆的。简言之，等熵过程就是绝热的可逆过程。实际上，这种理想化了的过程是不存在的，然而在处理具体的工程问题时，为了使问题简化，常常把某些熵变很小的过程近似地视为等熵过程。

第四节　热力学第二定律

热力学第一定律给出能量守恒条件下功能相互转化的关系式，但并未涉及这种转化与过程性质的关系，也未涉及过程进行的可能性、方向和限度，而热力学第二定律则回答了这些问题。

热力学第二定律的叙述方法很多。例如，克劳修斯是这样叙述的：热量不能自动地从低温物体传向高温物体。开尔文是这样叙述的：不可能制成一种循环动作的热机，只从一个热源吸收热量，使之完全变为有用的功，而其他物体不发生任何变化。一种理论性的说法是：在任何一种与外界无能量交换的隔离系统中所发生的过程若是可逆的过程(即绝热的可逆过程)，则熵值始终保持不变，然而一旦发生了不可逆过程，系统的熵值就要增大。其数学表达式为

$$dS=\frac{\delta q}{T}\geqslant 0 \tag{1-24}$$

这个结论是显而易见的。因为在一切不可逆过程中，总有不可逆的机械功转化为热，从而使 $\delta q>0$。由此可知，在绝热过程中，熵值只朝着一个方向变化，常增而不减。

对于绝热的可逆过程，由于熵值保持不变，即 $\mathrm{d}S=0$，所以，对于绝热可逆过程，有

$$\delta q=\mathrm{d}e+p\mathrm{d}v$$

故得到

$$T\mathrm{d}S=\mathrm{d}e+p\mathrm{d}v \tag{1-25}$$

此式即为热力学第一定律和第二定律用于可逆过程的解析表达式。

同理，对于绝热的不可逆过程，由于熵值的增加而有

$$T\mathrm{d}S>\mathrm{d}e+p\mathrm{d}v \tag{1-26}$$

及

$$T\mathrm{d}S>\mathrm{d}h-v\mathrm{d}p \tag{1-27}$$

第五节　气体的各种状态变化方程

气体由某一个状态变化到另一个状态，可以经历无限多的过程。在工程上最有意义的是以下几种特殊过程：等容过程、等压过程、等温过程、绝热过程等。下面我们简要地讨论气体变化过程及特点。

一、等容过程

气体的体积保持不变的状态变化过程称为等容过程。显然在等容过程中，有 $\mathrm{d}v=0$。由热力学第一定律有

$$\delta q=\mathrm{d}e+p\mathrm{d}v=\mathrm{d}e=c_v\mathrm{d}T \tag{1-28}$$

这表明，系统吸收的热量全部用来提高系统的内能。对于理想气体，因 $pv=R_gT$，故得

$$\frac{p}{T}=常数 \tag{1-29}$$

因此说，在等容过程中，系统的压力随温度的升高成比例地增加。

二、等压过程

气体压力保持不变的状态变化过程称为等压过程。在此过程中，$\mathrm{d}p=0$ 或 $p=$常数，由热力学第一定律，在此条件下得到

$$\delta q=\mathrm{d}e+p\mathrm{d}v=(\mathrm{d}h-p\mathrm{d}v-v\mathrm{d}p)+p\mathrm{d}v=\mathrm{d}h=c_p\mathrm{d}T \tag{1-30}$$

这表明，系统吸收的热量等于系统焓的变化。对于理想气体，因 $pv=R_gT$，故得到

$$\frac{v}{T}=常数 \tag{1-31}$$

这表明，在等压过程中，气体的比体积与温度成正比。

三、等温过程

气体温度保持不变的状态变化过程称为等温过程。由热力学第一定律，可知

$$\delta q=c_v\mathrm{d}T+p\mathrm{d}v=p\mathrm{d}v \tag{1-32}$$

显然，在等温过程中，系统吸收的热量全部转化为外功。另外，由理想气体状态方程

$$pv = R_g T = 常数$$

可看出，等温过程中 p 与 v 成反比。

四、绝热过程

与外界无能量交换的状态变化过程称为绝热过程。绝热过程又可分为可逆的绝热过程和不可逆的绝热过程，前者称为等熵过程，后者称为绝热过程。

由热力学第一定律可知，在理想的可逆过程即等熵过程中，有

$$\mathrm{d}e = -p\mathrm{d}v \tag{1-33}$$

就是说，在等熵过程中，系统内能的减少量全部转化为外功。但是，在不可逆的绝热过程中，由于过程中存在着不可逆的能量消耗（如气体的黏滞摩擦等），实际上，$\mathrm{d}e \neq -p\mathrm{d}v$。

对于理想气体，正如式(1-23)所表明的，在等熵过程中状态变化规律遵循公式

$$pv^{\kappa} = 常数$$

此式表明，在等熵过程中，比体积 v 随 p 增大而减小，但和等温过程相比，减小得慢些。

五、多方过程

以上诸过程可用如下的普遍式概括，称为多方过程，即

$$pv^{\gamma} = 常数 \tag{1-34}$$

式中，γ 称为多方指数。γ 值不同，代表的过程不同：

(1)当 $\gamma = 0$ 时，$pv^0 = p = 常数$，即为等压过程；

(2)当 $\gamma = 1$ 时，$pv = 常数$，即为等温过程；

(3)当 $\gamma = \frac{c_p}{c_v} = \kappa$ 时，$pv^{\kappa} = 常数$，即为等熵过程；

(4)当 $\gamma \to \infty$ 时，$p^{1/\gamma} v = p^0 v = v = 常数$，即为等容过程。

实际上常常遇到一些过程，其 γ 值不等于上面给出的特定值，则称其为多方变化过程。炸药爆轰产物的膨胀过程本身就是一种多方过程，在高压下，它的 γ 值近似等于 3。随着膨胀的进行，γ 值逐渐减小，膨胀到常压状态下，γ 值近似等于 1.4。

思考与练习题

1. 试述热力学第二定律的内容。
2. 从热力学第一定律出发，试推导气体的各种状态变化方程。
3. 试推导理想气体比定压热容与比定容热容的关系式。

第二章　炸药概述

第一节　爆炸现象及特征

一、爆炸现象

爆炸是自然界中经常发生的一种现象。从最广义的角度来看，爆炸是指物质的物理或化学变化，在变化过程中，伴随有能量的快速转化，内能转化为机械压缩能，且使原来的物质或爆炸产物、周围介质产生运动。

原则上，爆炸现象包括了两个阶段：①这种或那种的内能转化为强烈的物质压缩能；②该压缩能的膨胀—释放，潜在的压缩能转化为机械功。该机械功可使与之相接触或相近的介质运动。因此，迅速出现高压力的作用是爆炸的基本特征。

爆炸可以由各种不同的物理现象或化学现象所引起。就引起爆炸过程的性质来看，爆炸现象大致可分为以下几类。

(一)物理爆炸

物理爆炸是系统的物理变化引起的爆炸。例如，蒸汽锅炉、高压气瓶及车轮胎的爆炸是常见的物理爆炸。蒸汽锅炉爆炸是由于锅炉内的水受热变成水汽，当超过了额定的蒸汽压力时，压力超过锅炉壁的承受应力，锅炉碎裂。锅炉碎裂后，锅炉内的过热水汽快速膨胀，做破坏功。高压气瓶的爆炸是由于偶然的受热，气瓶内压力急剧升高，或是由于腐蚀、其他机械破损致使气瓶的强度下降，气瓶爆炸。这种爆炸是由压缩气体的内能造成的。

由地壳弹性压缩能释放引起的地壳的突然变动(地震)也是一种强烈的物理爆炸。在地壳的个别地区形成的应力可以波及广大区域，并在某些区域集聚，突然释放出大量能量。强烈地震释放的能量相当于百万吨常见炸药爆炸所释放的能量。

水下的强力火花放电，或者将大电流通过细的导线，均可引起爆炸。这时，电能转化为加热空气、水汽的能量。

当高速运行的物体强烈撞击高强度的障碍时，运动能转化为热能。当能量足够大时，可形成强烈压缩的气体。这种性质的爆炸出现在高速陨石撞击地壳、高速火箭碰击物体等。

在小尺寸空间内也可出现类似性质的爆炸。例如，如果使注满水的钢瓶快速冷冻，也可出现“爆炸”。水在结冰过程中的体积膨胀，使钢瓶压力增加，超过了钢瓶壁所能承受的应力，导致钢瓶爆裂。这时，压缩水的潜在弹性能就转化为破坏钢瓶的机械功。

上述实例都是由物理原因引起的爆炸，属于物理爆炸。

(二)化学爆炸

化学爆炸是由物质的化学变化引起的爆炸。例如,细煤粉悬浮于空气中的爆炸,甲烷、乙炔以一定比例与空气混合所产生的爆炸,以及炸药的爆炸,都属于化学爆炸现象。它们是由急剧而快速的化学反应导致大量化学能的突然释放引起的。

炸药爆炸进行的速度高达数千米每秒到一万米每秒之间,所形成的温度为 3 000～5 000 ℃,压力高达数十吉帕,因而能引起爆炸产物的迅速膨胀,并对周围介质做功。

(三)核爆炸

核爆炸是由原子核的裂变(如^{235}U的裂变)或聚变(如氘、氚、锂核的聚变)引起的爆炸。

核爆炸反应所释放出的能量比炸药爆炸放出的化学能量要大得多。核爆炸时可形成数百万到数千万摄氏度的高温,在爆炸中心造成数千吉帕的高压,比太阳中心的压力还高,同时还有很强的光和热的辐射以及各种高能粒子的贯穿辐射。1 kg ^{235}U全部进行核裂变放出的能量相当于 2×10^{7} kg 梯恩梯(TNT)炸药爆炸的能量,1 kg 氘元素全部进行核聚变放出的能量相当于 1.4×10^{8} kg TNT 炸药爆炸的能量,因此比炸药爆炸具有更大的破坏力。

各种爆炸现象已成为专门的科学研究对象,并有专门的论著。本书只涉及由炸药化学反应过程所引起的爆炸,因此,本书后面所提到的“爆炸”,如不加以说明,均是指炸药爆炸。

二、炸药爆炸的特征

炸药爆炸是一个化学反应过程,但炸药的化学反应并不都是爆炸。具备一定条件的化学反应才是爆炸。

例如,一个炸药包用雷管引爆,刹那间发生爆炸。人们看到,炸药包瞬时化为一团火光,形成烟雾并产生轰隆巨响,附近形成强烈的爆炸风(冲击波),建筑物被破坏或受到强烈震动。

分析上述爆炸现象:一团火光表明炸药爆炸过程是放热的,因而形成高温而发光;爆炸刹那间完成说明爆炸过程的速度极快;仅用一个小雷管即可将大包炸药引爆,说明雷管在炸药中所引起的爆炸反应过程是能够自动传播的;烟雾表明炸药爆炸过程中有大量气体产生,而气体的迅速膨胀则是建筑物等发生破坏或震动的本质原因。

综上所述,炸药爆炸过程具有以下三个特征,即反应的放热性、反应的高速率、生成大量气体产物。

下面我们对每个条件的重要性和意义进行概略讨论。

(一)反应的放热性

化学反应释放的热量是爆炸的能源。反应过程吸热还是放热、放热量的多少决定了过程是否具有爆炸性质。例如,常见的草酸盐的分解反应:

$$(NH_4)_2C_2O_4 \longrightarrow 2NH_3 + H_2O + CO + CO_2$$

$$ZnC_2O_4 \longrightarrow Zn + 2CO_2$$

$$PbC_2O_4 \longrightarrow Pb + 2CO_2$$

$$CuC_2O_4 \longrightarrow Cu + 2CO_2$$

$$HgC_2O_4 \longrightarrow Hg + 2CO_2$$

$$Ag_2C_2O_4 \longrightarrow 2Ag + 2CO_2$$

表 2－1 中列出了上述反应的热效应和性质。

表 2-1 草酸盐的反应热效应及性质

化合物	$Q/(\mathrm{kJ \cdot mol^{-1}})$	反应性质
草酸铵	−263.5	分解
草酸锌	−205.4	分解
草酸铅	−69.9	分解
草酸铜	+23.8	
草酸汞	+47.3	爆炸
草酸银	+123.4	爆炸

在上述草酸盐的分解反应式中，除草酸铵外，它们的产物是相似的，但分解时的热效应却不相同。草酸锌、草酸铅的分解是吸热反应，不能发生爆炸，而草酸汞和草酸银的分解是放热反应，因而具有爆炸性，草酸铜虽然在分解时也能放出热量，但因为热量很小，故爆炸性不明显。再如硝酸铵的分解：

$$NH_4NO_3 \xrightarrow{\text{低温加热}} NH_3 + HNO_3 - 170.7\mathrm{kJ/mol}$$

$$NH_4NO_3 \xrightarrow{\text{雷管起爆}} N_2 + 2H_2O + \frac{1}{2}O_2 + 126.4\ \mathrm{kJ/mol}$$

上例表明，一个反应是否具有爆炸性，与反应过程能否放出热量有很大关系。只有放热反应才有可能具有爆炸性，而靠外界供给能量来维持其分解的物质，显然是不可能发生爆炸的。

（二）反应的高速率

虽然反应的放热性是爆炸的重要条件，但是并非所有放热反应都能表现出爆炸性。高的反应速率是形成爆炸的又一重要条件。许多普通放热反应放出的热量往往要比炸药爆炸时放出的热量大得多，但它们并未能形成爆炸现象，其根本原因在于它们的反应过程进行得很慢。煤块可以平稳地燃烧，供人取暖。但是，如果将煤块粉碎成细末，使煤粉在空气中悬浮，形成一定比例的煤粉-空气混合物，点燃这种混合物就可引起爆炸。同样是煤，两种场合的区别在于反应速率。煤块燃烧时，煤的比表面积小，氧气以扩散方式进入燃烧反应区与煤发生反应，反应速率低；而煤粉的颗粒小，比表面积大，反应速率很快，可以导致爆炸。

（三）生成气体产物

反应过程中生成的大量气体产物，是化学爆炸对外做功的媒介。爆炸瞬间炸药定容地转化为气体产物，其密度要比正常条件下气体的密度大几百倍到几千倍。也就是说，正常情况下这样多体积的气体被强烈压缩在炸药爆炸前所占据的体积内，从而造成 $10^9 \sim 10^{10}$ Pa 以上的高压。同时，由于反应的放热性，这样处于高温、高压的气体产物必然急剧膨胀，把炸药的位能变成气体运动的动能，对周围介质做功。在这个过程中，气体产物既是造成高压的原因，又是对外界做功的介质。某些化学爆炸气体产物在标准条件下的体积见表 2-2。

表 2-2 某些化学爆炸气体产物在标准条件下的体积

爆炸物质	1 kg 爆炸物质爆炸放出的气体产物体积/L	1 L 爆炸物质爆炸放出的气体产物体积/L
梯恩梯	740	1 180
特屈儿	760	1 290

续表

泰安	790	1 320
黑索今	908	1 630
奥克托今	908	1 720

可见，1 kg 猛炸药爆炸生成的气体换算到标准状态（$1.013\ 3\times10^5$ Pa，273 K）下的气体体积为 700～1 000 L，为炸药爆炸前所占体积的 1 200～1 700 倍。

当气体爆炸时，体积一般不会增大，例如氢、氧混合爆炸：

$$H_2+0.5O_2 \longrightarrow H_2O+2.42\ kJ/mol$$

爆炸产物体积在标准状态下比爆炸前减少了 1/3。但是由于反应速度很快，而且放出大量热量和热反应产物，其压力提高到 10^6 Pa 以上，仍能迅速向外膨胀做功。

又例如金属硫化物的生成反应：

$$Fe+S \longrightarrow FeS+96\ kJ/mol$$

或铝热剂反应

$$2Al+Fe_2O_3 \longrightarrow Al_2O_3+2Fe+840\ kJ/mol$$

尽管反应非常迅速，且放出很多的热量，后一个反应放出的热量足以把反应产物加热到 3 000K，但终究由于没有气体产物生成，没有把热能转变为机械能的媒介，无法对外做功，所以不具有爆炸性。

需要指出的是，有些物质虽然在分解时生成了正常条件下处于固态的产物，但也造成了爆炸现象。例如乙炔银的分解反应：

$$Ag_2C_2 \longrightarrow 2Ag+2C+365.16\ kJ/mol$$

在反应形成的高温下，银发生汽化并同时使周围空气灼热而导致膨胀，从而发生爆炸。

综合上面的讨论，可以得出结论：只有具备以上三个特征的反应过程才具有爆炸特性。因此，可以说，炸药爆炸现象乃是一种以高速进行的能自动传播的化学变化过程，在此过程中放出大量的热，生成大量的气体产物，并对周围介质做功或形成压力突跃的传播。

第二节　炸药及其特点

广义上，炸药指能发生化学爆炸的物质，包括化合物和混合物。火药、烟火剂、起爆药都属于炸药的范畴。但是技术上只将用于爆破目的的物质叫作炸药，又叫猛炸药。这是炸药的狭义含义。

在技术应用中，火药、猛炸药、起爆药三类物质作用不同。起爆药起着引爆、引发反应的作用，曾被称为第一炸药。猛炸药是在起爆药作用下发生爆炸反应，是被引发的，曾被称为第二炸药。火药的作用是推进、抛掷，反应相当和缓，所以曾被叫作低级炸药；相比之下，炸药则被称为高级炸药。

在本书中，未经特别指明的炸药，都指狭义的炸药，即猛炸药。

一、炸药——高能量密度的物质

炸药是否是某种特殊含能的物质？分析表明，炸药分子内并非含有什么特殊含能的因素。在表 2－3 中列出了炸药、燃料反应释放能量的对比。

表 2－3　炸药、燃料反应释放能量值

物质	Q/kJ		
	1 kg 物质	1 kg 物质-氧混合物[①]	1 L 物质-氧混合物
木柴	18 830	7 950	19.6
无烟煤	33 470	9 205	17.9
汽油	41 840	9 823	17.6
黑火药	2 930	2 930	2 803
梯恩梯	4 180	4 180	6 480
硝化甘油	6 280	6 280	10 042

注：①指燃料与氧的等化学比混合物，炸药自身含氧，不需和氧混合。

由表 2－3 所列的数据可以看出，1 kg 燃料燃烧与 1 kg 炸药反应所释放的能量相比，燃料放热远远大于炸药。例如，汽油的放热量是硝化甘油的 6.7 倍、梯恩梯的 10 倍、黑火药的 14.3 倍。但是，汽油燃烧时需要氧气助燃。在作对比时，应该以汽油-氧的等化学比混合物反应热作为对比基础。对比结果表明，汽油-氧混合物的放热仍大于炸药释放的能量。不过，由于氧是气体，密度小，因此汽油-氧混合物的密度也小，占有的体积大。如果 1 L 的燃料与炸药释放的能量相对比，则情况明显不同。这时，1 L 硝化甘油的反应热是汽油-氧混合物的 571 倍，梯恩梯的反应热是该混合物的 370 倍，黑火药则是它的 160 倍。

以上数据说明，炸药在反应时所放出的能量就单位质量而言，并不比普通燃料多，而由于反应的高速率，爆炸反应所放出的能量实际上可以近似地认为全部聚集在炸药爆炸前所占据的体积内，从而造成了一般化学反应所无法达到的能量密度(单位体积物质反应热)。

炸药的能量密度通常用炸药密度和爆热乘积 ρQ_V 表示，表 2－4 中列出了几种常见炸药的 ρQ_V 值。

表 2－4　炸药的能量密度 ρQ_V

炸药	$\rho/(kg\cdot m^{-3})$	$Q_V/(kJ\cdot kg^{-1})$	$\rho Q_V/(kJ\cdot m^{-3})$
梯恩梯	1 530	4 573	6.9×10^6
泰安	1 730	6 222	10.8×10^6
黑索今	1 780	6 318	11.2×10^6
奥克托今	1 890	6 188	11.6×10^6

二、炸药——强自行活化的物质

条件一旦具备，炸药爆炸后，反应快速进行，直到反应完全。炸药爆炸时，释放大量的能量，该值与反应活化能相比大得多。表 2－5 中列出了几种炸药的爆热(Q_V)、活化能(E)以及二者的比值。表中数据表明，1 mol 的梯恩梯爆炸后所释放的能量可活化 4.6 mol 梯恩梯，1 mol泰安爆炸释放出的能量可活化 11.9 mol 泰安。依此类推，部分炸药爆炸后，可以不断地使与其接触的其余部分活化，发生反应。如此过程循环不止，直到全部炸药反应完毕。

表 2－5 炸药爆热、活化能及其比值

炸 药	$Q_V/(\mathrm{kJ\cdot kg^{-1}})$	$Q_V/(\mathrm{kJ\cdot mol^{-1}})$	E①$/(\mathrm{kJ\cdot mol^{-1}})$	$\frac{Q_V}{E}$②
梯恩梯	4 572	1 039	223.8	4.6
泰安	6 222	1944	163.2	11.9
黑索今	6 318	1 404	213.4	6.6
奥克托今	6 188	1 832	220.5	8.3

注：①E 取炸药分解的活化能值；
②Q_V 取 1 mol 炸药的爆热。

三、炸药——亚稳定性物质

相对于一般的稳定物质而言，炸药稳定性较差，因而是一种亚稳定性物质，但炸药不是一触即发的危险品。有些著作中曾认为炸药像一个倒立着的瓶子，稍受外力就会倾倒。对于起爆药来说，这种比喻或许成立，但猛炸药则不然。有实用意义的炸药必须相当安全，能承受相当强烈的外界作用而不会爆炸。近代战争要求炸药具有低感度、高安全性。某些工业炸药感度很低，不能被雷管引爆，还得借助于猛炸药，例如梯恩梯-黑索今混合炸药，且所用药量达百克。这说明，炸药是相当安定、不易被引爆的。从热分解角度看，大部分炸药热分解速率相当低，例如低于某些化学肥料、农药的热分解速率，这也说明炸药稳定。某些具有爆炸性，但很不稳定的物质，例如 NI_3 等，则没有应用价值。这些物质只能被称为爆炸物，并非所有能爆炸的物质都能用作炸药。

四、炸药——自供氧的物质

常用单质炸药的分子内或混合炸药的组分内，不仅含有可燃组分，而且含有氧化成分，它们不需外界供氧，在分子内或组分间即可进行化学反应。所以，即使与外界隔绝，炸药自身仍可发生氧化-还原反应，甚至燃烧或爆炸。

炸药分子或内部组分的可燃性物质包括碳、氢原子或含碳、氢的基团，能供氧的氧化性基团有硝基($-NO_2$)、亚硝基($-N=O$)、氯酸基($-ClO_3$)、高氯酸基($-ClO_4$)等。

第三节 炸药化学变化的基本形式

随着化学反应方式及反应进行的环境条件不同，炸药化学变化过程能够以不同的形式进行，而且在性质上也具有重大的差别。按反应的速度及传播的性质，炸药的化学变化过程具有 3 种形式，即热分解(缓慢的化学变化)、燃烧和爆轰。

一、热分解

炸药在常温下会缓慢分解，温度愈高，分解愈显著。这种变化的特点是：炸药内各点温度相同，在全部炸药中反应同时展开，没有集中的反应区。分解时，既可以吸收热量，也可以放出热量，这取决于炸药的类型和环境温度。但是，当温度较高时，所有炸药的分解反应都伴随有热量放出。例如，硝酸铵在常温或温度低于150℃时，其分解反应为吸热反应，反应方程式为

$$NH_4NO_3 \longrightarrow NH_3 + HNO_3 - 173.04\ kJ/mol$$

加热至200℃左右，分解时将放出热量，反应方程式为

$$NH_4NO_3 \longrightarrow 0.5N_2 + NO + 2H_2O + 36.1\ kJ/mol$$

或

$$NH_4NO_3 \longrightarrow N_2O + 2H_2O + 52.5\ kJ/mol$$

分解反应为放热反应时，如果放出的热量不能及时散失，炸药温度就会不断升高，促使反应速度不断加快和放出更多的热量，最终就会引起炸药的燃烧和爆炸，因此，在储存、加工、运输和使用炸药时要注意采取通风等措施，防止由于炸药分解产生热积累而导致意外爆炸事故的发生。炸药的缓慢分解反映炸药的化学安定性。在炸药储存、加工、运输和使用过程中，都需要了解炸药的化学安定性。这是研究炸药缓慢分解意义之所在。炸药热分解一般会带来不良后果，炸药因热分解而变质直接影响炸药的使用，所以在炸药制造、储存过程中应严格控制环境条件，避免炸药的热分解。

二、燃烧与爆燃

炸药在热源(例如火焰)作用下会燃烧。但与其他可燃物不同，炸药燃烧时不需要外界供给氧。当炸药的燃烧速度较快，达到每秒数百米时，称为爆燃。

进行燃烧的区域称作燃烧区，又称作反应区。开始发生燃烧的面积称作焰面。焰面和反应区沿炸药柱一层层地传下去，其传播速度，即单位时间内传播的距离，称为燃烧线速度。线速度与炸药密度的乘积，即单位时间内单位截面上燃烧的炸药质量，称为燃烧质量速度。通常所说的燃烧速度是指线速度。

炸药在燃烧过程中，若燃烧速度保持定值，就称为稳定燃烧；否则称为不稳定燃烧。炸药是否能够稳定燃烧，取决于燃烧过程中的热平衡情况。如果热量能够平衡，即反应区中放出的热量与经传导向炸药邻层和周围介质散失的热量相等，燃烧就能稳定，否则就不能稳定。不稳定燃烧可导致燃烧的熄灭、振荡或转变为爆炸。

要使燃烧过程中热量达到平衡或燃烧稳定，必须具备一定的条件。该条件由下列因素决定：炸药的物理化学性质和物理结构，药柱的密度、直径和外壳材料，环境温度和压力，等等。炸药在一定的环境温度和压力条件下，只有当药柱直径超过某一数值时，才能稳定燃烧，而且燃烧速度与药柱直径无关。能稳定燃烧的最小直径称为燃烧临界直径。环境温度和压力越高，燃烧临界直径越小；反之，当药柱直径固定时，药柱稳定燃烧必有其对应的最小温度和压力，称作燃烧临界温度和临界压力，而且燃烧速度随温度和压力的增高而增大。

了解炸药燃烧的稳定性、燃烧特性及其规律，对炸药的安全生产、加工、运输、保管、使用以及过期或变质炸药的销毁都是很必要的。

三、爆炸与爆轰

在足够的外部能量作用下，炸药以每秒数百米至数千米的高速进行爆炸反应。爆炸速度增长到稳定爆速的最大值时就转化为爆轰。另外，爆炸衰减也可以转化为爆燃或燃烧。

广义的爆炸是物质的一种非常急剧的物理、化学变化，在变化过程中，伴随有物质所含能量的快速转变。爆炸的特征是大量能量在有限的体积内突然释放或急剧转变，在爆炸点附近

的介质形成压力突跃和温度的急剧增长。

爆轰是爆炸变化的重要形式。它与炸药的实际使用性能密切相关，不论军用炸药还是工业炸药，都是使其以爆轰形式作用的。

爆轰是爆轰波沿炸药传播的现象。爆轰时，反应区温度可达 4 000 K 左右，压力可达 30～40 GPa，稳定传播速度可达数千米每秒。特定的炸药在特定条件下的爆轰速度为常数。

爆轰在临界直径以上的为稳定爆轰。实验发现，只有装药的直径大于某一临界值时，炸药才能被起爆。这个临界值对于一定的炸药和一定的装药条件是一个定值，称为炸药的临界直径。炸药临界直径的大小取决于炸药的爆炸反应速度和炸药的物理化学性质。表 2－6 是一些炸药的临界直径。

表 2－6　几种炸药的临界直径

炸药名称	密度/(g·cm^{-3})	临界直径/mm	炸药名称	密度/(g·cm^{-3})	临界直径/mm
铸装 TNT	1.60	50	黑索今	1.0	3～4
压装 TNT	1.60	10	铸装阿马托	—	120
压装 TNT	0.85	30	苦味酸	0.95	17

实际上，炸药爆轰过程有稳定爆轰和不稳定爆轰两种形式。传播速度稳定的称为稳定爆轰，传播速度不稳定的称为不稳定爆轰(即我们平常所称的爆炸)。一般炸药爆轰过程，都将经历起爆阶段的不稳定爆轰到后来的稳定爆轰。炸药爆轰速度沿药柱长度的变化如图 2－1 所示。

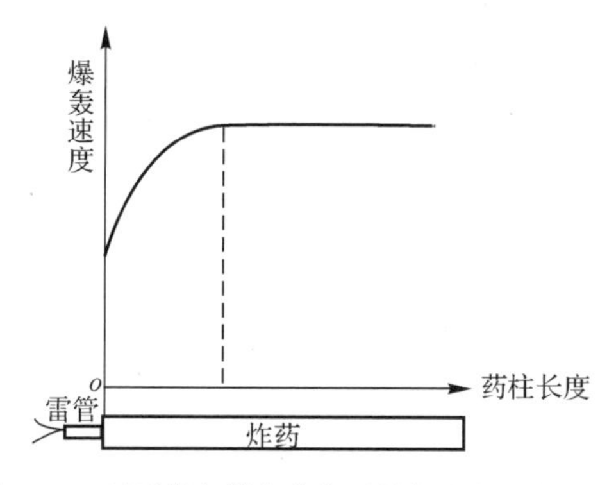

图 2－1　用雷管起爆炸药柱时爆轰速度的变化情况

四、爆轰与热分解和燃烧之间的区别

(一)热分解与爆轰的主要区别

第一，热分解是在整个炸药中展开的，没有集中的反应区域，而爆轰是在炸药局部发生的，并以波的形式在炸药中传播。

第二，热分解在不受外界任何特殊条件作用时，一直不断地自动进行，而爆轰要在外界特殊条件作用下才能发生。

第三，热分解与环境温度关系很大，随着温度的升高，热分解速度将按指数规律迅速增加，而爆轰与环境温度无关。

(二)燃烧与爆轰的主要区别

燃烧和爆轰是性质不同的两种化学变化过程。实验和理论研究表明,它们在基本特性上有以下的区别。

第一,从传播过程的机理上看,燃烧时反应区的能量是通过热传导、热辐射及燃烧气体产物的扩散作用传入未反应的原始炸药的,而爆轰的传播则是借助于冲击波对炸药的强烈冲击压缩作用进行的。

第二,从波的传播速度看,燃烧传播速度通常为数毫米每秒到数米每秒,最大的也只有数百米每秒(如黑火药的最大燃烧传播速度约为 400 m/s),即比原始炸药内的声速要低得多。相反,爆轰的传播速度总是大于原始炸药内的声速,速度一般高达数千米每秒。如铸装梯恩梯的爆轰速度约为 6 900 m/s($\rho_0=1.6\ g/cm^3$),在结晶密度下黑索今(RDX)的爆轰速度达 8 800 m/s 左右。

第三,燃烧过程的传播容易受外界条件的影响,特别是受环境压力条件的影响。例如,在大气中燃烧过程进行得很慢,但若将炸药放在密闭容器中,燃烧过程和速度急剧加快,压力高达数千个大气压。此时燃烧所形成的气体产物能够做抛射功,火炮发射弹丸正是对炸药燃烧这一特性的利用。而爆轰过程的传播速度极快,几乎不受外界条件的影响,对于一定的炸药来说,爆轰速度在一定条件下是一个固定的常数。

第四,燃烧过程中燃烧反应区内产物质点运动方向与燃烧波面方向相反,因此燃烧波面内的压力较低。而爆轰时,爆轰反应区内产物质点运动方向是与爆轰波传播方向相同的,爆轰反应区内的压力高达数十万个大气压。

通常情况下,火药和烟火剂主要利用其燃烧特性,某些起爆药也是以燃烧的形式发挥作用,或者先燃烧后转爆轰;猛炸药通常主利用其爆轰特性。可见,有的炸药能燃烧,有的炸药则能爆轰,这主要取决于炸药本身的性质。例如,起爆药在较小的外界冲能下,就很快由燃烧转为爆轰,而其他类型炸药则不能。但对某种炸药来说,爆炸变化的形式并不是固定不变的,有时产生燃烧,有时则可产生爆轰,这取决于开始的点火方式(或起爆方式)、点火能量的大小以及装药条件等因素。例如 TNT 是广泛使用的猛炸药,当把它压成药柱,用雷管引爆时就可爆轰;但若把少量 TNT 粉末摊成薄层用火点燃又可以燃烧。

从以上分析可知,炸药化学变化过程的三种形式在性质上虽各不相同,但它们之间却有着紧密的内在联系。炸药的热分解在一定条件下可以转变为炸药的燃烧;而炸药的燃烧在一定条件下又能转变为炸药的爆轰;爆炸可转变为更大爆速的爆轰,当爆炸过程遇到不利因素时也可能导致爆炸中断,使爆炸过程转变为燃烧和热分解。

第四节 炸药的分类

通常说,能够进行爆轰的物质称为炸药,这并不是很严格的。有些物质在一般情况下不能爆轰,但在特定条件下却能进行爆轰。例如,发射药在一般情况下主要的化学变化形式是燃烧,但是在密闭容器内或大威力的传爆药柱进行起爆时,还是可以发生爆轰的。在没有发明雷管前,苦味酸和梯恩梯一直不被视为炸药,但应用雷管起爆方法后,它们却成了很重要的炸药。硝酸铵一直被看作是化学肥料,但现在广泛地被当作民用爆破炸药。因此,炸药与非爆炸物的界限并不是十分明确的。原则上说,一切能够发生放热反应的物质都可能在合适的条件下爆轰。所以从某种意义上来说，把某些物质称为炸药，而把另一些物质称为火药或烟火剂等，只是一种习惯上的、有条件的划分。

目前，称为炸药的物质种类繁多，它们的组成、物理化学性质及爆炸性质各不相同。因此，为了认识它们的本质、特性，以便进行研究和使用，将它们进行适当的分类是必要的。

炸药的分类方法有两种：一种是按炸药的组成成分及分子结构的特点分类，这种分类方法对于炸药的研制工作者很有益处，便于他们掌握炸药在组成上的特点和规律，以进行新型炸药的研究和合成；另一种是按炸药的用途进行分类，这种分类方法对于应用炸药的工程技术人员（如战斗部设计工作者以及工程爆破技术人员）选用炸药较为方便。下面分别作一简单介绍。

一、按炸药组成分类

炸药一般分为两大类，即单质炸药和混合炸药。

（一）单质炸药

单质炸药又称爆炸化合物。它本身是一种化合物，即一种均一的相对稳定的化学物质。在一定的外界作用下，它的分子键会发生断裂，导致迅速的爆炸反应，生成新的稳定的产物。单质炸药分子内含有爆炸性基团，其中最重要的是硝基（$-NO_2$）。根据硝基基团的连接方式，单质炸药可分为由 $C-NO_2$，$N-NO_2$ 和 $O-NO_2$ 分别形成的硝基化合物炸药、硝胺炸药和硝酸酯炸药三类。

1. 硝基化合物炸药

目前用作炸药的硝基化合物主要是芳香族多硝基化合物。最常用的是以梯恩梯为代表的单碳环多硝基化合物。此类炸药的感度和能量大多数低于硝胺和硝酸酯类炸药，但其制造工艺成熟，原料廉价易得，因而被广泛应用。

常用的硝基化合物炸药如下：

（1）梯恩梯。其学名为 2，4，6 - 三硝基甲苯，代号为 TNT，分子式为 $C_7H_5O_6N_3$，相对分子质量为 227，结构式为

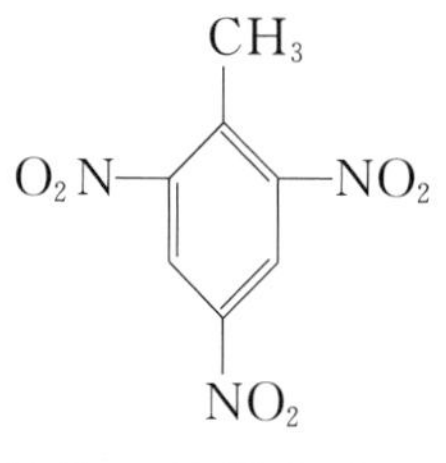

CH_3

O_2N　　NO_2

NO_2

（2）1，3，5 -三氨基- 2，4，6 -三硝基苯。其学名为三氨基三硝基苯或三硝基均苯三胺，代号为 TATB，分子式为 $C_6H_6O_6N_6$，相对分子质量为 258，结构式为

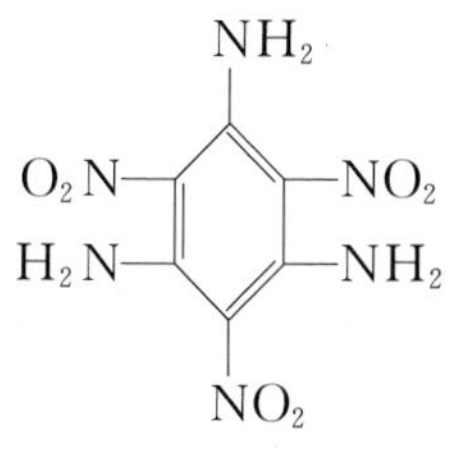

NH_2

O_2N　　NO_2

H_2N　　NH_2

NO_2

(3)六硝基芪。其学名为2,2′,4,4′,6,6′-六硝基均二苯基乙烯,代号为HNS,分子式为$C_{14}H_6O_{12}N_6$,相对分子质量为450,结构式为

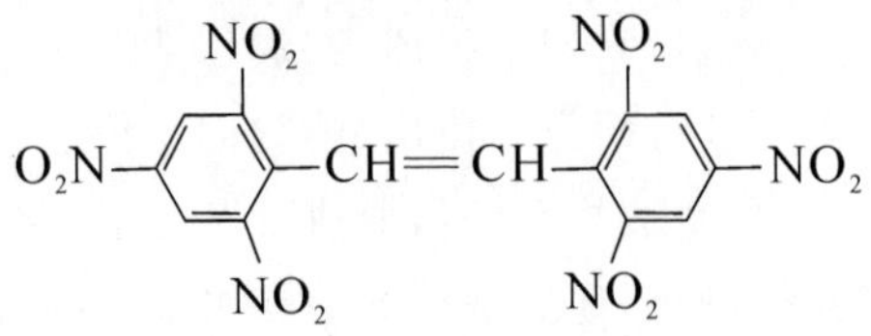

NO_2 NO_2

O_2N—(苯环)—CH═CH—(苯环)—NO_2

NO_2 NO_2

2.硝胺炸药

硝胺炸药是分子中含有$N-NO_2$或N－NO的炸药,是第二次世界大战后迅速发展起来的一类炸药。它可分为芳香族硝胺、链状硝胺和氮杂环硝胺三种,又可分为伯硝胺、仲硝胺和叔硝胺三种。硝胺类炸药的机械感度和化学安定性介于硝基化合物炸药和硝酸酯类炸药之间,能量较高。其中,黑索今已得到广泛应用,奥克托今是目前已使用的炸药中能量最高、综合性能最好的炸药。它们除用作炸药外,还可用于发射药和固体推进剂的组分,以提高其能量。

常用的硝胺炸药如下:

(1)黑索今。其学名为环三亚甲基三硝胺,其代号为RDX,分子式为$C_3H_6O_6N_6$,相对分子质量为222,结构式为

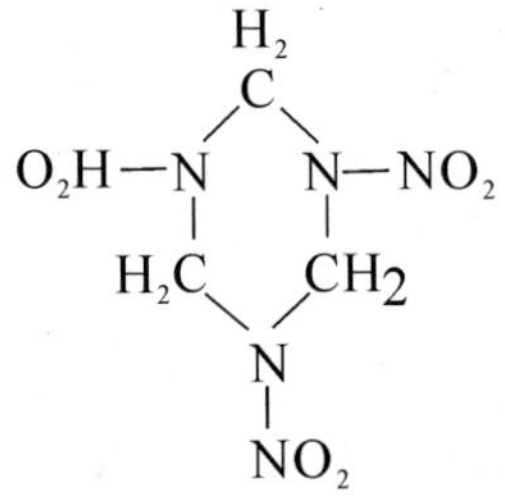

H_2
C
O_2H—N N—NO_2
H_2C CH_2
N
NO_2

(2)奥克托今。其学名为环四亚甲基四硝胺,代号为HMX,分子式为$C_4H_8O_8N_8$,相对分子质量为296,结构式为

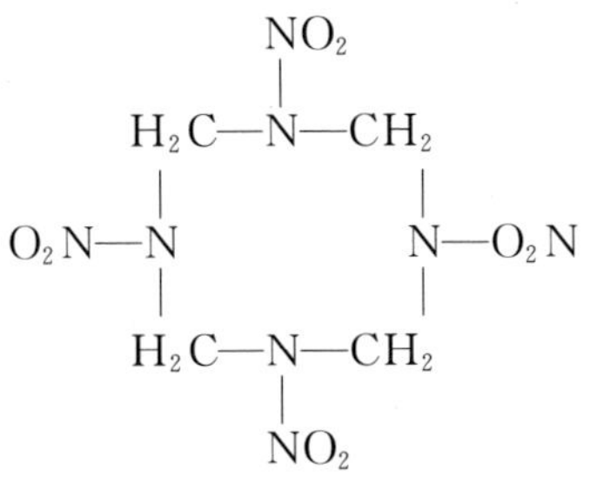

NO_2
H_2C—N—CH_2
O_2N—N N—O_2N
H_2C—N—CH_2
NO_2

3.硝酸酯炸药

硝酸酯炸药是分子中含有$O-NO_2$或O－NO的炸药,包括醇硝酸酯、淀粉硝酸酯、纤维素硝酸酯等。硝酸酯炸药氧平衡较高,做功能力较强,但其感度较高、安定性较差。硝酸酯炸药主要有泰安、硝化甘油等。除泰安可用作猛炸药外,其余常用作枪炮发射药和固体推进剂组分。

常用的硝酸酯炸药如下:

(1)泰安。其学名为季戊四醇四硝酸酯,代号为PETN,分子式为$C_5H_8O_{12}N_4$,相对分子质量为316,结构式为

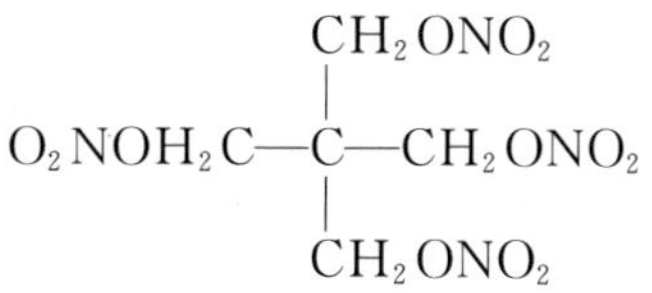

$$
\begin{array}{c}
CH_2ONO_2 \\
| \\
O_2NOH_2C—C—CH_2ONO_2 \\
| \\
CH_2ONO_2
\end{array}
$$

(2)硝化甘油。其学名为丙三醇三硝酸酯,代号为NG,分子式为$C_3H_5O_9N_3$,相对分子质量为227,结构式为

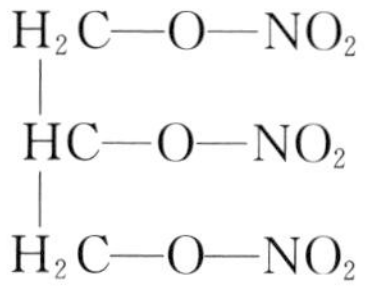

$$
\begin{array}{l}
H_2C—O—NO_2 \\
| \\
HC—O—NO_2 \\
| \\
H_2C—O—NO_2
\end{array}
$$

(二)混合炸药

混合炸药是由两种或两种以上独立的化学成分构成的爆炸物质。通常,混合炸药的成分中一种为含氧丰富的,另一种为含氧较少的或根本不含氧的。但是,为了特殊目的要加入某些附加物,以改善炸药的爆炸性能、安全性能、机械力学性能、成型性能以及抗高温性能等,从而使混合炸药在军事中的应用上日益广泛,地位越来越重要。当前,国内外混合炸药的研究进展很快,新混合炸药种类很多。目前,能实际应用的大多为混合炸药,分军用和民用两大类,还有些既可军用,也可民用。

军用混合炸药不仅要有优良的爆炸性能,还要有较低的机械感度、良好的安全性。

军用混合炸药按用途、物理状态、成分、性能和装药方式分为许多类型。

1.熔铸炸药

将高能单组分固相颗粒加入熔融态的炸药(如梯恩梯)中进行铸装的炸药称为熔铸炸药。通常在熔融态梯恩梯中加入高熔点的黑索今、奥克托今、泰安形成黑梯炸药、奥梯炸药、泰梯炸药等,这类炸药是当前世界各国应用最为广泛的混合炸药,占军用炸药的90%以上。

2.高聚物黏结炸药

高聚物黏结炸药通常是以高分子聚合物为黏结剂的混合炸药,也称为塑性黏结炸药(PBX),以高能单质炸药为主体,加入黏结剂、增塑剂及钝感剂组成。该炸药在军事上用于导弹战斗部装药,鱼雷、水雷和核战斗部起爆装置,工业上用于爆炸成型、石油射孔弹。该炸药按物理状态和成型工艺又分为造型粉压装炸药、塑性炸药、浇铸高分子黏结炸药。

(1)造型粉压装炸药。造型粉压装炸药也称造型粉,属高爆炸药。其组成通常包括高能单质炸药、高分子黏结剂和增塑剂、钝感剂。其产品采用压装工艺成型,成型产品可进行机械加工和黏结成各种形状,主要应用于各类导弹战斗部装药、核战斗部起爆装置,也可用于民用。

(2)塑性炸药。塑性炸药由高能单质炸药、热塑性弹性体或橡胶、增塑剂、机械油组成,在$-40\sim60$℃之间具有良好的塑性,有的甚至在$-54\sim77$℃之间仍保持塑性,便于携带和手工装药。这类炸药具有很好的可塑性、耐水性和安全性,使用方便。它的外观像面团,能像儿童玩橡皮泥一样把它搓成任意形状,用染色剂上色后,可伪装成食品、糖果等,用以迷惑敌人,因此适于复杂弹形装药和特工应用。

(3)浇铸高分子黏结炸药。浇铸高分子黏结炸药也称高强度炸药或热固性炸药，是以热固性高聚物黏结的混合炸药，由高能炸药、黏结剂、固化剂或交联剂、催化剂、引发剂组成，以黑索今、奥克托今为主炸药，与热固性高聚物树脂和固化剂混合制成，固化后能形成一定形状，强度高，具有抗震、抗冲击性能。由于它固化前具有一定的流动性能，因此还可以浇铸成任意形状，制备精密部件和安全系统中的保护工具，甚至可以制成玩具和生活用品，主要应用于导弹战斗部、大口径爆破弹和核战斗部起爆装置。

3.含金属粉的混合炸药

该类炸药也称为高威力炸药，由炸药和金属粉组成，可加入的金属粉有铝、镁、铍等，常用的是铝粉，特点是爆热高，威力大，主要用于水雷、鱼雷、深水炸弹、对空武器爆破弹，以及地面爆破等。

4.钝化炸药

钝化炸药是由单组分炸药和钝感剂组成的低感度炸药。常用的钝感剂有蜡、硬脂酸、胶体石墨和高聚物。其特点是撞击和摩擦感度低，便于压制成型，并且有良好的爆炸性能，多用于装填对空武器、水下兵器等弹药。

5.燃料空气炸药

燃料空气炸药是由固态、液态、气态或混合态燃料(可燃剂)与空气(氧化剂)组成的爆破性混合物。其燃料通常是易挥发的碳氢化合物，如环氧乙烷、环氧丙烷、含有少量丁烷的丙炔-丙二烷-丙烷混合物，或爆炸性粉尘，如铝粉、煤粉等。

其作用原理是，充分利用爆炸区内大气中的氧，使单位质量装药的能量大为提高，当投射到目标上空时，装在弹容器内的燃料经爆炸抛撒在空气中，形成一定浓度的云雾，并定时瞬间点火，使云雾发生区域爆轰，产生超压和爆轰产物，直接破坏目标。

6.低易损炸药

该类炸药具有在外部作用下不敏感、安全性高、不易烤燃，也不易殉爆，不易燃烧转爆轰等特点。在生产、运输、储存过程中，特别是在实战条件下，可保证我方阵地安全。

7.分子间炸药

分子间炸药本质上是一种钝感低、易损性炸药，是由单独分子的氧化剂组分和可燃剂组分均匀混合组成的一类混合炸药。该混合炸药的能量并不是可燃剂化合物和氧化剂化合物能量的简单的算术加和，而是比算术加和所预期的要高。其特点是爆轰反应速度低，反应宽度大，感度低，主要用作爆破、航弹、炮弹、地雷、鱼雷及水中作用时间长的弹药等的炸药装药。目前研究较多的且具有实用价值的分子间炸药体系是EA[乙二胺二硝酸盐(EDD)-硝酸铵(AN)]或EAK[乙二胺二硝酸盐-硝酸铵-硝酸钾(KN)]体系。这类分子间炸药具有低共熔性，所以也叫低共熔物炸药。还有许多铵盐能与硝酸铵形成低共溶混合物，例如3,5-二硝基-1,2,4-三唑铵盐、5-硝基四唑铵盐、二乙二胺三硝酸盐、5-硝基四唑乙二胺盐等。根据需要，在这些低共熔物中加入RDX,HMX,NQ及铝粉等组分，可制备适应各种战斗部能量和性能要求的分子间炸药。

二、按炸药用途分类

按炸药的用途，可将其分为起爆药、猛炸药、火药（或发射药）以及烟火剂四大类。

（一）起爆药

起爆药是一种对外界作用十分敏感的炸药。它不但在比较小的外界作用（机械作用或热作用等）下就能发生爆炸变化，而且其变化速度很快，一旦被引爆，立即可以达到稳定爆轰。所以起爆药的特点是，对外界作用比较敏感，从爆炸到爆轰时间短。

由于起爆药能直接在外界的作用下激发起爆，因此亦称为初发炸药或第一装药。

起爆药广泛用于装填火帽、雷管等火工品，还可作为各种爆炸机构（如爆炸螺栓、自炸装置等）的主装药。目前，军用火工品使用的起爆药主要是雷汞[$Hg(OCN)_2$]、叠氮化铅[$Pb(N_3)_2$]、斯蒂酚酸铅[$C_6H(NO_2)_3O_2Pb \cdot H_2O$]、特屈拉辛[$C_2H_8N_{10}O$]及二硝基重氮酚[$C_6H_2N_2O(NO_2)_2$，代号 DDNP]等。

1. 起爆药的一般特性

在简单的起始冲量（火焰、撞击、摩擦、电热和电火花等）作用下，少量药剂就能发生爆炸变化，并能引爆猛炸药或点燃火药以及其他药剂的炸药称为起爆药。

起爆药不同于其他炸药之处有以下几点：

（1）对简单的起始冲量敏感，即起爆药的感度大。撞击感度试验表明，雷汞的撞击感度比TNT 大 100 倍以上。起爆药对各种形式的起始冲量（机械的、电的、热的冲量）一般都比猛炸药敏感得多。

（2）爆炸变化的速度增长很快。起爆药的爆炸变化速度比猛炸药大得多（见图 2－2）。例如，极少量的氮化铅（0.1 g）点燃时几乎立即转为爆轰，而散放的 TNT 在空气中燃烧数百千克也不会爆炸。

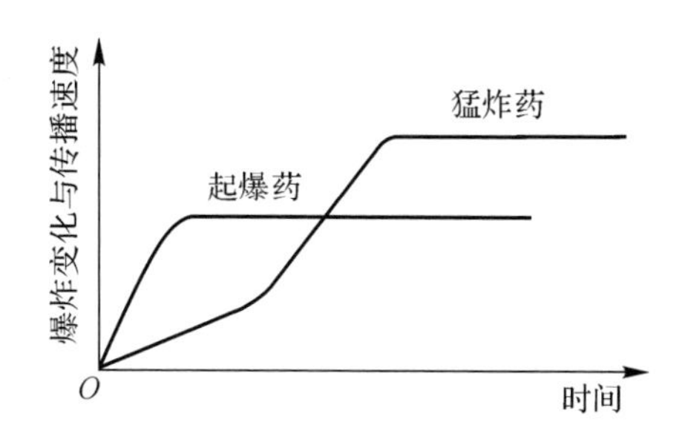

图 2－2 起爆药与猛炸药爆炸变化的速度增长曲线

以上两个特点决定了少量起爆药就可以在较小的外界作用下引起炸药发生爆炸变化。感度大使起爆药能在较小的外界作用下发生爆炸变化，爆炸速度增长快保证起爆药能在较短的时间内（即药量较小时）使爆炸变化的速度增长到足以引起猛炸药发生爆炸变化的程度。

（3）大多数起爆药都是吸热化合物。在形成化合物的过程中吸收的能量愈大，则使起爆药本身处于的能量状态愈高，相对稳定性就差，能量就愈容易放出，因此感度就愈大，爆炸变化增长速度亦愈快。

2. 对起爆药的要求

(1)具有足够的起爆能力；

(2)具有合适的感度；

(3)具有良好的安定性；

(4)具有良好的流散性和压缩性；

(5)原料丰富、立足国内、操作简单、制造安全。

(二)猛炸药

猛炸药是爆炸时能对周围介质起猛烈破坏作用的炸药的统称。猛炸药对外界作用比较钝感，必须用冲击波或靠起爆药形成的爆轰波来激发其爆轰，所以又称为次发炸药或第二装药。猛炸药的品种多，使用的数量大，在军事上主要用来装填各种弹丸和爆破器材等。弹丸中装药经常用梯恩梯或梯恩梯与黑索今为主的各种混合炸药；工程爆破上常用硝酸铵炸药、浆状炸药、铵油炸药及乳化炸药等；火工品中常用的猛炸药有钝化黑索今、钝化泰安等。

1. 猛炸药的一般特性

(1)爆轰是猛炸药爆炸变化的主要形式，高速爆轰是其最完全、最稳定的形式。爆轰时炸药的威力能得到最充分的发挥。

(2)猛炸药威力大，感度适当。猛炸药的威力主要表现在，猛炸药按单位质量计算时，其爆炸示性参数(爆热、爆速、爆容)大，所以猛炸药爆炸对目标产生猛烈的爆炸作用。

(3)猛炸药的爆轰增长速度较慢。猛炸药与起爆药不同，它的爆轰增长速度较慢，即具有较长的爆轰增长期，所以大部分猛炸药在一般条件下不能为普通的激发冲量所起爆，通常要用起爆药来起爆才能发生爆轰。对某些较钝感的猛炸药，亦需要威力较大的猛炸药制成的传爆药来起爆。

2. 猛炸药的用途

由于猛炸药的威力大、感度适当，所以在军事上广泛用来摧毁敌人的军事设施和消灭敌人的有生力量，作为爆炸装药来装填炮弹、火箭弹、航弹、鱼雷、水雷、地雷、爆破筒、导弹战斗部以及各种爆炸性器材。此外，像硝化棉、硝化甘油等还是制造无烟火药的原料。

猛炸药在工业上广泛用于开山筑路、修建隧道、兴修水利、炸毁暗礁或冰坝、疏通河道、开采矿藏、拔除树根以及爆炸加工等。

(三)火药(或发射药)

火药能在无外界助燃剂(如氧)的参加下，迅速而有规律地燃烧，生成大量高温气体，用来抛射弹丸、推进火箭导弹系统，或完成其他特殊任务。此外，也可使用液体燃料作推进剂。

常用的发射药或火药，除了黑火药外，使用最多的是由硝化棉、硝化甘油为主要成分，外加部分添加剂胶化成的无烟火药。

(四)烟火剂

烟火剂通常是由氧化剂、有机可燃剂或金属粉及少量黏合剂混合而成的。其特点是接受外界作用后发生燃烧作用，使其产生有色火焰、烟幕等烟火效应。烟火剂主要用于装填特种弹药，如照明弹中的照明剂、烟幕弹中的烟幕剂、燃烧弹中的燃烧剂以及曳光弹中的曳光剂、信号弹中的信号剂等。

在上述四类炸药中，起爆药和猛炸药的基本化学变化形式是爆轰，火药和烟火剂则主要是燃烧。不过，它们都具有爆炸的性质，在一定条件下，都能产生爆轰。

第五节　炸药的发展简史和应用

一、炸药的发展简史

从中国正式可考的黑火药文字记载算起，炸药已有 1 000 多年的历史，它的发展可分为四个时期：①黑火药时期；②近代炸药的兴起和发展时期；③炸药品种增加和综合性能不断提高时期；④炸药发展的新时期。

（一）黑火药时期

黑火药是中国古代四大发明之一，是现代火药的始祖。公元 808 年（唐宪宗元和三年），中国即有了黑火药配方的记载，指明黑火药是硝石（硝酸钾）、硫磺和木炭组成的一种混合物。

约在 10 世纪初，黑火药开始步入军事应用，使武器由冷兵器逐渐转变为热兵器，这是兵器史上的一个重要的里程碑，为近代枪炮的发展奠定了初步基础，具有划时代的意义。

黑火药传入欧洲后，于 16 世纪开始用于工程爆破。黑火药作为独一无二的火炸药，一直使用到 19 世纪 70 年代中期，延续数百年之久。

19 世纪中叶后，工业炸药进入一个新纪元——代那买特时代。但由于黑火药具有易于点燃、燃速可控制的特点，目前在军用及民用两方面仍有许多难以替代的用途。

（二）近代炸药的兴起和发展时期

在单质炸药方面，该时期是从 19 世纪中叶至 20 世纪 40 年代。1833 年制得的硝化淀粉和 1834 年合成的硝基苯和硝基甲苯，开创了合成炸药的先例。1846 年制得的硝化甘油，为各类火药和代那买特炸药提供了主要原材料。1863 年合成了梯恩梯，1891 年实现了其工业化生产，1902 年用它装填炮弹以代替苦味酸，并使它成为第一次世界大战及第二次世界大战中的主要军用炸药。加上 1877 年合成的特屈儿、1894 年合成的泰安、1899 年合成的黑索今以及 1941 年发现的奥克托今，这一时期形成了现在使用的三大系列（硝基化合物、硝胺及硝酸酯）单质炸药。

就军用混合炸药而言，第一次世界大战前主要使用以苦味酸为基的易熔混合炸药，从 20 世纪初叶即开始被以梯恩梯为基的混合炸药（熔铸炸药）取代。在第一次世界大战中，含梯恩梯的多种混合炸药（包括含铝粉的炸药）是装填各类弹药的主角。在第二次世界大战期间，各国相继使用了特屈儿、泰安、黑索今为混合炸药的原料，发展了熔铸混合炸药特屈托儿、膨托利特、赛克洛托儿和 B 炸药等几个系列。同时，以上述几种猛炸药为基的含铝炸药也在第二次世界大战中得到应用。另外，以黑索今为主要成分的塑性炸药（C 炸药）及钝感黑索今（A 炸药）在此期间均为美国制式化。加上上述的 B 炸药，A，B，C 三大系列军用混合炸药都在这一时期形成，并一直沿用至今。

对工业炸药，1866 年，诺贝尔以硅藻土吸收硝化甘油制得了代那买特。1875 年，他又发明了爆胶,将工业炸药带入了一个新时代。19世纪下半叶粉状和粒状硝铵炸药的发展,是工业炸药的一个极其重要的革新。硝铵炸药很快得到普及应用,且久盛不衰。在19世纪80年代,人们研制了煤矿用安全硝铵炸药。进入20世纪后,硝铵炸药得到迅速发展,尤以铵梯型硝铵炸药的应用最为广泛。

(三)炸药品种增加和综合性能不断提高时期

该时期是从20世纪50年代至20世纪80年代中期。

在单质炸药方面,奥克托今进入实用阶段。在20世纪六七十年代,国外先后合成了耐热钝感炸药六硝基芪和耐热炸药塔柯特。国内外还合成了一系列高能炸药,它们的爆速均超过9 000 m/s,密度达1.95～2.0 g/cm^3。同时,国外还对三氨基三硝基苯重新进行了研究,中国也于20世纪七八十年代合成和应用了三氨基三硝基苯。

在军用混合炸药方面,第二次世界大战后期发展的A,B,C三大系列炸药,在20世纪50年代后均得以系列化及标准化。在此期间,还发展了以奥克托今为主要组成的奥克托儿熔铸炸药。20世纪60年代,高威力炸药得到完善。20世纪70年代初,开始使用燃料空气炸药。这一时期重点研制的另一类军用混合炸药是高聚物黏结炸药,并在20世纪六七十年代形成系列。20世纪70年代后期,出现了低易损性炸药(不敏感炸药)及分子间炸药。

工业炸药在20世纪50年代中期进入了一个新的发展时期,其主要标志是铵油炸药、浆状炸药和乳化炸药的发明和推广应用。20世纪80年代后,粉状乳化炸药得到迅速发展。

(四)炸药发展的新时期

进入20世纪80年代中期后,现代武器对火炸药的能量水平、安全性和可靠性提出了更高和更苛刻的要求,促进了炸药的进一步发展。

20世纪90年代研制的炸药是与“高能量密度材料”(HEDM)这一概念相联系的。1987年,美国的尼尔逊(A. T. Nielsen)合成出了六硝基六氮杂异伍兹烷(HNIW,俗称CL－20),英、法等国也很快掌握了合成HNIW的方法。1994年,中国也合成出了HNIW,成为当时世界上能生产HNIW的少数几个国家之一。在这一时期合成出的高能量密度化合物还有八硝基立方烷(ONC)、1,3,3－三硝基氮杂环丁烷(TNAZ)及二硝酰胺铵(ADN)。另外,美国于20世纪90年代开始研制以HNIW为基的高聚物黏结炸药,其中的RX-39-AA,AB及AC,相当于以奥克托今为基的LX－14系列高聚物黏结炸药,可使能量输出增加约15%。美国劳伦斯·利弗莫尔国家实验室(LLNL)1993年首次合成出1-氧-2,6-二氨基-3,5-二硝基吡嗪(LLM-105),它的能量比TATB高15%,是HMX的85%,并且有着良好的热安定性,是一种相当钝感的含能材料。我国于2006年首次合成了LLM-105。

二、炸药的应用

人们认识火炸药是从认识爆炸开始的。军事上利用它的爆炸来摧毁目标和杀伤敌人,民用上利用它的爆炸采矿、筑路、勘探、灭火。所以,爆炸给人最深的印象是破坏,一些工程上的应用(如伐木、拆毁建筑等)也是通过破坏来实现的。然而,世界上一切事物都是辩证的,破坏的另一方面就是建设。

火炸药爆炸能够在瞬间产生巨大的能量,如果把这些能量拿来进行加工,可能会收到事半功倍的效果。早在1876年,一位叫阿达姆逊的英国工程师,就设想利用火炸药爆炸进行建设性的金属加工。从一定意义讲，世界上任何发明创造，都是客观发展的要求和需求牵引的结果。金属爆炸加工也不例外，首先把金属爆炸加工付诸实践的是航空航天工业，它正是出自本身的独特加工要求，而率先考虑利用这一高能加工技术，在20世纪50年代后期以及60年代中，金属爆炸加工一直在这一新兴领域中占据着绝对优势。此后，这项技术逐渐渗透到汽车、造船、核能、采矿、建筑以及其他工业领域。目前，这项加工技术还在不断地向新的工业部门扩展。

爆炸加工展现在人们面前的，不仅是高能的效率，而且也是一门别开生面的艺术。一次水下小型爆炸可以成型油罐车的一个大的碟形封头；在铁路道叉表面的一薄层猛炸药爆炸，能改善高锰钢零件的机械性能；制造金属容器时，几条薄薄的炸药条带同时爆炸，可以将不同的金属零件焊接在一起，这就是爆炸加工的神奇功能。

炸药作为一种特殊能源，在军事及民用工程中得到广泛的应用。其主要使用范围如下。

(一)利用炸药的化学能做功

(1)装配炮弹、火箭弹、炸弹、地雷、水雷等兵器，摧毁对方武器装备、破坏工事设备以及杀伤有生力量。如A-Ⅸ-Ⅱ(钝黑铝-1)炸药可用于防空高炮和火箭杀伤爆破弹，俄罗斯现装备的10种航炮、坦克炮、高炮的炮弹和末制导炮弹都使用了钝黑铝-1及其他新一代的高威力炸药；俄制的“萨姆27”筒式防空导弹和美制的“毒刺”防空导弹均是单兵低空防空武器，其战斗部兼有杀伤、爆破、聚能三种作用，主装药分别是在钝黑铝-1炸药之后发展的新一代高威力炸药和符合美国20世纪80年代标准的HTA2321型高威力炸药；俄罗斯“卡什坦”六管30(AK2630)火炮系统的高性能(初速903 m/s，膛压306 MPa)火炮是舰艇、飞机和坦克通用的武器，配用的炮弹有杀爆榴弹和曳光弹，装填的炸药都是以RDX为主体的、比钝黑铝-1性能更好的高威力炸药。由硝酸铵和梯恩梯组成的军用铵梯炸药(阿马托)制造工艺简单，原料丰富，成本低廉，安全性好，可用于装填迫击炮弹、航空炸弹和手榴弹，其也是一种广泛应用的民用混合炸药；以熔化梯恩梯为载体，再混入奥克托今制成奥梯炸药，广泛用于装填破甲弹、导弹战斗部及核武器战斗部；浇铸高聚物黏结炸药广泛用于导弹战斗部、大口径爆破弹和核战斗部的起爆装置。

(2)应用于拆迁、筑路等军事或民用工程，作核武器的引爆装置，以及用作物体加速和控制系统的能源。如露天炸药可用于露天矿松动大爆破用药，因其使用量很大，所以要求成本低；煤矿许用炸药能够在由瓦斯和煤粉爆炸危险的煤矿中安全使用；岩石铵梯炸药适用于中硬岩石的爆破作业中，我国使用最多的岩石炸药是2#岩石炸药，其具有较强的爆炸能力，且有毒气体量不多，单体炸药的使用量较少。

(3)用于机械加工，如爆炸包覆、爆炸切割、爆炸成型、爆炸硬化、粉末压实、消除应力、爆炸焊接等。

1)爆炸成型。金属爆炸加工最初是利用爆炸进行金属薄板和厚板的成型加工，以后发展到加工生产大量的各类零件，这些零件轻的只有几十克，重的达到几吨，厚度从千分之几厘米、几厘米到十几厘米不等。有些较大的零件所用的模具重达60 t以上，所用的材料几乎包括所有的金属，形状奇特而又复杂，可谓爆炸加工的一大特色。也许正因为如此，才显示出爆炸加工的独特作用和广泛的工业应用价值。

爆炸成型可以在空气中进行，也可以在水下进行，美国在水下爆炸成型方面走在世界前列，一些欧洲国家比较喜欢在空气中爆炸成型。爆炸成型需要根据加工要求而设计各种模具，模具有封闭式和开口式两种。爆炸成型是在炸药爆炸作用下一个复杂的高速变形过程，实际上，概括起来也很简单，如图 2-3 所示。

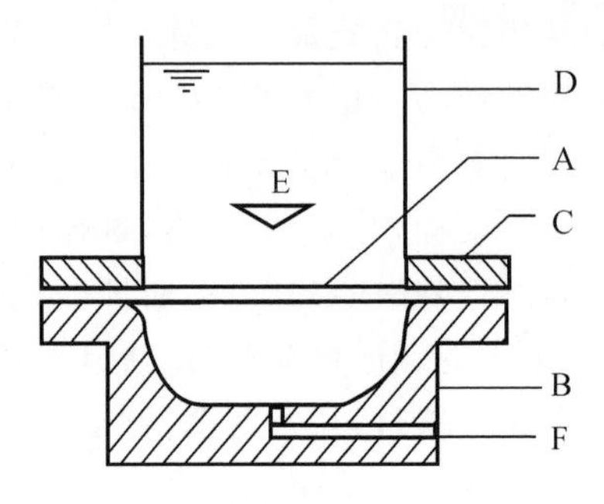

图 2-3　爆炸成型原理示意图

将毛料 A 放在凹模 B 上，然后用压边圈 C 压紧。D 是装水的水圈，在水圈中放入一定高度的水，然后把炸药 E 放在距毛料适当的距离，把凹模中的空气通过 F 抽空，引爆炸药，就能在很短的时间内形成一个与凹模形状一样的零件。

20 世纪 60 年代末，应用这种方法制成了在海底和外层空间严酷条件下作业的运载工具的大型结构件。目前，这种方法在船舶、油罐车和一些特殊的容器制造方面得到了广泛的应用。

2)爆炸焊接。爆炸焊接的最大优点是能把不同的金属焊接在一起。铝和钢、铜和钢、铜和铝等一些金属用常规的电焊和气焊是难以焊接的，即使采用其他特殊的方法把它们焊接起来，其质量也很难保证。爆炸焊接不仅解决了这个难题，而且焊接表面的强度，比原来金属的强度还要好，这真可以说是一种奇妙的焊接方法。爆炸焊接的另一个优点是可以进行大面积焊接以及金属管内壁或外表面的焊接，也就是说它可以把一种材料的管子进行内外包装，焊上另一种材料的薄金属管。

这种奇妙的焊接方法是美国的卡尔在 1944 年首先提出的。他在一次猛炸药爆炸试验中，发现两层黄铜薄层由于受到爆炸的突然冲击而焊接在一起。这一偶然发现成了世界范围的研究课题。20 世纪 50 年代末，另一个美国人费列普捷克第一次把爆炸焊接技术应用到工业工程上。接着，英国、苏联、德国、日本也开展了这门新工艺的研究工作。我国的这项研究开始于 20 世纪 60 年代，1968 年大连造船厂的陈火金等试制成功了我国的第一块爆炸焊接复合板。

现在，爆炸焊接已经成为一种崭新的工艺技术，在工程方面得到了广泛的应用。爆炸焊接的最大用途是制造各种材料的复合板，石油、化工、制药工业使用复合板可以提高防腐性能。造船工业使用铜镍合金复合板，表面不需要再涂刷油漆，还可以有良好的抗海生物附着和生长能力，从而提高了航速，缩短了维修时间和减少了经费开支。食品工业采用它可以消除金属氧化物的污染，加强食品卫生。

爆炸焊接在工程中的另一个用处是，在铺设石油管线和高压电缆时，用来焊接管线接头和高压电缆接头。采用这种方法不但可以加快进度还可以节省大量经费。加拿大采用这种方法，每天铺设石油管线 1 500 m 以上，比常规焊接节省大约 5 万元人民币。近年来，爆炸焊接又有了进一步的发展，焊接技术由两层发展为三层、四层，甚至十层金属或合金的一次复合技术，还可以把一种金属复合在两层金属板之间。这些技术和材料在电子工业和宇航工业中应用较多。

3)爆炸硬化。爆炸硬化是最早在工业上应用的一种接触爆炸加工，主要是用来改善高锰钢的机械性能，提高一些金属部件的寿命。这种技术在20世纪50年代就达到了工业应用的程度，用这种方法可以硬化铁路道叉、推土机、拖拉机或坦克的履带、铲斗的刃口等。

进行爆炸硬化时，猛炸药铺成薄层，与要硬化的金属表面相接触，引爆后就可以达到预想的结果。

除上面介绍的以外，炸药用于机械加工的情况还有：爆炸切割，用来切断工字钢或钢轨；爆炸压实，用爆炸压实金属粉末，制成不同形状的材料或零件；等等。

(4)用作压力推进器、驱动器、抛射器的能源推送载荷，还可用于运输、宇航科学等领域。如美国CL-20基推进剂已成功地通过了战术导弹火箭发动机实验，可能在近期内替代含RDX或HMX的固体推进剂，在导弹型号中使用。欧洲航天局(ESA)和荷兰航空航天局(NIVR)在确认HNF/GAP/Al为高能固体推进剂配方之后，做了大量的推进剂配方研究，实验结果表明，HNF/GAP/Al推进剂能量高、感度低、对环境无污染。

(二)作为气源应用于气体发生器

(1)用于救生筏、汽车安全气囊等的气体发生器。如NaN_3是一种起爆药，因其机械感度比较高，在受到撞击时能够迅速爆炸分解，放出大量的气体，因此可用于汽车安全气囊；而新型四嗪四唑类炸药BTATz[3,6-双(1氢-1,2,3,4-四唑-5-氨基)-1,2,4,5-四嗪]中氮的质量分数很高，每克固体BTATz燃烧后会快速生成0.7 L氮气，也可用于汽车的安全气囊中。

(2)用于榴弹底部燃烧排气增程装置。

(3)生成氧、氢、氟、氮、一氧化碳、二氧化碳等纯气体，应用于激光、电池、宇航、核反应、运输、救生和机械加工等系统。DHT-铝作为炸药的候选物，不仅具有高密度，而且能同时产生大量的氮气，当铝燃烧消耗氧气时，产生的大量氮形成了一种高氮的气体环境，从而使其中的人被氮气麻醉。

(4)用作灭火防火装置。BTATz燃烧时能够快速排开并隔离火焰附近的氧气；BTATz的碳含量很低，所以它的燃烧过程很干净，没有烟，剩余物也很少；BTATz的燃烧温度比同分子量的高碳化合物的燃烧温度低，因此BTATz可以作为最有前途的灭火剂之一。把它做成涂料在被保护物体的表面上(如从航空母舰上起飞的飞机轮井上)，只要不点燃，则其化学稳定性很好。

(三)利用炸药热能和声、光、烟效应

(1)利用光辐射药剂制造照明弹、照明跳弹、手持照明火炬、各种信号弹、手持信号火炬和信号火箭、红外隐身照明弹、红外诱饵弹、红外制导导弹、有色火焰观赏烟火制品或用于航空闪光摄影。

(2)利用发声药剂制造教练弹、模拟器材、发声的观赏焰火制品。

(3)利用发烟药剂制造烟雾弹、发烟罐等烟幕器材、求救彩色烟信号弹、发烟药剂等观赏烟火制品，以及对红外线、激光、微波实施无源干扰的干扰弹。DHT的热焰和无碳燃烧使其成为理想的新一代毒性更小的烟花，其燃烧放出的是无色无味的氮气，这使得只需要使用传统烟花1/10的金属粒子着色剂，DHT烟花就可以放出更明亮耀眼的色彩，且其可以用作室内观赏用。

(4)利用发热药剂制造点燃推进剂、发射药装药的点火器材、固体火箭冲击发动机装药、延期控制器材、燃烧弹及其他燃烧器材，发热药剂还可用作民用的烟花切割、焊接热源。

三、对炸药的基本要求

（一）能量水平

炸药应具有令人满意的能量水平，即应具有尽可能高的做功能力和猛度，且对不同能量指标的要求常随炸药用途而异，即根据用途要求能提供相应的爆破、破甲、粉碎、抛掷、推进、引爆等做功形式的能量。用于破甲或碎甲弹的炸药应具有高的爆速；用于对空武器的弹药应具有较高的威力；用于矿井爆破的炸药，特别是安全炸药，应具有适当的爆速和爆热；机械加工业的炸药则往往要求低密度和低爆速，以免破坏工件。

（二）安全性能

炸药应对机械、热、火焰、光、静电放电及各种辐射等的感度足够低，以保证生产、加工、运输及使用中的安全。但炸药又应对冲击波和爆轰波具有适当的感度，以保证能可靠而准确地被引爆。另外，随炸药使用条件不同，还要求它们具有相应的安全性能。例如，在深水中使用的炸药应当有良好的抗水性；在高温下使用的炸药应当有良好的耐热性和理化稳定性（如不发生相变等）；在高温及真空条件下使用的炸药应当具有低挥发性；在低温下使用的炸药应当具有良好的低温稳定性（不发生相变，不脆裂等），并在低温下具有良好的爆轰敏感性和传爆稳定性。

（三）安定性和相容性

炸药应具有良好的物理化学安定性，以保证长储安全。军用炸药的储存期较长，民用炸药的储存期可以较短。炸药要与包装材料、弹体或其他防护物相接触，在混合炸药中还要与其他组分相接触，所以炸药的相容性也是十分重要的。

（四）装药工艺

炸药应具有良好的加工和装药性能，能采取压装、铸装和螺旋装等方法装入弹体，且成型后的药柱应具有优良的力学性能。

（五）原材料及生产工艺

炸药应原材料来源丰富，价格可以承受，生产工艺成熟、可靠，安全程度高，产品质量和得率再现性好。

（六）生态和环境保护

炸药生产过程应不产生或仅产生少量“三废”（废水、废气、废渣），且可以处理，易于实现达标排放，不增加对环境的污染，不影响生态平衡。

（七）对军用炸药的其他要求

并非所有的炸药都适于军用。例如，代那买特在工业中已使用很多年，但不适于军用。而另一些常用的炸药，如 TNT，RDX，HMX 等则是理想的军用炸药，且特别适用于装填弹药。

军用炸药的要求是十分严格的，且很少有炸药能满足军用炸药的所有要求。为了确定一种炸药是否适于军用，首先要了解它前述的各项性能，然后还要了解它的挥发性、毒性、吸水性及密度，因为军用炸药的使用条件及最佳性能要求是多变的和严格的，所以这些性能也极其重要。

1. 密度

装药的理论密度应尽可能高。根据所用装药方式，炸药的平均装药密度可达炸药理论最大密度的80%～95%。高的装药密度可更好地防止炸药的内部摩擦，因而可降低装药感度。但如装药密度高，致使个别晶体发生破裂，则装药感度增高。提高装药密度可增加弹药中炸药的用量，因而使弹头、炸弹、手榴弹、炮弹等的能量更高。

2. 挥发性

军用炸药的挥发性应尽可能低。在装药温度及最高储存温度下，军用炸药最好几乎不挥发。过度的挥发性往往引起弹药内部压力升高，使混合炸药分离。挥发性也影响炸药的化学组成，使炸药的安定性明显下降，增大处理炸药的危险性。

3. 吸湿性

炸药的吸湿性应尽量低，因为湿气对炸药的性能会有不利影响。湿气可以作为惰性物质，当炸药吸热时被蒸发出来；湿气也可作为溶剂介质，引起炸药发生一些人们所不希望的化学变化。将湿气带入炸药是很不利的，会降低炸药的感度、威力及爆速。当爆轰时蒸发出的湿气被冷却时，会降低反应温度。湿气也影响炸药的安定性，因为湿气促进炸药的热分解，腐蚀储存炸药的金属容器。

4. 寿命

弹头或弹药的寿命至少应为12～15年，因此，炸药的寿命也应与此相适应。此外，在一些幅员辽阔的国家，不同地区的温度差别很大，所以，炸药应在较宽的温度范围内（一般为－40 ℃～＋60 ℃）保持所需的性能。

5. 毒性

炸药是一类有毒危害物，其毒性正日益为人们所重视和研究。军用炸药的毒性应尽可能低，高毒性的炸药是不能作为军用的。

完全满足上述要求的炸药是很少的，在设计和选择实用的炸药时，大多是在满足主要要求的前提下，在其他要求间求得折中和最佳平衡。对军用炸药应更多地考虑能量水平、安全水平及作用可靠性，而对民用炸药则应更多考虑其安全性、实用性和经济性。

思考与练习题

1. 什么是爆炸？爆炸分为哪几类？
2. 炸药爆炸的特征是什么？
3. 炸药有哪些特点？
4. 炸药化学变化有哪几种形式？它们之间有什么关系？具备什么条件可以互相转化？
5. 炸药的分类方法有哪几种？
6. 起爆药、猛炸药的区别是什么？
7. 对炸药有哪些基本要求？

第三章　炸药的热化学及爆炸反应方程式

炸药爆炸时，高速放出热量，并生成大量气体产物。这种高温高压的气体产物必然发生膨胀，并对周围介质做机械功。显然，炸药做功能力取决于炸药爆炸时所放出的热量以及所生成的气体产物的量；炸药爆炸对周围物体或目标的破坏程度取决于爆炸变化的高速性以及爆炸产物的压力。因此，一般用下面五个参数来综合评价炸药爆炸性能，即爆热(Q_V)、爆温(T_B)、爆容(V_0)、爆压(p_2)和爆速(v_D)。本章将着重讨论爆热、爆温和爆容的问题。

第一节　预备知识

一、化学反应的热效应

当化学反应进行时，除了极少数热中性反应外，都伴随有热量变化。若使反应产物的温度降(升)回到反应物的起始温度，这时体系放出(或吸收)的热量称为化学反应的热效应，通常用符号 Q 表示，且规定放热为正，吸热为负。常用单位为千焦/摩尔(kJ/mol)、千焦/千克(kJ/kg)。

如果化学反应过程是等容的，其热效应称为定容热效应，用 Q_V 表示；如果化学反应过程是等压的，其热效应就称为定压热效应，用 Q_p 表示。

(一)热效应与温度的关系

各种反应的热效应通常与反应进行时的温度有关，按照基尔霍夫定律，这个关系为

$$\frac{\mathrm{d}Q}{\mathrm{d}T}=\sum C_1-\sum C_2=\Delta C \tag{3-1}$$

即热效应随温度的变化等于原始物质和终了物质热容的差值。将式(3-1)改写成

$$\mathrm{d}Q=\Delta C\mathrm{d}T$$

并积分，则得

$$\int_{Q_1}^{Q_2}\mathrm{d}Q=\int_{T_1}^{T_2}\Delta C\mathrm{d}T$$

于是

$$Q_2=Q_1+\int_{T_1}^{T_2}\Delta C\mathrm{d}T \tag{3-2}$$

$$\Delta C=\sum_i C_{1i}-\sum_j C_{2j}$$

式中：C_{1i}——温度为 T_1 时物系第 i 种组分的热容；

C_{2j}——温度为 T_2 时物系第 j 种组分的热容。

对于等容或等压过程，ΔC 是常数，则

$$Q_2 = Q_1 + \Delta C(T_2 - T_1) \tag{3-3}$$

那么，在等容或等压条件下，知道 T_1 时热效应 Q_1，温度 $T_1 \sim T_2$ 范围内的热容之差 ΔC，就可根据式(3-3)求出 T_2 时的热效应 Q_2。

必须指出，只有反应在定压和定容下进行时式(3-3)才是严格正确的。

(二)Q_V 与 Q_p 的关系

它们之间的关系可直接从热力学第一定律得出。热力学第一定律的数学表达式为

$$-\Delta E = Q + A = Q + p\Delta V \tag{3-4}$$

式中：ΔE——物系热力学能的改变量；

Q——物系放出的热；

A——物系对外所做的功；

p——物系的压力；

ΔV——物系容积的改变量。

因此，若反应在定容下进行，$\Delta V=0$，则 $A=0$，于是

$$Q_V = -\Delta E \tag{3-5}$$

所以定容过程的热效应等于物系热力学能的减量。

若反应在定压下进行，则

$$A = p\Delta V$$

$$-\Delta E = Q_p + p\Delta V$$

于是

$$Q_p = -(\Delta E + p\Delta V)$$

函数 $\Delta E + p\Delta V$ 在热力学中以 ΔH 表示，叫作焓差，这样上式可以写作

$$Q_p = -\Delta H \tag{3-6}$$

它表示定压热效应等于物系焓的减量。

从式(3-5)和式(3-6)直接得出 Q_V 和 Q_p 的关系如下：

$$Q_V = Q_p + p\Delta V \tag{3-7}$$

或

$$Q_V = Q_p + p(V_2 - V_1) \tag{3-8}$$

如果把爆炸产物看作理想气体，而且爆炸前后温度一致，根据理想气体状态方程

$$pV = nRT$$

则

$$Q_V = Q_p + RT(n_2 - n_1) = Q_p + \Delta nRT \tag{3-9}$$

式中，Δn 为反应后与反应前气体组分物质的量的变化。对于凝聚炸药 $\Delta n = n_2$，若产物中有凝聚态组分，可以予以忽略。

取 $T = 298$ K，则

$$Q_V = Q_p + 2.478(n_2 - n_1)\ \text{kJ/mol} \tag{3-10}$$

式(3-10)说明了炸药爆炸时定压热效应与定容热效应的关系。一般热化学表中所列的数据通常为 Q_p，因此可用式(3-10)进行换算，求出 Q_V。

二、炸药的氧平衡

自然界中的元素有100多种，但是组成炸药的元素主要是C，H，O，N。为了提高炸药的某些性能，有时还加入一些其他元素，如F，Cl，S，Si，B，Mg，Al等。这些元素在炸药中的作用可分为三种类型：

（1）可燃剂，即C，H，Si，B，Mg，Al等；

（2）氧化剂，即O，F等；

（3）载氧体，即N。

炸药的爆炸过程实质上是可燃元素与氧化剂发生极其迅速和猛烈的氧化-还原反应的过程。反应结果是氧和碳化合生成二氧化碳（CO_2）或一氧化碳（CO），氢和氧化合生成水（H_2O），这两种反应都放出了大量的热。每种炸药里都含有一定数量的碳原子、氢原子，也含有一定数量的氧原子，发生反应时就会出现碳原子、氢原子、氧原子的数量不完全匹配的情况。氧平衡就是衡量炸药中所含的氧与将可燃元素完全氧化所需要的氧两者是否平衡的问题。

氧平衡是指炸药中的氧用来完全氧化可燃元素以后，每克炸药所多余或不足的氧量，用符号OB表示。若炸药中含有其他可燃元素，如Al等，同样也应以完全氧化为Al_2O_3来进行计算。

对于$C_aH_bO_cN_d$（a，b，c，d为对应元素的原子个数）炸药，其氧平衡的公式为

$$OB = \frac{c-(2a+b/2)}{M_r} \times 16[\text{g(氧)/g(炸药)}] \qquad (3-11)$$

式中，M_r为炸药的相对分子质量，16为氧的相对原子质量。

由式（3-11）可见，随着炸药中含氧量的改变，氧平衡可以有三种情况：

（1）当$c>2a+0.5b$时，炸药中的氧完全氧化其可燃元素后还有富余，称为正氧平衡，相应的炸药就是正氧平衡炸药。

（2）当$c=2a+0.5b$时，炸药中的氧恰好能完全氧化其可燃元素，称为零氧平衡，相应的炸药就是零氧平衡的炸药。

（3）当$c<2a+0.5b$时，炸药中的氧不足以完全氧化其可燃元素，称为负氧平衡，相应的炸药就是负氧平衡的炸药。

如硝化甘油（$C_3H_5O_9N_3$）的氧平衡为

$$OB = \frac{9-\left(2\times 3+\frac{5}{2}\right)}{227} \times 16 = +0.035[\text{g(氧)/g(炸药)}]$$

式中，227为硝化甘油的相对分子质量。故硝化甘油就是正氧平衡的炸药。

其他氧化剂和可燃剂的氧平衡可按化学方程式算出。

例如，硝酸钠（$NaNO_3$）的氧平衡为

$$NaNO_3 \longrightarrow \frac{1}{2}Na_2O + \frac{1}{2}N_2 + \frac{5}{4}O_2$$

$$OB = \left(3-\frac{1}{2}\right)\times\frac{16}{85} = +0.470[\text{g(氧)/g(炸药)}]$$

又如，Al的氧平衡为

$$2Al + 1.5O_2 \longrightarrow Al_2O_3$$

$$OB = \left(0-\frac{3}{2}\right)\times\frac{16}{27} = -0.890(\text{g(氧)/g(炸药)}$$

对于混合炸药，氧平衡的计算公式为

$$OB = \sum_{i=1}^{n} OB_i\omega_i[\text{g(氧)/g(炸药)}] \qquad (3-12)$$

式中：n——混合炸药的组分数；

OB_i——第 i 种组分的氧平衡；

ω_i——第 i 种组分在炸药中的质量分数。

如 2[#] 岩石炸药，其组分和氧平衡分别为

i	NH_4NO_3	TNT	木粉
ω_i(%)	85	11	4
OB_i[g(氧)/g(炸药)]	+0.2	−0.74	−1.38

则 2[#] 岩石炸药的氧平衡为

$$OB=\frac{0.2\times85-0.74\times11-1.38\times4}{100}=+334[\text{g(氧)/g(炸药)}]$$

2[#] 岩石炸药也是正氧平衡的炸药。

表 3-1 中列出了某些炸药和有关物质的氧平衡数值。

表 3-1　某些炸药和有关物质的氧平衡数值

名　称	分子式	相对分子质量	氧平衡 g(氧)/g(炸药)
梯恩梯(TNT)	$C_7H_5O_6N_3$	227	−0.74
黑索今(RDX)	$C_3H_6O_6N_6$	222	−0.216
奥克托今(HMX)	$C_4H_8O_8N_8$	296	−0.216
特屈儿(CE)	$C_7H_5O_8N_5$	287	−0.474
硝化甘油(NG)	$C_3H_5O_9N_3$	227	+0.035
硝化乙二醇	$C_2H_4O_6N_2$	152	0.000
泰安(PETN)	$C_5H_8O_{12}N_4$	316	−0.101
二硝基甲苯(DNT)	$C_7H_6O_4N_2$	182	−1.144
四硝基甲烷(TNM)	$C(NO_2)_4$	196	+0.490
硝基胍(NQ)	$C_{N4}O_2H_4$	104	−0.308
硝化纤维素(w_N=11.96%)	$C_{24}H_{31}O_{38}N_9$	1053	−0.387
硝化纤维素(w_N=13.47%)	$C_{24}H_{29}O_{42}N_{11}$	1143	−0.286
雷汞	$Hg(CNO)_2$	284.6	−0.113
硝酸铅	$Pb(NO_3)_2$	331.23	+0.242
硝酸钾	KNO_3	101.10	+0.396
硝酸钠	$NaNO_3$	85.01	+0.470
硝酸铵	NH_4NO_3	80.05	+0.200
铝粉	Al	26.98	−0.890
木粉	$C_{39}H_{70}O_{28}$	986	−1.380
石蜡	$C_{18}H_{38}$	254	−3.460
沥青	$C_{30}H_{18}O$	394	−2.760
轻柴油	$C_{16}H_{32}$	224	−3.420
木炭	C	12	−2.667
2[#] 岩石炸药	NH_4NO_3∶TNT∶木粉(85∶11∶4)		+0.0334

根据实验的数据可以确定出具有各种不同氧平衡的炸药在爆炸时，哪些物质是爆炸的主要成分，哪些物质在爆炸产物中含量极少。这样，在确定爆炸反应方程式时，就可以充分考虑这些主要的产物，有时为了计算的方便而将那些含量极少的产物忽略不计也不致引起很大的误差。

因此，在知道了某炸药的氧平衡后，即可预先考虑哪些是主要的产物。为此，根据炸药的含量多少将炸药分为三类：

(1)第Ⅰ类炸药：含氧量足够使可燃元素完全氧化的炸药，亦即正氧平衡和零氧平衡的炸药，如硝化甘油和硝化乙二醇等。

(2)第Ⅱ类炸药：含氧量不足够使可燃元素完全氧化，但足够使其完全汽化的炸药，也就是在产物中不形成固体碳，如泰安和黑索今等。

(3)第Ⅲ类炸药：含氧量不但不够完全氧化可燃元素，而且不够使其完全汽化的炸药，也就是在产物中含有固体碳，如梯恩梯等。

研究炸药的氧平衡具有重要的理论意义和实际意义。主要表现在以下几方面：

(1)各类单质炸药的做功能力在零氧或接近零氧平衡时为最大。许多高爆速(大于 8 000 m/s)单质炸药也都具有不大的负氧平衡(−0.10～0)。

(2)零氧或接近零氧平衡的炸药爆炸时产生的有毒气体最少。负氧平衡炸药爆炸时会产生有毒的一氧化碳气体，正氧平衡炸药爆炸时会产生毒性更大的氧化氮气体。

(3)对以氧化剂和可燃物为主体的混合炸药，在零氧或接近零氧平衡时爆炸放出的热量最多，做功能力也最大。

(4)对以氧化剂和可燃物为主体的混合炸药，其配方设计的原则之一是使该炸药达到或接近零氧平衡。

三、炸药的氧系数

氧系数表示炸药分子被氧饱和的程度。对于 $C_aH_bO_cN_d$ 类炸药，氧系数的公式是

$$A = \frac{c}{2a + b/2} \times 100\% \tag{3-13}$$

即氧系数是炸药中所含的氧量与完全氧化可燃元素所需氧量的百分比。这是一个无量纲量。它与氧平衡的关系可用下式表示：

$$OB = \frac{16c(1 - 1/A)}{M_r} \tag{3-14}$$

若 $A>100\%$，则 $OB>0$，为正氧平衡炸药；

若 $A=100\%$，则 $OB=0$，为零氧平衡炸药；

若 $A<100\%$，则 $OB<0$，为负氧平衡炸药。

氧系数的计算举例如下：

硝化甘油 $$A=\frac{9}{2\times3+5/2}\times100\%=105.9\%$$

梯恩梯 $$A=\frac{6}{2\times7+5/2}\times100\%=36.4\%$$

混合炸药氧系数的计算与混合炸药氧平衡的计算方法类似。

第二节　爆炸反应方程式

确定炸药的爆炸反应方程式，即确定炸药爆炸产物的成分和含量，对理论研究和实际应用都很有意义。因为爆炸反应方程式是炸药爆轰参数计算的基础，是工程爆破，特别是矿井、巷道爆破分析爆炸产物毒性的重要依据。知道了炸药的爆炸反应方程式，才有可能对炸药的爆轰参数以及其它性能参数进行比较精确的计算，才能从理论上指导新型炸药的研制。在工程爆破研制或选用炸药时，只有了解爆炸产物的具体组成，才能恰当调整配方以提高炸药的爆破性能，合理采用爆破方案，减少有毒气体的产量和危害，防止二次火焰，确保爆破质量和施工安全。

一般采用化学分析和仪器分析的方法确定爆炸反应方程式。必须指出，用这些方法得到的都是冷却后爆炸产物的组分；由于在冷却过程中，温度和压力的变化使产物之间相互反应的化学平衡发生移动，因此得到的结果和爆炸瞬间并不一致。此外，除炸药的组成、密度、爆炸变化反应之外，许多外部因素，如冷却时间、装药外壳的材料、爆破介质的性质、产物膨胀时做功的大小以及混合炸药成分的均匀程度也都对实测得到的产物组分有影响。要精确地测定爆炸产物的组分，目前还有一定的困难。

根据氧平衡进行理论计算来确定爆炸反应方程式比较精确，但考虑爆炸产物之间的化学平衡，计算比较复杂，而且计算结果未必完全符合实际情况。因而在工程上为了便于对炸药的爆热、爆温和爆容进行估算，一般根据经验方法确定爆炸反应方程式。常用的有吕-查德里(Le-Chatelier)方法和布伦克里-威尔逊(Brinkley-Wilson)方法。他们从爆炸产物的体积、放出的能量等不同的角度提出了确定爆炸反应方程式的不同经验方法。

一、吕-查德里方法

此法也简称 L-C 法，该法是基于最大爆炸产物体积的原则，并且在体积相同时，偏重于放热多的反应。这个原则及计算方法对于自由膨胀的爆炸产物的最终状态是比较正确的。

(1)对于第Ⅰ类炸药，即 $c \geqslant 2a+0.5b$ 的炸药来说，爆炸反应中氢完全氧化为 H_2O，碳完全氧化为 CO_2，并生成分子状态的 N_2。正氧平衡时还可以生成分子状态的 O_2。

例如，梯恩梯与硝酸铵按零氧平衡配比的炸药，其爆炸反应式可写为

$$C_7H_5O_6N_3+10.5NH_4NO_3 \longrightarrow 7CO_2+23.5H_2O+12N_2$$

(2)对于第Ⅱ类炸药，即 $a+0.5b \leqslant c < 2a+0.5b$ 的炸药来说，首先考虑对产生气体产物有利的反应，使碳首先氧化成 CO，再将剩余的氧平均分配用于将 CO 氧化为 CO_2，将 H 氧化为 H_2O。因此产物中的 CO_2 和 H_2O 的量是相同的。

例如，黑索今的爆炸反应式可写为

$$C_3H_6O_6N_6 \longrightarrow 1.5CO_2+1.5H_2O+1.5CO+3N_2+1.5H_2$$

(3)对于第Ⅲ类炸药，即 $c < a+0.5b$ 的炸药来说，吕-查德里方法已经不再适用，否则产物可能无 H_2O 生成。这是不合理的，其改进的方式为，先将 3/4 的 H 氧化成 H_2O，剩余的氧平均分配用于将 C 氧化使之生成 CO_2 和 CO。显然产物中的 CO 的量是 CO_2 的量的 2 倍，产物中还有固体碳生成。

例如，梯恩梯的爆炸反应式可写成

$$C_7H_5O_6N_3 \longrightarrow 1.88H_2O+2.06CO+1.03CO_2+3.91C+0.62H_2+1.5N_2$$

二、H_2O-CO-CO_2 型规则

这个规则是由 Brinkley 和 Wilson 提出的，所以又称为 B-W 方法。该方法是从能量上的优先性考虑最有利的反应。由于负氧平衡的炸药其爆炸变化的最终过程是偏离能量极大值的，因此还需考虑某些平衡的可逆反应。该规则氧的分配顺序如下：炸药中所含的氧首先将其组分中可燃的金属元素氧化成金属氧化物，然后将氢氧化成水(H_2O)，再将碳氧化为 CO，未氧化的碳以固体碳游离存在；若氧还有剩余，则再将 CO 氧化成 CO_2，剩余氧以游离态 O_2 存在，氮全部生成 N_2。

(1)对于第Ⅰ类炸药，其爆炸产物组分的写法是氧将氢、碳完全氧化为 H_2O,CO_2，氮以 N_2 形式存在；若是正氧平衡炸药，多余的氧以分子形式 O_2 存在。其通式为

$$C_aH_bO_cN_d \longrightarrow \frac{b}{2}H_2O+aCO_2+\frac{d}{2}N_2+\frac{(c-2a-b/2)}{2}O_2$$

例如，硝化甘油爆炸反应方程式为

$$C_3H_4O_9N_3 \longrightarrow 2.5H_2O+3CO_2+1.5N_2+0.25O_2$$

(2)对于第Ⅱ类炸药，其爆炸产物组分的写法是首先把氢氧化为 H_2O，碳氧化为 CO；剩余的氧再把 CO 氧化为 CO_2，氮以分子形式存在。通式为

$$C_aH_bO_cN_d \longrightarrow \frac{b}{2}H_2O+\left(c-a-\frac{b}{2}\right)CO_2+\left(2a-c+\frac{b}{2}\right)CO+\frac{d}{2}N_2$$

例如，RDX 的爆炸反应方程式为

$$C_3H_6O_6N_6 \longrightarrow 3H_2O+3CO+3N_2$$

(3)对于第Ⅲ类炸药，其爆炸产物组分的写法是把氢完全氧化为 H_2O，剩余的氧把碳氧化为 CO，多余的碳以固体形式游离出来，氮以分子形式存在。其通式为

$$C_aH_bO_cN_d \longrightarrow \frac{b}{2}H_2O+\left(c-\frac{b}{2}\right)CO+\left(a-c+\frac{b}{2}\right)C+\frac{d}{2}N_2$$

例如，梯恩梯爆炸反应方程式为

$$C_7H_5O_6N_3 \longrightarrow 2.5H_2O+3.5CO+3.5C+1.5N_2$$

三、H_2O-CO_2 型规则

这个规则符合最大放热原则，适用于炸药密度 $\rho_0>1.4\ g/cm^3$，特别是 ρ_0 接近于炸药晶体密度时的情形。此时，爆炸产物的压力很高，下列反应

$$2CO \rightleftharpoons CO_2+C$$

平衡向右移动。因此，认为在产物中没有 CO，在书写炸药爆炸反应方程式时，氧的分配顺序如下：炸药中的氧首先将可燃的金属氧化成金属氧化物，然后将氢氧化为 H_2O，剩余的氧全部用来将碳氧化为 CO_2，未被氧化的碳则以固体碳游离存在；若氧还有剩余，则以游离态 O_2 存在；氮全部生成 N_2。

对于第Ⅰ类炸药采用 B-W 方法书写反应式；对于第Ⅱ，Ⅲ类炸药，其通式为

$$C_aH_bO_cN_d \longrightarrow \frac{b}{2}H_2O+\left(\frac{c}{2}-\frac{b}{4}\right)CO_2+\left(a+\frac{b}{4}-\frac{c}{2}\right)C+\frac{d}{2}N_2$$

例如，硝化甘油的爆炸反应方程式为

$$C_3H_5O_9N_3 \longrightarrow 2.5H_2O + 3CO_2 + 0.25O_2 + 1.5N_2$$

梯恩梯的爆炸反应方程式为

$$C_7H_5O_6N_3 \longrightarrow 2.5H_2O + 1.75CO_2 + 5.25C + 1.5N_2$$

对一些极简单的无氧化合物，其组成中没有氧元素，如氮化铅等，一般认为它们在爆炸时直接分解成其组成元素生成的产物。

例如，氮化铅的爆炸反应方程式为

$$PbN_6 \longrightarrow Pb + 3N_2$$

第三节　炸药的爆热

单位质量的炸药在爆炸反应时放出的热量称为该炸药的爆热，爆热是炸药产生巨大做功能力的能源，爆热与炸药的爆温、爆容、爆压等参数值密切相关，是炸药重要的性能参数。

由于炸药的爆炸变化极为迅速，可视作在定容状态下进行，而且定容热效应更能直接地表示炸药的能量性质。一般用 Q_V 来表示炸药的爆热，其单位为 kJ/mol 或 kJ/kg。

一、爆热的计算

(一)爆热的理论计算

计算爆热的理论依据是盖斯定律。该定律指出：反应的热效应与反应的路径无关，而只取决于反应的初态和终态。这个定律可以从热力学第一定律导出。在运用盖斯定律时，反应过程的条件是不变的，即整个过程或者都是等压过程，或者都是等容过程。

下面简要说明利用盖斯定律来计算炸药爆热的方法。

如图 3－1 所示，状态 1 为组成炸药元素的稳定单质状态，即初态；状态 2 为炸药，即中间态；状态 3 为爆炸产物，即终态。

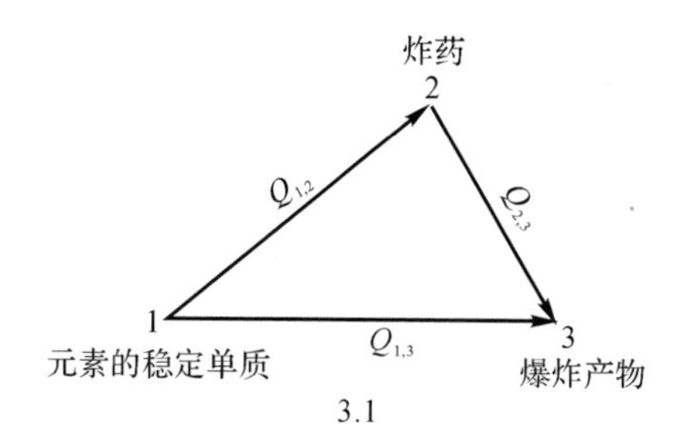

图 3－1　计算炸药爆热的盖斯定律表示图

从状态 1 到状态 3 有两条途径：一是由元素的稳定单质直接生成爆炸产物，同时放出热量 $Q_{1,3}$（即爆炸产物的生成热之和）；二是从元素的稳定单质先生成炸药，同时放出或吸收热量 $Q_{1,2}$（炸药的生成热），然后再由炸药发生爆炸反应，放出热量 $Q_{2,3}$（爆热），生成爆炸产物。

根据盖斯定律，系统沿第一条途径转变时，反应热的代数和应该等于它沿第二条途径转变时的反应热的代数和，即

$$Q_{1,3} = Q_{1,2} + Q_{2,3}$$

则炸药的爆热 $Q_{2,3}$ 为

$$Q_{2,3}=Q_{1,3}-Q_{1,2} \tag{3-15}$$

即炸药的爆热等于其爆炸产物的生成热之和 $Q_{1,3}$ 减去炸药的生成热 $Q_{1,2}$。

因此，只要知道炸药的爆炸反应方程式和炸药及爆炸产物的生成热数据，利用式(3－15)就可计算出炸药的爆热。炸药和爆炸产物的生成热数据可由附录查得，也可以通过燃烧热实验或有关的计算方法求得。

必须指出，由热化学数据表中查得的炸药或产物的生成热数据往往都是定压生成热数据，将它们代入式(3－15)中算得的结果是定压爆热。必须按照式(3－9)把它换算成定容数据，才能得出炸药的爆热值。

例 3.1 已知泰安(PETN)的爆炸反应方程式为

$$C_5H_8O_{12}N_4 \longrightarrow 4H_2O+3CO_2+2CO+2N_2+Q_V$$

求泰安的爆热 Q_V(kJ/kg)。

解 (1)画出计算泰安爆热的盖斯定律图(见图 3－2)。

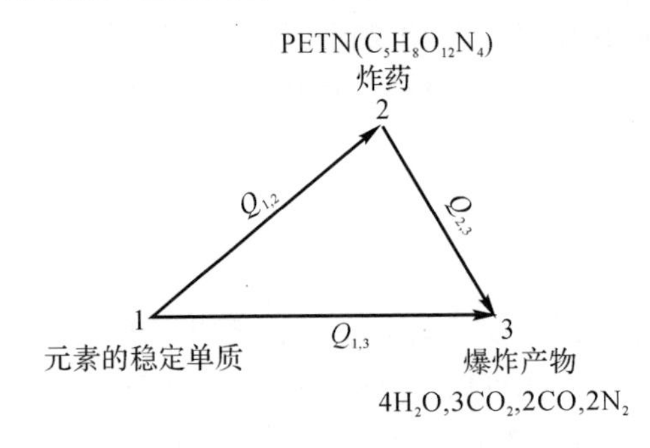

图 3－2 计算泰安爆热的盖斯图

(2)查附录得到所需物质的 298K 时的定压生成热数据 Q_{pf}。

物质名称	PETN	H_2O	CO_2	CO	N_2
Q_{pf}(kJ/mol^{-1})	514.6	241.8	393.5	110.5	0

(3)令 Q_p 为 298 K 时的定压爆热，按照盖斯定律图有

$Q_p=Q_{2,3}=Q_{1,3}-Q_{1,2}=(4\times241.8+3\times393.5+2\times110.5-514.6)\text{kJ/mol}=1\ 854.1\ \text{kJ/mol}$，有

(4)按照式(3－10)计算泰安的定容爆热，有

$Q_V=Q_p+2.478(n_2-n_1)=[1\ 854.1+2.478\times(4+3+2+2-0)]\text{kJ}\cdot\text{kg}=1\ 881.4\ \text{kJ/mol}$

(5)将 Q_V 换算成所要求的单位 kJ/kg。

$$Q_V=1\ 881.4\times\frac{1\ 000}{M_r}=(1\ 881.4\times\frac{1\ 000}{316})\text{kJ}\cdot\text{kg}=5\ 953.8\ \text{kJ/kg}$$

例 3.2 计算阿马托炸药 80/20 的爆热。其爆炸反应方程式为

$$11.35NH_4NO_3+C_7H_5O_6N_3 \longrightarrow 25.2H_2O+7CO_2+12.85N_2+0.425O_2+Q_V$$

解 由附录查得硝酸铵和梯恩梯的生成热 Q_{fe} 分别为 365.7 kJ/mol 和 54.4 kJ/mol。按照盖斯三角形，有

$Q_{2,3}=Q_{1,3}-Q_{2,3}=[25.2\times241.8+7\times393.5-(11.35\times365.7+54.4)]\text{kJ}=4\ 642.765\ \text{kJ}$

换算为定容热效应 Q_V：

$$Q_V=[4\ 642.765+2.478\times(25.2+7+12.85+0.425)]\text{kJ}\approx4\ 755.452\ \text{kJ}$$

以上数值为 11.35 mol 硝酸铵和 1 mol 梯恩梯混合物的爆炸定容热效应。若换算为 1 kg 混合物时，其热效应为

$$Q_V=\frac{4\ 755.452\times 1\ 000}{11.35\times 80+227}\text{kJ/kg}\approx 4189.8\ \text{kJ/kg}$$

(二)爆热的经验计算法——阿瓦克扬法

用盖斯定律计算爆热时，需要知道炸药接近于真实情况下的爆炸反应方程式和有关的生成热数据。这不仅麻烦，有时甚至很困难。1964 年阿瓦克扬提出了一种计算爆热的经验方法，只要知道炸药的分子式和生成热数据就可算出其爆热。当氧系数 $A=12\%\sim115\%$ 时，其爆热的计算误差不超过 3.5%。

此法将炸药爆炸产物总定容生成热 $Q_{1,3}$ 视为该炸药氧系数 A 的单值函数，并且，对任一确定的 A 值，$Q_{1,3}$ 总有一个确定的最大值 $Q_{1,3\max}$ 与之相对应。如果 A 在 12%～115%范围内，$Q_{1,3}$ 与 $Q_{1,3\max}$ 的关系为

$$Q_{1,3}=KQ_{1,3\max} \tag{3-16}$$

式中，K 为炸药爆炸产物的真实性系数，且有

$$K=0.32(100A)^{0.24} \tag{3-17}$$

$Q_{1,3\max}$ 按最大放热原则确定。即：炸药爆炸变化时，平衡反应 $2CO \longrightarrow CO_2+C$ 和 $CO+H_2 \longrightarrow H_2O+C$ 向右移动，此时的热效应就是最大爆热。换言之，$Q_{1,3\max}$ 是将炸药分子中氢全部氧化为 H_2O，并用剩余的氧使碳氧化为 CO_2 这一过程产生的热效应。

于是，只要知道炸药的分子式，就能算出其氧系数 A 及产生的最大定容生成热 $Q_{1,3\max}$，由式(3-16)、式(3-17)可得到爆炸产物的定容生成热 $Q_{1,3}$；如果再知道炸药的定容生成热 $Q_{1,2}$，就可求出炸药的爆热 Q_V。

对于 $C_aH_bO_cN_d$ 类炸药，其爆热计算式为：

当 $A\geqslant100\%$ 时，有

$$Q_V=0.32(100A)^{0.24}(393.5a+120.3b)-Q_{Vfe}(\text{kJ/mol}) \tag{3-18}$$

当 $A<100\%$ 有

$$Q_V=0.32(100A)^{0.24}(196.75c+22.0b)-Q_{Vfe}(\text{kJ/mol}) \tag{3-19}$$

式中，Q_{Vfe} 为炸药的定容生成热，单位为 kJ/mol。

例 3.3　已知黑索今[$C_3H_6O_6N_6$]的 $Q_{Vfe}=-93.3$ J/mol，求其爆热 Q_V(kJ/kg)。

解　(1)计算 A 值：

$$A=\frac{6}{2\times3+6/2}=66.67\%$$

(2)利用式(3-19)计算 Q_V：

$$Q_V=[0.32\times66.67^{0.24}\times(196.75\times6+22.0\times6)+93.3]\text{kJ/mol}=1\ 244.1\ \text{kJ/mol}$$

(3)换算单位：

$$Q_V=\left(\frac{1\ 244.1}{222}\times1\ 000\right)\text{kJ/kg}=5\ 604.1\ \text{kJ/kg}$$

对于混合炸药，计算步骤如下：

(1)算出 1 kg 混合炸药的虚拟分子式 $C_aH_bO_cN_d$。

(2)按下式计算混合炸药的定容生成热：

$$Q_{Vfe} = \sum N_i Q_{Vfi} \tag{3-20}$$

式中：N_i——1 kg 混合炸药中第 i 种组分的物质的量；

Q_{Vfi}——1 kg 混合炸药中第 i 种组分的定容生成热，kJ/mol。

(3)计算混合炸药的氧系数 A，按阿瓦克扬法计算该炸药的爆热(kJ/kg)。

例 3.4 已知 TNT 和 RDX 的定容生成热分别为 $Q_{VTNT}=42.3$ kJ/mol，$Q_{VRDX}=-93.3$ kJ/mol，计算混合炸药 40TNT/60RDX 的爆热 Q_V(kJ/kg)。

解 (1)确定 1 kg 混合炸药 $C_aH_bO_cN_d$ 中 C，H，O，N 的物质的量：

$$a = \frac{400}{227}\times 7 + \frac{600}{222}\times 3 = 20.442\ 9$$

$$b = \frac{400}{227}\times 5 + \frac{600}{222}\times 6 = 25.026\ 8$$

$$c = \frac{400}{227}\times 6 + \frac{600}{222}\times 6 = 26.788\ 9$$

$$d = \frac{400}{227}\times 3 + \frac{600}{222}\times 6 = 21.502\ 6$$

所以混合炸药的分子式为 $C_{20.442\ 9}H_{25.026\ 8}O_{26.788\ 9}N_{21.502\ 6}$。

(2)根据式(3-20)计算混合炸药的生成热：

$$Q_{Vfe}=\left[\frac{400}{227}\times 42.3+\frac{600}{222}\times(-93.3)\right]\text{kJ/kg}=-177.6\ \text{kJ/kg}$$

(3)计算氧系数：

$$A=\frac{c}{2a+b/2}\times 100\%=\frac{26.788\ 9}{2\times 20.442\ 9+25.0268/2}\times 100\%=50.17\%$$

(4)根据式(3-19)计算混合炸药的爆热：

$$\begin{aligned} Q_V &=[0.32\times 50.17^{0.24}\times(196.75\times 26.788\ 9+22.0\times 25.026\ 8)-(-177.6)]\ \text{kJ/kg} \\ &=4\ 944.9\ \text{kJ/kg} \end{aligned}$$

对于混合炸药爆热的计算，上述方法较精确。为简化计算过程，也可采用质量加权法，即假定混合炸药中每一组分对爆热的贡献与它在该炸药中的含量成正比，则混合炸药爆热计算公式为

$$Q_V = \sum w_i Q_{Vi}\ (\text{kJ/kg}) \tag{3-21}$$

式中：w_i——混合炸药中第 i 种组分的质量分数；

Q_{Vi}——混合炸药中第 i 种组分的爆热，kJ/kg。

例 5 已知爆热：$Q_{VTNT}=4\ 126.7$kJ/kg，$Q_{VRDX}=5\ 601.1$ kJ/kg，求 40TNT/60RDX 的爆热 Q_V(kJ/kg)。

解 按式(3-21)，40TNT/60RDX 的爆热为

$$Q_V=(40\%\times 4\ 126.7+60\%\times 5\ 601.1)\text{kJ/kg}=5\ 011.3\text{kJ/kg}$$

此计算结果与用式(3-19)计算的结果(4 944.9 kJ/kg)是比较一致的。

二、爆热的实验测定

火药及一般起爆药的爆热可用氧弹式量热计测定，而对于一般的猛炸药，爆热的测定必须在特制的爆热弹中进行。目前已有多种形式和结构的爆热弹。常用的规格是：弹体质量 137.5 kg，直径 270 mm，高 400 mm，内部体积 5.8 L。可爆炸 100 g 炸药试样。爆热的测定方

法分绝热量热法和恒温量热法两种。

图 3-3 为绝热量热计的示意图。该装置的核心爆热弹被置于一个不锈钢制的量热桶中，桶内盛恒温的定量蒸馏水，其内外表面均应抛光。量热桶外是钢制的保温桶，桶的内壁抛光镀铬。最外层是木桶。在木桶和保温桶之间填充泡沫塑料，以隔绝与外部的热交换。其基本原理是控制保温桶内的水温，使其在实验过程中始终与量热桶内的水温保持一致。在量热系统与外界基本绝热的条件下，引爆爆热弹内的炸药试样。用测温元件精确测量蒸馏水的温度升高量，然后进行计算，就可得出炸药的爆热值。

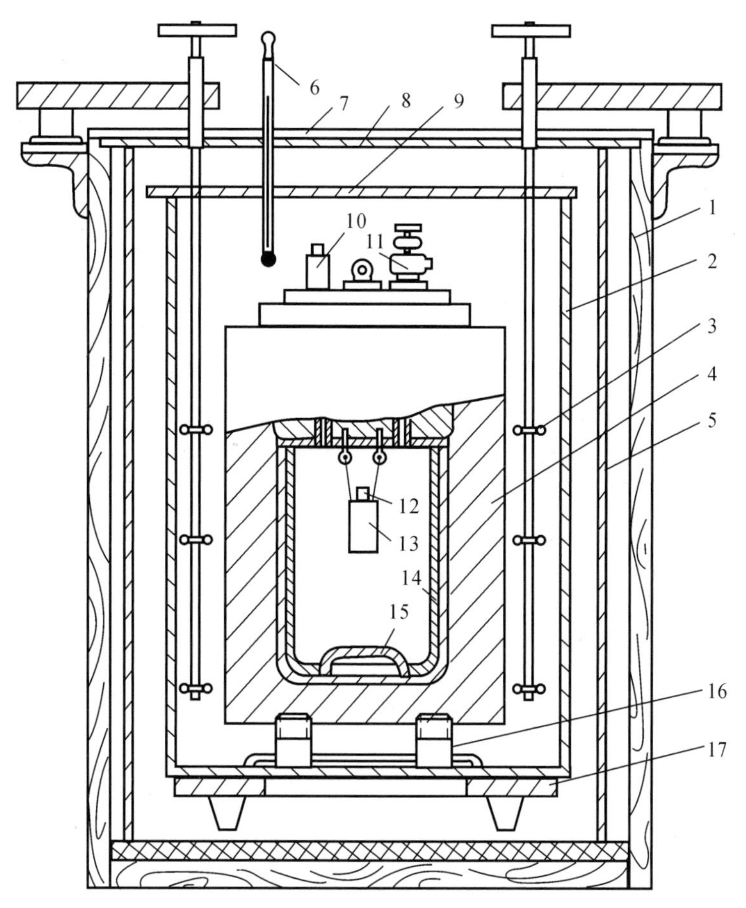

图 3-3 爆热测量装置

1—木桶；2—量热桶；3—搅拌桨；4—量热弹体；5—保温桶；
6—贝克曼温度计；7，8，9—盖；10—电极接线柱；11—抽气口；
12—电雷管；13—药柱；14—内衬桶；15—垫块；16—支撑螺栓；17—底托

实验时，取待测炸药试样 25～30 g，压制成 ϕ25～30 mm、留有深 10 mm 雷管孔的药柱，精确称量至 0.1 mg，并计算其密度。根据实验要求，药柱可用裸露的，也可使用有外壳包装的。

将装有雷管的炸药试样悬挂在弹盖上，盖好弹盖。由抽气口抽出弹内的空气，再用氮气置换弹内剩余的气体，并再次抽空。然后，用吊车将弹体放入量热桶中，注入室温下的蒸馏水，直至弹体全部被淹没为止。注入的水量要准确称量。在恒温 1 h 左右时，记录桶内的水温 T_0，而后引爆炸药，反应放热使水温不断升高，记录水所达到的最高温度 T，即可用下式计算出炸药爆热的实测值：

$$Q_V = \frac{c(M_w + M_I)(T - T_0) - q}{M_E}(\text{kJ/kg}) \tag{3-22}$$

式中： c——水的比热容，kJ/(kg·℃)；

M_w——注入的蒸馏水质量，kg；

M_I——仪器的水当量，kg，可用苯甲酸进行标定而求得；

q——雷管空白试验的热量，kJ；

M_E——炸药试样的质量，kg；

T_0——爆炸前测量热桶中的水温，℃；

T——爆炸后测量热桶中的最高水温，℃。

必须指出，按式(3-22)得到的爆热值是爆炸产物水为液态时的热效应。而在实际爆炸中，产物水呈气态。应从按此法测出的热值扣除掉水冷凝时所放出的热量，才是真正的爆热值。方法是，用干燥空气将弹体内的水带出，然后用吸收剂吸收，测出水量，即可求得这些水由气态变成液态时所放出的热量。此法也可和气相色谱等仪器连用，同时测定爆炸产物的体积和气体产物冷却后的组分。

表3-2和表3-3列出了部分炸药的爆热实测值。从表中数据可以看出，最常用炸药的爆热值介于4000～6 000 kJ/kg之间；对于同一种炸药，如果测定的方法或装药条件不同，其测定的结果也有差异，爆热值受测试条件的影响。

表3-2　部分炸药的爆热实测值

炸　药	ρ/(g·cm^{-3})	Q_V/(kJ·kg^{-1})
梯恩梯	1.5	4 226
	0.85	3 389
黑索今	1.5	5 397
	0.95	5 314
50梯恩梯/50黑索今	1.68	4 770
	0.9	4 310
苦味酸	1.5	4 100
	1.0	3 807
特屈儿	1.55	4 560
	1.0	3 849
泰　安	1.65	5 690
	0.85	
硝化甘油	1.6	6192
87.5四硝基甲烷/12.5苯	1.48	6 904
液态炸药(吸收剂:泥炭、木粉、煤、苔藓)	～1.0	6 694～8 368
阿马托(40/60)	1.55	4 184
	1.30	4 142
阿马托(80/20)	0.90	4100
雷　汞	3.77	1 715(汞为气态)
	1.25	1 590
硝酸铵		1 439

表 3－3　几种炸药不同条件的爆热实测值

炸 药	$\rho/(g\cdot cm^{-3})$	装药条件	$Q_V/(kJ\cdot kg^{-1})$
梯恩梯	1.50	无外壳	2 540±17
	1.53	药质量 22 g,直径 12.7 mm,厚 12.7 mm 的金壳	4 573±29
泰　安	1.73～1.74	同上	6 222±13
黑索今	1.69	无外壳	5 590
	1.78	直径 20 mm,厚 4 mm 的黄铜外壳	6 318
特屈儿	1.60	厚 12.7 mm 的软钢外壳	4 853
奥克托今	1.89	直径 12.7mm,厚 12.7mm 的金壳	6 188±50
叠氮化铅			1 536
雷　汞			1 732

三、影响爆热的因素

实验表明,即使是同种炸药,爆热的数值也会由于装药条件的不同而表现出不同,下面对装药条件的影响进行讨论。

(一)装药密度的影响

由表 3－2 可以看出,装药密度影响其爆热值,对负氧平衡类炸药(如苦味酸、特屈儿等)表现得较为显著。对于零氧、正氧平衡类炸药(如泰安、硝化甘油等),即使在坚固的外壳中,装药密度的增加也没有观察到爆热的增加。这是因为零氧或正氧平衡炸药其爆炸产物 CO_2 和 H_2O 的离解速度较小,而爆炸瞬间的二次反应

$$2CO \longrightarrow CO_2+C$$

$$CO+H_2 \longrightarrow H_2O+C$$

也较少或几乎不存在,因而对爆热值无多大影响。

负氧平衡的炸药随着密度的增加,爆轰所形成的压力增高,上述两个二次反应的平衡将向右移动,CO_2,H_2O 的量相对增加,因而使爆热增加。表 3－4 列出了梯恩梯和黑索今的装药密度对爆热实测值的影响。

表 3－4　密度对爆热实测值的影响

参数	黑索今						梯恩梯			
$\rho/(g\cdot cm^{-3})$	0.5	1.0	1.8	0.95	1.1	1.5	0.85	1.0	1.5	1.62
$Q_V/(kJ\cdot kg^{-1})$	5 356①	5 774①	6 318①	5 314	5 356	5 397	3 389～3 556	3 598～3 682	4 226	4 853

注:①为液态水。

(二)外壳的影响

实验表明,负氧平衡的炸药在高密度和坚固的外壳中爆轰时,爆热值增大很多,如表 3－5 所示。密实地压装在黄铜外壳中的梯恩梯爆轰时,释放出的能量为相同样品在薄玻璃外壳中爆轰时释放能量的 1.29 倍。

表 3-5 装药外壳对爆热的影响

炸药	$\rho/(g\cdot cm^{-3})$	$Q_V/(kJ\cdot kg^{-1})$(气态水)	爆炸条件
黑索今	1.78	5 314	在 2 mm 厚的玻璃外壳中
		5 941	在 4 mm 厚的黄铜外壳中
梯恩梯	1.60	3 515	在 2 mm 厚的玻璃外壳中
		4 519	在 4 mm 厚的黄铜外壳中

对于低度负氧平衡和正氧、零氧平衡的炸药，外壳对爆热的影响则不是很显著。

在一定的装药密度下，外壳厚度增加，爆热也增加。但外壳增大到一定厚度时，爆热值将达到其极限。外壳之所以影响爆热是因为炸药爆炸时，其中有一部分能量是在爆轰产物膨胀时的二次反应中释放出来的。因此，在无外壳或外壳较薄时，爆炸产物的膨胀较快，因而压力下降也较快。于是前述二次反应的平衡则有向左移动的趋势，反应吸收热量致使爆热减少。另外，随着爆轰气体产物的迅速膨胀，一部分未反应的物质也随之抛散而造成能量的散失。有外壳时，外壳将阻碍气体产物的膨胀，延长了装药二次反应的时间，使平衡向右移动，从而使爆热增加。

在一定装药密度下，外壳厚度增加，爆热也增加，但达到某一定的厚度时，爆热值也达到极限不再增加。例如黄铜的外壳厚度在 3～4 mm 时，就达到极限了。按照阿宾的研究，在无外壳影响时，Q_V 与密度 ρ 具有线性关系：

$$\left.\begin{aligned} Q_V &= A + B\rho \\ B &= \frac{dQ_V}{d\rho} \end{aligned}\right\} \tag{3-23}$$

对于黑索今，$Q_V = 1\ 090 + 180\rho$；对于梯恩梯，$Q_V = 550 + 340\rho$。

(三)附加物的影响

加入惰性液体可以起到与增加炸药密度同样的作用，使爆热增加。表 3-6 列出了炸药中含水量对爆热的影响。

表 3-6 炸药中含水量(w)对爆热的影响

炸　药	$w/\%$	$OB/\%$	$\rho/(g\cdot cm^{-3})$	$Q_V/(kJ\cdot kg^{-1})$		$\Delta Q_V/\%$
				干炸药	混合物	
梯恩梯	0 35.6	−74	0.8 1.24	3 138.0 4 225.8	2 719.6	34.67
黑索今	0 24.7	−22	1.1 1.46	5 355.5 5 815.8	4 393.2	8.59
泰安	0 29.1	−10	1.0 1.41	5 773.9 5 815.8	4 142.2	0.72

表 3-6 中的干炸药指不含水的纯炸药，混合物指炸药和水按表中比例的混合物。由表中数据看出，在炸药中加入一定量的水后，其爆热比不加水时要低，但以混合物中的炸药含量计算，则同样质量的炸药却可以增加不少能量。例如，含水 35.6%、梯恩梯 64.4%的混合物的爆热为 2 719.6 kJ/kg，相当于每千克梯恩梯产生爆热 4 225.8 kJ/kg，比测得的纯梯恩梯爆热增

加了 34.67%。另外，从表中数据还可以看出，含水量对负氧平衡的炸药影响较显著。这可解释为，由于水充填了药粒间的空隙，增加了装药密度，致使装药类似于单晶密度。这种提高炸药能量的途径对负氧平衡的炸药如梯恩梯、黑索今等很有意义。

其他的物质，如煤油、石蜡、惰性重金属等对炸药爆热也有类似的影响。这方面的研究工作很有实用价值。

从增加炸药能量的观点来看，还可以加入一些能和爆炸产物进行反应而放出附加能量的物质，如某些轻金属和氧化剂。

若在炸药装药中加入盐的水溶液，则装药密度增加，爆热也增加。在实际工作中，有意义的是在负氧平衡炸药颗粒之间填加氧化剂溶液，由于密度增加和氧化剂在爆炸中参与反应，从而达到提高炸药能量的综合效果。例如，64.4%梯恩梯和 35.6%硝酸铵水溶液(其浓度为60%)，密度为 1.35 g/cm^3，而爆热则达到 4 435.0 kJ/kg；若是梯恩梯与水按同样比例混合，则密度为 1.24 g/cm^3，爆热只有 2 719.6 kJ/kg。

值得注意的是，在负氧平衡炸药颗粒间加入盐的水溶液，导致了爆热的增加，但同时要考虑到部分爆热将消耗在炸药中所含水的蒸发。水的气化热为 41.84 kJ/mol 或 2 324.6 kJ/kg。当爆炸做功结束时，如果爆炸产物温度低于 100℃，则消耗在蒸发水上的热量将以水蒸气凝结热的形式转入产物中；若爆炸产物温度高于 100℃，消耗于蒸发水的热量就不能起作用了。而在实际情况下，均为后者的情况。因此，在计算这类炸药的能量时，必须要考虑到由于水蒸发而耗费的能量。

四、提高炸药爆热的途径

从计算爆热的盖斯定律公式可知，要提高爆热，一是增大爆炸产物的生成热，二是减少炸药的生成热。但是其中炸药的生成热是不能改变的，主要的方法是尽量提高爆炸产物的生成热。一般说来，提高炸药爆热的途径有以下几个。

(一)改善炸药的氧平衡

使炸药中氧化剂的含量恰好能将可燃剂完全氧化，即尽量达到或接近零氧平衡。对于 $C_aH_bO_cN_d$ 类炸药，力求分子中所含的氧恰好能完全氧化碳与氢而生成 CO_2 和 H_2O，此时放出的能量最高。

(二)减少炸药分子中的“无效氧”或“半无效氧”

在炸药分子结构中，若某些氧原子已经与可燃元素的原子相连接，如 C=O，C－O，O－H 键等，氧原子已完全或部分失去氧化能力，因此被称为“无效氧”或“半无效氧”。含这类键较多的炸药即使是零氧平衡的，其爆热也不会太高。这是因为它的部分能量已丧失在其分子形成的过程中，也是炸药的生成热数值较大的缘故。

(三)提高组分中 H 与 C 含量比

同样是零氧平衡，由于分子结构的不同，其爆热也不同，分子中含 H 多 C 少，则热效应大。由表 3－7 看出，按单位质量的放热量，H_2O 比 CO_2 高，所以提高炸药组分中的 H 与 C 的含量比，爆热增加。

(四)引入某些高能元素

一般是在化合物中引入可燃剂硼(B)元素或氧化剂氟(F)元素，从而形成新的化合物。由

表 3－7 也可大致看出它们对炸药能量的影响，其中含硼化合物的能量是最高的。

表 3－7　燃烧和爆炸产物的部分热化学数据

产物	相对分子质量	Q_f(298K)		比定压热容($c_p=a+bT$)	
		kJ/mol	kJ/g	J/(mol·K)	J/g(T=2 000K)
B_2O_3(固)	69.6	1 263.6	18.2	$36.53+106.27\times10^{-3}T$	3.58
Al_2O_3(固)	101.96	1 699.8	16.4	$114.77+12.80\times10^{-3}T$	1.38
MgO(固)	40.31	601.8	14.9	$42.59+7.28\times10^{-3}T$	1.42
HF(气)	20	268.6	13.4	$26.90+3.43\times10^{-3}T$	1.69
H_2O(气)	18	241.8	13.4	$30.00+10.71\times10^{-3}T$	2.86
CO_2(气)	44	393.5	8.9	$44.14+9.04\times10^{-3}T$	1.41
CF_4(气)	88	679.9	7.7		
CO(气)	28	110.5	3.9	$26.5+7.70\times10^{-3}T$	1.50

(五)加入能生成高热量氧化物的细金属粉末

例如在黑索今中加入适量的铝粉，爆热可提高 50%，因为加入铝粉除了进行反应

$$2Al+1.5O_2 \longrightarrow Al_2O_3$$

并放出大量热量之外，还和炸药爆炸产物中的 CO_2，H_2O 发生二次反应：

$$2Al+3CO_2 \longrightarrow Al_2O_3+3CO$$

$$2Al+3H_2O \longrightarrow Al_2O_3+3H_2$$

也放出大量的热，从而能持续维持其爆热值。铝粉在爆炸过程中反应的完全程度取决于铝粉的颗粒尺寸和爆炸产物的飞散条件。

一般说来，在炸药组分中加入铝粉对爆速的影响不太显著，但可以大大增加爆炸时的能量，由此产生的二次反应加强了放热效应，所以铝粉在军用炸药和工业炸药中都得到了广泛的应用。

金属元素不仅能夺取碳的氧化物和水中的氧生成金属氧化物，而且还可以与爆炸产物中的氮气反应生成相应的金属氮化物。例如：

$$3Mg+N_2 \longrightarrow Mg_3N_2$$

$$Al+\frac{1}{2}N_2 \longrightarrow AlN$$

这些反应都是剧烈的放热反应，可以增加爆热。

第四节　炸药的爆温

炸药爆炸时所放出的热量将爆炸产物加热到的最高温度称为爆温，用 T_B 表示。显然，爆温的大小取决于炸药的爆热和爆炸产物的组成。对爆温的研究，可以指导人们根据不同的需要去选用炸药。例如，作为弹药，特别是水雷、鱼雷的主装药，往往希望炸药爆温高，以求获得较大的威力；而枪炮用的发射药，爆温就不能过高，否则枪炮身管的烧蚀严重；对于煤矿用炸药，爆温必须控制在较低范围内，以防止引起瓦斯或煤尘爆炸。

由于炸药爆炸过程迅速，爆温高而且随时间变化极快，加上爆炸的破坏性，对爆温的测定

很困难。目前,对于火药的爆燃,烟火剂的燃烧勉强可以用光测高温计测定其爆温;而对于起爆药和猛炸药,只能应用光谱法测定其爆温。光谱法测爆温实际上测量的是爆炸瞬间产物的色温。由于爆炸产物不是理想黑体,这种借助爆炸产物的光谱与绝对黑体的光谱比较其能量分配的关系而得到的数据,显然要比真实温度稍高一些。几种炸药爆温的实测值列于表3-8。

表3-8　炸药爆温的实测值

炸药名称	梯恩梯	黑索今	特屈儿	硝化甘油	泰安
$\rho/(g\cdot cm^{-3})$		1.79		1.6	1.77
T_B/K	3 010	3 700	3 700	4 000	4 200

一、爆温的理论计算

鉴于爆温实验测定的困难,目前主要是从理论上估算炸药的爆温。为了简化,假定:

(1)爆炸过程定容、绝热;其反应热全部用来加热爆炸产物。

(2)爆炸产物处于化学平衡和热力学平衡态,其热容只是温度的函数,与爆炸时产物所处的压力状态(或密度)无关。注意,此假定将给高密度炸药爆温的计算带来一定的误差。

下面介绍用爆炸产物的平均热容计算爆温的方法。

根据上述假定,令

$$Q_V = \overline{C}_V(T_B - T_0) = \overline{C}_V t \tag{3-24}$$

式中:T_B——炸药的爆温,K;

T_0——炸药的初温,取298 K;

t——爆炸产物从T_0到T_B的温度间隔,即净增温度,它的数值与采用温标K或℃无关;

$\overline{C}_V$——炸药全部爆炸产物在温度间隔t内的平均热容,即

$$\overline{C}_V = \sum n_i \overline{C}_{Vi} \quad (J/K) \tag{3-25}$$

式中:n_i——第i种爆炸产物的物质的量;

$\overline{C}_{Vi}$——第i种爆炸产物的平均摩尔定容热容,J/(mol·K)。

$$T_B = t + T_0 \quad (K) \tag{3-26}$$

爆炸产物的平均摩尔定容热容与温度的关系一般为

$$\overline{C}_{Vi} = a_i + b_i t + c_i t^2 + d_i t^3 + \cdots$$

式中,a_i,b_i,c_i,d_i是与产物组分有关的常数。对于一般工程计算,上式仅取前两项,即认为平均摩尔定容热容与温度间隔t为直线关系:

$$\overline{C}_{Vi} = a_i + b_i t \tag{3-27}$$

则

$$\overline{C}_{Vi} = A + Bt \tag{3-28}$$

$$A = \sum n_i a_i,\quad B = \sum n_i b_i \tag{3-29}$$

将式(3-28)代入式(3-24),得

$$Q_V = At + Bt^2$$

即

$$Bt^2 + At - Q_V = 0$$

于是

$$t = \frac{-A + \sqrt{A^2 + 4BQ_V}}{2B}$$

所以爆温

$$T_B=\frac{-A+\sqrt{A^2+4BQ_V}}{2B}+298\quad(K)\qquad(3-30)$$

由此可见，只要知道炸药的爆炸反应方程式或爆炸产物的组分，以及每种产物的平均摩尔定容热容和炸药的爆热，就可以根据式(3－27)、式(3－29)和式(3－30)求出该炸药的爆温。

对于常见的爆炸产物，当$t<4\ 000$℃时，可近似采用Kast平均摩尔定容热容式，如表3－9所示。Al_2O_3的比热式适用的温度范围为0～1 400℃，超过此温度范围可用固体化合物近似式估算。固体化合物可近似为$\overline{C}_V=25.10n$(J·mol^{-1}·℃$^{-1}$)(n为固态产物中的原子数)。

表3－9　Kast平均分子比热式

爆炸产物	$\overline{C}_V=a_i+b_it$/(J·mol^{-1}·℃$^{-1}$)		爆炸产物	$\overline{C}_V=a_i+b_it$/(J·mol^{-1}·℃$^{-1}$)	
	a_i	$b_i\times10^{-3}$		a_i	$b_i\times10^{-3}$
双原子气体	20.08	1.883	食盐	118.41	
三原子气体	37.66	2.427	三氧化二铝	99.83	28.158
四原子气体	41.84	1.883	水蒸气	16.74	8.996
五原子气体	50.21	1.883	碳	25.10	

顺便指出，按Kast的数据计算的$\overline{C}_V$值稍小，以致所求得的爆温偏高。

例 3.6　已知梯恩梯的爆炸反应方程式为

$$C_7H_5O_6N_3\longrightarrow 2CO_2+CO+4C+H_2O+1.2H_2+1.4N_2+0.2NH_3$$

$$Q_V=959.4\ \text{kJ/mol}$$

求梯恩梯的爆温T_B(K)。

解　(1)计算爆炸产物的比热容。对于双原子气体(CO,H_2,N_2)，有

$$(1+1.2+1.4)\times(20.08+1.883\times10^{-3}t)=72.29+6.779\times10^{-3}t$$

对于H_2O，有

$$1\times(16.74+8.996\times10^{-3}t)=16.74+8.996\times10^{-3}t$$

对于CO_2，有

$$2\times(37.66+2.427\times10^{-3}t)=75.32+4.854\times10^{-3}t$$

对于NH_3，有

$$0.2\times(41.84+1.883\times10^{-3}t)=8.368+0.377\times10^{-3}t$$

对于C，有

$$4\times25.10=100.4$$

所以

$$\overline{C}_V=\sum n_i\overline{C}_{Vi}=273.1+21.01\times10^{-3}t$$

$$A=273.1,\quad B=21.01\times10^{-3}$$

(2)将A,B值代入式(3－30)中，得

$$T_B=\left(\frac{-273.1+\sqrt{273.1^2+4\times21.01\times10^{-3}\times959.4\times10^3}}{2\times21.01\times10^{-3}}\right)K+298\ K=3\ 174\ K$$

说明：若爆温超过某些产物的相变温度，在计算时还要考虑它们的相变热。

例 3.7　1 kg(由 75%硝酸铵、20%梯恩梯和 5%铝组成的)混合炸药的爆炸反应方程是

$$9.38NH_4NO_3+0.88C_7H_5O_6N_3+1.85Al \longrightarrow 0.925Al_2O_3+20.96H_2O+3.525CO_2+2.635CO+10.7N_2$$

它的爆热 $Q_V=4\ 852.52\ kJ \cdot kg^{-1}$，$Al_2O_3$ 的熔化热是 $33.47\ kJ \cdot mol^{-1}$，计算混合炸药的爆温。

解　Al_2O_3 的熔化热 $Q_L=33.47\ kJ \cdot mol^{-1} \times 0.925\ mol=30.96\ kJ$，则用于产物升温的热量为

$$Q=Q_V-Q_L=4\ 821.56\ kJ$$

对于 CO，N_2，有

$$(2.635+10.7)\times(20.08+1.883\times10^{-3}t)=267.77+25.110\times10^{-3}t$$

对于 H_2O，有

$$20.96\times(16.74+8.966\times10^{-3}t)=350.87+187.927\times10^{-3}t$$

对于 CO_2，有

$$3.525\times(37.66+2.427\times10^{-3}t)=132.75+8.555\times10^{-3}t$$

对于 Al_2O_3，有

$$25.10\times5\times0.925=116.09$$

所以

$$\overline{C}_V=\sum n_i\overline{C}_{Vi}=867.48+221.592\times10^{-3}t$$

代入式(3－30)得

$$T_B=\left(\frac{-867.48+\sqrt{867.48^2+4\times221.592\times10^{-3}\times4\ 821.56\times1\ 000}}{2\times221.592\times10^{-3}}\right)K+298\ K=3\ 399.3\ K$$

二、改变爆温的途径

在使用炸药时，往往要提高或降低炸药的爆温。

根据式(3－24)、式(3－15)，爆温的净增量为

$$t=\frac{Q_V}{\overline{C}_V}=\frac{Q_{1,3}-Q_{1,2}}{\overline{C}_V} \tag{3-31}$$

显然，提高爆温的途径有：

(1)提高爆炸产物的生成热；降低炸药的生成热。

(2)降低爆炸产物的热容。

可见，凡是提高炸药爆热的方法，如调整炸药的氧平衡，更多地产生生成热较大的产物，如 CO，H_2O 等，在炸药中加入某些能生成高热值的金属粉末等都可以提高爆温。但是，在选用具体方法时要考虑对爆炸产物热容的影响，如果采用的方法使炸药 Q_V 提高的幅度不如 $\overline{C}_V$ 的大，那么这种提高爆热的方法就达不到预期的目的。因此，必须针对具体情况考虑其综合效果。

分析表 3－8 中的数据，可得出下述结论：

(1)提高炸药组分中的 H 与 C 的含量比，有利于提高爆热，却不利于提高爆温。要提高爆

温，就应提高炸药组分中的 C 与 H 的含量比。

(2)在炸药中加入能生成高热值的金属粉末，如铝、镁、钛等，既有利于提高爆热，又有利于提高爆温，例如

$$95.5\%NH_4NO_3+4.5\%C,\quad Q_V=3041.8\ \text{kJ/kg},\quad T_B=1\,983\ \text{K}$$

$$72\%NH_4NO_3+23.5\%Al+4.5\%C,\quad Q_V=6\,694.4\ \text{kJ/kg},\quad T_B=4\,183\ \text{K}$$

因此，含铝炸药不仅可用于常规的弹药，还可用于装填水雷、鱼雷及导弹，也用于控制爆破使用的高能燃烧剂。

降低炸药的爆温也是实际使用中经常要考虑的问题之一。对于火药，降低其燃烧温度，可以减少对炮膛的烧蚀；对于矿用安全炸药，可以避免在井下爆破时引起瓦斯及矿尘的爆炸而造成工人生命及国家财产的巨大损失。

降低爆温的途径和提高爆温的途径相反：减小爆炸产物的生成热，增大炸药的生成热或增大爆炸产物热容。为此，一般是采用在炸药成分中加入某些附加物。这些附加物的作用是改变氧与可燃元素间的比例，使之产生不完全氧化的产物，从而减少爆炸产物的生成热；有的附加物不参与爆炸反应，只是增加爆炸产物的总热容。例如，在火药中为了消除炮口焰、降低烧蚀，通常加入碳氢化合物、树脂、脂肪酸及其酯类和芳香族的低硝化程度的硝基衍生物等；在工业安全炸药中，加入硫酸盐、氯化物、硝酸盐、重碳酸盐、草酸盐等，有时这些盐类还带有结晶水，用作消焰剂。

第五节　炸药的爆容

炸药的爆容是指在标准状态下(0℃，100 kPa)，1 kg 炸药爆炸反应的气态产物占有的体积，以 V_0 表示，单位为 L/kg。

由于气态产物是炸药爆炸做功的工质，爆容愈大，爆炸反应热转变为机械功的效率就愈高。因此，爆容也是炸药的重要示性数之一。

一、爆容的计算

若已知炸药的爆炸反应方程式，则其爆容(V_0)很容易由阿佛加德罗定律求得。

(一)对于单质炸药

$$V_0=\frac{22\,400n}{M_r}\quad(\text{L/kg})\tag{3-32}$$

式中：M_r——炸药的摩尔质量，g/mol；

n——1 mol 炸药爆炸反应时生成气态爆轰产物的物质的量，mol。

例 3.8　已知 RDX 的爆炸反应方程式为 $C_3H_6O_6N_6 \longrightarrow 3H_2O+3CO+3N_2$，试求其爆容。

解
$$V_0=\frac{22\,400\,n}{M_r}=\frac{22\,400\times(3+3+3)}{222}\approx 908\quad(\text{L/kg})$$

(二)对于一般混合炸药

$$aM_a+bM_b+\cdots+mM_m\longrightarrow xA+yB+\cdots+nC$$

$$V_0 = \frac{(x+y+\cdots+n)\times 22.4\times 1\ 000}{aM_a+bM_b+\cdots+mM_m}\quad (\mathrm{L/kg}) \tag{3-33}$$

式中：$M_a,M_b,\cdots,M_m$——炸药各组分的摩尔质量；

$a,b,\cdots,m$——炸药各组分的物质的量；

$A,B,\cdots,C$——爆轰气体产物各组分的摩尔质量；

$x,y,\cdots,n$——爆轰气体产物各组分的物质的量。

例 3.9　已知阿马托 80/20 的爆炸反应方程式为

$$11.35NH_4NO_3+C_7H_5O_6N_3 \longrightarrow 7CO_2+25.2H_2O+12.85N_2+0.425O_2$$

试求其爆容。

解　$$V_0=\left[\frac{22\ 400\times(7+25.2+12.85+0.425)}{11.35\times 80+227}\right]\mathrm{L/kg}=897.5\ \mathrm{L/kg}$$

二、爆容的实验测定

炸药的爆容也可以用试验测定，使用的仪器是毕海乐(Bichel)弹式大型量热弹，直径 200 mm，壁厚约 120 mm，弹的容积为 20 L，可爆炸 200 g 带外壳的炸药，结构与爆热弹相仿。爆炸产物中有水，水在常温条件下为液态，在不考虑水占有的体积时，其余炸药产物的体积称为干比容；若考虑水为气态时，产物的体积称为全比容，即爆容。与爆炸反应方程式一样，爆容与装药的密度、引爆条件、外壳限制等有关，因此炸药的爆容值是在一定测试条件下的结果。测定爆容时将炸药在弹内爆炸，等产物冷却至室温后，测定弹内压力、环境温度和大气压力(弹的容积已知)，然后按下式计算干爆容：

$$V=\frac{V_{\mathrm{i}}(p-p_{\mathrm{w}}+p_0)T_0}{101\ T\,m}-\frac{V_{\mathrm{d}}}{m} \tag{3-34}$$

式中：V——试样的干爆容，L/g；

V_{i}——爆热弹的内容积，L；

p——冷却到温度 T 时的爆轰产物的压力(表压)，kPa；

p_{w}——温度为 T 时水的饱和蒸气压，kPa；

p_0——大气压，kPa；

T_0——273 K；

T——冷却后爆轰产物的温度，K；

m——试样质量，g；

V_{d}——一发雷管爆轰产物在标准状态下所占的体积，L。

为测定全爆容，则还需求出被吸收水量在标准状态下的体积。

也可以用维也里水银气量计或一般气量计(用饱和盐水代替水充填气量计)直接测量爆炸产物的体积。

测完爆容后，将气体通过装有无水氯化钙或硅胶的干燥管排空，然后将干燥的热空气或氮气从进气阀门通气，再从另一阀门经干燥管排出，弹内的液态水被热气体带出，再被干燥剂吸收。通气约 4 h，直至弹内水全部排出，测量试验前后干燥管质量的增量，按下式计算试样的全爆容：

$$V_{\mathrm{t}}=V+\frac{22.4\times\Delta m}{18\ m} \tag{3-35}$$

式中：V_t——试样的全比容，L/g；

Δm——试样前后干燥管的增量，g。

表 3-10 列出了几种常用炸药的爆容实测值。

表 3-10　常用炸药的爆容

炸药	$\rho_0/(g \cdot cm^{-3})$	$V_0/(L \cdot kg^{-1})$	炸药	$\rho_0/(g \cdot cm^{-3})$	$V_0/(L \cdot kg^{-1})$
梯恩梯	1.50	750	特屈儿	1.55	740
	0.80	870		1.00	840
黑索今	1.50	890	泰安	1.65	790
	0.95	950		0.85	790
50 梯恩梯/50 黑索今	1.68	800	硝化甘油	1.60	690
	0.90	900	阿马托(80/20)	1.30	890
苦味酸	1.50	750		0.90	890
	1.00	780	雷汞	3.77	300

思考与练习题

1. 什么是炸药的氧平衡？什么是炸药的氧系数？炸药的氧平衡分为哪几类？

2. 阿马托炸药的组成为 $80NH_4NO_3/20TNT$，试求其氧平衡。

3. 用石蜡钝化黑索今，使其氧平衡为 -0.25，求此钝化炸药的组成。

4. 用 B-W 法写出含铝阿马托炸药 $75NH_4NO_3/20TNT/5Al$ 的爆炸反应方程式。

5. 什么是炸药的爆热？简述爆热的实验测定方法。

6. 影响爆热的因素有哪些？如何提高炸药的爆热？

7. 什么是炸药的爆温？改变炸药爆温的途径有哪些？

8. 什么是炸药的爆容？

9. 用盖斯定律计算 HMX 的爆热。其中 HMX 的定压生成热为 -75 kJ/mol，并用 B-W 法书写爆炸反应方程式。

10. 计算混合炸药(65RDX/35TNT)的爆温和爆容，并用 B-W 法书写爆炸反应方程式。

11. 已知梯恩梯的分子式为 $C_7H_5O_6N_3$，爆热为 227.9 $kJ \cdot mol^{-1}$，写出其爆炸反应方程式，并计算初温为 0 ℃时该炸药的爆温。

对于双原子气体：$\overline{C}_V = 4.8 + 4.5 \times 10^{-4} t (J \cdot mol^{-1} \cdot ℃^{-1})$；

对于 H_2O(气)：$\overline{C}_V = 4.0 + 21.5 \times 10^{-4} t (J \cdot mol-1 \cdot ℃^{-1})$；

对于固体碳：$C_V = 6.0\ J \cdot mol^{-1} \cdot ℃^{-1}$。

12. 写出泰安 $C_5H_8O_{12}N_4$ 的爆炸反应方程式，并计算 15 ℃时泰安的爆热和爆容。已知：$Q_p(H_2O) = 241.4\ kJ \cdot mol^{-1}$(水为气态)；$Q_p(CO_2) = 395.4\ kJ \cdot mol^{-1}$；$Q_p(CO) = 110.5\ kJ \cdot mol^{-1}$；泰安的等压生成热为 $Q_{p(PETN)} = 514.6\ kJ \cdot mol^{-1}$；摩尔气体常数 $R = 8.314 \times 10^{-3}\ kJ \cdot mol^{-1} \cdot K^{-1}$。

第四章　炸药的热分解

第一节　概　　述

在热的作用下，物质(包括炸药)分子发生分裂，形成相对分子质量小于原来物质的众多分解产物的现象，叫作物质的热分解。可用示意式表示：

A(原物质)⟶B(分解产物)+C(气体分解产物)

└→(相对分子质量更小的气体产物)

热分解是众多物质(包括有机物、无机物)都具有的现象，当温度高于0℃时，多数物质以或快或慢的速率进行热分解。农药、化肥(如碳酸氢铵)的热分解速率比炸药快，炸药的热分解速率相对要慢得多。近几十年来，物质的热分解问题引起了人们的高度重视，主要是因为物质热分解的性质决定着它们的储存寿命，以及生产、加工、运输时是否出现热爆炸等问题，是安全生产的关键，合理解决物质的热分解问题具有重大的经济效益和社会效益。

早期人们很注意火药、推进剂的热分解和储存性质。火药在储存过程中逐渐分解，不但使火药改变了原有的特性，无法满足使用的需要，而且还会由于分解的放热而产生燃烧爆炸危险。随着军事技术的发展，特别是核武器的发明以及大口径火炮、远程导弹的出现，炸药制品的尺寸(直径、体积)日益增大，在相同温度下，尺寸不同的同一种炸药具有不同程度的热爆炸危险。这样，人们的注意力就又转移到炸药的热分解动力学规律上，研究热分解的方法也日趋深入。在民用爆破器材上，如油气井地下开采用器材，要求耐一定的温度，在数小时内不发生热爆炸。航天火工器材绝大多数需要具有耐热性能。

早期的研究工作多半是从动力学角度研究热分解的速率、动力学参量(如活化能 E 和指前因子 A)。这种研究是很必要的，它可以提供定量数据评价炸药的储存及热安定性。但是随着仪器制造业的发展，人们已将近代分析仪器引入炸药热分解的研究，如利用傅里叶红外光谱仪研究黑索今等的热分解产物，用加速反应量热计(ARC)研究炸药热分解的绝热加速，用气相色谱、气相色谱-质谱联用技术、光电子能谱和飞行质谱研究炸药的热分解过程，这些研究工作从多方面丰富了人们对于炸药分解性质的认识，为更好地使用、储存炸药提供了更为可靠的数据。目前在基础研究领域，炸药的热分解特性及影响规律已成为炸药工作者的一个非常热门的研究内容。

第二节　炸药热分解的一般规律

炸药的热分解，是指在炸药的发火温度以下，由于热作用，其分子发生分解的现象和过程。研究炸药热分解机理对研究炸药的化学安定性、热爆炸以及爆燃具有重要意义。

炸药的热分解是一种缓慢的化学变化过程，在分解时会出现释放热量、放出气体和失重等现象。因此，可以通过测量炸药试样在热分解过程中的温度、质量、分解气体产物的体积(或压力)与时间的变化关系并得到关系曲线的方法来研究炸药的热分解规律，而把这样的曲线称为炸药热分解的形式动力学曲线，它表示了炸药热分解的过程，可为评定炸药的化学安定性提供依据。图 4-1 列出了不同相态炸药热分解的动力学曲线。曲线上各点的斜率表示热分解的速度。

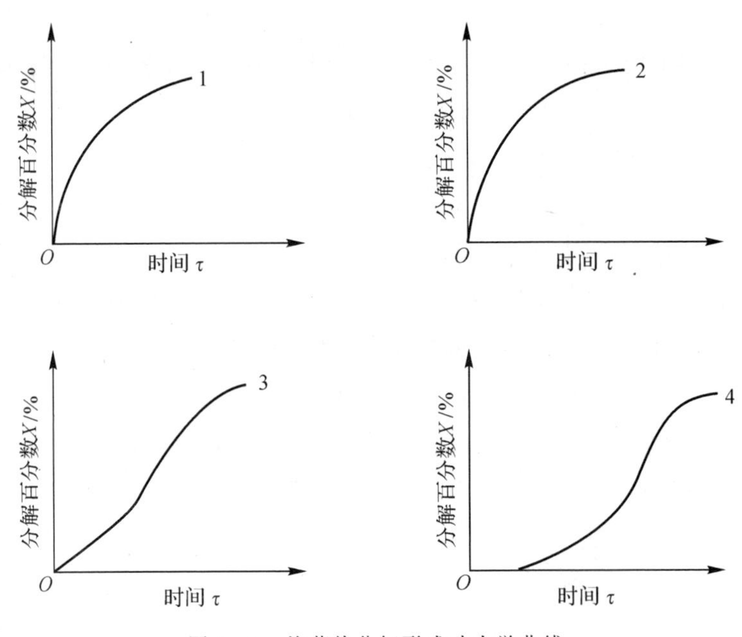

图 4-1　炸药热分解形式动力学曲线

1—气相；2，3—液相；4—固相

尽管各相态炸药的热分解动力学曲线有差异，但就凝聚态炸药而言，通常把炸药的热分解分为以下三个阶段，即热分解的初始阶段、热分解的加速阶段和热分解的降速阶段。

1. 热分解的初始阶段

炸药分解初期，热分解很慢，几乎觉察不出反应的存在，生成的气态产物也很少，这个阶段叫热分解延滞期或感应期。

2. 热分解的加速阶段

延滞期结束后，分解速度逐渐加快，在某一时刻速度可达到极大值，这个阶段叫作热分解的加速期。

3. 热分解的降速阶段

当炸药量较少时，反应速度达到最大值后急剧下降，直到分解结束，这个阶段即为热分解的降速期。但是当炸药量较多时，反应速度也可能一直增长直至爆炸。

上述阶段是按照动力学曲线的性质划分的，没有涉及炸药热分解的微观机理。

在室温条件下，炸药分子处在相对稳定状态，活化分子数目相对较少。当温度升高时，活化分子数目增多，分解现象明显，分解速度也随之增大。炸药分子分解时，并不是立即形成最终产物，而是分步分段的。在完整的炸药分子受热后，首先在分子最薄弱的键处断裂而形成分子碎片。以黑索今为例，分解可由下列示意式表示：

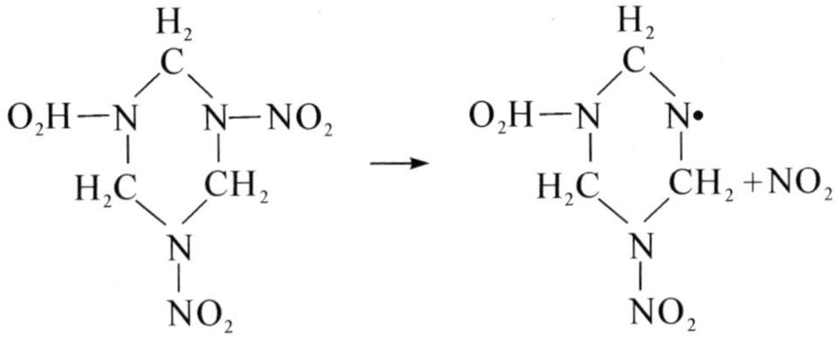

H_2
C
O_2H—N　　N—NO_2
H_2C　　CH_2
N
NO_2
⟶
H_2
C
O_2H—N　　N·
H_2C　　CH_2 + NO_2
N
NO_2

这是炸药分解的最初阶段，称作热分解的初始反应，又叫分解的第一反应。初始反应形成的分子碎片是很不稳定的，它能很快地再分解，从而发生连续分解过程，发生的下一步变化可能是

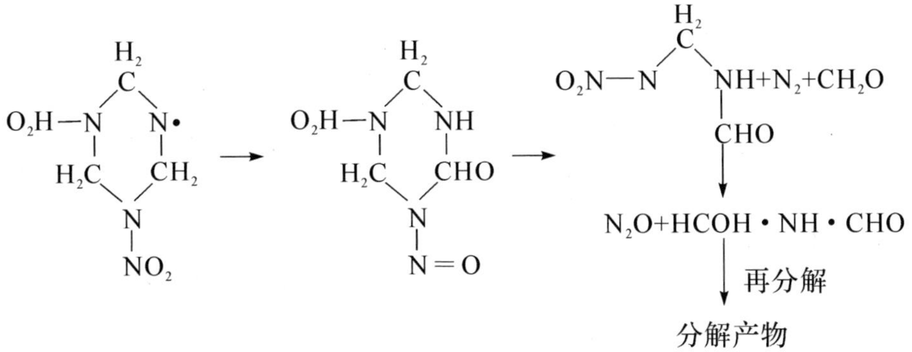

H_2
C
O_2H—N　　N·
H_2C　　CH_2
N
NO_2
⟶
H_2
C
O_2H—N　　NH
H_2C　　CHO
N
N=O
⟶
H_2
C
O_2N—N　　NH+N_2+CH_2O
CHO
↓
N_2O+HCOH·NH·CHO
↓ 再分解
分解产物

此外，由于初始反应形成的 NO_2 反应活性很强，它可以与上述各过程形成的产物发生化学反应，进一步形成最终分解产物（如 H_2O，CO_2，CO，NO 等）。上述综合过程统称为热分解的第二反应。有时候，第一反应中的 NO_2 与其他中间产物的化学反应，可用某些综合性的示意通式表示。例如，对黑索今可写出如下示意通式：

$$5CH_2O+7NO_2 \longrightarrow 5H_2O+2CO_2+7NO$$

在一般化学反应过程中，随着原始物质浓度的下降，反应速度呈下降趋势，但是炸药热分解是个放热过程，尽管原始物质不断减少，反应速度仍然随分解温度的升高而加速。

实验结果表明，大多数炸药热分解的初始反应速度常数只受温度影响，它与温度的关系可用阿仑尼乌斯方程表示：

$$k = Ae^{-E/(RT)} \qquad (4-1)$$

式中：k——某温度下，初始反应速度常数；

A——指前因子；

T——温度；

R——通用气体常数；

E——分解反应活化能。

对方程(4－1)进行微分,得

$$\frac{d(\ln k)}{dT}=\frac{E}{RT^2} \tag{4-2}$$

由式(4－2)可见,ln$k$ 随温度的变化率与 E 值成正比。活化能值表示炸药分解的难易程度,单质炸药的 E 值一般在 125～130 kJ/mol 之间,比普通非炸药物质反应的活化能大几倍,因此,炸药热分解速度随温度的升高而增大,其增长率比一般物质化学反应速度的增长率大得多,炸药的活化能数值提高,表示热分解反应速度的温度系数大。可见炸药这类物质在低温时热分解速度不一定大,但当温度升高时,分解反应却能迅速加快。

表 4－1 列出了几种常见凝聚炸药的初始反应动力学数据,即活化能 E、指前因子 A。

表 4－1　常见凝聚炸药的初始反应动力学数据

炸药名称	T/℃	E/(kJ·mol^{-1})	lg(A/s^{-1})
黑索今	150～197	213.4	18.6
泰安	75～95	152.3	15.3
奥克托今	176～230	152.7	10.7
梯恩梯	220～270	223.8	19.0
特屈儿	211～260	160.7	15.4

炸药的热分解过程常以两种基本形式进行。一种是上述的初始分解反应,单质炸药热分解的初始反应速度只随炸药本身性质(如化学结构、相态、晶型及其颗粒、杂质等)和环境温度而改变。在一定温度下,炸药热分解的初始反应速度决定其最大可能的热安定性,而且在一般的贮存和加工温度条件下,分解反应速度很小。另一种是热分解的第二反应,即自行加速反应。它的反应速度与外界条件有很大关系,而且所达到的反应速度比初始反应大得多。对于一般炸药,其化学安定性并不取决于炸药的初始分解速度,而是取决于其自行加速分解反应的发生和发展。因为自行加速反应的速度与外界条件有关,所以在一定范围或条件下可以人为控制,设法延缓自行加速的到来和抑制它的发展,从而提高炸药的安定性。

第三节　炸药热分解的自行加速化学反应

自行加速化学反应的历程有三种类型,即热积累自行加速、自催化加速和自由基链锁自行加速。

1. 热积累自行加速

它是指由于热分解反应本身放出的热使反应物温度升高,导致反应加速。如果热分解反应释放的热量来不及传导给外界,则导致反应物升温,使反应加速;反应的加速又增加了热量释放,增大了体系的温度,加速分解反应。这样循环累进的自行加速过程最终导致爆炸,即热爆炸。

2. 自催化加速

它是指由于反应产物有催化作用,随着反应产物的不断累积而使分解反应加速。这种反应称为自催化反应。自催化反应的加速往往在分解反应经过一段时间之后才发生,因为所需的催化剂要经过一个产生和积累的过程，当具有催化作用的产物不断累积时，分解反应自行加速。当反应释放的热量同时出现热积累时，伴随热积累的自催化加速反应而发生爆炸。

实验表明，硝化甘油在装填密度较大的条件下：100℃时，经过 9～10 h 可出现热分解的剧烈加速现象；80℃时要经过 73～93 h；60℃时则需经过 550 h 才开始加速。根据这些数据计算得到在 30℃和 20℃时自行加速分解出现的时间分别为 3.2 年和 17 年。梯恩梯在 200℃以下时分解速度很小；在 0～270℃时，随着温度的升高，其热分解速度的极大值相应增大，极大值到来的时间也相应提前。这从图 4－2 所示的温度对梯恩梯热分解过程的影响可以清楚地看出。

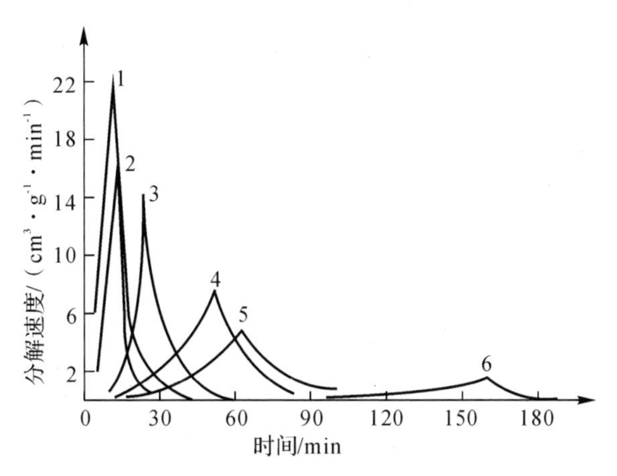

图 4－2　温度对梯恩梯热分解过程的影响

1—271℃；2—266℃；3—257℃；4—247℃；5—240℃；6—220℃

研究表明，许多物质能加快梯恩梯的热分解，例如 MnO_2，CuO，Cr_2O_3 和 Ag_2O 等，在高温下，这些物质均能明显缩短梯恩梯的热爆炸延滞期，在 300℃时，会使梯恩梯瞬间爆炸，而没有延滞期。

3. 自由基链锁自行加速

能使活化质点再生的反应称为链锁反应。一旦反应开始，便可自动地继续下去，如

$$Br_2 \longrightarrow Br + Br$$

$$Br + H_2 \longrightarrow Br + H$$

$$H + Br \longrightarrow HBr + Br$$

$$Br + H_2 \longrightarrow HBr + H$$

一个活化质点作用时生成两个或多个活化质点，则反应速度可以很快增大，这种情况称为锁链的分枝。相反，当活化质点互相碰撞或与容器碰撞而消失时，称为链锁的中断。中断使反应速度降低，甚至使反应中止。

当链锁的分枝大于中断时，反应速度增加，发生链锁自行加速。在许多情况下，同时发生热积累，这时热自行加速和链锁自行加速相结合，成为链锁-热自行加速，两种效果综合最终导致爆炸。

以液体硝基甲烷在低压下的热分解为例，首先是 C－N 断裂，生成甲基自由基和 NO_2 气体；随后甲基自由基与硝基甲烷或 NO_2 继续发生自由基反应，反应历程如下。

第一反应：

$$CH_2NO_3 \longrightarrow \cdot NO_3 + NO_2$$

第二反应：

$$\cdot CH_3 + CH_3NO_2 \longrightarrow CH_4 + CH_2NO_2$$

$$\cdot CH_3 + NO_2 \longrightarrow \cdot CH_3O + NO_2$$

$$\cdot CH_2NO_2 + NO_2 \longrightarrow CH_2O + NO + NO_2$$

$$CH_2O + NO_2 \longrightarrow CO + NO + H_2O$$

$$\cdot CH_3 + NO \longrightarrow CH_3NO \longrightarrow CH_2 = NOH \longrightarrow H_2O + HCN$$

另外还可发生：

$$NO + CH_2NO_2 \longrightarrow HNO + \cdot CH_2NO_2$$

$$2HNO \longrightarrow H_2O + N_2O$$

对于某种炸药来说，在一定条件下发生分解的机理可能是以上三种基本类型中的一种或几种机理的综合作用，对具体对象需要具体分析研究。

第四节　研究炸药热分解的方法

研究炸药热分解的实验方法有量气法、失重法和测热法等。

一、量气法

该法利用测压仪器测量炸药分解反应产生的气体产物，以一定温度和时间内放出的气体产物总量或者气体产物的压力随时间变化的情况表示。量气法应保持反应器空间全部恒温，这样系统内不会有温差出现，因而也不会出现物质的升华、挥发、冷凝等现象。根据气体产物的体积或压力与时间的关系，可以研究炸药热分解的过程。量气法主要通过以下两种试验进行。

(一)真空热安定性试验

这是一种广泛用于炸药、起爆药、火药的安全性和相容性测定的方法。该方法以一定量的药量(如猛炸药为 5 g)，在恒温(100℃、120℃或 150℃)和真空条件下热分解；经过一定时间(40 h 或 48 h)后，测量其分解气体的压力；再换算成标准状态下的气体体积来度量。试验装置主要由恒温浴、抽真空系统和玻璃仪器(试样管、毛细管)三部分组成，毛细管内径为 1.5～2.0 mm，外径为 6.0～6.5 mm，如图 4-3 所示。

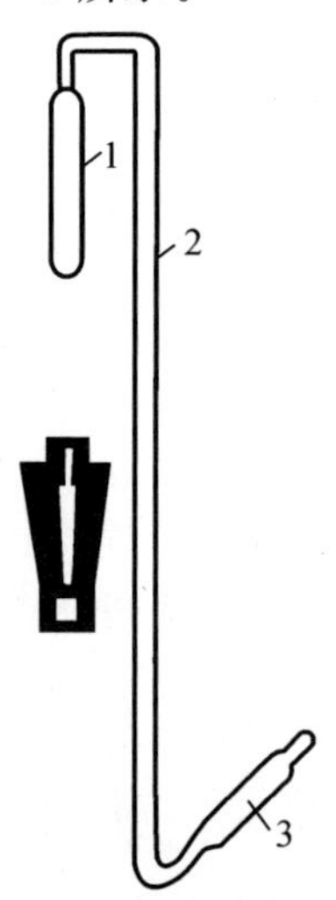

图 4-3　真空安定性试验用玻璃仪器

1—反应试管；2—测量支管；3—水银储槽

将称量的试样放入反应试管内，与抽真空系统连接，抽至系统压力约 665 Pa(约 5 mmHg 柱)，在恒温浴加热分解。加热完毕，再将仪器冷却至室温，测量毛细支管中水银柱的高度，然后按下式计算在该试验条件下炸药热分解的体积：

$$V=[A+C(B-H_2)]\frac{273(P_2-H_2)}{760(273+T_2)}-A+C(B-H_1)\frac{273(P_1-H_1)}{760(273+T_1)} \quad (4-3)$$

式中：　V——热分解气体产物的体积，mL；

A,B,C——仪器相关参数；

H_1,H_2——试验前、后测量的水银柱高度；

P_1,P_2——试验前、后的大气压；

T_1,T_2——试验前、后的室温。

应该指出，用本法评价炸药的安全性，由于试验条件不完全相同，评价的准则也不同。对于大多数军用炸药和工业炸药的安定性评价，有以下几种：

(1)在 100℃下加热分解，以每克试样 48 h 放出的气体量表示安定性。做 3 次平行试验，以不大于 2.0 mL/g 为合格。

(2)在 100℃下加热分解，先恒温 1 h，去掉第 1 h 分解气体量(排除少量空气或气体)，再恒温 48 h，以 48 h 放气量不大于 2.0 mL/g 为合格。

(3)在 100℃或 120℃下加热分解，以每克试样 40 h 放气量表示安定性。

某些炸药真空热安定性的试验数据见表 4－2。

表 4－2　某些炸药真空热安定性试验数据

炸药	100℃，40 h 放气量/mL	120℃，40 h 放气量/mL
黑索今	0.7	0.9
泰安	0.5	1.1
奥克托今	0.37	0.45
梯恩梯	0.1	0.23
特屈儿	0.3	1.0
硝基胍	0.37	0.44

(二)布氏计试验

这是一种适用于研究炸药热分解过程的方法。其核心仪器是布氏计，如图 4－4 所示。

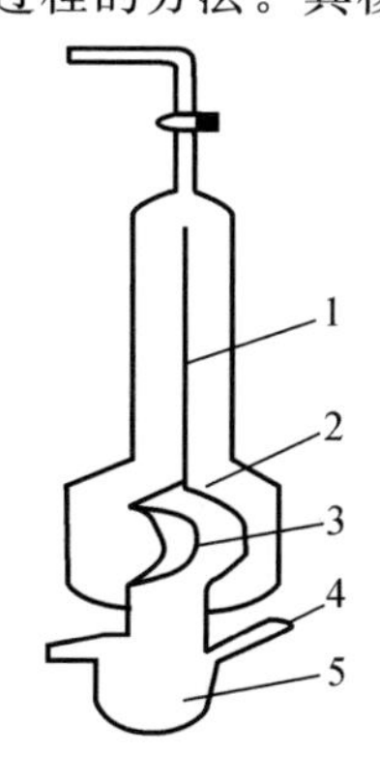

图 4－4　布氏计示意图

1—指针；2—补偿空间；3—弯月形薄腔；4—反应器；5—连接管

布氏计有不同的结构，主要是玻璃薄腔压力计，它有两个相互隔绝的空间，即由反应器与弯月形薄腔组成的反应空间和补偿空间。布氏计实际上是作为零位计使用的，通过向补偿空间小心地送入少量气体，以消除两个空间的压差，使指针回到零点位置，由补偿空间连接的压力计间接读出反应空间的压力。布氏计灵敏度较高，可分辨 60 Pa 的压力值。与其他测压法相比，此法有下列优点：

(1)试样置于密闭容器内，可完全避免外来杂质对热分解的影响。

(2)反应空间小，仅使用几十毫克到几百毫克样品，操作安全性大为提高。

(3)可在较大范围内变更试验条件，如装填密度可在 $10\times10^{-4}\sim4\times10^{-1}$ g·cm^{-3}之间改变，又可往系统中引入氧气、空气、水、酸和某些催化剂，以研究它们对热分解过程的影响，还可模拟炸药生产、使用和储存时的某些条件。

(4)压力计灵敏，精确度较高，指针可感受 13.3 Pa 的压差。

利用布氏计法可以获得炸药热分解的形式动力学数据，研究各种条件(如装填密度、各种添加物)对热分解的影响。但该法玻璃薄腔压力计容易损坏，操作烦琐，不能自动记录。

二、失重法

由于炸药热分解时形成气体产物，本身质量减少，因此测量炸药试样失重的多少可以了解热分解的状况。此法可分等温和不等温两种热失重情况。

(一)等温热失重

等温热失重是最常用的方法之一，如 100℃热安定性试验，使用的仪器有恒温箱、平底称量瓶、干燥器和普通精密天平。将盛放炸药试样的平底称量瓶置于恒温箱中，并定期取出称重。表 4-3 为一些炸药 100℃热安定性的试验结果。

表 4-3　一些炸药 100℃热安定性的试验结果

炸药	第一个 48 h 失重量/%	第二个 48 h 失重量/%
黑索今	0.04	0
泰安	0.10	0
奥克托今	0.05	0.03
梯恩梯	0.20	0.20
特屈儿	0.10	0.10
硝基胍	0.18	0.09

(二)热重分析(TG)法

不等温热失重是近十年来许多研究人员利用近代热天平仪器研究炸药热分解的方法，称为热重分析(TG)法。其特点是反应环境的温度是变化的，并以一定的速度上升，炸药试样的质量变化可通过信号传输和转化，并自动记录。对记录下的炸药质量随温度变化的函数关系曲线(热重曲线)可进行动力学分析,以了解炸药的热分解特性。TG 试验的实例如图 4-5 和图 4-6 所示。

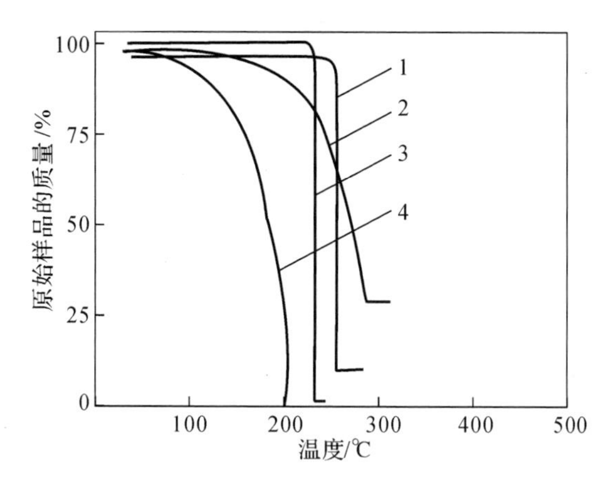

图 4-5　几种炸药的 TG 曲线之一

1—奥克托今;2—梯恩梯;3—黑索今;4—泰安

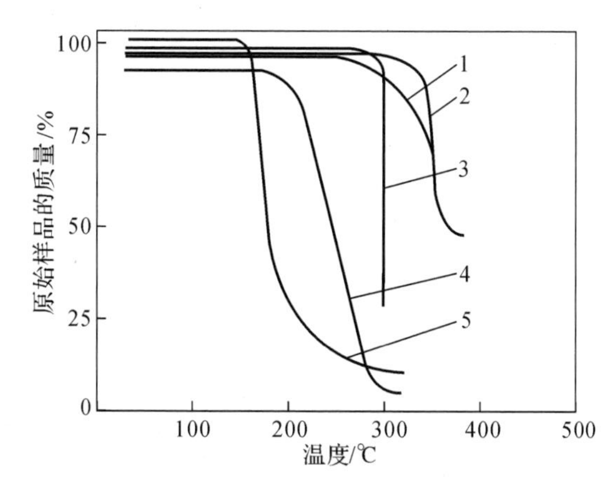

图 4-6　几种炸药的 TG 曲线之二

1—高氯酸铵;2—六硝基芪;3—斯蒂酚酸铅;4—硝酸铵;5—特屈儿

三、测热法

炸药的热分解是一个放热过程,测热法的基本原理是测定炸药在分解过程中的热效应。温度控制程序一般采用线性关系,也可以是温度的对数或倒数。测热法主要有差热分析(DTA)法和差示扫描量热(DSC)法两种。

(一)差热分析(DTA)法

该法在程序控温条件下,测量试样与参比物质之间的温度差对温度和时间的函数关系。物质在某一温度下发生相变或热分解时,就会产生吸热或放热现象。将试样和在试验温度范围内不会发生热变化的参比物质置于相同的容器中,容器中装有两组相同的热电偶传感器,将它们反向串联并分别插入试样和参比物内部，如图 4－7 所示。

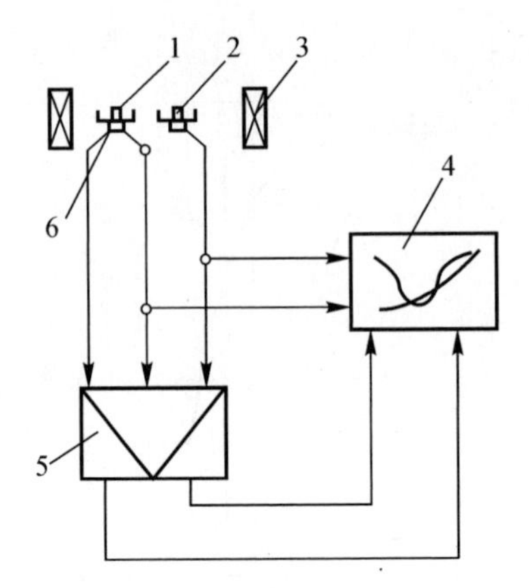

图 4－7　差热分析的测量原理

1—参比物；2—试样；3—加热炉；4—记录仪；5—电气设备；6—热电偶

试验时，试样和参比物以同样的加热速度升温，当试样没有热效应时，两个传感器之间无温差；当试样发生热变化时，试样与参比物之间出现温差。若试样的温度为 T_S，参比物的温度为 T_R，将两者之差对温度或时间函数记录下来，便得到差热分析曲线。分析曲线上出现的一系列吸热峰和放热峰，可以解释相变、熔点、分解动力学参数及安定性等。

硝酸铵和奥克托今的差热分析曲线如图 4－8 和图 4－9 所示。

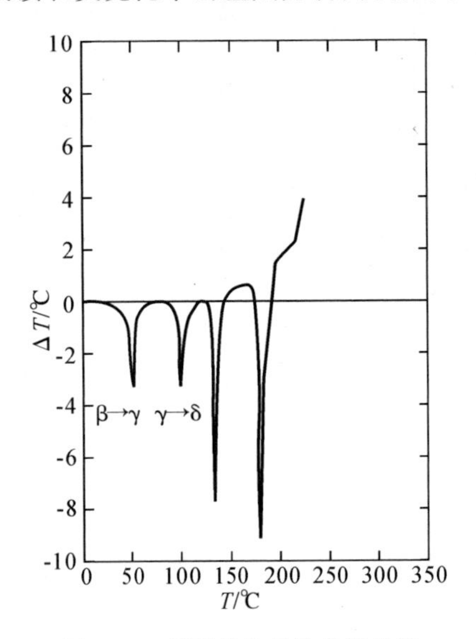

图 4－8　硝酸铵的差热分析曲线

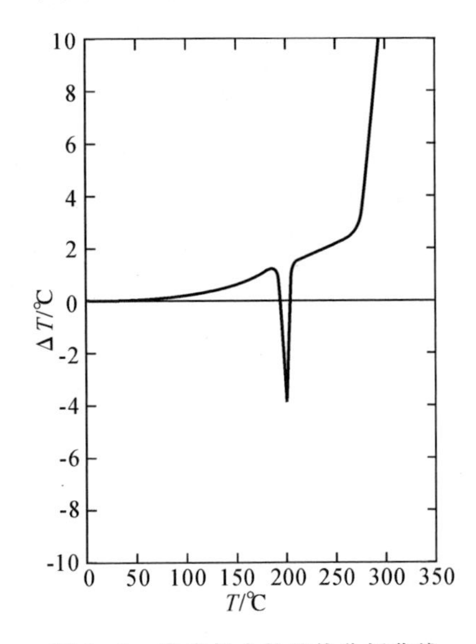

图 4－9　奥克托今的差热分析曲线

采用差热分析法评价炸药安定性时，通常在相同条件下试验各种炸药，用初始分解温度值或最大放热峰温度可比较它们的热安定性。

(二)差示扫描量热(DSC)法

该法是在程序控温条件下，测量试验物质与参比物质的能量差与温度之间的函数关系，试验得到差示扫描量热曲线。该曲线看起来与差热分析曲线相似，实际上横坐标表示温度，而纵坐标表示能量变化率。两者在定性方面的效果相近，但在定量方面，差示扫描量热法可以测得焓变，因此差示扫描量热法技术用于炸药的热分解动力学分析，在理论上比差热分析法更有根据。

评价炸药的安定性，通常采用在相同条件下试验各种炸药，用等温差示扫描量热和非等温差示扫描量热曲线图中的初始分解温度值或最大放热峰温度比较它们的热安定性，也有从等温差示扫描量热曲线求得反应速度常数、表观活化能、指前因子等来表征炸药的热安定性的。表 4－4 列出了由差示扫描量热试验得到的几种炸药的热动力学数据。

表 4－4　由差示扫描量热试验得到的几种炸药的热动力学数据

炸药	$\rho/(g \cdot cm^{-3})$	分解热$/(kJ \cdot g^{-1})$	A/s^{-1}	$E/(kJ \cdot mol^{-1})$
黑索今	1.72	2.09	2.02×10^{18}	196.9
泰安	1.74	1.26	6.3×10^{19}	196.6
奥克托今	1.81	2.09	5×10^{19}	220.5
梯恩梯	1.57	1.26	2.51×10^{11}	143.8
六硝基芪	1.65	2.09	1.53×10^{9}	126.8
硝基胍	1.74	2.09	2.84×10^{7}	126.7

DTA 和 DSC 法取样品量少，适用于单质炸药。对于混合炸药，特别是混合均匀程度不满足取样要求的炸药，这两种方法一般不适用。

由于炸药总的分解速度与温度的关系很复杂，通常试验温度高于实际储存使用的温度。分解时间曲线也有多种情况，而多数试验方法只是测定反应初始阶段的分解情况。因此，对炸药进行安定性评价不能只用一种试验方法的结果，而应多做几种试验后再下结论。

第五节　炸药的热安定性与相容性

一、炸药的安定性

自从有了炸药以来，自伤事件时有发生，给人们的生命和财产安全带来很大的威胁。比如越南战争期间，美国 Forrestal 航空母舰上的弹药发生了自发爆炸事故，死 134 人，伤 64 人，21 架飞机彻底毁坏，43 架飞机严重损伤。美国 Oriskany 航母在 1966 年、企业号航母在 1969 年、Nititz 航母在 1981 年都相继发生了弹药自发爆炸事故。上述四艘航母事故共死亡 220 人，伤 709 人，经济损失达 15 亿美元。因此，研究炸药的安定性对于炸药的制造、储存和使用都具有十分重要的意义。

炸药的安定性是指在一定条件下，炸药保持其物理、化学、爆炸性质不发生可觉察的变化或者发生在允许范围内变化的能力。这种能力对于炸药的储存和使用都有非常重要的意义。因为炸药特别是军用炸药，通常要进行长期储存，一般军用炸药要求储存 10 年以上，如果炸药安定性不好，则在储存期间炸药的性质会发生变化，使其不能使用，甚至发生爆炸，造成事故。同时，炸药在制造以及装填弹丸的过程中往往需要加热，在此过程中也要求炸药的性质实际上不发生变化。对于火工品，也要求其能够长期储存，组分之间、组分与壳体之间不发生化学作用。炸药的安定性是由炸药的物理、化学以及爆炸性质随时间变化的速度所决定的。这种变化的速度越小，炸药的安定性就越高。反过来，这种变化的速度越大，则炸药的安定性就越低。

一般来说，硝酸酯类炸药的安定性较差，硝基化合物类炸药的安定性最好，而硝胺炸药则居中。

测定炸药安定性的方法很多，以真空安定性测定法最为常用。

在热作用下(热源温度比该炸药的五秒延滞期爆发点低)，炸药能发生一定速度的热分解。单体炸药的热分解初始反应速度只随炸药本身的性质(化学结构、相态、晶型及其颗粒大小、杂质多少、纯度高低)和环境温度而变化。在固定温度下，一般来说，炸药的热分解初始反应速度决定其最大可能的热安定性，这是单分子反应，可进行如下计算。

初始分解反应是单分子反应，即一级反应，有

$$\frac{-\mathrm{d}c_A}{\mathrm{d}t} = kc_A$$

$$\frac{\mathrm{d}c_A}{c_A} = -k\mathrm{d}t$$

式中：k——反应速度常数；

c_A——反应物浓度。

积分

$$\int_{c_{A0}}^{c_A} \frac{\mathrm{d}c_A}{c_A} = -k\int_0^t \mathrm{d}t$$

式中，c_{A0}为反应物初始浓度。则有

$$\ln\frac{c_A}{c_{A0}} = -kt$$

所以

$$t = \frac{1}{k}\ln\frac{c_{A0}}{c_A}$$

半分解期 $t_{1/2}$，即原始物质分解一半所需的时间，将其代入上式中，即有

$$t_{1/2} = \frac{1}{k}\ln 2$$

硝化甘油在 $A=10^{18.84}\ \mathrm{s}^{-1}$，$E=182.84\ \mathrm{kJ/mol}$ 下，其分解数据如表 4-5 所示。

表 4-5　硝化甘油在不同温度下的反应速度常数和半分解期

T/℃	k/s^{-1}	$t_{1/2}$/年
0	10.00～16.34	4.5×10^8
20	10.00～13.95	2×10^6
40	10.00～10.93	1 870
60	9.20～10.00	35

多组分混合炸药的热分解过程很复杂，可能出现下列几种反应现象：

(1)炸药分子自身的热分解；

(2)不同炸药分子间的相互作用；

(3)炸药分子或热分解产物与混合炸药的其他组分(如高分子黏合剂)之间发生的化学反应；

(4)炸药之间或是炸药与混合炸药其他组分间形成共熔点混合物。

在(2)(3)(4)现象出现后,总结果是使混合炸药热分解过程比单质炸药热分解速度快得多。因此,研究混合炸药热安定性时,除了应该研究其各个组分自身的热分解特性外,还应该研究配成混合炸药后的热分解特性。

二、炸药的相容性

随着混合炸药的品种日益增多,品种中的组分数也有增多趋势。例如,常见的塑料黏结炸药就包含了主体炸药(占 95%～99%)、高分子材料(占 1%～3%)、钝感剂(占 1%～2%)以及其他组分。这种多元混合体系的热分解速度通常都比主体炸药本身的热分解速度快。以 1,3,3,5,7,7 -六硝基-二氮杂环辛烷(HDX)为例,可以说明这一点,其数据列于表 4－6 中。又如,在 160℃时,硝化甘油和过氯酸铵分别都能平衡地分解,当二者以 1∶1质量比混合在一起时,则猛烈爆燃。这说明混合体系的反应速度要比各个组分单独热分解时的速度大,即各种组分混合后,混合体系的总反应能力有增大的趋势。

表 4－6　HDX 与高分子材料混合物的热分解时间(224℃)

高分子材料	τ_{80}/min①
HDX	57.6
聚缩丁醛②	3.3
羧甲基纤维素	5.6
聚醋酸乙烯酯	11.3
有机玻璃	19.3
低压聚乙烯	24.3
聚丙烯	38.6

注:①取分解放气量是 80 cm^3/g 时所需的时间;
②炸药与高分子的质量比为 1∶1。

军用炸药通常装填在各种炮弹、水雷、鱼雷、导弹的战斗部内。因此,它作为炸药柱整体要和金属、油漆以及其它材料相接触,在炸药柱、材料的表面上发生一定的化学作用,其表现为金属腐蚀、材料变色、老化等。因此,也应该考虑炸药和这些材料接触时可能发生的各种反应。

在讨论炸药相容性时,要区分下列两种现象。一种是研究主体炸药与其他材料混合后反应速度变化情况的现象,这属于组分相容性。这是从混合炸药的角度来研究混合炸药中的各个组分是否适宜应用。常把这种相容性问题叫作内相容性。另一种则是把混合炸药作为整体,研究炸药与其他材料(包括金属、非金属材料)接触后可能发生的反应情况,这属于接触相容性的问题,称作外相容性。

相容性又可分为物理相容性、化学相容性两类。凡是炸药与材料混合或接触后,体系的物理性质变化(如相变、物理力学性质变化等)程度的研究属于物理相容性的研究范围,而关于体系化学性质变化情况的研究则是化学相容性的研究范围。实际上,这两种现象是有联系的。物理性质变化可能促进化学性质的变化;反之,化学性质变化也能加快物理变化的过程。表 4－7 中列出了黑索今与某些高分子材料混合的活化能与放热峰温度。

表 4-7　黑索今与某些高分子材料混合的活化能与放热峰温度

高分子化合物	放热峰温度/℃	活化能/(kJ·mol^{-1})	相容性
聚乙烯	237	338.6	相容
E_{pon}828①	220	447.3	不相容
聚苯乙烯	241	351.1	相容
有机玻璃	239	275.6	基本相容
聚甲基丙烯酸乙酯	238	144.6	基本相容

注:①用酸酐熟化的 E_{pon}828。

由表 4-7 可知,当不相容时,例如,黑索今与 E_{pon}828(用酸酐熟化)混合,则活化能值增大(108 kJ/mol),同时放热峰温度降低(17℃)。

混合炸药组分与主体炸药间的反应也可能是催化性质的,例如,许多金属能催化炸药的热分解,如锌催化硝酸铵、伍德合金催化硝胺类炸药等。

炸药相容性的定义是:炸药和添加剂共混后所组成的混合物的热分解速率和原来单一炸药与添加剂热分解速率之和对比的变化程度。用下列通式表示:

$$R^0 = C - (A + B) \tag{4-4}$$

式中:R^0——炸药、添加剂共熔后热分解量的变化;

C——混合物的热分解量;

A,B——炸药、添加剂各自的热分解量。

例如按放气量的增量来评价炸药与材料的相容性:

$$\Delta V_0 = V_3 - (V_1 + V_2) \tag{4-5}$$

式中:ΔV_0——炸药与接触材料混合物分解释放出气体的增量,mL;

V_3——炸药与接触材料混合物分解放出的气体量,mL;

V_1——一定量炸药分解放出的气体量,mL;

V_2——一定量接触材料放出的气体量,mL。

测量混合物与各组分变化量的差值,差值越小,相容性越好,反之则越差。

测定炸药与其他材料相容性的大小,就是测定混合体系反应与炸药、各组分单独热分解时反应速度之间的差别。因此,凡是测定炸药热分解的方法都可用于炸药相容性的测定。

第六节　典型炸药的热分解特性

一、硝酸酯类炸药的热分解特性

硝酸酯是最早作为火药、推进剂成分的炸药,这类化合物的热分解特性早就引起了研究人员的注意。典型的硝酸酯类炸药就是硝化甘油。在常温下,硝化甘油是液体,具有强烈的挥发性。在密闭的反应器内,低装填密度的硝化甘油受热分解后基本上全部汽化,在气态下进行热分解。热分解的唯象动力学规律是一级反应,反应速率在开始时最大,而后则逐渐下降,直到反应结束。这时硝化甘油的热分解可用下列反应式表示:

$$\begin{array}{l}H_2C—ONO_2\\ \quad|\\ HC—ONO_2\\ \quad|\\ H_2C—ONO_2\end{array} \longrightarrow \begin{array}{l}H_2C—O\cdot\\ \quad|\\ HC—ONO_2\\ \quad|\\ H_2C—ONO_2\end{array} + NO_2$$

$$\longrightarrow \begin{array}{l}H_2C—O\cdot\\ \quad|\\ HC—O\cdot\\ \quad|\\ H_2C—ONO_2\end{array} + NO_2 \longrightarrow \cdots$$

热分解的初始气相产物 NO_2 是活泼的化合物,可以氧化初始分解形成的自由基,使它进一步反应成为其他产物。

在气态时,硝化甘油的热分解呈一级反应规律,140℃时,大约经过 400 min 就可全部分解。

液态硝化甘油热分解在开始阶段有加速趋势,但不久即降速,如图 4－10 所示。但是,当反应室内气相产物进一步累积,气相产物压力到达某个临界值时,则会出现热分解的强烈加速。在图 4－11 中表现出了这种性质。压力增长速率$\frac{\Delta p}{\Delta \tau}$和压力对数 $\lg p$ 之间具有图示的规律,可以看出,随温度的升高,热分解速率急剧增长的临界压力值也升高。

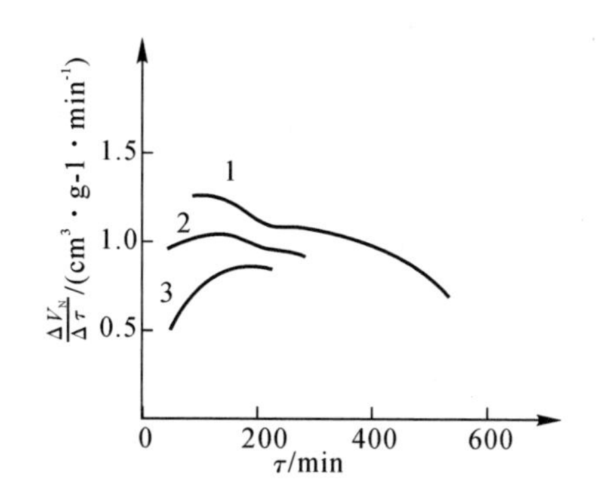

图 4－10　液态硝化甘油的热分解(140℃)

1—装填比 6.1×10^4;2—装填比 12×10^4;3—装填比 29×10^4

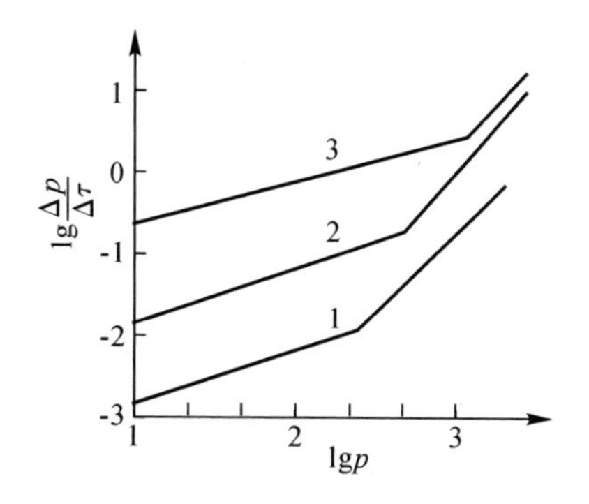

图 4－11　硝化甘油的热分解速率与压力的关系

1—80℃;2—100℃;3—120℃

硝化甘油热分解的自加速趋势受温度的影响较大。在反应器内硝化甘油量较大(高的装填密度),100℃时经过 9～10 h 即出现热分解的剧烈加速;80℃时则经过 73～93 h 才出现加速;而在 60℃时则要经过 550 h 才出现加速。根据上述数据计算的 30℃和 20℃出现热分解加速的时间列于表 4－8 中。

表 4－8　不同温度下硝化甘油出现热分解加速的时间

t/℃	τ_{ac}/h
100	9～10
80	73～93
60	550
30	28 030(约 3.2 年)
20	1.48×10^5(约 17 年)

上述数据表明,尽管硝化甘油热分解的速率较大,但是,在常温下出现剧烈加速的时间仍相当长。然而,由于硝化甘油热分解时生成水和硝酸,而工业硝化甘油中又含有少量的水,水和硝酸的存在将加速硝化甘油的分解。

在实际生产中,水可以溶于硝化甘油中,只是溶解度不大,但少量的水即可加快硝化甘油的热分解;水量加大,影响程度则随之增大。硝酸对硝化甘油的分解影响较小,在 100℃时,含水硝化甘油出现分解加速的时间只是含硝酸硝化甘油的 1/6 左右。图 4－12 表示了水、硝酸对于硝化甘油热分解加速的影响。该曲线表明,纯的硝化甘油分解最慢,含有 0.2%硝酸的硝化甘油则分解快些,含水 0.2%的硝化甘油分解最快。如果硝化甘油中含有少量的碳酸钠,则由于热分解生成的 NO_2(也即硝酸)会被碳酸钠中和,可抑制硝化甘油分解的加速。

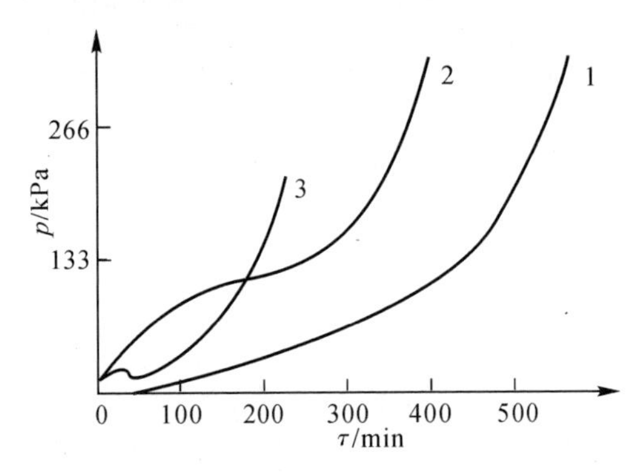

图 4－12　水、硝酸对于硝化甘油热分解的影响(100℃)

1—纯硝化甘油;2—含硝酸硝化甘油;3—含水硝化甘油

如果反应环境内水蒸气、一氧化氮、二氧化氮以一定比例共存,硝化甘油将呈现剧烈加速的热分解,例如在 80℃时,水蒸气压力为 200 Pa 时,经过 2 000 min 才出现加速热分解,但是当还有一氧化氮、二氧化氮时,则只经过 50 min 就出现加速热分解,加速出现时间只有前者的 1/40,因此,在生产、加工、储存硝化甘油的过程中应避免这种情况,以免发生危险。

二、硝基化合物类炸药的热分解特性

在炸药类别中，芳香族多硝基化合物具有重大的实用价值。因此，对这类化合物的热分解研究很多。当硝基烃在气相状态分解时，动力学规律最简单，各自的化学结构对热分解特性的影响也最为显著。以硝基苯为例，在图 4－13 中列出了三硝基苯三种异构物的热分解曲线。

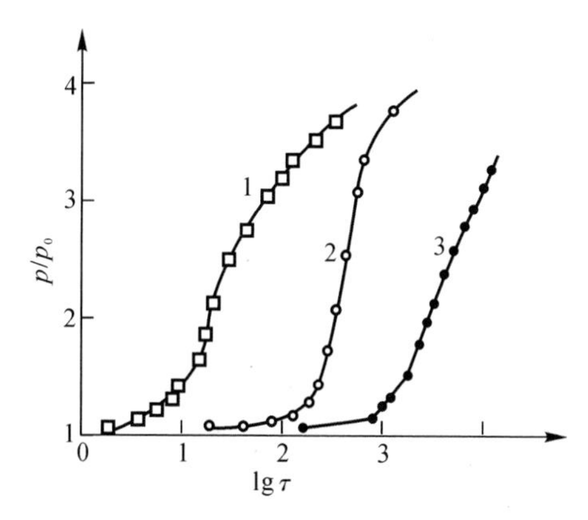

图 4－13　硝基化合物类炸药热分解（300℃，初始蒸气压为 2 kPa）

1—1，2，3－三硝基苯；2—1，2，4－三硝基苯；3—1，3，5－三硝基苯

由图 4－13 看出，1，2，3－三硝基苯的不对称性最强，分解速率最快，对称的 1，3，5－三硝基苯的分解速率最慢。通过对一系列对称三硝基苯衍生物的气相热分解研究，分析了各种取代基对于三硝基苯化合物热分解的作用。表 4－9 列出了相应化合物的唯象动力学特征。

表 4－9　三硝基苯及其衍生物的动力学参量

样品	t/℃	E/(kJ・mol^{-1})	lg(A/s^{-1})	(k_{330}℃×10^5)/s^{-1}
1，2，3－TNB	250～300	97.9	4.8	20
1，2，4－TNB	300～340	193.3	12.3	3.5
1，3，5－TNB	270～355	217.1	13.6	0.63
TNA	301～343	161.1	8.8	0.68
TNP	290			3.2(290℃)
TNT	280～320	144.4	8.45	8.5
TNFB	350			5.0(350℃)
TNCB	290～330	154.8	8.45	1.1
TNDCB	330			1.1
TNTCB	330			1.1
TNBB	330			4.5(300℃)

注：①t 为研究温度。

②TNB—三硝基苯；TNA—三硝基苯胺；TNP—三硝基苯酚；TNT—三硝基甲苯；TNFB—三硝基氟代苯；TNCB—三硝基氯代苯；TNDCB—三硝基二氯代苯；TNTCB—三硝基三氯代苯；TNBB—三硝基溴代苯。

研究表明，取代基的电负性加强，其衍生物的分解速率下降。在苯环上引入烃取代基也能改变衍生物的热分解速率，如表 4－10 所示。研究表明，侧链取代基的易氧化程度决定着其热分解速率。

表 4－10　烷烃取代基对三硝基苯热分解的影响

样品	气态	溶液（TNB 为溶剂）	
	$E/(kJ \cdot mol^{-1})$	$E/(kJ \cdot mol^{-1})$	$\lg(A/s^{-1})$
1,3,5－三硝基苯	217.1	217.2	13.6
三硝基甲苯	144.4	143.3	9.3
三硝基乙苯	146.4	83.7	3.2
三硝基丙苯	167.4	130.1	8.1
三硝基叔丁苯	251.0	166.1	10.4

三、硝胺类炸药的热分解特性

硝胺类炸药是应用很广的一类炸药，在 20 世纪七八十年代，这类炸药的热分解研究工作相当多。黑索今和奥克托今是硝胺类代表化合物，下面分别介绍黑索今和奥克托今的热分解。

(一)黑索今的热分解

黑索今是氮杂环的多硝基化合物，熔点是 204～206℃，所以在 200℃以下黑索今热分解处于固相，又由于高温时蒸气压较高，相当一部分热分解在气相中进行，这就造成了研究黑索今热分解的困难。关于黑索今热分解研究的报道很多，从唯象动力学和微观动力学等方面均能对黑索今的热分解进行研究。

早在 20 世纪 40 年代，Robertson 研究了在 213～299℃时黑索今的热分解，在这种条件下，黑索今完全处于气相状态。МаксимоbЮ 在 175～210℃内研究了气相黑索今的热分解。由于装填密度很小，将黑索今经过多次纯制，研究其热分解(处于气态)。气相黑索今按一级反应规律进行热分解，最后产物压力是初始蒸气压的 6 倍；反应在气相内进行，不受反应器表面的影响，活化能值为 169.0 kJ/mol，指前因子(A)的对指数为 16.0±2.0。研究固体黑索今的热分解规律对炸药的储存、使用具有更大的意义。

图 4－14 为 190℃(低于黑索今的熔点)时不同装填密度的黑索今热分解曲线。

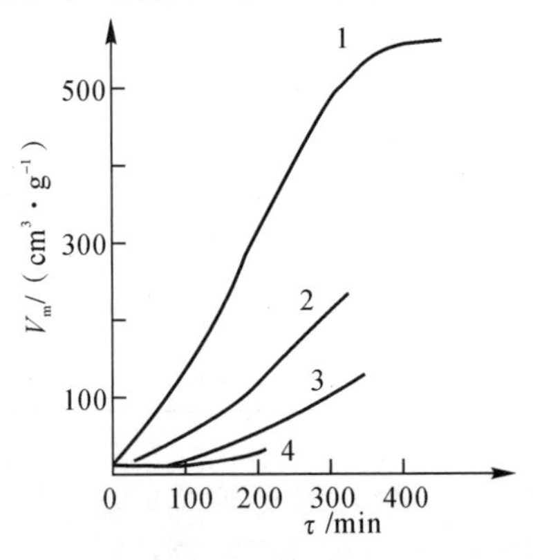

图 4－14　黑索今在不同装填密度下的热分解曲线

1—3.6×10^{-4} g/cm³；2—1.1×10^{-3} g/cm³；3—1.01×10^{-2} g/cm³；4—5.4×10^{-2} g/cm³

由图 4－14 可知，对于装填密度值小的分解曲线来说，曲线展示了分解的全过程，由反应开始，经过反应加速，直到反应结束。整个曲线外形类似于 S 状态，这表明热分解具有典型的固相反应性质。热分解过程可分为延滞期、反应加速期（加速期）、反应降速期（降速期）几个阶段。在延滞期内，热分解的速率很小。曲线上升的趋势很平缓，几乎与横轴平行（参见图 4－15 中的曲线 9）。在加速期内，分解速率持续加大，直到出现极大的速率为止。当反应速率达到极大值后，有时还维持一段时间，而后速率明显下降，直到反应结束。反应器内装填密度（装填密度指单位体积内黑索今的质量）的改变影响着反应速率。图 4－14 中的曲线表明，凡是高装填密度的曲线都位于图的下方，这表明其反应速率低，即装填密度增大，热分解速率下降，表明反应的气体产物对于黑索今的热分解有抑制作用。

黑索今热分解延滞期的长短与样品堆积状况有关，如图 4－15 所示。在表 4－11 中列出了黑索今样品的试验条件和动力学参量的关系。

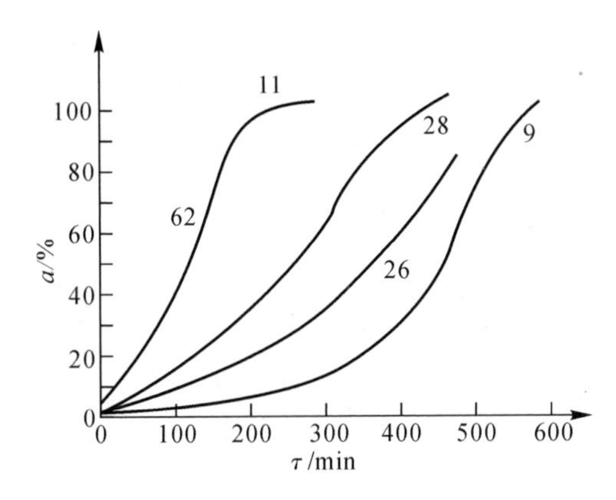

图 4－15　黑索今的堆积特性与热分解的关系曲线（对应表 4－11）

表 4－11　黑索今样品的堆积特性和热分解速率关系（196.5℃，0.2 g 试样）

试验号	v_{ind}①		v_{ac}①		v_{max}①	试验条件
	$10^{-3}\times\frac{1}{\tau}$	$\frac{7}{t_7{}^{②}}$	$\frac{10}{t_{20}{}^{②}-t_{10}}$	$\frac{20}{t_{40}{}^{②}-t_{20}}$		
9	2.62	0.029 2	0.125 0	0.263 0	0.62	样品堆积
19	3.17	0.031 8	0.135 0	0.385 0	0.60	
26	4.24	0.066 6	0.116 0	0.016 7	0.35	样品较分散
28	8.33	0.110 0	0.173 0	0.233 0	0.35	
11	58.80	0.304 0	0.418 0	0.540 0	0.55	样品呈薄层状
12	40.00	0.280 0	0.418 0	0.500 0	0.55	层状分散
62	25.60	0.233 0	0.371 0	0.527 0	0.60	最好

注：① v_{ind}，v_{ac}，v_{max} 分别为热分解延滞期内、加速期内速率和极大速率。

② t_7，t_{20}，t_{40} 表示达到相应分解分数时的时间；下标 7，20，40 表示分解百分比。

由图 4－15 和表 4－11 的数据看出，当样品堆积程度较高时，分解速率下降，延滞期变长（试验 9）；当样品散开成薄层状时，则延滞期缩短，速率加快。样品的堆积性质也能影响加速趋势，当样品处于集中堆积状态时，热分解分解分数为 20%的速率是分解分数为 7%的 9 倍，极大速率值则是 $a=7\%$时(a 表示分解分数)的 21 倍；当样品呈薄层状分散时，则 $a=20\%$时的速率只是 $a=7\%$时的 1.8 倍。这说明，在热分解加速期内很可能有催化热分解的气相产物。当样品堆积时，气相产物不易冲出黑索今表面排出，有利于加快反应；反之，薄层样品不易滞留这些气体，所以加速趋势下降。

(二)奥克托今的热分解

奥克托今的熔点高，在固相时分解速度就已相当明显。在 214～234℃间的部分分解(装填密度为 5×10^{-3} g・cm^{-3})表明，当热分解开始时，有一延滞期存在，而后才开始热分解。奥克托今受热后即放出一部分气体，在 10～15 cm^3・g^{-1}之间，为总分解量的 2%左右。根据热分解放气量为 60 g・cm^{-3}所需时间与温度的关系，求得的奥克托今晶体热分解活化能约 170 kJ・mol^{-1}。

用不同溶剂重结晶的奥克托今晶体(颗粒大小相等)，其热分解速度是不同的。在同一温度(234℃)下，没有精制的奥克托今热分解速度最快，其次是二甲基甲酰胺一次重结晶的奥克托今，而由环戊酮重结晶的奥克托今分解速度最慢。表 4-12 列出了重结晶用溶剂对晶体奥克托今热分解的影响。晶体的红外图谱表明，由环戊酮重结晶的奥克托今是 α 晶型。但是，影响热分解的主因可能不是晶型，而是晶体中含有的杂质。

表 4-12　重结晶用溶剂对于奥克托今热分解的影响(234℃)

重结晶用溶剂	半分解期/min
未重结晶产品	160
二甲基甲酰胺	181
丙酮	204
环戊酮	246

奥克托今的晶体大小也影响其热分解速度，而且大颗粒分解速度反而比小颗粒快。这与一般的局部热分解动力学规律相反，这可能与在热作用下大晶体奥克托今发生迸裂有关。

第七节　影响炸药热分解的主要因素

炸药热分解的历程是比较复杂的，首先应该考虑化学结构对热分解的影响。化学结构不同，所产生的热分解历程极不相同。同一种炸药，其物理、化学性质变化(如晶型、相态内变化等)会影响热分解过程。试验条件不同，如温度、密度、外来添加物等也会影响分解的规律和分解产物的组成。炸药热分解的特点可以归纳为以下几点。

一、温度升高时炸药的化学反应加快

炸药的热分解首先从初始反应开始，初始反应速度与炸药的种类和反应温度有关，研究温度对初始阶段反应速度的影响可确定炸药分解反应的动力学常数，即活化能、指前因子以及分解延滞期。炸药热分解速度的温度系数很大，温度每升高 10℃时，许多炸药的分解速度大约可增加 4 倍。这是因为炸药热分解反应的活化能比一般物质反应的活化能大几倍，而炸药热

分解速度常数的对数($\ln k$)随温度的变化率与活化能(E)值成正比。炸药热分解反应的活化能值较大，说明了两个问题：

(1)炸药分子在常温下有相当好的热安定性；

(2)炸药热分解反应速度随温度的变化率较大。

但是，这些并不是炸药的主要特点，也不是它区别于其他物质的根本标志。炸药热分解的主要特点在它的第二阶段，即自行加速反应。自行加速反应的特征随炸药的结构和外界条件的不同而不同，并且随着分解产物的积累而发展。自行加速反应所达到的分解速度比初始分解反应大许多倍，因此，自行加速反应是研究炸药化学安定性的主要问题。当分解产物或少量杂质能大大增加分解速度时，在炸药中加入能够与这些分解产物或少量杂质作用的物质，就可以显著提高炸药的化学安定性，所加入的物质称为安定剂。例如，在无烟药中加入少量二苯胺作为安定剂就可以大大提高无烟药的安定性。因为二苯胺能与作为催化剂的 NO_2 和残酸迅速反应，这样，在二苯胺耗尽之前，反应的自行加速阶段不会到来。

二、炸药的热分解及其自行加速的特征

不同化学结构的炸药的特征彼此间差异较大，例如，硝基和硝胺类炸药(如梯恩梯、特屈儿、黑索今等)的分解速度较小，而且其反应的速度常数也不大，所以它们有足够的安定性。而对于硝酸酯类炸药(如硝化甘油、硝化棉、泰安等)，当反应的气态产物积聚在炸药中时，分解的加速度很大，而且其反应速度也比硝基和硝胺类炸药大得多，因此化学安定性较差，在固体状态下能分解的某些炸药，其分解的加速度也很大。

一般来说，硝酸酯类炸药的热安定性较差，硝基化合物类炸药的热安定性最好，而硝胺类炸药居中。

三、相态、晶型对炸药热分解的影响

炸药晶型转变、相态变化等都影响热分解的过程。如高氯酸铵在240℃时晶型发生转变，由斜方形向立方形转变，出现分解速度下降。又如特屈儿的热分解，由固态变为液态时分解速度可提高50～100倍。相态的这种影响具有普遍性，在黑索今、泰安等中也观察到类似的影响。因此在比较不同炸药的安定性时，选择的温度要使被比较的炸药处于相同的相态，否则难以得到正确的结论。

四、试验条件与添加物对热分解的影响

试验条件与添加物都影响炸药热分解的规律和产物组成。如硝酸铵在100℃时的分解产物主要是 NH_3 和 HNO_3，在200℃时的分解产物主要是 N_2O 和 H_2O，而温度更高时分解产物主要是 NO_2，N_2 和 H_2O。硝化甘油中含有水或酸时，其分解速度比纯硝化甘油大得多，这是因为有水存在时硝化甘油发生水解，水解生成的酸和原含有的酸均具有催化作用和氧化作用，以致发生自行加速。

思考与练习题

1. 简述炸药热分解的特征。
2. 炸药的自行加速反应有哪几种类型？

3.测定炸药热分解的试验方法主要有哪几种?

4.简述炸药的安定性和相容性的定义及研究方法。

5.简述炸药的半分解期理论计算方法。

6.如何利用热分析方法判定炸药的热分解特性及炸药的安定性和相容性?

7.影响炸药热分解的主要因素有哪些?

8.炸药热分解的一般规律是什么?

9.为什么炸药活化能的大小可以表示炸药热分解的难易程度?为什么活化能数值越大,炸药热分解反应速度的温度系数越大?

10.分别说明DSC与DTA的原理。什么物质可以充当参比物?

第五章 冲击波与爆轰波

爆轰是炸药化学反应的最激烈形式，也是决定其应用的重要根据。爆轰反应速率非常大，可达几千米每秒，反应区压力达几十吉帕，温度在 4 000 K 左右。爆轰时，炸药释放能量的速度也很快，因此爆轰反应可以给出很高的功率。高温、高压、高功率决定炸药做功的强度大。因此研究爆轰反应过程，掌握其规律、理论计算或实际调节炸药爆轰参量是合理使用、改进其性能、指导其研制工艺所必需的。

爆轰反应是极其复杂的化学反应，它的传播具有波动性质，因此在介绍炸药的爆轰之前，有必要简单介绍冲击波的知识。

第一节 冲击波的基础知识

一、波

在一定的条件下，物质都以一定的状态存在，其压力、密度、温度等具有确定的数值。但在外界作用下，介质的状态又可以改变。通常把在外界作用下，介质某一局部的状态变化称为扰动；如果引起介质状态参数显著变化，这样的扰动称为强扰动；反之，引起介质状态参数微小变化的扰动就称为弱扰动。

在弹性介质中，扰动的传播，即介质状态改变的传播称为波。在波的传播过程中，介质原始状态与扰动后状态的交界面称为波阵面，波阵面的移动方向就是波的传播方向，其移动的速度简称为波速。波速方向与介质质点振动方向平行的波称为纵波，波速方向与介质质点振动方向垂直的波称为横波。扰动传播过后，介质压力、密度等状态参数值增加的波称为压缩波；相反，介质压力、密度等状态参数值下降的波就称为膨胀波或稀疏波。

现在我们以活塞在充满气体的无限长圆管中运动为例，来说明压缩波和膨胀波。

如图 5 - 1 所示，在 τ_0 时刻，管中充满 p_0，ρ_0 的气体，活塞位置在 R_0。然后轻轻推动一下活塞，也就是产生一个弱扰动；在 τ_1 时刻，活塞移至 R_1。于是，原来靠近活塞在 R_0—R_1 之间的气体受到压缩而移到 R_1—A_1 之间。在 R_1—A_1 范围内气体的压力、密度都升高，变为 $p_0+\Delta p$，$\rho_0+\Delta\rho$；而 A_1—A_1 面右边的气体仍保持初始状态。由于管中压力差的存在，已经被压缩的气体继续推挤还未被压缩的气体，使其压力、密度逐层增大，如此逐层地在管中传播下去就形成压缩波。A_1—A_1 面是已经被压缩的气体和尚未被压缩的气体的分界面，称之为波阵面。对于压缩波，受扰动的介质皆获得一个与扰动传播方向一致的速度。

这种波阵面上介质的压力、密度等参数增量很小的波就称为弱压缩波。在相反的情况下，如果将活塞沿管向左拉动，就形成膨胀波。

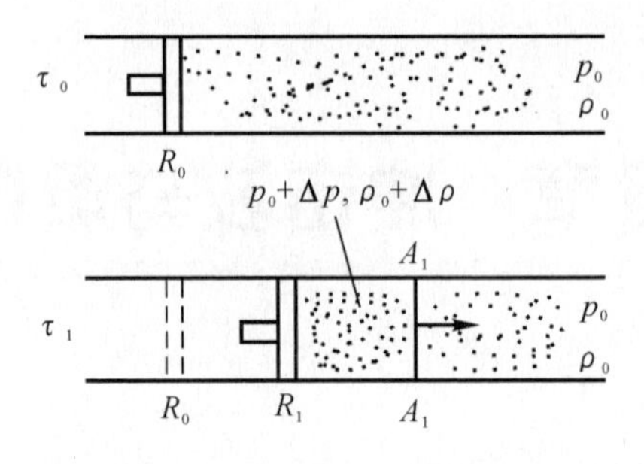

图 5－1　压缩波的传播

如图 5－2 所示，将活塞轻轻拉动到位置 R'_1，原来在 R_0 附近的气体必然会向 R_0—R'_1 之间的空间膨胀。如果 τ_1 时刻，这种膨胀扰动影响到 A'_1—A'_1 面，那么该面左边为受扰动区域，其压力、密度降为 $p_0-\Delta p$，$\rho_0-\Delta\rho$，而右边仍为未扰动区。由于 A'_1—A'_1 面两侧存在压力差，右边未受扰动的气体将继续向左膨胀，即扰动将继续向右传播。扰动所到之处，气体的压力、密度降低，因此就形成膨胀波。A'_1—A'_1 面就是 τ_1 时刻的波阵面。

由此可见，膨胀波的传播方向总是由低压向高压方向传播，而介质质点是由高压向低压方向流动。因此，膨胀波的传播方向与介质的运动方向相反。

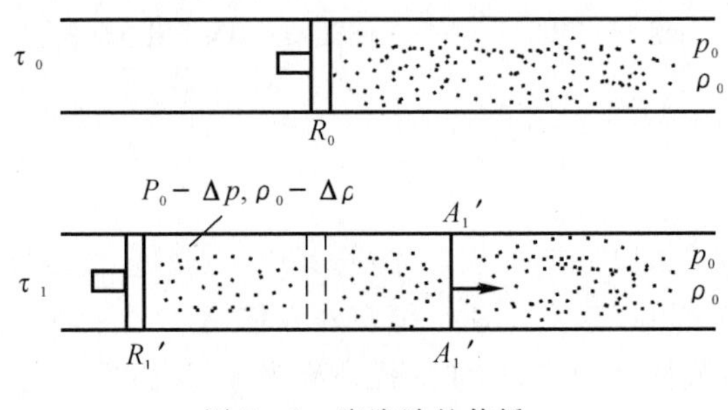

图 5－2　膨胀波的传播

膨胀波是一种弱扰动，即在膨胀波的波阵面上，介质的状态变化非常小，而且是连续变化的。

膨胀波和压缩波是经常一起发生的。如果形成压缩波后，空间不是有限约束的，则常常会伴有膨胀波。

如果活塞位于管的中央并以一定频率做往复运动，则管中活塞两侧气体将以一定频率交替地发生压缩与膨胀，介质质点将在原来位置振动，而波向左右传播，这种波就是声波。声波是弱压缩波与膨胀波的合成，故声速与弱压缩波、膨胀波的传播速度相同，也就是说，声速就是弱扰动在介质中的传播速度。因此，在气体动力学中，将微弱扰动在介质中的传播称为声波；在可压缩流中，将具有小振幅的振荡运动也称为声波，这就是广义声波的定义。

二、声波

如前所述，声波属于微弱扰动的传播。这种微弱扰动在介质中传播的速度即为声速。下面我们来建立声速的表达式。

如图 5－3 所示，在左端用活塞封闭的等截面圆管中充满压力、密度分别为 p，ρ 的气体。

开始时，活塞是静止的。当活塞以无穷小的速度 $\mathrm{d}u$ 向右推动时，将产生一个无穷小的压力扰动波，其传播速度为 c。扰动的结果使波后状态参数变为 $p+\mathrm{d}p$，$\rho+\mathrm{d}\rho$。

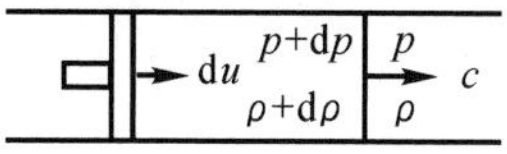

图 5-3　弱扰动的传播

为方便起见将坐标系建立在波阵面上，则在此坐标系中，波阵面不动，未扰动介质以 $u_0=c$ 的速度流入波阵面；而波后的介质以 $u_1=c-\mathrm{d}u$ 的速度流出波阵面。在波阵面上取面积微元 $\mathrm{d}\tau$。这样单位时间内从右边流入单位面积波阵面的介质质量为 $c\rho\mathrm{d}\tau$，而向左流出波阵面的介质质量为 $(c-\mathrm{d}u)(\rho+\mathrm{d}\rho)\mathrm{d}\tau$。根据质量守恒定律，流出与流入波阵面的质量相等，即

$$c\rho=(c-\mathrm{d}u)(\rho+\mathrm{d}\rho) \tag{5-1}$$

介质流入波阵面时其动量为 $c^2\rho\mathrm{d}\tau$，流出波阵面时其动量为 $c\rho\mathrm{d}\tau(c-\mathrm{d}u)$，流入与流出波阵面的物质的动量差为 $c^2\rho\mathrm{d}\tau-c\rho\mathrm{d}\tau(c-\mathrm{d}u)$。根据动量守恒定律，动量的差值是由波阵面两边的压力差产生的，即

$$c^2\rho\mathrm{d}\tau-c\rho\mathrm{d}\tau(c-\mathrm{d}u)=\mathrm{d}p\cdot\mathrm{d}\tau$$

或

$$c\rho\mathrm{d}u=\mathrm{d}p$$

则

$$\mathrm{d}u=\frac{\mathrm{d}p}{c\rho} \tag{5-2}$$

由式(5-1)得 $c-\mathrm{d}u=\dfrac{c\rho}{\rho+\mathrm{d}\rho}$，即

$$\mathrm{d}u=\frac{c\mathrm{d}\rho}{\rho+\mathrm{d}\rho}$$

代入式(5-2)，则有

$$\frac{\mathrm{d}p}{c\rho}=\frac{c\mathrm{d}\rho}{\rho+\mathrm{d}\rho}$$

即

$$c=\sqrt{\frac{\mathrm{d}p(\rho+\mathrm{d}\rho)}{\rho\mathrm{d}\rho}} \tag{5-3}$$

在弱扰动的情况下，即波阵面的参数变化为无限小时，$\rho+\mathrm{d}\rho\approx\rho$。所以

$$c=\sqrt{\frac{\mathrm{d}p}{\mathrm{d}\rho}} \tag{5-4}$$

因此，弱压缩波的传播速度仅与压力对介质密度的变化率有关。

对于膨胀波，我们也可以同样推导出式(5-4)，因此，式(5-4)就是计算声速的公式。

声音传播时，介质的压缩和膨胀进行得极为迅速，可以认为这个过程是不与周围介质进行热交换的绝热过程，并且声波中介质参数的变化极小，可以认为是无限小的，介质内部的黏滞摩擦和热传导可以忽略不计，因此其压缩和膨胀过程可以认为是绝热等熵过程，故声速的表达式可以写为

$$c=\sqrt{\left(\frac{\mathrm{d}p}{\mathrm{d}\rho}\right)_s} \tag{5-5}$$

有时利用 $\dfrac{\mathrm{d}p}{\mathrm{d}v}$ 较 $\dfrac{\mathrm{d}p}{\mathrm{d}\rho}$ 更为方便，其中 $v=\dfrac{1}{\rho}$ 为介质的比体积。

因为$\rho=\frac{1}{v}$，所以$\mathrm{d}\rho=-\frac{\mathrm{d}v}{v^2}$。代入式(5-5)中，得

$$c=v\sqrt{\left(-\frac{\mathrm{d}p}{\mathrm{d}v}\right)_s} \tag{5-6}$$

对于理想气体，其等熵方程为

$$p=A\rho^{\kappa}$$

或

$$p=\frac{A}{v^{\kappa}} \tag{5-7}$$

式中：A——常数；

κ——等熵指数(绝热指数)。

将式(5-7)微分，得

$$\frac{\mathrm{d}p}{\mathrm{d}v}=-\frac{A\kappa}{v^{\kappa+1}}=-\kappa\frac{p}{v} \tag{5-8}$$

将式(5-8)代入式(5-6)，得

$$c=v\sqrt{\left(-\frac{\mathrm{d}p}{\mathrm{d}v}\right)_s}=\sqrt{\kappa pv} \tag{5-9}$$

又因为理想气体状态方程为

$$pv=R_g T$$

将上式代入式(5-9)，得

$$c=\sqrt{\kappa pv}=\sqrt{\kappa R_g T} \tag{5-10}$$

此即为声速的拉普拉斯公式，可适用于极弱的压缩波和膨胀波。

由此可见，对于理想气体，声速取决于绝热指数κ、温度T和气体的相对分子质量。因此，声速与介质的状态有关，可以看作这类介质的状态参数。

例 5.1 已知空气的相对分子质量$M_r=28.94$，$\kappa=1.4$，求0℃时空气中的声速(m/s)。

解 $$c=\sqrt{\kappa R_g T}=\sqrt{\frac{8\ 314}{M_r}\kappa T}=\sqrt{\frac{8\ 314}{28.94}\times 1.4\times 273}\approx 331\ \mathrm{m/s}$$

例 5.2 已知空气的$p=1.013\times 10^5\ \mathrm{Pa}$，$\rho=1.292\times 10^{-3}\ \mathrm{g/cm^3}$，$\kappa=1.4$，求空气中的声速(m/s)。

解 $$c=\sqrt{\kappa p/\rho}=\sqrt{\frac{1.4\times 1.013\times 10^5}{1.292\times 10^{-3}\times 10^3}}\approx 331\ \mathrm{m/s}$$

三、冲击波基础理论

冲击波是以超声速传播的强压缩波。冲击波传过后，波阵面上的介质参数发生突跃变化。因此，冲击波实质上是一种状态突跃变化的传播，其波阵面是强间断面。

冲击波现象与人类活动有着密切联系。无论是生产活动或者是科学技术领域，只要涉及非常高的压力、温度、速度，都与冲击波有着不可分割的关系。因此，冲击波已成为物理学、气体动力学、应用数学、化学以及相关边缘学科的研究对象，且已形成比较完整的理论。这里只介绍冲击波理论中最基本的某些结论。

(一)冲击波的形成

仍以一维管道中的活塞运动说明冲击波形成的物理过程。如图5-4所示，在无限长的圆

管中充满压力和密度分别为 p_0,ρ_0 的静止气体,管道右端封闭,左端有一活塞。

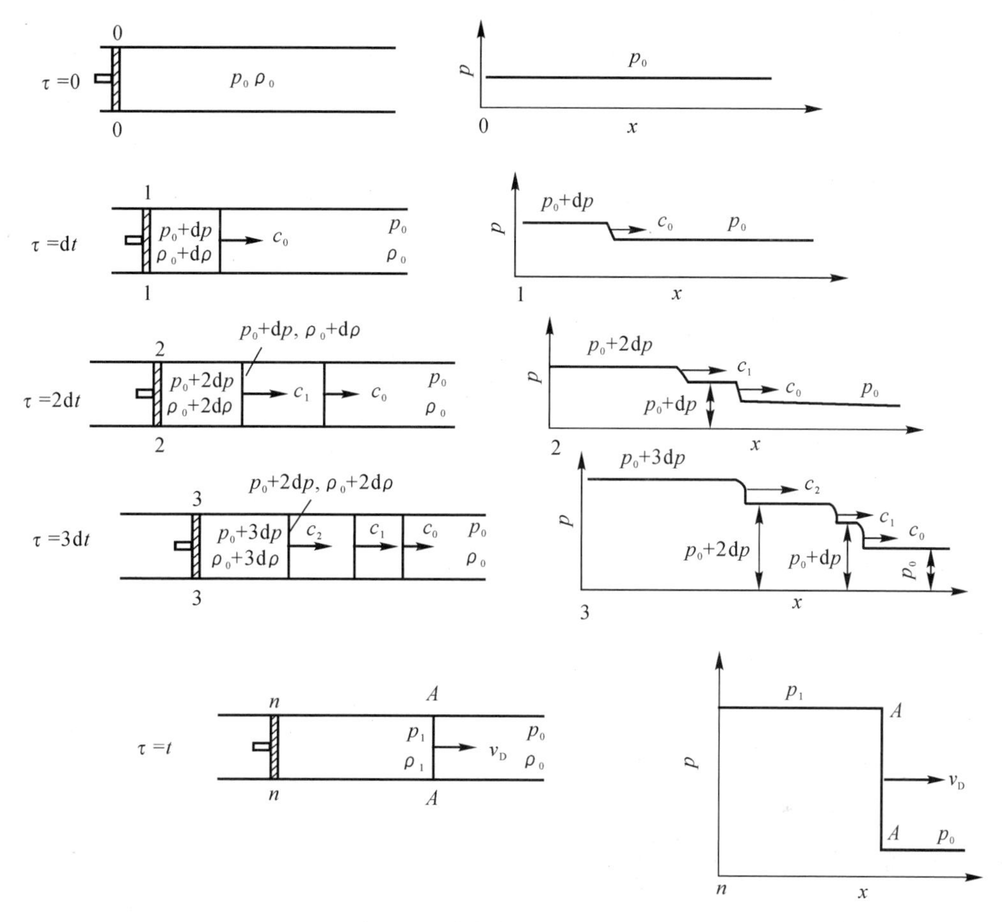

图 5-4　冲击波形成的示意图

若时间 $\tau=0$ 时,活塞静止,位于管道中 0—0 位置;管中气体尚未受到扰动,其参数为 p_0,ρ_0。

假定时间从零到某一时刻 t,活塞速度由零等加速到 w 时出现冲击波。为简单起见,把整个加速过程分成 n 个等间隔的微加速过程(n 的数目应足够大),即

$$t=n\mathrm{d}t,\quad w=n\mathrm{d}w$$

在 $\tau=\mathrm{d}t$ 时刻,活塞以 $\mathrm{d}w$ 推进到 1—1 位置。活塞前的气体受到弱扰动,产生了第一道弱压缩波。波后介质参数分别增至 $p_0+\mathrm{d}p,\rho_0+\mathrm{d}\rho$,其波速为 c_0,则

$$c_0=\sqrt{\kappa A\rho_0{}^{\kappa-1}}$$

在 $\tau=2\mathrm{d}t$ 时刻,活塞速度增至 $2\mathrm{d}w$,位于 2—2 位置,则在活塞前面已经被压缩过的气体($p_0+\mathrm{d}p,\rho_0+\mathrm{d}\rho$)中产生了第二道弱压缩波。波后介质参数增至 $p_0+2\mathrm{d}p,\rho_0+2\mathrm{d}\rho$,其波速为 c_1,则

$$c_1=\sqrt{\kappa A\ (\rho_0+\mathrm{d}\rho)^{\kappa-1}}$$

因为 $\kappa>1$,所以 $c_1>c_0$,亦即第二道弱压缩波比第一道弱压缩波传播速度快,它终将赶上第一道弱压缩波,从而叠加成为一道更强的弱压缩波。

在 $\tau=3\mathrm{d}t$ 时刻，活塞速度增至 $3\mathrm{d}w$，达到 3—3 位置，则在活塞前面第二道波后的介质 $(p_0+2\mathrm{d}p,\rho_0+2\mathrm{d}\rho)$ 中产生了第三道弱压缩波。波后介质参数增至 $p_0+3\mathrm{d}p,\rho_0+3\mathrm{d}\rho$，其波速为 c_2，则

$$c_2=\sqrt{\kappa A\ (\rho_0+2\mathrm{d}\rho)^{\kappa-1}}$$

显然

$$c_2>c_1>c_0$$

依此下去，在活塞前面的气体介质中将产生一系列的弱压缩波。由于后一道波总是在被前一道波压缩过的气体中传播，因此后一道波的传播速度总比前一道波快，其波幅也比前一道波强。后一道波终将赶上前一道波，从而叠加成为较强的压缩波。

随着时间的延续，这种后续波的追赶、叠加将使压缩波的强度愈来愈强，后续波与第一道波的间隔愈来愈小。从整体上看，整个压缩波簇的前沿波形将愈来愈陡峭。

到某一时刻 t，后续波都终将赶上第一道波，也就是说，这些弱压缩波全都叠加成为一道非常强的压缩波。这种强压缩波具有一个很薄并且很陡峭的压力阵面，该阵面上的压力、密度、温度和质点速度都突跃升高，其波的传播速度 v_D 也大大超过当地的声速 c_0，这样的强压缩波就是冲击波。

如果形成冲击波后，活塞保持恒定速度推动下去，在管道中就会有一个稳定的平面冲击波传播。这就如同将要介绍的稳定爆轰的情形。

如果活塞突然以一加速运动压缩气体，则可立即在气体中形成冲击波，其波形如图 5 - 5 所示。

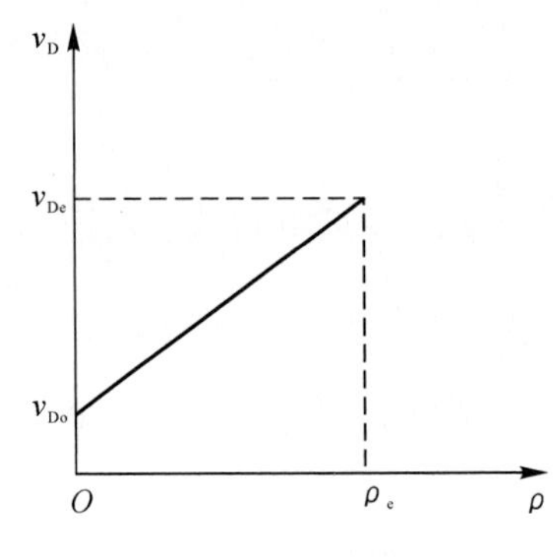

图 5 - 5　冲击波波形图

上面介绍了在一维管道中由于活塞运动，弱压缩波叠加而形成冲击波的物理过程。值得注意的是，虽然冲击波的传播速度大于当地声速，但活塞的运动速度不一定大于当地声速。这就是弱扰动叠加成为强扰动，由量变到质变的必然结果。对于在三维自由空间运动的物体来说，由于物体运动时，前面的气体向其后的真空地带膨胀，只有当物体做超声速运动时，它前面的气体来不及向真空地带膨胀，状态参数来不及均匀化，才能出现间断面，即出现冲击波。

(二)平面正冲击波

平面正冲击波又称为平面正间断，它的特点是：

(1)波阵面是平面；

(2)波阵面与未扰动介质的可能流动方向垂直；

(3)忽略介质的黏滞性和热传导。

本节将以平面正冲击波为例建立冲击波的基本关系式，据此对冲击波进行较为深入的分析。

1. 平面正冲击波的基本关系式

冲击波阵面通过前后，介质的各个物理参量都是突跃变化的，并且由于波速很快，可以认为波的传播为绝热过程。这样，利用质量守恒、动量守恒和能量守恒三个守恒定律，便可以把波阵面通过前介质的初态参量与通过后介质突跃到的终态参量联系起来，描述它们之间关系的式子称为冲击波的基本关系式。

设有一平面正冲击波以 v_D 的速度稳定地向右传播。波前介质参数为 p_0,ρ_0,u_0,e_0,T_0，波后介质参数为 p_1,ρ_1,u_1,e_1,T_1，如图 5-6 所示。为方便起见，将坐标系建立在波阵面上，令波阵面不动，则波阵面右侧的未扰动介质以速度 $U_0=v_D-u_0$ 向左流入波阵面，而波后已扰动介质以速度 $U_1=v_D-u_1$ 从波阵面向左流出。

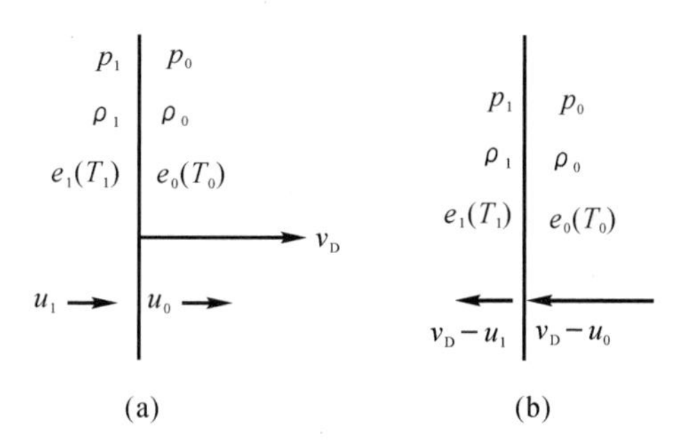

图 5-6　平面正冲击波的传播

(a)在静坐标系中；(b)在动坐标系中

现在波阵面上取单位截面作为控制面。那么，按照质量守恒定律，在波阵面稳定传播条件下，单位时间内从波阵面右侧流入的介质质量等于从其左侧流出的质量，即

$$\rho_0(v_D-u_0)=\rho_1(v_D-u_1) \tag{5-11}$$

此即为冲击波的质量守恒方程。当 $u_0=0$ 时，式(5-11)简化为

$$\rho_0 v_D=\rho_1(v_D-u_1)$$

按照动量守恒定律，冲击波传播过程中，单位时间内作用于介质的冲量等于其动量的改变。其中，单位时间内的作用冲量为

$$(p_1-p_0)\cdot t=(p_1-p_0)\cdot 1=p_1-p_0$$

而介质的动量变化为 $\rho_0(v_D-u_0)(u_1-u_0)$，由此得到动量守恒方程为

$$p_1-p_0=\rho_0(v_D-u_0)(u_1-u_0) \tag{5-12}$$

在 $u_0=0$ 条件下，式(5-12)化为

$$p_1-p_0=\rho_0 v_D u_1$$

由于冲击波传播过程可视为绝热过程，并且忽略介质的黏滞性及热传导效应等能量耗散，那么按照能量守恒定律，在冲击波传播过程中单位时间从波阵面右侧流入的能量应等于从左侧流出的能量。

单位时间内从波阵面右侧流入的能量包括：①介质所具有的内能，即 $\rho_0(v_D-u_0)e_0$；②由介质压力和流入的介质体积所确定的压力功，即 $p_0v_0=p_0(v_D-u_0)$；③介质流动动能，即

$\rho_0(v_D-u_0)\times\frac{1}{2}(v_D-u_0)^2$。

同理,单位时间内从波阵面左侧流出的能量也包括相类似的三部分,即 $\rho_1(v_D-u_1)e_1$,$p_1(v_D-u_1)$,$\frac{1}{2}\rho_1(v_D-u_1)^3$。由此,能量守恒方程可写为

$$p_1(v_D-u_1)+\rho_1(v_D-u_1)e_1+\frac{1}{2}\rho_1(v_D-u_1)^3=p_0(v_D-u_0)+\rho_0(v_D-u_0)e_0+\frac{1}{2}\rho_0(v_D-u_0)^3$$

将其整理后得到

$$e_1-e_0+\frac{1}{2}(u_1^2-u_0^2)=\frac{p_1u_1-p_0u_0}{\rho_0(v_D-u_0)}$$

或

$$e_1+p_1v_1+\frac{(v_D-u_1)^2}{2}=e_0+p_0v_0+\frac{(v_D-u_0)^2}{2} \tag{5-13}$$

当 $u_0=0$ 时,式(5-13)化为

$$(e_1-e_0)+\frac{1}{2}u_1^2=\frac{p_1u_1}{\rho_0v_D}$$

式(5-11)~式(5-13)即为由三个守恒定律导出的冲击波的基本关系式。

2.冲击波的波速线和绝热线

(1)冲击波的波速线。由质量守恒方程式(5-11)可得

$$v_D=\frac{u_1v_0-u_0v_1}{v_0-v_1}$$

则

$$v_D-u_0=\frac{v_0(u_1-u_0)}{v_0-v_1} \tag{5-14}$$

由动量守恒方程式(5-12),得

$$v_D-u_0=\frac{p_1-p_0}{\rho_0(u_1-u_0)} \tag{5-15}$$

比较式(5-14)和式(5-15),可得

$$\frac{v_0(u_1-u_0)}{v_0-v_1}=\frac{p_1-p_0}{\rho_0(u_1-u_0)}$$

故

$$u_1-u_0=\sqrt{(p_1-p_0)(v_0-v_1)} \tag{5-16}$$

将式(5-16)代入式(5-14)或式(5-15)中,则

$$v_D-u_0=v_0\sqrt{\frac{p_1-p_0}{v_0-v_1}} \tag{5-17}$$

式(5-17)描述了冲击波的波速与波阵面参数 p_1,v_1之间的关系,稍加变换可得

$$\frac{p_1-p_0}{v_1-v_0}=-\frac{(v_D-u_0)^2}{v_0^2} \tag{5-18}$$

式(5-18)与式(5-17)完全等价。当 v_D,u_0,v_0一定时,式(5-18)是以 v_1 为自变量、以 p_1 为因变量的点斜式直线方程。它在 p-v 平面上表示一条过点 $A(p_0,v_0)$、斜率为 $-\frac{(v_D-u_0)^2}{v_0^2}$

的直线。如图 5－7 所示，直线斜率为

$$\tan\varphi=-\tan\alpha=-\frac{(v_D-u_0)^2}{v_0^2}$$

亦即

$$v_D-u_0=v_0\sqrt{|\tan\alpha|}$$

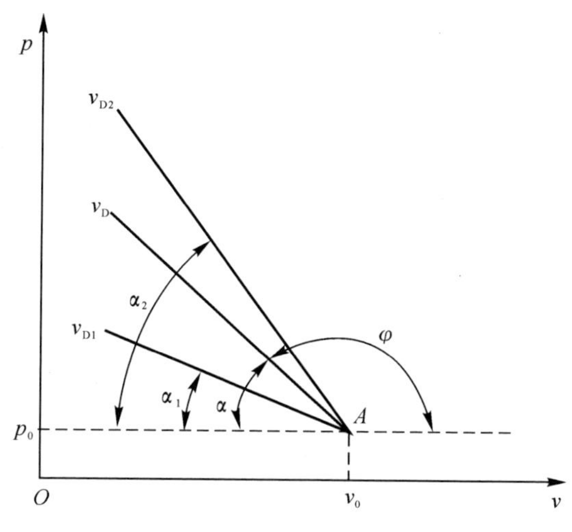

图 5－7　冲击波的波速线

显然，当 u_0，v_0 一定时，如果直线的斜率 $-\tan\alpha$ 不同，则对应的冲击波传播速度 v_D 也不同：$\tan\alpha$ 愈大，v_D 值也就愈大。图 5－7 中，由于 $\alpha_1<\alpha$，则 $v_{D1}<v_D$；而 $\alpha_2>\alpha$，则 $v_{D2}>v_D$。

因此，通过介质初态点 $A(p_0,v_0)$ 的不同斜率的直线是与不同的冲击波波速相对应的。这些直线就称为冲击波的波速线或 Rayleich 线。式(5－17)就称为冲击波的波速方程或 Rayleich 方程。

由于在波速方程中，并未涉及介质的性质，所以在初态相同，波速一定时，冲击波传过各种介质所达到的状态均在同一条波速线上。可见，波速线是以同一波速的冲击波传过初态相同的不同介质时，所达到的终态点的轨迹。

(2)冲击波绝热线。由能量守恒方程式(5－13)得出

$$e_1-e_0=p_0v_0-p_1v_1+\frac{(v_D-u_0)^2-(v_D-u_1)^2}{2}$$

$$e_1-e_0=p_0v_0-p_1v_1+\frac{(v_D-u_0)^2}{2}\left[1-\left(\frac{v_D-u_1}{v_D-u_0}\right)^2\right]$$

由式(5－11)得

$$\frac{v_D-u_1}{v_D-u_0}=\frac{v_1}{v_0}$$

由式(5－17)得

$$(v_D-u_0)^2=v_0^2\,\frac{p_1-p_0}{v_0-v_1}$$

故

$$e_1-e_0=p_0v_0-p_1v_1+\frac{v_0^2}{2}\frac{p_1-p_0}{v_0-v_1}\left(1-\frac{v_1^2}{v_0^2}\right)$$

化简得

$$e_1-e_0=\frac{1}{2}(p_1+p_0)(v_0-v_1)\tag{5-19}$$

式(5－19)来源于冲击波的能量守恒方程，它表达了冲击波通过前后，介质比内能的变化 e_1-e_0 与波阵面压力 p_1 和比体积 v_1 之间的关系，称为冲击波的冲击绝热方程或 Rakine-Hugoneot 方程，或 Hugoneot 关系式。

如图 5－8 所示，在 $p-v$ 平面上，式(5－19)是表示一条以介质初态 $A(v_0,\ p_0)$ 为始发点，凹向 p 轴和 v 轴的曲线。线上的每一点是表示不同波速的冲击波传过同一初态点 $A(v_0,\ p_0)$ 的介质后所达到的终点状态。也就是说，它是介质由某一初态 $A(v_0,\ p_0)$ 受到冲击波压缩时，一切可能达到的终态点 $(v_1,\ p_1)$ 的集合。因此，这条曲线称为冲击波绝热线或兰钦-雨贡纽曲线。

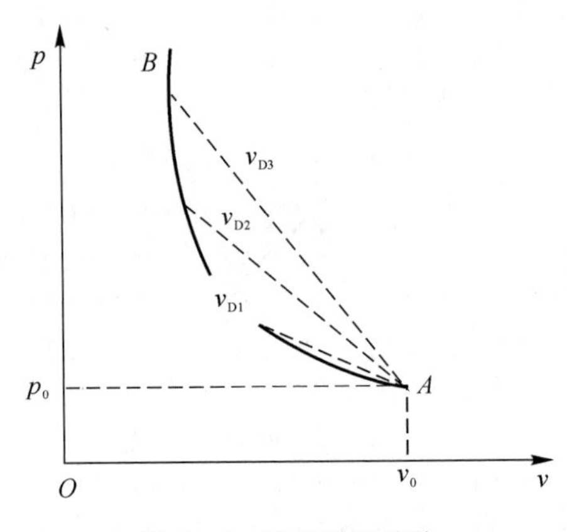

图 5－8　冲击波绝热线

如果令 $\mathrm{Hu}=e_1-e_0+\dfrac{1}{2}(p_1+p_0)(v_1-v_0)$ 为 Hugoneot 函数，则式(5－19)又可表示为

$$\mathrm{Hu}=0$$

上式和式(5－19)完全等价，表示不考虑化学反应，忽略热传导和黏滞性时的冲击波绝热线。

至此，建立了平面正冲击波的基本关系式：式(5－11)～式(5－13)，并由此导出了与之完全等价的三个方程，即式(5－16)、式(5－17)、式(5－19)：

$$u_1-u_0=\sqrt{(p_1-p_0)(v_0-v_1)}$$

$$v_D-u_0=v_0\sqrt{\frac{p_1-p_0}{v_0-v_1}}$$

$$e_1-e_0=\frac{1}{2}(p_1+p_0)(v_0-v_1)$$

以上三式不仅物理意义更加清楚，而且对于实际应用，如研究冲击波的参数变化，也更为方便。

在波前介质处于静止状态，即 $u_0=0$，且波前的介质压力 p_0 和比内能 e_0 与波后的介质压力 p_1 和比内能 e_1 相比可以忽略时，式(5－16)、式(5－17)和式(5－19)可简化为

$$u_1=\sqrt{p_1(v_0-v_1)} \tag{5－16′}$$

$$v_D=v_0\sqrt{\frac{p_1}{v_0-v_1}} \tag{5－17′}$$

$$e_1=\frac{1}{2}p_1(v_0-v_1) \tag{5-19'}$$

上面推导出的式(5－16)、式(5－17)和式(5－19)称为冲击波的基本关系式，它们将波阵面前后的介质参量联系了起来。在推导这三个基本关系式时，我们只用到了质量守恒、动量守恒和能量守恒三个定律，而根本未涉及冲击波究竟是在哪一种介质当中传播的，因此，这三个关系式可适用于在任何介质中传播的冲击波。显然，若将其用于某一具体介质当中传播的冲击波，则必须与该种介质的状态方程

$$p=p(e,v) \quad 或 \quad p=p(\rho,T)$$

联系起来，一起求解冲击波阵面上的参数。考察上述 4 个方程，有 5 个未知量，它们是冲击波波速 v_D，以及波阵面后参数 p_1，ρ_1，e_1 和 u_1。故只要给定 5 个量中的任何一个，就可确定冲击波阵面上的所有其他参量。

3.理想气体的冲击波关系式及参数计算

对于理想气体，其比热力学能函数 e 为

$$e=\frac{pv}{\kappa-1}$$

于是，式(5－19)可改写为

$$\frac{p_1v_1}{\kappa_1-1}-\frac{p_0v_0}{\kappa_0-1}=\frac{1}{2}(p_1+p_0)(v_0-v_1)$$

对于强度不是很高的冲击波，可近似认为 $\kappa_1=\kappa_0=\kappa$，因而有

$$\frac{p_1v_1-p_0v_0}{\kappa-1}=\frac{1}{2}(p_1+p_0)(v_0-v_1)$$

将上式展开整理，可得

$$\frac{p_1}{p_0}=\frac{(\kappa+1)v_0-(\kappa-1)v_1}{(\kappa+1)v_1-(\kappa-1)v_0}=\frac{(\kappa+1)\rho_1-(\kappa-1)\rho_0}{(\kappa+1)\rho_0-(\kappa-1)\rho_1}$$

或

$$\frac{\rho_1}{\rho_0}=\frac{v_0}{v_1}=\frac{(\kappa+1)p_1+(\kappa-1)p_0}{(\kappa+1)p_0+(\kappa-1)p_1} \tag{5-20}$$

以上两式虽然形式不同，但具有相同的意义，均称为理想气体的冲击波绝热方程或雨贡纽方程。

式(5－16)、式(5－17)和式(5－20)就是理想气体的冲击波关系式，加上其状态方程就组成了计算冲击波参数的基本方程组：

$$\begin{cases} u_1-u_0=\sqrt{(p_1-p_0)(v_0-v_1)} \\ v_D-u_0=v_0\sqrt{\dfrac{p_1-p_0}{v_0-v_1}} \\ \dfrac{\rho_1}{\rho_0}=\dfrac{v_0}{v_1}=\dfrac{(\kappa+1)p_1+(\kappa-1)p_0}{(\kappa+1)p_0+(\kappa-1)p_1} \\ p_1v_1=R_gT_1 \end{cases}$$

这里有 4 个方程，但有 5 个未知数 p_1，ρ_1(或 v_1)，T_1，u_1，v_D。在介质的初始参数 p_0，ρ_0，T_0，u_0 和绝热指数 κ 已知情况下，还必须再给定一个未知数，才能由上述方程组解出其余 4 个未知数。

通常，介质的初态总是预先给定的。这里给出绝热指数 κ 的计算方法。按照理想气体的热容关系式可得

$$\kappa=1+\frac{2}{f} \tag{5-21}$$

式中，f 为气体分子的热力学自由度。

式(5-21)说明绝热指数 κ 是由气体分子自由度所决定的常数，它是随温度变化的。按照气体分子运动理论：

对于单原子分子，$f=3$，则 $\kappa=\frac{5}{3}$。

对于双原子分子，在常温下，$f=5$，则 $\kappa=1.4$；在高温下，$f=6$，则 $\kappa=\frac{4}{3}$。

对于三原子分子，在常温下，$f=7$，则 $\kappa=\frac{9}{7}$；在高温下，$f=8$，则 $\kappa=1.25$。

对于空气，在工程计算中，当 $p_1<5$ MPa 时，可取 $\kappa=1.4$；当 5 MPa$<p_1<$10 MPa 时，必须考虑 κ 值随温度的变化；当 $p_1>10$ MPa 时，由于波阵面温度很高，必须考虑空气的离解和电离对 κ 值的影响，否则计算出的冲击波参数与实际值偏离很大(见表 5-1)。

表 5-1　取 $\kappa=1.4$ 以及考虑空气离解和电离时的冲击波参数

p_1/p_0	T_1/T_0		ρ_1/ρ_0		u_1/c_0		v_D/c_0	
	考虑离解	$\kappa=1.4$	考虑离解	$\kappa=1.4$	考虑离解	$\kappa=1.4$	考虑离解	$\kappa=1.4$
216	20.5	36.9	9.00	5.85	11.6	11.3	13.1	13.6
266	22.0	45.2	10.0	5.88	13.0	12.5	14.4	15.1
384	26.0	65.1	11.0	5.90	15.7	15.1	17.3	18.1
1 040	48.0	174	11.0	5.96	25.8	24.8	28.4	29.8
1 620	75.0	271	10.0	5.98	32.0	31.0	35.6	37.2
2 990	114.0	498	9.5	5.99	43.5	42.1	48.6	50.6
4 080	140.0	680	9.0	6.00	50.8	49.6	57.0	59.1

注：$p_0=10^5$ Pa，$T_0=273$ K，$\rho_0=1.32$ kg/m^3，$c_0=333$ m/s。

对于一般的计算，κ 值常当作常数，并采用 Kast 平均摩尔定容热容 $\overline{C}_V$ 进行计算：

$$\kappa=\overline{C}_p/\overline{C}_V=1+R_g/\overline{C}_V \tag{5-22}$$

对于空气，在 273～3 000 K 范围内

$$\overline{C}_V=20.08+1.883\times10^{-3}T\ (\mathrm{J\cdot mol^{-1}\cdot K^{-1}})$$

例 5.3　已知空气的初始参数为 $p_0=1\times10^5$ Pa，$\rho_0=1.26$ kg/m^3，$T_0=273$ K，$u_0=0$，$\kappa=1.4$。当 $p_1=10\times10^5$ Pa 时，计算空气冲击波参数 ρ_1，v_1，u_1，v_D，c_1 和 T_1。

解　因为

$$\frac{\rho_1}{\rho_0}=\frac{(\kappa+1)p_1+(\kappa-1)p_0}{(\kappa+1)p_0+(\kappa-1)p_1}=\frac{2.4\times10\times10^5+0.4\times1\times10^5}{2.4\times1\times10^5+0.4\times10\times10^5}\approx3.81$$

所以

$$\rho_1=3.81\rho_0=(3.81\times1.26)\ \mathrm{kg/m^3}\approx4.80\ \mathrm{kg/m^3}$$

$$v_1=\frac{1}{\rho_1}=\frac{1}{4.80}\approx0.208\ \mathrm{m^3/kg}$$

由于
$$v_0=\frac{1}{\rho_0}=\frac{1}{1.26}\approx 0.794\ \mathrm{m^3/kg}$$

因此
$$u_1=\sqrt{(p_1-p_0)(v_0-v_1)}=\sqrt{(10-1)\times 10^5\times(0.794-0.208)}\approx 726\ \mathrm{m/s}$$

$$v_D=v_0\sqrt{\frac{p_1-p_0}{v_0-v_1}}=0.794\sqrt{\frac{(10-1)\times 10^5}{0.794-0.208}}\approx 984\ \mathrm{m/s}$$

$$c_1=\sqrt{\kappa p_1 v_1}=\sqrt{1.4\times 10\times 10^5\times 0.208}\approx 540\ \mathrm{m/s}$$

$$T_1=\frac{p_1 v_1 T_0}{p_0 v_0}=\frac{10\times 10^5\times 0.208\times 273}{1\times 10^5\times 0.794}\approx 715\ \mathrm{K}$$

为了计算方便，也为了便于对冲击波性质的理解和分析，对于理想气体来说，下面把冲击波阵面前、后介质参数的突跃以未扰动介质的声速 c_0 和冲击波速度 v_D 的函数表示。

由式(5-17)可得

$$p_1-p_0=\rho_0(v_D-u_0)^2\left(1-\frac{v_1}{v_0}\right) \tag{5-23}$$

利用式(5-20)，有

$$p_1-p_0=\rho_0(v_D-u_0)^2\left[1-\frac{(\kappa+1)p_0+(\kappa-1)p_1}{(\kappa+1)p_1+(\kappa-1)p_0}\right]=\rho_0(v_D-u_0)^2\frac{2}{\kappa+1}\frac{p_1-p_0}{p_1+\frac{\kappa-1}{\kappa+1}p_0}$$

比较上式两边，得

$$p_1+\frac{\kappa-1}{\kappa+1}p_0=\frac{2}{\kappa+1}\rho_0(v_D-u_0)^2$$

所以
$$p_1-p_0=\frac{2}{\kappa+1}\rho_0(v_D-u_0)^2-\frac{2\kappa}{\kappa+1}p_0=\frac{2}{\kappa+1}\rho_0\left[(v_D-u_0)^2-\frac{\kappa p_0}{\rho_0}\right]$$

而 $c_0^2=\kappa p_0/\rho_0$，则

$$p_1-p_0=\frac{2}{\kappa+1}\rho_0\left[(v_D-u_0)^2-c_0^2\right]$$

故
$$p_1-p_0=\frac{2}{\kappa+1}\rho_0(v_D-u_0)^2\left[1-\left(\frac{c_0}{v_D-u_0}\right)^2\right] \tag{5-24}$$

由式(5-12)可得

$$u_1-u_0=\frac{p_1-p_0}{\rho_0(v_D-u_0)}$$

将式(5-24)代入上式，则

$$u_1-u_0=\frac{2}{\kappa+1}(v_D-u_0)\left[1-\left(\frac{c_0}{v_D-u_0}\right)^2\right] \tag{5-25}$$

由式(5-23)，有

$$1-\frac{v_1}{v_0}=\frac{p_1-p_0}{\rho_0(v_D-u_0)^2}$$

将式(5-24)代入上式，则

$$\frac{v_0-v_1}{v_0}=\frac{2}{\kappa+1}\left[1-\left(\frac{c_0}{v_D-u_0}\right)^2\right] \tag{5-26}$$

式(5-24)～式(5-26)就是以 c_0，v_D 表示的冲击波阵面前后介质参数突跃表示式。对于在静止空气中传播的冲击波，以上三式可简化为

$$p_1-p_0=\frac{2}{\kappa+1}\rho_0 v_D^2\left(1-\frac{c_0^2}{v_D^2}\right)$$

$$u_1=\frac{2}{\kappa+1}v_D\left(1-\frac{c_0^2}{v_D^2}\right)$$

$$\frac{v_0-v_1}{v_0}=\frac{2}{\kappa+1}\left(1-\frac{c_0^2}{v_D^2}\right)$$

这些公式具有很重要的实际意义。在研究空气中爆炸冲击波的传播规律时，只要从实验中测得距爆炸中心不同距离处的冲击波的传播速度 v_D，就可以利用这些方程分别算出相应的冲击波阵面压力 p_1、质点传播速度 u_1 和比体积 v_1 或密度 ρ_1。

对于很强的冲击波，由于，$p_1\gg p_0$，$v_D\gg c_0$，以上诸式可简化为

$$p_1=\frac{2}{\kappa+1}\rho_0 v_D^2$$

$$u_1=\frac{2}{\kappa+1}v_D$$

$$\frac{v_0}{v_1}=\frac{\rho_1}{\rho_0}=\frac{\kappa+1}{\kappa-1}\quad 或\quad \frac{v_0-v_1}{v_0}=\frac{2}{\kappa+1}$$

由该结果可以看出，对于强冲击波，波阵面上的质点速度与冲击波速度成正比；压力与冲击波速度的平方成正比；而波阵面上的密度 ρ_1 却趋于其极限值 $\frac{\kappa+1}{\kappa-1}\rho_0$，或压缩比 $\frac{\rho_1}{\rho_0}$ 趋于最大值 $\frac{\kappa+1}{\kappa-1}$，对于 $\kappa=1.4$ 的气体，波阵面上的密度最大可达到初始密度 ρ_0 的 6 倍。

例 5.4 已知空气介质的初始参数 $p_0=1.013\times10^5$ Pa，$\rho_0=1.226\times10^{-3}$ g/cm^3，$T_0=288$ K，$u_0=0$，取 $\kappa=1.4$。测得空气中爆炸产生的冲击波的传播速度 $v_D=1\ 000$ m/s。计算冲击波参数 p_1，u_1，ρ_1，v_1 和 T_1。

解

$$c_0=\sqrt{\kappa p_0/\rho_0}=\sqrt{\frac{1.4\times1.013\times10^5}{1.226\times10^{-3}\times10^3}}\approx340\ \text{m/s}$$

$$p_1=p_0+\frac{2}{k+1}\rho_0\ (v_D-u_0)^2\left[1-\left(\frac{c_0}{v_D-u_0}\right)^2\right]$$

$$=1.013\times10^5+\frac{2}{1.4+1}\times1.226\times10^{-3}\times10^3\times1\ 000^2\times\left[1-\left(\frac{340}{1\ 000}\right)^2\right]$$

$$\approx1.004\ 9\ \text{MPa}$$

$$u_1=u_0+\frac{2}{\kappa+1}(v_D-u_0)\left[1-\left(\frac{c_0}{v_D-u_0}\right)^2\right]=\frac{2\times1\ 000}{1.4+1}\left[1-\left(\frac{340}{1\ 000}\right)^2\right]\approx737\ \text{m/s}$$

$$\rho_0/\rho_1=v_1/v_0=1-\frac{2}{\kappa+1}\left[1-\left(\frac{c_0}{v_D-u_0}\right)^2\right]=1-\frac{2}{1.4+1}\left[1-\left(\frac{340}{1\ 000}\right)^2\right]\approx0.263$$

故

$$\rho_1=\rho_0/0.263=\frac{1.226\times10^{-3}}{0.263}\approx4.662\times10^{-3}\ \text{g/cm}^3$$

$$v_1=1/\rho_1=\frac{1}{4.662\times10^{-3}}\approx0.214\ 5\times10^3\ \text{cm}^3/\text{g}$$

由状态方程 $pv=R_g T$ 得

$$T_1=\frac{p_1 v_1 T_0}{p_0 v_0}=\frac{10.049\times0.263\times288}{1.013}\approx751\ \text{K}$$

(三)冲击波的基本性质

为了便于分析,用理想气体作介质来说明冲击波的基本性质。

(1)相对于未扰动介质,冲击波的传播速度是超声速的,即 $v_D - u_0 > c_0$;而相对于已扰动介质,冲击波的传播速度则是亚声速的,即 $v_D - u_1 < c_1$。

证明:由式(5-23),有

$$p_1 - p_0 = \rho_0 (v_D - u_0)^2 \left(1 - \frac{v_1}{v_0}\right)$$

再利用式(5-20),得

$$p_1 - p_0 = \rho_0 (v_D - u_0)^2 \frac{2(p_1 - p_0)}{(\kappa+1)p_1 + (\kappa-1)p_0}$$

则

$$\rho_0 (v_D - u_0)^2 = \frac{(\kappa+1)p_1 + (\kappa-1)p_0}{2}$$

上式两边同除以 κp_0,得

$$\frac{(v_D - u_0)^2}{\kappa p_0/\rho_0} = \frac{(\kappa+1)p_1 + (\kappa-1)p_0}{2\kappa p_0}$$

已知 $c_0^2 = \kappa p_0/\rho_0$,则上式化简得

$$\left(\frac{v_D - u_0}{c_0}\right)^2 = \frac{(\kappa+1)p_1/p_0 + (\kappa-1)}{2\kappa} \tag{5-27}$$

又由冲击波的质量守恒方程,得

$$\frac{v_D - u_1}{v_1} = \frac{v_D - u_0}{v_0}$$

将上式两边平方,再同乘以 v_1^2/c_1^2,得

$$\left(\frac{v_D - u_1}{c_1}\right)^2 = \left(\frac{v_D - u_0}{v_0}\right)^2 \frac{v_1^2}{c_1^2} = \frac{(v_D - u_0)^2 p_0 v_1^2}{\kappa p_0 v_0^2 p_1 v_1} = \left(\frac{v_D - u_0}{c_0}\right)^2 \frac{p_0 v_1}{p_1 v_0}$$

利用式(5-27)和式(5-20),得

$$\left(\frac{v_D - u_1}{c_1}\right)^2 = \frac{(\kappa+1)p_1/p_0 + (\kappa-1)}{2\kappa}\frac{p_0}{p_1} \cdot \frac{(\kappa+1)p_0 + (\kappa-1)p_1}{(\kappa+1)p_1 + (\kappa-1)p_0} = \frac{(\kappa+1)p_0/p_1 + (\kappa-1)}{2\kappa} \tag{5-28}$$

对于冲击波,$p_1/p_0 > 1$,且 $\kappa > 1$,故

$$\left(\frac{v_D - u_0}{c_0}\right)^2 = \frac{(\kappa+1)p_1/p_0 + (\kappa-1)}{2\kappa} > 1$$

所以

$$v_D - u_0 > c_0$$

因为

$$\left(\frac{v_D - u_1}{c_1}\right)^2 = \frac{(\kappa+1)p_0/p_1 + (\kappa-1)}{2\kappa} < 1$$

所以

$$v_D - u_1 < c_1$$

对于声波,$p_1/p_0 \approx 1$,所以

$$\left(\frac{v_D - u_0}{c_0}\right)^2 = \frac{(\kappa+1)p_1/p_0 + (\kappa-1)}{2\kappa} \approx 1$$

$$v_D - u_0 \approx c_0$$

因为

$$\left(\frac{v_D - u_1}{c_1}\right)^2 = \frac{(\kappa+1)p_0/p_1 + (\kappa-1)}{2\kappa} \approx 1$$

所以
$$v_D-u_1\approx c_1$$

(2)如果令 $\varepsilon=\frac{p_1-p_0}{p_0}=\frac{p_1}{p_0}-1$,称为冲击波强度,则式(5-27)变为

$$\left(\frac{v_D-u_0}{c_0}\right)^2=1+\frac{\kappa+1}{2\kappa}\varepsilon$$

故
$$v_D-u_0=c_0\sqrt{1+\frac{\kappa+1}{2\kappa}\varepsilon} \tag{5-29}$$

对于冲击波,$\varepsilon>0$,其传播速度不仅与介质的初态有关,还与冲击波强度有关;而对于声速,$\varepsilon\approx0$,$v_D-u_0\approx c_0$,其传播速度只取决于介质的初态。

(3)由式(5-24)~式(5-26)可看出:对于冲击波,$v_D-u_0>c_0$,则关系 $p_1-p_0>0$,$u_1-u_0>0$,$v_0-v_1>0$ 成立,且都为有限量,于是可进行下列分析。

冲击波阵面两侧介质参数发生突跃变化,介质质点沿波传播方向得到加速而发生位移;冲击波的传播速度 v_D 愈大,则波阵面上的超压 p_1-p_0 愈大,介质质点速度的增量 u_1-u_0 愈大,质点的位移愈大,介质的比体积变化 v_0-v_1 愈大,即密度变化 $\rho_1-\rho_0$ 愈大。此外,冲击波过后,介质质点速度的变量总是小于冲击波相对于未扰动介质的传播速度,即 $u_1-u_0<v_D-u_0$。

对于声波,因为 $v_D-u_0\approx c_0$,所以 $p_1-p_0\to0$,$u_1-u_0\to0$,$v_0-v_1\to0$。因此,声波阵面两侧参数变化非常微小,趋近于零;质点的运动速度不变,原来是静止的质点,声波过后,也只能在平衡位置附近做往复运动。

(4)冲击波无周期性,而是以独特的压缩突跃的弧形波形式进行传播。

(5)冲击波传播过后,介质的熵增加,即 $S_1-S_0>0$。

(四)冲击波阵面的结构

根据前面分析,可把冲击波阵面看作一个突跃面。在这个突跃面上,介质状态参数和运动参数发生不连续的突跃变化,即在波阵面上状态的变化梯度是无限陡峭的;在推导冲击波基本关系式时,也只限于研究冲击波通过介质前后介质状态的变化,而未涉及波阵面的实际结构问题。

实际上,由于受介质导热性和黏滞性(内摩擦)的影响,冲击波阵面上状态参数和运动参数的变化梯度不是无限陡峭的,即冲击波阵面不是一个理想平面,而是具有一定厚度的过渡区,如图 5-9 所示。

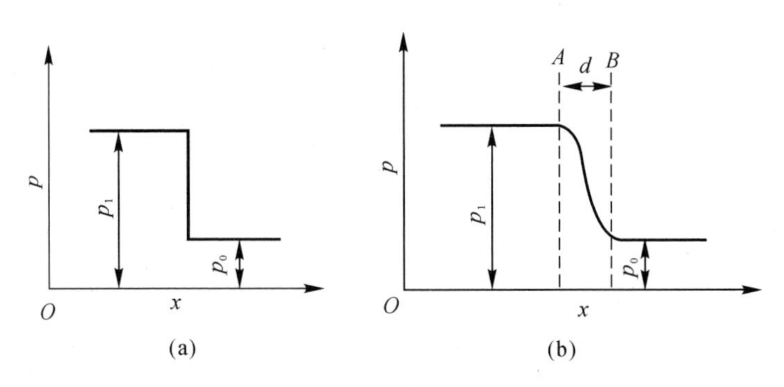

图 5-9 冲击波阵面结构

(a)理想冲击波的压力突跃;(b)实际冲击波的压力突跃

理论研究和实验测量都指出这个过渡区的宽度非常窄，也就是说，冲击波阵面很薄。在较强的冲击波中，波阵面的宽度 d 与冲击波前介质的平均分子自由程 λ 具有相同的数量级。

有人利用热导率和黏滞系数的分子动力学表达式估算冲击波阵面宽度，得

$$d \approx \lambda \frac{p}{\Delta p} = \lambda \frac{c_1}{u}$$

式中：d——冲击波阵面宽度；

λ——冲击波前介质的平均分子自由程。

Taylor 假定动力黏度与热导率的比值为 1，得出空气中冲击波阵面的宽度为

$$d = 4 \times 10^{-5} \frac{1}{\Delta p} (\text{cm})$$

式中，Δp 以标准大气压计。

表 5－2 列出了氦气(25℃)冲击波阵面的宽度和初压的实验关系。

表 5－2　氦气(25℃)冲击波阵面的宽度 d 和初压 p_0 的实验关系

p_1/p_0	p_0/MPa	$d/10^{-5}$ cm
1.71	0.385	3.2
1.71	0.462	2.0
1.71	0.678	1.8

由表 5－2 可以看出，过渡区是很窄的，和冲击波前介质的平均分子自由程 λ 相差不多。

需要指出的是，前面建立的冲击波基本关系式，只适用于冲击波阵面前、后介质的状态，不适用于冲击波阵面的过渡区。要研究过渡区中的状态参数的变化，必须考虑介质的黏滞性和热传导。

（五）冲击波的自由传播

冲击波的自由传播，系指冲击波完全依靠自身能量的传播过程，亦指冲击波形成后，在无外界能量继续补充情况下的传播。

如图 5－10 所示，在无限长的圆管中充满气体，活塞加速推进，则在管道中形成冲击波。其波形如图 5－10(a)所示。在冲击波形成后，活塞突然停止运动，则冲击波失去外界能量补充，将完全依靠自身含有的能量继续传播下去。这就是冲击波在管道中的自由传播。

在活塞停止运动之前，紧贴活塞的介质质点是以活塞的速度向前运动的。活塞突然停止以后，介质质点由于惯性将继续向前运动。于是，在活塞前面将可能出现空隙，挨着空隙的受压气体层必然发生膨胀。上一层气体的膨胀势必影响紧邻的下一层气体。其结果是在受压气体中形成了与冲击波传播方向相同、以当地声速 c_1 传播的一系列膨胀波。如图 5－10(b)所示，膨胀波所到之处，介质的压力、密度降低。由于冲击波相对于波后介质的传播速度是亚声速的，即 $v_D - u_1 < c_1$，因此，膨胀波头的传播速度大于冲击波的传播速度。随着时间的推移，膨胀波将赶上冲击波的前沿阵面，并将其削弱，如图 5－10(c)所示。此外，在冲击波的传播过程中，实际上存在着气体的黏性摩擦、热传导和热辐射等不可逆的能量损耗，这也将进一步加速冲击波强度的衰减。其结果使冲击波前沿阵面由陡峭逐渐蜕变为弧形波面的弱压缩波，如图 5－10(d)所示。最后进一步衰减为声波，如图 5－10(e)所示。

综上所述，冲击波在作自由传播时，由于膨胀波的侵袭和不可逆的能量耗散，其强度将逐

渐削弱，最终结果是衰减为声波。

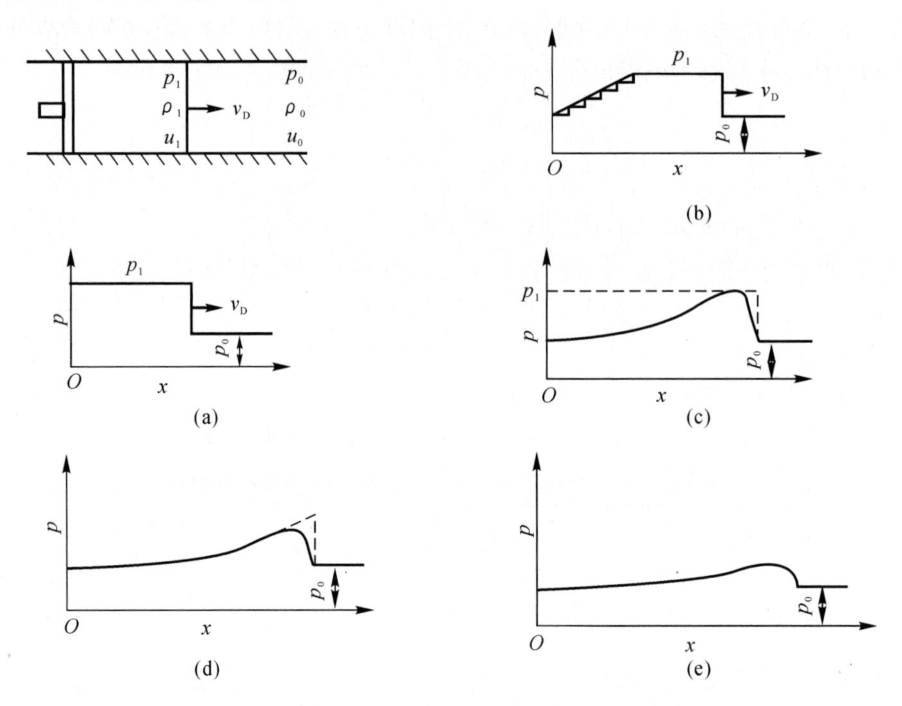

图 5-10 活塞停止运动后冲击波在圆管中的自由传播

冲击波自由传播时，其强度随着距离的增加而逐渐衰减的过程，很容易由实验观察到。例如，100 kg 的 TNT 炸药在空气中爆炸时，距爆心不同距离 R 上测得的冲击波超压 $\Delta p = p_1 - p_0$ 的数据如表 5-3 所示。

表 5-3 TNT 爆炸后超压与传播距离的关系

距爆心距离 R/m	15	16	20	25	30	35
冲击波超压 Δp/kPa	91	75.3	51.1	32.4	18.8	12.7

上述数据在 $\Delta p - R$ 坐标平面上为图 5-11 所示的一条冲击波超压随距离衰减的曲线。由此可见，冲击波强度随距离的衰减速度很快。

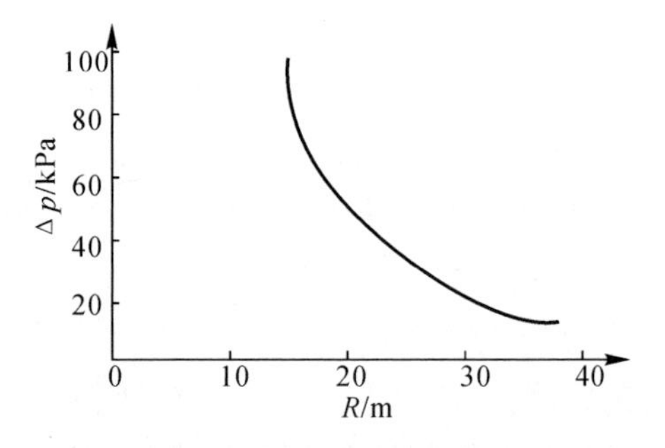

图 5-11 100 kg TNT 在空气中爆炸时，冲击波超压与距爆心距离的关系

顺便指出，对于空中点爆炸的情形，形成的是以爆心为中心逐渐向外扩展的球形冲击波，其衰减速度比平面一维冲击波自由传播时的衰减速度快得多。因为除上述因素外，球形冲击

波波及的范围(体积)与距离 R 的三次方成正比。因此,受压缩的气体量增加得快,其单位质量受压气体所得到的能量随波的传播减少得很快,球形冲击波将更快地衰减为声波。

第二节　爆轰波的经典理论

自19世纪80年代初贝尔特劳(Berthelot)和维也里(Vieille)以及马拉尔德(Mallard)和吕查特里尔(Le chatelier)在观察管道中燃烧火焰的传播过程时发现了爆轰波的传播现象之后,人们对气相爆炸物和凝聚相爆炸物的爆轰过程所进行的大量实验观察研究表明,爆轰过程乃是爆轰波沿爆炸物一层一层地进行传播的过程,并且还发现,各种爆炸物在激起爆轰之后,爆轰波都趋向于以该爆炸物所特有的爆速沿爆炸物稳定地进行传播。

从本质上讲,爆轰波乃是沿爆炸物传播的强冲击波。其与通常的冲击波的主要不同点是,在其传过后爆炸物因受到它的强烈冲击作用而立即激起高速化学反应,形成高温、高压爆轰产物并释放出大量的化学反应热能。这些能量又被用来支持爆轰波对下一层爆炸物进行冲击压缩,因此,爆轰波就能够不衰减地传播下去。可见,爆轰波是一种伴随有化学反应热放出的强间断面的传播。基于这样一种认识,19世纪末20世纪初柴普曼(D. L. Chapman,1889)和柔格(E. Jouguet)各自独立地提出了关于爆轰波的平面一维流体动力学理论,简称为爆轰波的C-J理论或C-J假说。该理论明显成功之处是,即使利用当时已有的相当粗糙的热力学函数值对气相爆轰波速度进行预报,其精度仍在1%～2%的量级。当然,假若当时能较精确地测量爆轰波压力和密度,或许能发现该理论与实际之间可能出现巨大的偏差,从而可对该理论提出质疑。然而,尽管如此,它仍不失为一种较好的简单理论。

对C-J理论的一个根本性改进是在20世纪40年代由Zeldovich(苏联,1940年),Von Neumann(美国,1942年)和Doering(德国,1943年)各自独立地提出的,他们对爆轰波提出的模型称为爆轰波的Z-N-D模型。该模型是基于欧拉的无黏性流体动力学方程,不考虑输运效应和能量耗散过程,只考虑化学反应效应,并把爆轰波看成是由前沿冲击波和紧随其后的化学反应区组成的间断,如图5-12所示。前沿冲击波阵面(图中 N—N'面)过后原始爆炸物受到强烈冲击压缩具备了激发高速化学反应的压力与温度条件但尚未发生化学反应,反应区的末端截面(如 M—M'面)处化学反应完成并形成爆轰产物,该截面称为柴普曼-柔格平面,简称为C-J面。这样,前沿冲击波与紧跟其后的高速化学反应区构成了一个完整的爆轰波阵面,它以同一爆速 v_D 传播,并将原始爆炸物与爆轰终了产物隔开。可见,爆轰波乃是后面带有一个高速化学反应区的强冲击波。

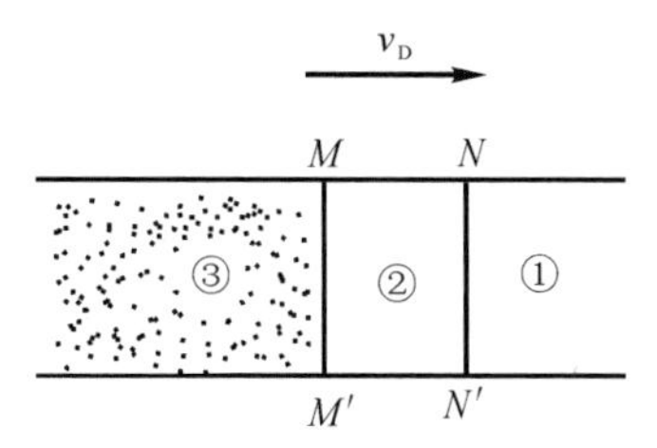

图5-12　爆轰波阵面示意图

①—原始爆炸物,N—N′—前沿冲击波;
②—化学反应区,M—M′反应终了断面;③—爆轰终了产物

对于通常的气相爆炸物,爆轰波的传播速度一般为1 500 ～4 000 m/s,爆轰终了断面所达到的压力和温度分别为数兆帕和2 000～4 000 K。

对于军用高猛炸药,爆速通常在6 500～9 500 m/s的范围,波阵面穿过后产物的压力高达数十吉帕，温度高达 3 000～5 000 K，密度增大约 1/3。炸药分子中各原子在高速化学反应过程中发生重新组合，生成 CO_2，H_2O，CO，N_2，H_2，O_2，C，以及 CH_4，NH_3，NO 等产物。由于爆轰波阵面厚度一般约为零点几毫米至 1 mm，所以上述状态变化大约是在数量级为 10^{-8}～10^{-6} s 的时间间隔内发生的。

对于富氧组分和缺氧组分构成的混合炸药，例如由细铝粉、镁粉、硼粉与黑索今、TNT 等高猛炸药组成的混合炸药，以及由木粉及无机盐类与硝酸铵和 TNT 组成的工矿用混合炸药，爆炸化学反应往往来不及在反应区内完成，剩余的一部分化学能量是在反应区过后的所谓后燃阶段释放出来的。但是，这部分能量不能用来支持前沿冲击波对下一层炸药进行冲击压缩。因此，虽然这类炸药具有较高的爆热，但爆速却比较低。

爆炸物从在外界能量作用下发生起爆到成长为爆轰，乃是一种复杂的力学、化学和物理的现象。为了认识爆轰现象的本质，揭示爆轰过程的稳定特性，弄清爆轰传播的机理及影响因素，探求建立爆轰波参数的计算方法和爆轰反应区内发生的化学反应流动的理论描述，半个多世纪以来，爆轰学家们进行了大量的实验和理论研究。无论是 C-J 理论，还是 Z-N-D 模型，都是在一维定常流动下做出的，实际上并未完全反映爆轰波内所发生过程的真实情况。许多研究表明，爆轰往往是以螺旋爆轰的方式进行的，爆轰波不是光滑面，存在着复杂的三维波系，这些波系相互作用形成称为胞格结构的状态，并且这种理论在推动着爆轰学的发展。

一、爆轰波的 C-J 理论

19 世纪 80 年代初，实验证明当火焰在充满可燃气体的管道内传播时，由于条件不同，可以有两种完全不同的速度。若用微弱电火花点火，火焰只以几米每秒的低速传播；而如果用雷管点火，则火焰将以几千米每秒的高速传播。前者称为爆燃，后者称为爆轰。

为了解释这种奇特的现象，Chapman 于 1899 年，Jouguet 于 1905 年分别提出了一个很简单而又令人信服的假定，这就是著名的 C-J 假定。他们认为：

(1)流动是一维的(层流)。

(2)火焰阵面是一个不连续的突跃面，由冲击而引起的化学反应瞬时完成，并且反应产物处于热化学平衡，遵守热力学状态方程。

(3)介质状态不连续的突跃是稳定的，产物的状态与时间无关。所以，火焰的传播是稳定的。

简言之，C-J 假定把爆轰过程和爆燃过程简化为一个包含化学反应的一维定常传播的强间断面。对于爆轰过程，该强间断面叫爆轰波；对于爆燃过程，则叫爆燃波。这一简化，可以不必考虑化学反应的细节，化学反应的作用仅归结为一个外加能源，且只以热效应反映到流体力学的能量方程中。用流体力学的基本方程组就可以对爆轰过程和爆燃过程进行理论分析，使原本复杂的问题变得简单，这种处理对爆轰波后流体的状态常常符合较好。将爆轰波简化为含化学反应的强间断面的理论通常称为 Chapman-Jouguet 理论，简称 C-J 理论。因此，也常将爆轰波称为波阵面后有化学反应区的冲击波。只有当冲击波在能发生化学反应的活性气体介质中传播时，才有可能出现爆轰波。

(一)爆轰波的基本关系式

C-J 理论将爆轰波简化为包含化学反应的强间断面，因此爆轰波与冲击波有很多相似之处。在波阵面两侧的三个守恒关系中，对于质量守恒和动量守恒，爆轰波与冲击波具有相同的形式，差别只表现在能量守恒关系上。

由于爆轰波前的活性气体和波后的爆轰产物具有不同的组成，它们的比内能函数 e 不仅与压力 p、比体积 v 有关，也与反映组成变化的化学反应分数 α 有关，即

$$e=e(p,v,\alpha) \tag{5-30}$$

如果爆轰波反应区有 l 个化学反应，则 α 应为含 l 个分量的量，即

$$\alpha=\alpha(\alpha_1,\alpha_2,\cdots,\alpha_l) \tag{5-31}$$

式中，$\alpha_1,\alpha_2,\cdots,\alpha_l$ 分别为 l 个化学反应的进展度，取值均在[0,1]闭区间。

既然 C-J 理论将爆轰波看作强间断面，不考虑化学反应的具体过程，可将 α 看作一个分量。对于反应前的活性气体，$\alpha=0$；对于爆轰产物，$\alpha=1$。能量守恒关系只涉及强间断面两侧介质的能量关系，即 $\alpha=0$ 和 $\alpha=1$ 两状态间的相互关系，与 $0<\alpha<1$ 之间的介质状态无关。

物质的内能包括内动能、内位能、化学能以及核子能等。对于炸药的爆轰过程，只释放化学能（即爆轰热 Q_V），故炸药的比内能应为

$$e=e(p,v,\alpha)=e(p,v)-\alpha Q_V \tag{5-32}$$

式中，Q_V 为炸药的爆热。

对于活性气体，$e_0=e(p_0,v_0,0)=e(p_0,v_0)$；对于爆轰产物，$e_2=e(p_2,v_2,1)=e(p_2,v_2)-Q_V$。

类似于冲击波的分析方法，可以建立爆轰波的基本关系式。

对于以速度 v_D 稳定传播的一维平面爆轰波，波前活性气体参数分别为 $p_0,\rho_0,u_0,e_0,T_0,c_0$；波后的爆轰产物参数分别为 $p_2,\rho_2,u_2,e_2,T_2,c_2$。如图 5-13 所示，将坐标系选在爆轰波阵面 A—A 上，即假定波阵面不动，活性气体以 v_D-u_0 的速度流入波阵面，而爆轰产物则以 v_D-u_2 的速度流出波阵面。

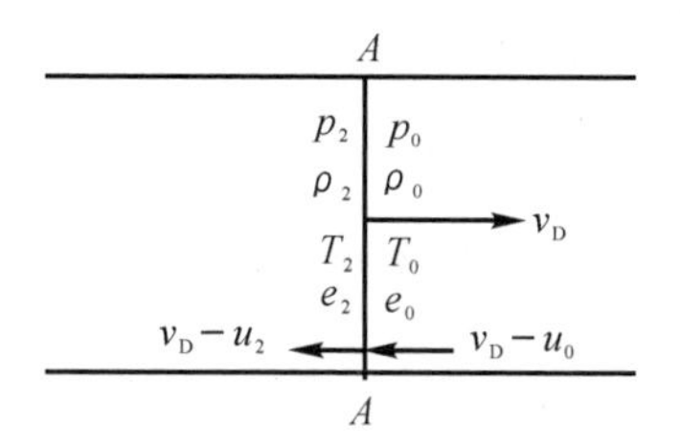

图 5-13　在运动坐标中，一维定常平面爆轰波的传播

爆轰波阵面上的三个守恒关系为：

质量守恒

$$\rho_0(v_D-u_0)=\rho_2(v_D-u_2) \tag{5-33}$$

动量守恒

$$p_2-p_0=\rho_0(v_D-u_0)(u_2-u_0) \tag{5-34}$$

能量守恒

$$e_2-e_0=\frac{1}{2}(p_2+p_0)(v_0-v_2)$$

而

$$e_2-e_0=e(p_2,v_2)-Q_V-e(p_0,v_0)$$

所以

$$e(p_2,v_2)-e(p_0,v_0)=\frac{1}{2}(p_2+p_0)(v_0-v_2)+Q_V \tag{5-35}$$

式(5－33)～式(5－35)就是根据三个守恒定律建立的爆轰波的基本关系式。如果爆轰产物的状态方程

$$p=p(v,T)$$

为已知，就具备了4个方程。但是爆轰波参数有五个，即 p_2，$\rho_2(v_2)$，u_2，e_2 或温度 T_2 以及 v_D，方程组不封闭，因此，尚需建立第5个方程才能对爆轰参数进行预估和计算。Chapman 和 Jouguet 在研讨爆轰波沿爆炸物稳定传播所应当遵守的条件时提出并论证了第五个公式，即所谓爆轰波稳定传播的 C-J 条件，从而为爆轰参数的理论计算确立了基础。

(二)爆轰波稳定传播的条件

1.爆轰波的波速线

完全仿照冲击波的推导，由式(5－33)和式(5－34)可得

$$u_2-u_0=\sqrt{(p_2-p_0)(v_0-v_2)} \tag{5-36}$$

$$v_D-u_0=v_0\sqrt{\frac{p_2-p_0}{v_0-v_2}} \tag{5-37}$$

$$v_D-u_2=v_2\sqrt{\frac{p_2-p_0}{v_0-v_2}} \tag{5-38}$$

式(5－37)两边取二次方，同样可得一个点斜式的直线方程：

$$\frac{p_2-p_0}{v_2-v_0}=-\frac{(v_D-u_0)^2}{{v_0}^2} \tag{5-39}$$

它在 p-v 平面上表示一条过点 $A(v_0,\ p_0)$、斜率为 $-\frac{(v_D-u_0)^2}{{v_0}^2}$ 的直线。如图5－14所示，直线斜率为

$$\tan\varphi=-\tan\alpha=-\frac{(v_D-u_0)^2}{{v_0}^2} \tag{5-40}$$

显然，式(5－39)或式(5－37)表示当活性气体初态 $(v_0,\ p_0)$ 给定，在 p-v 平面上，爆轰波以固定波速 v_D 传播的所有终态点 $(v_2,\ p_2)$ 的轨迹是通过点 $(v_0,\ p_0)$、斜率为 $-\frac{(v_D-u_0)^2}{{v_0}^2}$ 的直线。此直线就称为爆轰波的波速线或 Rayleich 线(简称 R 线)。因此，此两式皆称为爆轰波的波速方程或 Rayleich 方程。

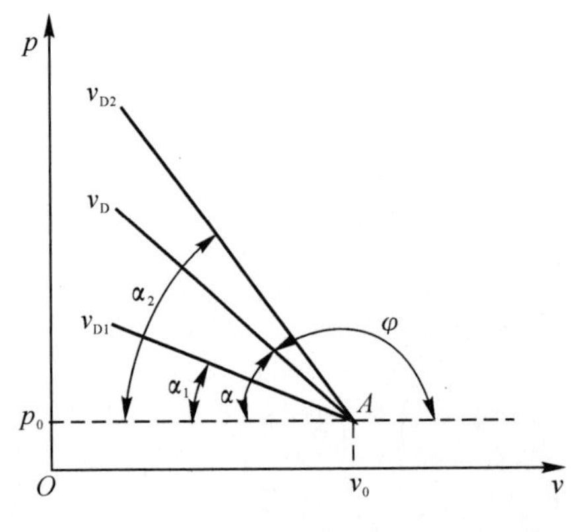

图5－14　爆轰波的波速线

由于式(5-39)的右边总是负数，因守恒关系的要求，(p_2-p_0)与(v_2-v_0)必须反号，即经过间断面，压力和比体积必须反向变化，压力和密度必须同向变化，压力和密度只能同时增加或同时减少。因此，如果在 $p-v$ 平面上，通过点(v_0, p_0)分别做 $p=p_0$ 和 $v=v_0$ 的直线，将平面分为四个区，如图 5-15 所示。在Ⅰ，Ⅲ两区中，(p_2-p_0)与(v_2-v_0)同号，不代表任何实际过程。在Ⅱ区，因为 $p_2-p_0>0$，$v_2-v_0<0$，对应于爆轰过程，称为爆轰区。在Ⅳ区，因为 $p_2-p_0<0$，$v_2-v_0>0$，对应于爆燃过程，称为爆燃区。

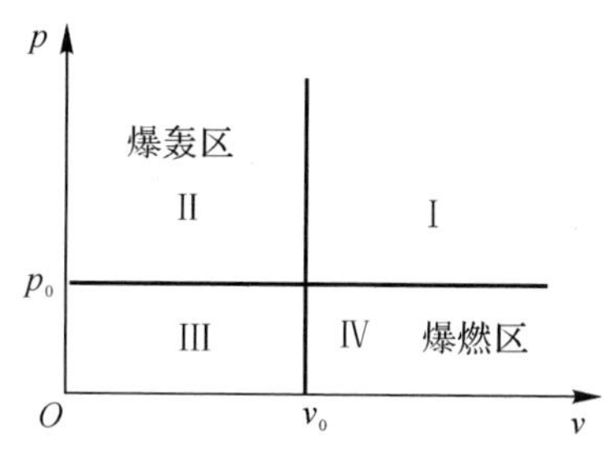

图 5-15　p-v 平面分区图

2. 爆轰波的绝热曲线

式(5-35)在 p-v 平面上画出的曲线称为爆轰波的绝热曲线或 Hugoneot 曲线(Hu 线)。它表示爆轰波在活性气体中传播时，与初态点(v_0, p_0)满足三个守恒关系的所有终态点(v_2, p_2)的集合。也就是说，不同波速的爆轰波通过同一初态(v_0, p_0)的活性气体时，所达到的终态点(v_2, p_2)都应该在这条曲线上。如图 5-16 所示，它的形状与冲击波绝热线相似，但两者却有本质的区别。

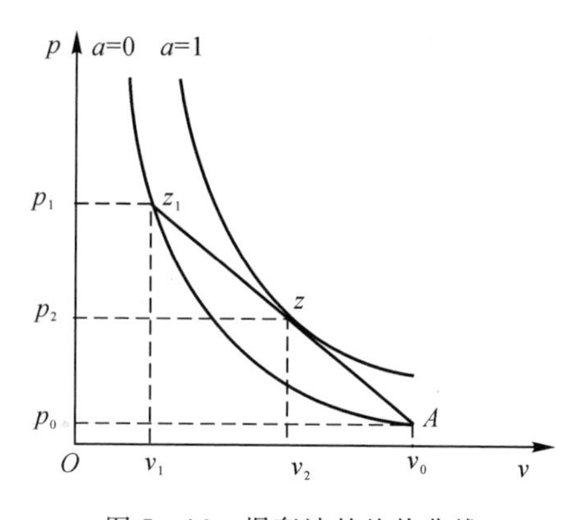

图 5-16　爆轰波的绝热曲线

冲击波绝热线都是过点(v_0, p_0)的，而爆轰波的绝热曲线却不一定通过点(v_0, p_0)，只是位于冲击波绝热线的右上方。这是因为，一层活性气体质点受到上一层活性气体爆轰的冲击压缩后，由初态(v_0, p_0)首先突跃到冲击波绝热线上的中间态(v_1, p_1)，然后沿着爆轰波的波速线展开高速的化学反应，放出爆热 Q_V，过渡到爆轰波绝热曲线上的终态(v_2, p_2)，这一层活性气体爆轰反应完毕，它再去冲击压缩下一层活性气体，引起下一层活性气体爆轰。所以，爆轰波传播过程有化学能释放，这是区别于冲击波传播过程的重要标志，是造成爆轰波绝热曲线与冲击波绝热线有上述差别的根源。

下面介绍爆轰波绝热曲线各段的物理意义。

如图 5-17 所示，在 p-v 平面上，根据式(5-35)作图，弧$\widehat{CH}$就是以$A(v_0,\ p_0)$为初态点的 Hu 线。由于波速方程式(5-39)的限制，此曲线不连续。作 $p=p_0$ 和 $v=v_0$ 直线，分别与 Hu 线交于 D，B；过点 A 作直线 AZ，AE，分别切弧$\widehat{BC}$于 Z，切弧$\widehat{DH}$于 E。显然，弧$\widehat{BC}$为爆轰支，弧$\widehat{DH}$为爆燃支，弧$\widehat{BD}$不代表任何实际过程。

(1)在爆轰支弧BC上，有

点 B：$v_2=v_0$，对应于定容爆轰；波速线 AB，$\tan\theta\to\infty$，对应于 $v_D\to\infty$ 的极限情形。

点 Z：$\left(\dfrac{dp}{dv}\right)_{Hu}=\left(\dfrac{p-p_0}{v-v_0}\right)_R$，对应于 C-J 爆轰，$Z$ 点称为 C-J 点，其压力 $p_2=p_J$。

弧$\widehat{ZC}$段：$p_2>p_J$，对应于强爆轰。

弧$\widehat{ZB}$段：$p_2<p_J$，对应于弱爆轰。

(2)在爆燃支弧$\widehat{DH}$上，有

点 D：$p_2=p_0$，对应于定压爆燃；波速线 AD，$\tan\theta=0$，对应于 $v_D-u_0\to 0$ 的极限情形；

点 E：$\left(\dfrac{dp}{dv}\right)_{Hu}=\left(\dfrac{p-p_0}{v-v_0}\right)_R$，对应于 C-J 爆燃，点 E 称为 C-J 爆燃点，其比体积 $v_2=v_J'$。

弧 ED 段：$v_2<v_J'$，对应于弱爆燃。

弧 EH 段：$v_2>v_J'$，对应于强爆燃。

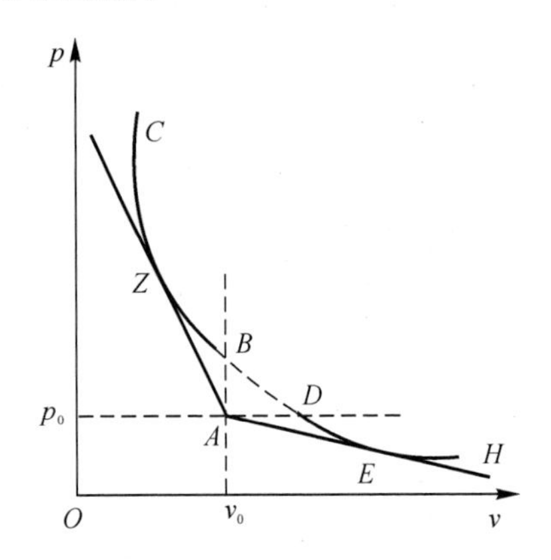

图 5-17　爆轰波绝热曲线各分支

3.爆轰波稳定传播的 C-J 条件

大量实验结果表明，无论是气体爆炸物还是凝聚炸药，在给定的初始条件下，爆轰波都以某一特定的速度稳定传播。但根据上述讨论，爆轰波可能存在强爆轰、C-J 爆轰、弱爆轰三种状态。那么，在这三种状态中，只能有一个状态对应于实际的稳定传播过程。要确定这个状态，仅有三个守恒关系还不够，还必须找出一个条件，这就是爆轰波稳定传播的条件。

这个稳定传播的条件最早是由 Chapman 和 Jouguet 分别独立提出的，他们的提法虽然不同，但实质一样，因此称为 C-J 条件。综述为：爆轰波若能稳定传播，爆轰反应终了产物的状态应与爆轰波绝热曲线和波速线相切的切点 Z 的状态相对应。此状态称为 C-J 状态，其数学表示式为

$$\left(\frac{p-p_0}{v-v_0}\right)_{R_z}=\left(\frac{dp}{dv}\right)_{Hu_z} \tag{5-41}$$

或者说，该状态的特点是

$$v_D-u_2=c_2 \tag{5-42}$$

C-J 条件揭示了爆轰波稳定传播的物理实质，使 C-J 理论具有了实用意义。C-J 条件在后面还将给予论证和说明。

(三)气体爆轰参数的计算

现在的任务是：已知活性气体的初始参数 p_0，u_0，v_0（或 ρ_0），T_0 等，求它的稳定爆轰参数 v_D，p_2，v_2（或 ρ_2），T_2，u_2，c_2。

对于稳定爆轰，独立的未知数共计 5 个，根据 3 个守恒方程导出的 3 个基本关系式(5-35)～式(5-37)，加上 C-J 条件和状态方程，就可组成计算爆轰参数的封闭方程组：

$$(\text{I})\begin{cases} v_D-u_0=v_0\sqrt{\dfrac{p_2-p_0}{v_0-v_2}} \\ u_2-u_0=\sqrt{(p_2-p_0)(v_0-v_2)} \\ e(p_2,v_2)-e(p_0,v_0)=\dfrac{1}{2}(p_2+p_0)(v_0-v_2)+Q_V \\ v_D-u_2=c_2 \\ p=p(v,T) \end{cases}$$

原则上讲，给定活性气体，知道它爆炸前、后状态方程，比内能函数的形式以及爆热和初始参数，利用方程组(Ⅰ)就可以求出它的稳定爆轰参数。但事实上，对于一个真实的活性气体，爆轰参数的计算相当麻烦，有时甚至很困难。因为活性气体给定后，要计算其爆轰参数，必须预先求出活性气体的热力学参数。对于实际过程，热力学参数与动力学参数又互相影响。例如，爆温很高时，产物会发生离解，其组成随之变化，则爆热等参数也会相应变化，从而影响爆轰参数的计算结果。因此，爆轰参数的计算很麻烦。即使活性气体和爆轰产物的状态都可看作理想气体，也只能用叠加法求解。如果活性气体和爆轰产物不能当作理想气体，其状态方程更为复杂，或者不能用函数形式表示，那么爆轰参数的计算只能借助于电子计算机作出数值解。

因此，在实际应用中，往往是根据实际情况作一些尚可接受的假定，进行简化处理。这里只介绍在下述假定下爆轰参数的近似计算。

1.假定

(1)原始活性气体和爆轰产物均为多方气体，其状态方程为 $pv=R_gT$；

(2)原始活性气体和爆轰产物的绝热指数皆为 κ，其等熵方程为 $p=Av^{-\kappa}$；

(3)活性气体质点速度 $u_0=0$。

2.计算爆轰参数的方程组及显式表示

在上述假定下，方程组(Ⅰ)可化简为

$$
(\text{Ⅱ})\begin{cases}
v_D = v_0\sqrt{\dfrac{p_2-p_0}{v_0-v_2}} & (5-37') \\
u_2=\sqrt{(p_2-p_0)(v_0-v_2)} & (5-36') \\
\dfrac{p_2v_2}{\kappa-1}-\dfrac{p_0v_0}{\kappa-1}=\dfrac{1}{2}(p_2+p_0)(v_0-v_2)+Q_V & (5-35') \\
v_D-u_2=c_2 & (5-42) \\
p_2v_2=R_gT_2 & (5-43)
\end{cases}
$$

此方程组为计算多方气体爆轰参数的方程组。下面把它变化成用活性气体初始参数和爆速 v_D 表达的公式。

利用式(5-38)和声速公式 $c_2=\sqrt{\kappa p_2v_2}$，将式(5-42)改写为

$$\frac{p_2-p_0}{v_0-v_2}=\kappa\frac{p_2}{v_2} \quad (5-42')$$

解出

$$\frac{v_0}{v_2}=\frac{\kappa+1}{\kappa}-\frac{p_0}{\kappa p_2} \quad (5-44)$$

将式(5-37′)两边二次方与式(5-43′)比较，得

$$v_D{}^2=\kappa v_0p_2\frac{v_0}{v_2}$$

将式(5-44)代入上式，则

$$v_D^2=\kappa v_0p_2\left(\frac{\kappa+1}{\kappa}-\frac{p_0}{\kappa p_2}\right)=v_0[(\kappa+1)p_2-p_0]$$

所以

$$p_2=\frac{\rho_0v_D^2+p_0}{\kappa+1} \quad (5-45)$$

$$p_2-p_0=\frac{\rho_0v_D^2+p_0}{\kappa+1}-p_0=\frac{\rho_0v_D^2-p_0}{\kappa+1}$$

已知 $c_0^2=\kappa p_0/\rho_0$，则

$$p_2-p_0=\frac{\rho_0v_D^2}{\kappa+1}\left(1-\frac{c_0^2}{v_D^2}\right) \quad (5-46)$$

由式(5-37′)和式(5-46)，得

$$v_0-v_2=\frac{v_0}{\kappa+1}\left(1-\frac{c_0^2}{v_D^2}\right) \quad (5-47)$$

则

$$v_2=\frac{v_0}{\kappa+1}\left(\kappa+\frac{c_0^2}{v_D^2}\right) \quad (5-48)$$

由式(5-34)和式(5-46)，得

$$u_2=\frac{v_D}{\kappa+1}\left(1-\frac{c_0^2}{v_D^2}\right) \quad (5-49)$$

将式(5-45)、式(5-48)代入式(5-43)，得

$$T_2=\frac{v_D^2\,(\kappa+c_0{}^2/v_D{}^2)^2}{\kappa\,(\kappa+1)^2R_g} \quad (5-50)$$

至此，已把 p_2,v_2,u_2,T_2 写成了以初始参数和爆速 v_D 表示的显示式。而 v_D 本身是未知量，还必须把 v_D 变成用已知量表示的显示式。

由式(5－35′)出发，利用式(5－45)、式(5－48)置换掉 p_2，v_2，并将声速公式 $c_0^2=\kappa p_0 v_0=\kappa p_0/\rho_0$ 代入，可得

$$v_D^4-2[(\kappa^2-1)Q_V+c_0^2]v_D{}^2+c_0^4=0$$

解此方程，注意开根号运算取正值，可得爆速 v_D 的显示式为

$$v_D=\sqrt{\frac{1}{2}(\kappa^2-1)Q_V+c_0{}^2}+\sqrt{\frac{1}{2}(\kappa^2-1)Q_V} \tag{5-51}$$

式(5－45)～式(5－51)为气体爆轰参数的显示表达式。知道活性气体的初始参数、爆热、绝热指数 κ，就可由式(5－51)先求出 v_D，然后再利用其他四式求出 p_2，v_2，u_2，T_2。

3. 讨论

(1)如果令爆轰波前沿冲击波阵面参数为 p_1，$v_1(\rho_1)$，u_1，按照式(5－24)～式(5－26)，当 $u_0=0$ 时，有

$$\begin{cases}p_1-p_0=\dfrac{2}{\kappa+1}\rho_0 v_D^2(1-\dfrac{c_0^2}{v_D^2})\\u_1=\dfrac{2}{\kappa+1}v_D\left(1-\dfrac{c_0^2}{v_D^2}\right)\\v_0-v_1=\dfrac{2}{\kappa+1}v_0\left(1-\dfrac{c_0^2}{v_D^2}\right)\end{cases}$$

而对于爆轰波

$$\begin{cases}p_2-p_0=\dfrac{1}{\kappa+1}\rho_0 v_D^2(1-\dfrac{c_0^2}{v_D^2})\\u_2=\dfrac{v_D}{\kappa+1}\left(1-\dfrac{c_0^2}{v_D^2}\right)\\v_0-v_2=\dfrac{v_0}{\kappa+1}\left(1-\dfrac{c_0^2}{v_D^2}\right)\end{cases}$$

显然

$$\begin{cases}p_1-p_0=2(p_2-p_0)\\u_1=2u_2\\v_0-v_2=2(v_0-v_2)\end{cases}$$

可见，对于稳定爆轰，C-J 面上的介质参数(压力、质点速度、比体积)的突跃仅为前沿冲击波阵面介质对应参数突跃的一半。如果能从实验测得冲击波阵面上的参数，利用这一原则就可估算出 C-J 面上的参数。

(2)对于 $p_0\ll p_2$，p_0 可以忽略；则 $c_0^2\ll v_D^2$，c_0^2 可以忽略，于是式(5－45)～式(5－51)可化简为

$$(\text{Ⅲ})\begin{cases}p_2=\dfrac{\rho_0 v_D^2}{\kappa+1} & (5-52)\\v_2=\dfrac{\kappa v_0}{\kappa+1} & (5-53)\\u_2=\dfrac{v_D}{\kappa+1} & (5-54)\\T_2=\dfrac{\kappa v_D^2}{(\kappa+1)^2R_g} & (5-55)\\v_D=\sqrt{2(\kappa^2-1)Q_V} & (5-56)\end{cases}$$

式(5－56)是求 v_D 的最常用公式。

显然，式(5－52)又等价于

$$p_2=2(\kappa-1)\rho_0 Q_V \tag{5-57}$$

或

$$p_2=\rho_0 v_D u_2 \tag{5-58}$$

由式(5－53)可得

$$\rho_2=\frac{\kappa+1}{\kappa}\rho_0 \tag{5-59}$$

式(5－54)等价于

$$u_2=\sqrt{2\frac{\kappa-1}{\kappa+1}Q_V}$$

已知 $R_g=(\kappa-1)c_v$，而式(5－55)与

$$T_2=\frac{2\kappa}{\kappa+1}\frac{Q_V}{c_v}=\frac{2\kappa}{\kappa+1}t$$

等价，式中 $t=T-T_0$。

由式(5－42)和式(5－54)，可得

$$c_2=\frac{\kappa v_D}{\kappa+1} \tag{5-60}$$

则

$$v_D=\frac{\kappa+1}{\kappa}c_2=\frac{\kappa+1}{\kappa}\sqrt{\kappa R_g T_2}=\frac{\kappa+1}{\kappa}\sqrt{\kappa p_2 v_2} \tag{5-61}$$

利用方程组(Ⅲ)和它们的等价表示式，可以很方便地计算出活性气体的爆轰参数。

例 5.5 已知 H_2，O_2混合气体的摩尔比为 3∶2，若初压 p_0忽略不计，且 $u_0=0$，试计算该混合气体的 C-J 面爆轰参数：T_2，v_D，ρ_2，p_2，u_2，c_2。

解 如果不考虑爆轰产物的离解，则该混合气体的爆炸反应方程为

$$3H_2+2O_2\rightarrow 3H_2O+\frac{1}{2}O_2+Q_V$$

(1)计算 Q_V。在 298 K，生成 3.5 mol 爆轰产物的总爆热为

$$Q_V=3Q_{pf}^{H_2O}+RT\Delta n=3\times241.8+2.478\times\left(3+\frac{1}{2}-3-2\right)\approx721.7\ \text{kJ}$$

(2)计算 t。按照 Kast 平均摩尔定容热容计算式计算：

$$\sum\bar{C}_{Vi}=3\bar{C}_V^{H_2O}+0.5\bar{C}_V^{O_2}=3\times(16.74+8.996\times10^{-3}t)+0.5(20.08+1.883\times10^{-3}t)$$
$$\approx60.26+27.93\times10^{-3}t$$

则 $$A=60.26,\quad B=27.93\times10^{-3}t$$

所以 $t=\dfrac{-A+\sqrt{A^2+4BQ_V}}{2B}=\dfrac{-60.26+\sqrt{60.26^2+4\times27.93\times10^{-3}\times721.7\times10^3}}{2\times27.93\times10^{-3}}\approx$ 4 118 K

(3)计算 κ。

$$\sum\bar{C}_{Vi}=60.26+27.93\times10^{-3}\times4\,118\approx175.3$$

$$\sum\bar{C}_{pi}=\sum\bar{C}_{Vi}+n_2R=175.3+3.5\times8.314\approx204.4$$

$$\kappa=\frac{\sum\bar{C}_{pi}}{\sum\bar{C}_{Vi}}=\frac{204.4}{175.3}\approx1.166$$

(4)计算 C-J 面爆轰参数：

$$T_2=\frac{2\kappa}{\kappa+1}t=\frac{2\times1.166}{1.166+1}\times4\ 118\approx4\ 434\ \mathrm{K}$$

$$v_D=\frac{\kappa+1}{\kappa}\sqrt{\kappa R_g T_2}=\frac{1.166+1}{1.166}\times\sqrt{1.166\times\frac{8\ 314}{(3\times18+0.5\times32)/3.5}\times4\ 434}\approx2\ 723\ \mathrm{m/s}$$

$$\rho_0=\frac{3\times2+2\times32}{5\times22.4\times10^3}=0.625\times10^{-3}\mathrm{g/cm^3}$$

$$\rho_2=\frac{\kappa+1}{\kappa}\rho_0=\frac{1.166+1}{1.166}\times0.625\times10^{-3}\approx1.161\times10^{-3}\mathrm{g/cm^3}$$

$$p_2=\frac{\rho_0 {v_D}^2}{\kappa+1}=\frac{0.625\times10^{-3}\times10^3\times2\ 723^2}{1.166+1}\times10^{-6}\approx2.14\ \mathrm{MPa}$$

$$u_2=\frac{v_D}{\kappa+1}=\frac{2\ 723}{1.166+1}\approx1\ 257\ \mathrm{m/s}$$

$$c_2=v_D-u_2=2\ 723-1\ 257=1\ 466\ \mathrm{m/s}$$

二、爆轰波的基本性质

(一)C-J 点的性质

(1)C-J 点是爆轰波 Hu 线上熵值最小的点，即

$$\left.\begin{aligned}&\left(\frac{\mathrm{d}S}{\mathrm{d}v}\right)_{\mathrm{Hu}_Z}=0\\&S_{\mathrm{Hu}_Z}=S_{\mathrm{Hu}_{\min}}\end{aligned}\right\}\tag{5-62}$$

为了论证这一性质，首先分析熵随爆轰波 Hu 线变化的规律。在本段的讨论中，为了书写方便，将爆轰波 Hu 线上的参数都去掉下标 Z。按照式(5－35)，爆轰波 Hu 线方程为

$$e(p,v)-e(p_0,v_0)=\frac{1}{2}(p+p_0)(v_0-v)+Q_V$$

沿着 Hu 线微分，得

$$\mathrm{d}e=\frac{1}{2}[(v_0-v)\mathrm{d}p-(p+p_0)\mathrm{d}v]$$

由热力学第一定律，得

$$\mathrm{d}e=T\mathrm{d}S-p\mathrm{d}v$$

比较上两式，可得

$$T\mathrm{d}S=\frac{1}{2}[(v_0-v)\mathrm{d}p+(p-p_0)\mathrm{d}v]$$

所以

$$\frac{2T}{v_0-v}\left(\frac{\mathrm{d}S}{\mathrm{d}v}\right)_{\mathrm{Hu}}=\left(\frac{\mathrm{d}p}{\mathrm{d}v}\right)_{\mathrm{Hu}}-\left(\frac{p-p_0}{v-v_0}\right)_R$$

式中：$\left(\frac{\mathrm{d}S}{\mathrm{d}v}\right)_{\mathrm{Hu}}$——Hu 线上某点的熵 S 随比体积 v 的变化率；

$\left(\frac{\mathrm{d}p}{\mathrm{d}v}\right)_{\mathrm{Hu}}$——Hu 线上某点的切线的斜率；

$\left(\frac{p-p_0}{v-v_0}\right)_R$——过点$(v,p)$的 R 线的斜率。

对于爆轰波来说，由于 $v_0-v>0$，$p-p_0>0$，则

$$\frac{2T}{v_0-v}>0,\left(\frac{\mathrm{d}p}{\mathrm{d}v}\right)_{\mathrm{Hu}}<0,\left(\frac{p-p_0}{v-v_0}\right)_R<0$$

因此，Hu 线上某点 $\left(\frac{\mathrm{d}S}{\mathrm{d}v}\right)_{\mathrm{Hu}}$ 的符号，取决于过该点 Hu 线的斜率与 R 线的斜率之差的正负号。

由图 5-17 明显地看出：

在弧 $\overset{\frown}{ZC}$ 段

$$\left|\left(\frac{\mathrm{d}p}{\mathrm{d}v}\right)_{\mathrm{Hu}}\right|>\left|\left(\frac{p-p_0}{v-v_0}\right)_R\right|$$

则
$$\left(\frac{\mathrm{d}p}{\mathrm{d}v}\right)_{\mathrm{Hu}}-\left(\frac{p-p_0}{v-v_0}\right)_R<0$$

所以
$$\left(\frac{\mathrm{d}S}{\mathrm{d}v}\right)_{\mathrm{Hu}}<0$$

即：比体积 v 愈大，熵 S 愈小。

在弧 $\overset{\frown}{ZB}$ 段

$$\left|\left(\frac{dp}{dv}\right)_{\mathrm{Hu}}\right|<\left|\left(\frac{p-p_0}{v-v_0}\right)_R\right|$$

则
$$\left(\frac{\mathrm{d}p}{\mathrm{d}v}\right)_{\mathrm{Hu}}-\left(\frac{p-p_0}{v-v_0}\right)_R>0$$

所以
$$\left(\frac{\mathrm{d}S}{\mathrm{d}v}\right)_{\mathrm{Hu}}>0$$

即：比体积 v 愈大，熵 S 愈大。

在点 Z，有

$$\left(\frac{\mathrm{d}p}{\mathrm{d}v}\right)_{\mathrm{Hu}_Z}=\left(\frac{p-p_0}{v-v_0}\right)_{R_Z}$$

所以
$$\left(\frac{\mathrm{d}S}{\mathrm{d}v}\right)_{\mathrm{Hu}_Z}=0$$

即 S 在点 Z 将出现极值。

熵沿爆轰波绝热曲线的变化规律如图 5-18 所示。既然从 $C\to Z$，熵愈来愈小，而从 $Z\to B$，熵却愈来愈大；熵在点 Z 取极值，则必然为极小值。所以 $S_{\mathrm{Hu}_Z}=S_{\mathrm{Hu}_{\min}}$。

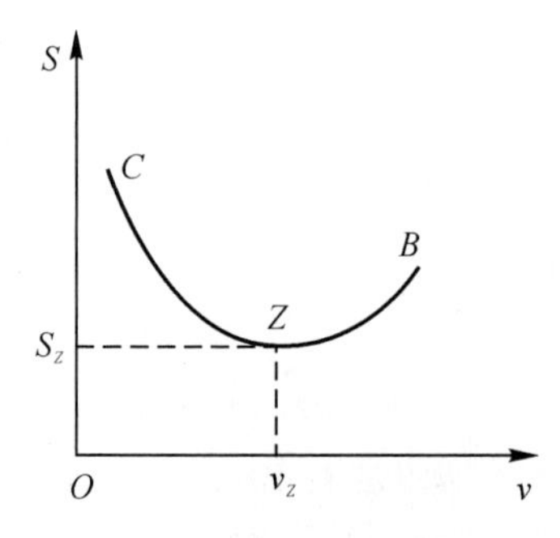

图 5-18　熵沿爆轰波绝热曲线的变化

(2)C-J 点是爆轰波的 R 线、Hu 线和过该点的等熵线 S 的公切点，即

$$\left(\frac{p-p_0}{v-v_0}\right)_{R_Z}=\left(\frac{\mathrm{d}p}{\mathrm{d}v}\right)_{\mathrm{Hu}_Z}=\left(\frac{\mathrm{d}p}{\mathrm{d}v}\right)_{S_Z} \tag{5-63}$$

参见图 5-19，简单说明如下：

由 C-J 点的性质 1 得知，Hu 线在点 Z 的性质为

$$\left(\frac{\mathrm{d}S}{\mathrm{d}v}\right)_{\mathrm{Hu}_Z}=0$$

对于等熵线，在点 Z 自然有

$$\left(\frac{\mathrm{d}S}{\mathrm{d}v}\right)_{S_Z}=0$$

按照数学原理，S 线和 Hu 线在点 Z 必然相切，于是

$$\left(\frac{\mathrm{d}p}{\mathrm{d}v}\right)_{S_Z}=\left(\frac{\mathrm{d}p}{\mathrm{d}v}\right)_{\mathrm{Hu}_Z}$$

按照 C-J 条件，R 线和 Hu 线也在点 Z 相切，即

$$\left(\frac{p-p_0}{v-v_0}\right)_{R_Z}=\left(\frac{\mathrm{d}p}{\mathrm{d}v}\right)_{\mathrm{Hu}_Z}$$

所以

$$\left(\frac{p-p_0}{v-v_0}\right)_{R_Z}=\left(\frac{\mathrm{d}p}{\mathrm{d}v}\right)_{\mathrm{Hu}_Z}=\left(\frac{\mathrm{d}p}{\mathrm{d}v}\right)_{S_Z}$$

Z 点为爆轰波 R 线、Hu 线和过该点的等熵线 S 的公切点。

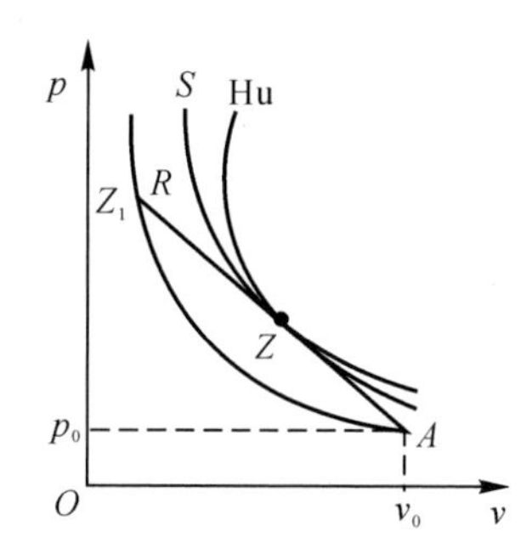

图 5-19　过 C-J 点 Z 的 Hu 线、R 线和等熵线

(3)C-J 点为爆轰波的 R 线上熵值最大的点，即

$$\begin{cases}\left(\dfrac{\mathrm{d}S}{\mathrm{d}v}\right)_{R_Z}=0\\ S_{R_Z}=S_{R_{\max}}\end{cases} \tag{5-64}$$

为了证明该性质，首先分析熵沿 R 线的变化。

化学反应区内任一断面的爆轰波绝热方程为

$$e(p,v)-e(p_0,v_0)=\frac{1}{2}(p+p_0)(v_0-v)+\alpha Q_V$$

沿着 Hu 线微分，得

$$\mathrm{d}e=\frac{1}{2}[(v_0-v)\mathrm{d}p-(p+p_0)\mathrm{d}v]+Q_V\mathrm{d}\alpha$$

由热力学第一定律，得

$$TdS = de + pdv$$

比较上两式，可得

$$TdS = \frac{1}{2}[(v_0 - v)dp + (p - p_0)dv] + Q_V da$$

两边同除以 dv，有

$$T\left(\frac{dS}{dv}\right)_R = \frac{1}{2}(v_0 - v)\left[\left(\frac{dp}{dv}\right)_R - \frac{p - p_0}{v - v_0}\right] + Q_V\left(\frac{da}{dv}\right)_R$$

因为在 R 线上，有

$$\left(\frac{dp}{dv}\right)_R = \frac{p - p_0}{v - v_0}$$

所以

$$T\left(\frac{dS}{dv}\right)_R = Q_V\left(\frac{da}{dv}\right)_R$$

从图 5－20 可以看出：

从点 Z_1 到点 Z，a 增大，$\left(\frac{da}{dv}\right)_R > 0$，故 $\left(\frac{dS}{dv}\right)_R > 0$。

从点 Z 到点 A，a 减小，$\left(\frac{da}{dv}\right)_R < 0$，故 $\left(\frac{dS}{dv}\right)_R < 0$。

这说明，沿 R 线，从 Z_1 到 Z，熵增加；从 Z 到 A，熵又减小。在点 Z，熵取极大值，即

$$\begin{cases}\left(\frac{dS}{dv}\right)_{R_Z} = 0 \\ S_{R_Z} = S_{R_{max}}\end{cases}$$

（二）爆轰波的 Jouguet 规则

（1）爆轰波相对于波前质点的速度为超声速，即 $v_D - u_0 > c_0$。

（2）爆轰波相对于波后质点的速度，在强爆轰时为亚声速，即 $v_D - u_2 < c_2$；在弱爆轰时为超声速，即 $v_D - u_2 > c_2$；在 C-J 面爆轰时为声速，即 $v_D - u_2 = c_2$。

参照图 5－20，逐条加以说明。

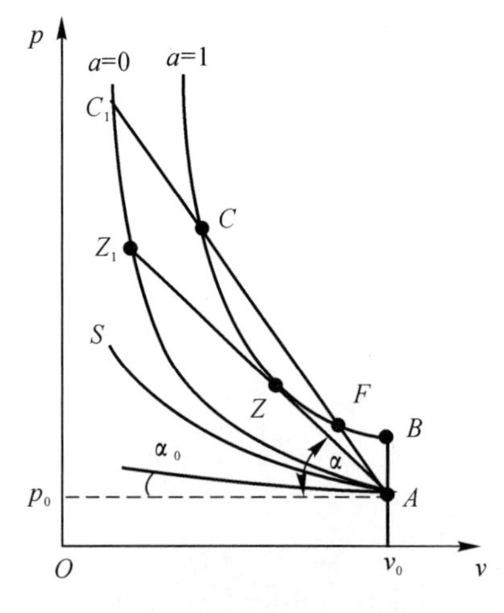

图 5－20 Jouguet 规则

对于第一条规则，按照爆轰波的波速方程和活性气体的声速方程：

$$v_D-u_0=v_0\sqrt{\tan\alpha}$$

$$c_0=v_0\sqrt{\tan\alpha_0}$$

则
$$\tan\alpha=\rho_0^2(v_D-u_0)^2$$

$$\tan\alpha_0=\rho_0^2c_0^2$$

对于爆轰波，$\alpha>\alpha_0$，则

$$\rho_0^2(v_D-u_0)^2>\rho_0^2c_0^2$$

所以
$$v_D-u_0>c_0$$

对于第二条规则，沿着爆轰波的 R 线，压力 p 是比体积 v 和熵 S 的函数，而 S 又可视为 v 的函数，于是 p 可表示为一复合函数形式：

$$p=p[v,S(v)]$$

沿着 R 线，p 对 v 作全微分，得

$$\left(\frac{\mathrm{d}p}{\mathrm{d}v}\right)_R=\left(\frac{\partial p}{\partial v}\right)_S+\left(\frac{\partial p}{\partial S}\right)_v\left(\frac{\mathrm{d}S}{\mathrm{d}v}\right)_R$$

则
$$\left(\frac{\mathrm{d}S}{\mathrm{d}v}\right)_R=\left[\left(\frac{\mathrm{d}p}{\mathrm{d}v}\right)_R-\left(\frac{\partial p}{\partial v}\right)_S\right]\left(\frac{\partial S}{\partial p}\right)_v$$

而
$$\left(\frac{\mathrm{d}p}{\mathrm{d}v}\right)_R=\frac{p_2-p_0}{v_2-v_0}=-\rho_2{}^2(v_D-u_2)^2$$

$$\left(\frac{\partial p}{\mathrm{d}v}\right)_S=-\rho_2^2c_2^2$$

所以
$$\left(\frac{\mathrm{d}S}{\mathrm{d}v}\right)_R=-\rho_2^2[(v_D-u_2)^2-c_2^2]\left(\frac{\partial S}{\partial p}\right)_v$$

$$(v_D-u_2)^2-c_2^2=-v_2^2\frac{\left(\frac{\mathrm{d}S}{\mathrm{d}v}\right)_R}{\left(\frac{\partial S}{\partial p}\right)_v}$$

对于正常介质的热力学稳定态，$\left(\frac{\partial S}{\partial p}\right)_v>0$，所以，$(v_D-u_2)^2-c_2^2$ 的符号应与 $\left(\frac{\mathrm{d}S}{\mathrm{d}v}\right)_R$ 反号。

在介绍 C-J 点的性质 3 时，已知熵在 R 线上的变化规律。显然，对于强爆轰点 C，$\left(\frac{\mathrm{d}S}{\mathrm{d}v}\right)_{R_C}>0$，则

$$(v_D-u_2)^2-c_2{}^2<0$$

所以
$$v_D-u_2<c_2$$

对于弱爆轰点 F，$\left(\frac{\mathrm{d}S}{\mathrm{d}v}\right)_{R_F}<0$，则

$$(v_D-u_2)^2-c_2{}^2>0$$

所以
$$v_D-u_2>c_2$$

对于 C-J 面爆轰点 Z，$\left(\frac{\mathrm{d}S}{\mathrm{d}v}\right)_{R_Z}=0$，则

$$(v_D-u_2)^2-c_2{}^2=0$$

所以
$$v_D-u_2=c_2$$

以上从数学角度分析了 Jouguet 规则。

(三)C-J 条件论证

C-J 条件的论证包括两个方面：

(1)从数学上论证，式(5-41)与式(5-42)是完全等价的，也就是说，由式(5-41)可以导出式(5-42)。

实际上，在介绍 C-J 点性质和 Jouguet 规则时已作了分析，现在由另一角度来说明这一结论。

由切点 Z 的几何条件

$$\left(\frac{p-p_0}{v-v_0}\right)_{R_Z}=\left(\frac{dp}{dv}\right)_{Hu_Z}$$

可以导出 C-J 点的第一条性质：在点 Z 熵出现极值的条件下

$$\left(\frac{dS}{dv}\right)_{Hu_Z}=0$$

由此又可导出 C-J 点的第二条性质：点 Z 是爆轰波 Hu 线、R 线和等熵线 S 的公切点，即

$$\left(\frac{p-p_0}{v-v_0}\right)_{R_Z}=\left(\frac{dp}{dv}\right)_{S_Z}$$

再利用波速方程、声速方程和质量守恒关系：

$$\left(\frac{p-p_0}{v-v_0}\right)_{R_Z}=-\rho_0^2\ (v_D-u_0)^2=-\rho_2^2\ (v_D-u_2)^2$$

得到

$$\left(\frac{dp}{dv}\right)_{S_Z}=-\rho_2^2c_2^2$$

故

$$v_D-u_2=c_2$$

(2)从物理角度说明，为什么 C-J 条件是爆轰波稳定传播的条件。

按照爆轰波的绝热曲线，爆轰波的传播有可能出现三种状态。下面利用 Jouguet 规则来分析这三种状态的稳定性。

对于强爆轰，$v_D-u_2<c_2$，爆轰波相对于波后质点的速度是亚声速的。爆轰波后的膨胀波能够赶上爆轰波，进入化学反应区，削弱反应区对前沿冲击波阵面的能量补充，致使爆轰波的传播速度逐渐降低，直至降到 C-J 面爆速，这样的状态当然是不稳定的。另外，从热力学观点看，对于强爆轰状态，$\left(\frac{dS}{dv}\right)_{R_C}>0$，即随着比体积 v 的增大，沿着 R 线，强爆轰状态的熵也增加。熵增加的过程都是不稳定过程。因此，当 $v_D-u_2<c_2$ 时，对应的强爆轰状态是不可能稳定传播的。

对于弱爆轰，$v_D-u_2>c_2$，爆轰波相对于波后质点的速度是超声速的。反应区内及波后产物中的弹性振动波皆落后于爆轰波的传播，致使反应区拖长，反应释放的能量不集中，也无法向前沿冲击波阵面上传递。前沿冲击波阵面得不到足够的能量补充，爆轰波的强度和传播速度势必迅速衰减。因此，当 $v_D-u_2>c_2$ 时，对应的弱爆轰状态也不能稳定传播。

此外，按照 C-J 理论，弱爆轰不仅是不稳定的，也是不可能实现的。依图 5-20 所示，活性气体受到爆轰波的冲击压缩，状态首先突跃到点 C_1，然后出现高速的化学反应。其产物的状态沿着波速线变化，先达到点 C。对于点 C，$a=1$，化学反应已经完成，能量 Q_V 全部放出。若使产物状态继续沿波速线过渡到弱爆轰点 F，就需要释放出更多的能量，这显然是不可能的。

另外，要使介质从点 C 达到点 F，必须经过 $\left(\frac{dS}{dv}\right)_R=0$ 的中间点。从中间点到点 F，$\left(\frac{dS}{dv}\right)_R<0$。从热力学观点看，自行传播过程中，熵不可能减少，因此，点 F 代表的爆轰状态也不可能自行达到。再者，对于弱爆轰，活性气体受到冲击压缩后，其状态应突跃到冲击波绝热曲线上，比点 Z_1 低的位置，沿着波速线传播高速的化学反应。显然，此时的波速线不可能与 $a=1$ 的 Hugoneot 曲线相交，反应无法终止。因此，按照 C-J 理论，弱爆轰也不能稳定传播。

对于 C-J 面爆轰，$v_D-u_2=c_2$，爆轰波相对于波后介质（即产物）向前推进的速度恰好等于产物中膨胀波的传播速度。爆轰波后面的膨胀波不能侵入爆轰化学反应区，化学反应区始终保持一定的宽度，反应区中释放的能量全部传递到前沿冲击波阵面上。爆轰波后面就好像跟着一个以恒速 u_2 推动的活塞，它的传播过程自然是稳定的。从热力学观点看，在 R 线上，C-J 点的熵取极大值，该点也应对应于平稳而稳定的状态。

综上分析，唯有 C-J 面爆轰才是稳定的。式(5－41)或式(5－42)就是爆轰波稳定传播的条件。

三、爆轰波的定常结构——ZND 模型

(一)问题的提出

前面已经介绍了爆轰波的 C-J 理论，该理论成功地解释了气体爆轰的基本关系式，利用该理论推导出的爆轰参数计算公式，计算精度较高。可以说，C-J 理论在预测气体爆速方面获得了很大的成功。因此，C-J 理论很快被人们所接受，成为流体动力学爆轰理论的基础。

但是，随着实验测试水平的提高，人们发现 C-J 理论与实验结果仍有较大的偏离。在很多场合，这种偏离也是不能接受的。

例如，由气体爆轰实验发现，自持爆轰的终点虽然落在计算给出的 Hu 线上，但其压力和密度都比 C-J 点的值低 10％～15％；波后质点是超声速流，马赫数为 1.10～1.15。说明其终态已落在弱爆轰支上。对于凝聚炸药，直接测得的 C-J 点爆压和按 C-J 理论计算得到的 C-J 点爆压也有明显的差别。例如，由硝化甘油爆轰实验就得到了比 C-J 点爆速低得多的稳定爆轰速度，也说明实际上存在弱爆轰过程。

再则，爆轰波毕竟存在一个有一定宽度的化学反应区，对于某些爆炸物，如耐热炸药，反应区宽度还相当大，特别是云雾爆轰、云爆弹的化学反应区宽度更大。如果仍将化学反应区的宽度视为零，即把爆轰波阵面当作一个间断面处理，显然是不恰当的。

这些事实说明，C-J 理论简化可能过多，应当修正：必须考虑爆轰波化学反应的能量释放过程，进一步研究爆轰波的内部结构。20 世纪 40 年代，苏联、欧美的科学家分别独立地提出了所谓的 ZND 模型，对 C-J 理论进行了修正。

(二)ZND 模型的基本假定

对于爆轰波的定常结构，ZND 模型给出的物理图像如图 5－21 所示。未反应的物质首先经过冲击波预压缩达到高温、高密度的状态，而后出现化学反应达到爆轰终态。

ZND 模型的三条基本假定是：

(1)流动是一维的;

(2)爆轰波的前沿是一个无化学反应的冲击波——忽略输运效应,冲击波为跳跃间断;冲击波波后是一连续的、不可逆的、以有限速率进行的化学反应区;

(3)在化学反应区内,介质质点都处于局部、迅速、部分的热动平衡,只是尚未达到化学平衡。

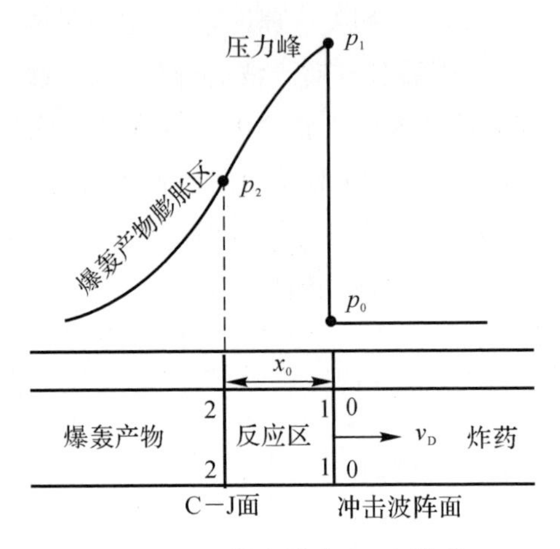

图 5-21　爆轰波的 ZND 模型

由上述假定可见,ZND 模型的实质是把爆轰波阵面看成是由引导冲击波加有限宽度的化学反应区构成。由于忽略热传导、辐射、扩散、黏滞性等因素,仍把引导冲击波作为强间断面处理。这样做是合理的,因为介质达到力学平衡的弛豫时间要比达到化学平衡的弛豫时间短得多,又由于忽略输运效应,所以冲击波阵面宽度与化学反应区的宽度相比,可以忽略。于是,处于 0—0 面的活性气体,在冲击波的作用下产生了高速的化学反应。反应区的初态($a=0$)就是冲击波波后的状态 1—1 面,反应区的终态($a=1$)就是爆轰结果的状态 2—2 面。对于稳定爆轰,即对应于 C-J 点的状态,也就是 C-J 面状态,该面上,$v_{DJ}=u_J+c_J$。在反应区中,介质的热力学参数都有确定的统计平均值。按照 ZND 模型,定量研究爆轰波内部结构就很方便了。

第三节　凝聚炸药的爆轰理论

凝聚炸药是液态炸药和固态炸药的统称。与气态爆炸物相比,它除了聚集状态不同之外,还具有密度大、爆速高、爆轰压力大、产物的能量密度高、做功能力大、猛度高的特点,这类炸药便于储存、运输、成型、加工和使用。因此,其在军事和民用方面都有广泛的应用。

对于炸药应用工作者,为了合理而有效地利用炸药,了解凝聚炸药的爆炸性能,掌握爆轰过程的特点、影响因素及爆炸对外界作用的有关规律,要建立炸药爆轰参数的计算方法。

本节对凝聚相炸药爆轰的相关问题,诸如爆轰反应机理、爆轰参数的计算等进行系统的论述。

一、凝聚炸药爆轰波的结构

实验表明,凝聚炸药在通常密度下爆轰时,爆压高达数十吉帕,爆温达 3 000～5 000 K,爆轰产物密度达 2 g/cm^3 以上，并且爆轰过程往往还伴有非均相反应。因此，从理论上研究凝聚炸药爆轰波反应区的结构相当困难，目前主要是从实验上进行探讨。

图 5－22 是用电磁法测定的不同尺寸的长圆柱形梯恩梯和硝基甲烷药柱的爆轰波阵面附近的压力分布近似图。图中各曲线相对应的装药条件列于表 5－4，它们都是用巴拉托尔平面波发生器来起爆的。这种平面波发生器可引起硝基甲烷过度爆轰，如图中长径比很小时对应的曲线 C，而在曲线 $D \sim F$ 表示的药柱中，过度爆轰在边界膨胀效应下消失。虽然由压力分布图难以确定 C-J 点的位置，但这两种炸药在波阵面附近都有一个压力迅速衰减区。对于梯恩梯，此宽度的数量级是 0.1 mm；对于硝基甲烷，此宽度的数量级是 0.01 mm。表 5－5 和表 5－6 列出了用不同方法测得的几种炸药的反应区宽度 x_0 和反应时间 τ。虽然采用不同的方法和不同的衰减器材料测得的反应区宽度差别较大，但通过对实验结果的综合分析，可以得出下列结论。

凝聚炸药爆轰波结构的概貌仍可以用 ZND 模型来描述，也就是说，把它的爆轰波阵面看成是由前沿的引导冲击波和紧跟其后的化学反应区构成。化学反应区宽度很小；化学反应的速度很快，反应完成时间很短。对于大多数炸药，如 TNT，RDX，PETN 等，反应区宽度为 0.1～1 mm，反应时间为 $10^{-8} \sim 10^{-6}$ μs。

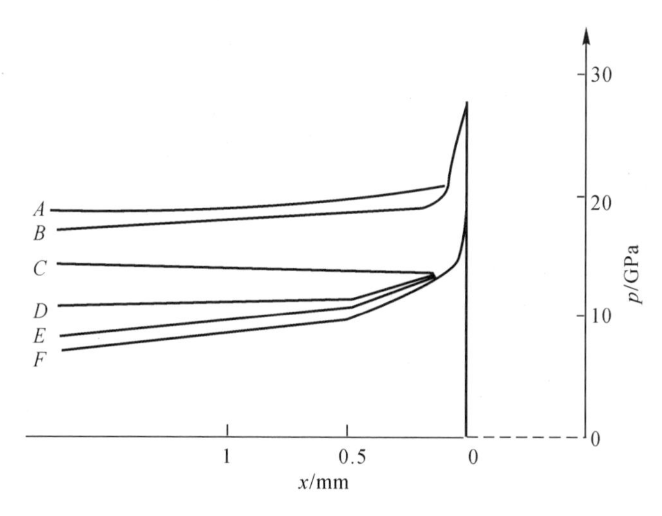

图 5－22　爆轰波阵面附近的近似压力分布图

表 5－4　图 5－22 的实验条件

炸药	$\rho/(g \cdot cm^{-3})$	l/d	d/mm	曲线
梯恩梯	1.63	8	76.45	A
			41.66	B
硝基甲烷	1.13	0.5	203.2	C
		16	76.2	D
		10	38.1	E
		16	38.1	F

注：圆柱形装药，用平面波发生器起爆。

表 5-5　几种炸药爆轰反应区宽度 x_0(自由表面法)

炸药种类	$\rho/(g\cdot cm^{-3})$	衰减器材料	x_0/mm	作者
梯恩梯	1.55	镁	0.22	ДреМИН
	1.45	铝	0.25	ДреМИН
	1.63	铝	0.30	Jameson
	1.63	黄铜	0.40	Jameson
	1.63	有机玻璃	0.70	Jameson
B炸药(60/40)	1.692	有机玻璃	0.70	Jameson
喷特里特(50/50)	1.66	有机玻璃	0.50	Jameson
奥克托尔(75/25)	1.80	有机玻璃	0.80	Jameson
PBX9404	1.845	有机玻璃	0.50	Jameson

表 5-6　几种炸药反应区宽度 x_0 及反应时间 τ(ДреМИН 电磁法)

炸药种类	$\rho/(g\cdot cm^{-3})$	$v_D/(mm\cdot\mu s^{-1})$	$u_1/(mm\cdot\mu s^{-1})$	$\tau/\mu s$	x_0/mm
压装 TNT	1.59	6.94	1.60	≤0.1	≤0.5
	1.45	6.50	1.51	≤0.1	≤0.5
铸装 TNT	1.62	6.85	1.61	0.3	1.41
黑索今	1.72	8.50	2.12	<0.1	<0.5
36TNT/64RDX(压)	1.68	7.83	1.96	<0.1	<0.5
	0.85～0.9	5.40	1.38	0.6	2.16
50TNT/50RDX(铸)	1.71	8.00	1.94	0.32	1.76
	1.68	7.65	1.93	0.26	1.33
特屈儿	1.68	7.50	1.87	<0.1	<0.5
泰　安	1.66	8.10	1.83	<0.1	<0.5
	1.51	7.42	1.67	0.16	0.84
	0.95	5.30	1.28	0.33	1.53

二、凝聚炸药爆轰反应机理

在爆轰波传播过程中，炸药首先受到前沿冲击波的冲击压缩作用，使炸药的压力和温度突然升高，在高温、高压下炸药被引发而发生极快的化学反应。对于一般凝聚炸药来说，这种化学反应在 $10^{-8}\sim10^{-6}$ s 的时间内完成。炸药爆轰反应机理对炸药爆轰性质的影响是 ZND 模型无法解释的。实验表明，按照炸药的化学结构以及装药物理状态上的差异，凝聚炸药的爆轰反应机理可归纳为下述三种类型。

(一)均匀灼热机理

炸药装药在强冲击波的作用下，波阵面上整个一薄层炸药受到强烈的绝热压缩，温度均匀地升至很高，化学反应就像气相爆轰一样，在整个受压层内均匀发生，故称为均匀灼热机理或整体反应机理。例如硝化甘油爆轰时，按近似估算确定，波阵面温度至少在 1 000 ℃以上，化学反应时间为 10^{-7}～10^{-6} s，属于整体反应机理。又如黑索今炸药爆轰时，引导冲击波速度至少在 6 000 m/s 以上，也属于整体反应机理。

可见，能按整体反应机理爆轰的炸药一般是均质炸药，即在炸药装药的任一体积内，其组成和密度都是相同的，如不含气泡的液体炸药，接近晶体密度时的固体炸药（如铸装炸药或压装密度很高的粉状炸药）。这类炸药在爆轰时能产生很强的引导冲击波，其爆速至少在 6 000 m/s 以上。波阵面温度高达 1 000℃以上，才能激起凝聚炸药的整体反应。

（二）不均匀灼热机理

在冲击波作用下，受冲击压缩的一层炸药不是均匀升温，而是在某些局部温度升得很高，形成"活化中心"，化学反应从"活化中心"开始向周围炸药展开。由于起爆的"活化中心"很容易在炸药颗粒表面和炸药中的气泡或气隙的表面形成，因而这种反应机理也叫表面反应机理。

对于一些爆速不高（2 000～4 000 m/s）的非均质炸药，如固体粉状炸药、多晶体炸药、含有大量气泡的液体炸药和胶体炸药等，在爆轰时多按不均匀灼热机理进行。

有人用尺寸为 1 mm×1 mm×0.323 mm 的无烟药小薄片组成直径为 50 mm、装药密度为 0.77 g/cm^3 的药柱，用雷管起爆，测得稳定爆速为 2 300 m/s；同时还收集到尚未燃尽的药粒，测得它们的平均厚度为 0.271 mm，烧去部分约占总质量的 30%。这就是存在表面反应机理的例子。

实验表明，炸药局部加热，形成热点可能有以下几条途径：

(1)炸药中的气泡（气体或蒸汽）受到冲击波绝热压缩，表面温度可达 1 000℃以上，从而成为热点。例如硝基甲烷，不含气泡时，用平面波发生器起爆，则冲击波阵面压力需要高达 8.5 GPa；而当其含有直径大于 0.6 mm 的气泡时，起爆所需的冲击波阵面压力就明显降低。又如硝化甘油、硝化乙二醇等液体炸药，以及爆胶等胶质炸药，含有气泡时也将大大提高其爆轰的能力。因此，为了使用安全，在生产时要尽量把这类炸药的气泡排尽。

(2)在外界作用下，炸药中质点表面摩擦，或药层间的高速黏性流动的内摩擦，也能导致局部生热，形成热点。例如，在硝化甘油与硝化棉制成的凝胶炸药中加入少量惰性尖硬颗粒，就极易引发爆轰。

(3)高温气体产物由炸药表面向内部渗透，使药粒表面局部过热而形成热点。

(4)炸药晶体在切向剪应力的作用下发生表面局部缺陷的湮没而形成热点。

(5)冲击波与炸药中间隙发生相互作用，产生一系列的流体动力学现象，如射流作用、正规碰撞、马赫碰撞，致使空穴崩解。此外，药粒在冲击波的加载作用下也会发生层裂、相变和相互碰撞，从而形成热点。

由于炸药爆轰的表面反应机理与火药颗料在炮膛内速燃相似，其区别只是爆轰时的压力和温度更高，相应的传播速度也特别大，因此，人们往往采用炸药燃烧时得出的规律外推到高压范围，近似地分析表面反应机理的爆轰过程以及反应区的一些特性。

对于一般的猛炸药，如黑索今、特屈儿等，按正常燃速公式外推到 10 GPa 压力下的燃速为 10 m/s 的数量级。因此，按照表面反应机理，直径为 10 μm 的炸药颗粒的反应时间为微秒级，而直径为 100 μm 的炸药颗粒的反应时间为 10 μs 级。这与实验测定的爆轰反应区的反应时间基本相符。

(三)混合反应机理

这种反应机理适合于不同组分的混合炸药,特别是反应能力相差悬殊的固体物质组成的混合炸药。由几种单体炸药组成的混合炸药爆轰时,首先是各个炸药组分自身反应,放出大部分热量;然后,反应产物互相混合,进一步反应生成最终产物。在这种情况下,各组分的自身反应起决定性作用,故它的一些变化规律与单体炸药相近,其爆速基本上接近于组成它的单体炸药爆速的算术平均值。对于反应能力比较接近的炸药,如梯恩梯和黑索今组成的混合炸药,混合反应机理表现不明显。由反应能力相差悬殊的组分(例如,由一些氧化剂和可燃物,或炸药与非爆炸成分)组成的混合炸药,在爆轰时,则具有另一些特点:某些组分(一般是氧化剂或炸药)先分解,其分解产物渗透或扩散到另一些组分(一般是可燃物或非炸药)的质点表面,与之进行反应,或者与另一组分的分解产物进行反应。例如,硝铵炸药的反应机理是当受到冲击波作用时,硝酸铵先发生分解反应:

$$2NH_4NO_3 \rightarrow 4H_2O + N_2 + 2NO$$

然后,混合炸药中的可燃成分或其分解产物与 NO 发生氧化反应,放出大部分的热量,同时促使整个反应速度加快。

这类炸药爆轰时,化学反应的速度受各组分的颗粒大小以及混合的均匀程度的影响极大。组分颗粒越细,混合得越均匀,越有利于反应的进行。不利于混合、渗透、扩散的因素均会使反应速度下降。例如这类炸药装药密度过大,由于各组分粒子间空隙变小,对气体的混合和渗透不利,而会使反应速度下降,甚至会导致爆轰熄灭。

三、凝聚炸药爆轰产物状态方程

用 ZND 模型研究凝聚炸药的爆轰波结构,首先遇到的问题是如何从理论上建立描述凝聚炸药爆轰产物的状态方程。由于凝聚炸药爆轰产物处于高温、高压、高密度的状态,并且在爆轰瞬间各产物分子间还存在复杂的化学动力学平衡过程,其产物状态方程无论是用理论方法还是实验的方法都不易准确确定。下面介绍一些常用的经验的或半经验的状态方程式。

(一)气体模型

凝聚炸药爆轰产物被看作真实气体,其状态方程可采用理想气体状态方程的各种修正形式,统一表示为

$$pv = zR_gT \tag{5-65}$$

式中,z 为压缩因子,$z=\dfrac{v}{R_gT/p}$,是真实气体的比体积 v 与理想气体的比体积 R_gT/p 之比。

显然,$z=1$ 对应于理想气体状态方程,而选用不同的 z 值,就可得到下述几种常用的状态方程。

1. Abel 余容状态方程

如果炸药密度 $\rho_0<0.5\ g/cm^3$,爆轰产物可看作这样的真实气体:其分子间的相互作用仍可忽略,但必须考虑分子本身所占有的固有体积。此时,在式(5-65)中,取

$$z=\frac{1}{1-\alpha/v}$$

即

$$p(v-\alpha) = R_gT \tag{5-66}$$

式中，α 为爆轰产物的余容。当压力 $p\to\infty$ 时，产物分子的固有总比体积是与炸药组分、性能，特别是装填密度有关的常数。

式(5-66)即为 Abel 余容状态方程。由于该方程只适合于低密度炸药的情况，而对于一般密度都在 1.6 g/cm³ 以上的军用炸药，它的使用受到了很大限制。

Abel 余容状态方程的局限性在于只考虑了余容的变化，实验证明，余容是炸药初始密度的函数。如果把余容表示为比体积或压力的函数，则 Abel 余容状态方程的应用就广泛了。为此，人们对 Abel 余容状态方程进行了修正，提出的形式如下：

(1)取余容 α 为比体积的函数。

$$\alpha=\mathrm{e}^{-\frac{a}{v}}$$

则

$$p(v-\mathrm{e}^{-\frac{a}{v}})=R_{\mathrm{g}}T \tag{5-67}$$

式中：a 为与炸药组成和性质有关的常数。

(2)取余 α 为压力的函数。

$$\alpha=b+cp+dp^2$$

则

$$pv=RT+bp+cp^2+dp^3 \tag{5-68}$$

式中，b,c,d 为与炸药组成和性质有关的常数。

将上述修正方程用于泰安、吉纳、梯恩梯、黑索今等高级炸药爆轰参数的计算，其计算结果与实验数据的符合程度较好。

2. Ville 状态方程

若

$$z=1+\frac{B}{v}+\frac{C}{v^2}+\frac{D}{v^3}+\cdots$$

则

$$pv=\left(1+\frac{B}{v}+\frac{C}{v^2}+\frac{D}{v^3}+\cdots\right)R_{\mathrm{g}}T \tag{5-69}$$

式中，B,C,D 为 Ville 系数，均为温度的函数。

式(5-69)相当于一个变余容的状态方程。

由于压缩因子 z 是用一个幂级数逼近，因此从理论上讲，此方程准确、完善。因为只要 z 取足够多项，总能达到所需要的精度。

3. B-K-W 状态方程

在式(5-65)中，若

$$z=1+x\mathrm{e}^{\beta x}$$

则

$$pv=R_{\mathrm{g}}T(1+x\mathrm{e}^{\beta x}) \tag{5-70}$$

$$x=\frac{K\sum x_i\alpha_i}{v\,(\theta+T)^a}$$

式中：x_i——第 i 种爆轰产物的摩尔分数；

α_i——第 i 种爆轰产物的余容因子；

K,a,θ,β——由经验确定的常数。

式(5－70)就是著名的B-K-W状态方程。用B-K-W状态方程计算凝聚炸药的爆轰参数时，Mader采用了两套经验常数(α,β,K和θ值)，一套为“适合于RDX的经验常数”，用于计算RDX及其在爆轰产物中很少有固体碳的炸药的爆轰参数；另一套为“适合于TNT的经验常数”，用于计算TNT及其在爆轰产物中生成较大量固体碳的炸药的爆轰参数。用这两套常数的计算结果与实验值都十分接近，误差不超过3%。这两套经验常数和爆轰产物各主要气体组分的余容值列于表5－7中。

表5－7　B-K-W状态方程中的经验常数和余容

适合类型	经验常数				气体产物的余容值								
	α	β	K	θ	H_2O	H_2	O_2	CO_2	CO	NH_3	NO	N_2	CH_4
TNT	0.5	0.095 85	12.865	400	250	180	350	600	390	476	386	380	528
RDX	0.5	0.16	10.91	400									

判断B-K-W状态方程选用哪一套数据时，其判据是$G=NM_J$，其中N和M_J按炸药爆炸反应的最大放热原则确定。对$C_aH_bO_cN_d$类炸药，有

$$\begin{cases} N=\dfrac{b+2c+2d}{48a+4b+64c+56d} \\ M_J=\dfrac{56d+88c-8b}{b+2c+2d} \\ G=\dfrac{22c+14d-2b}{12a+b+16c+14d} \end{cases}$$

当$G>0.820$时，选用RDX组参数，否则用TNT组参数。

(二)液体模型：L-J-D状态方程

1973年，Lemard，Devonshile和Jones等三人把爆轰产物当做液体，提出了状态方程式：

$$\left(p+\frac{N^2d}{v^2}\right)\left[v-0.781\,6\,(N\alpha)^{1/3}V^{2/3}\right]=RT \tag{5-71}$$

式中：V——摩尔体积；

N——Avogadro常数；

α——分子余容，为分子体积的4倍；

d——液体中一对相邻分子中心间的平均距离。

该方程又称为笼子模型。从许多炸药工作者的工作成果来看，应用这种状态方程式对于低密度($\rho_0<1.3\ g/cm^3$)炸药装药爆轰参数的计算比较适用，但对于高密度炸药装药，计算的结果与实测值差别较大。

(三)固体模型

苏联两位科学家把灼热的爆轰产物看作固体结晶，提出爆轰产物状态方程的一般形式为

$$p=Av^{-\gamma}+\frac{B}{v}T \tag{5-72}$$

式中：　$Av^{-\gamma}$——由于分子相互作用产生的冷压强或弹性压强；

$\frac{B}{v}T$——由于分子热运动和振动产生的热压强；

γ,A,B——与炸药组成和装药密度有关的常数。

对于常用炸药，装药密度一般都大于$1\ g/cm^3$，其热压强与冷压强相比可以忽略。因此，

产物的状态方程可采用

$$p=Av^{-\gamma} \tag{5-73}$$

此即常 γ 状态方程，该方程的形式非常简单，在凝聚炸药爆轰参数的近似计算中得到了广泛的应用。

必须指出，常 γ 状态方程式(5-73)与理想气体的等熵方程 $p=Av^{-\kappa}$ 虽然形式相似，但两者却有本质区别。

式(5-73)只是一个经验公式，其常数 γ 的取值随产物的压力而变化。在低压范围，$\gamma=1.2\sim1.4$；在高压范围，$\gamma\approx3$。因此，γ 绝对不等于绝热指数 κ，即

$$\gamma\neq\frac{c_p}{c_v}=\kappa$$

所以式(5-73)不是等熵方程。但由于式(5-73)中不含温度项，可将它近似地看作等熵方程。故 γ 称为局部绝热指数或局部等熵指数。

事实上，按照 Jones 和 Miller 的计算，爆轰产物作绝热膨胀时，其 p-v 关系满足常 γ 状态方程。应强调指出，由于常 γ 状态方程完全没有考虑化学反应过程，使用时只能用于简单近似计算。

四、凝聚炸药爆轰参数的计算

用 ZND 模型研究凝聚炸药的爆轰，对 C-J 理论的适用性有争议，但对于凝聚炸药的稳定爆轰，C-J 条件仍然成立。如果不考虑爆轰波的内部结构，波阵面前后的状态参数应该满足方程组

$$(\text{IV})\begin{cases} u_2-u_0=\sqrt{(p_2-p_0)(v_0-v_2)} \\ v_D-u_0=v_0\sqrt{\dfrac{p_2-p_0}{v_0-v_2}} \\ e(p_2,v_2,1)-e(p_0,v_0,0)=\dfrac{1}{2}(p_2+p_0)(v_0-v_2) \\ v_D-u_2=c_2\text{或}\left(\dfrac{p_2-p_0}{v_0-v_2}\right)_{R_Z}=-\left(\dfrac{\partial p}{\partial v}\right)_{S_Z} \\ p=p(v,T) \end{cases}$$

此即凝聚炸药爆轰参数计算的基本方程组。已知炸药的初始参数、爆热、产物的状态方程和比内能函数的具体形式，即可用此方程组求出爆轰波稳定传播时的爆轰参数。

表面看来，凝聚炸药爆轰参数的计算与气相爆轰差不多，但事实上，前者却比后者困难得多。困难主要在于难以提供切合实际的爆轰产物的状态方程。即使采用上面介绍的几种产物状态方程，其爆轰参数的计算也很复杂，只能用电子计算机做数值解。下面介绍供一般简单分析或工程应用的近似方法。

(一)常 γ 状态方程法

按照常 γ 状态方程

$$p=Av^{-\gamma}=A\rho^{\gamma}$$

由热力学第一定律知

$$de=TdS-pdv$$

当只考虑产物中弹性能(或弹性压强)时，有 $TdS=0$，故

$$de=-pdv$$

因此

$$e-e_0=\int_{v_0}^{v}(-p)\mathrm{d}v=-\int_{v_0}^{v}Av^{-\gamma}\mathrm{d}v=\frac{pv}{\gamma-1}-\frac{p_0v_0}{\gamma-1}$$

于是 $a=1$ 时的雨贡纽方程为

$$\frac{p_2v_2}{\gamma-1}-\frac{p_0v_0}{\gamma-1}=\frac{1}{2}(p_2+p_0)(v_0-v_2)+Q_V$$

再由声速公式(5-5),得

$$c^2\approx\gamma pv=\gamma p/\rho$$

假定 $u_0=0$,则凝聚炸药爆轰参数的计算方程组为

$$(\text{V})\begin{cases}u_2=\sqrt{(p_2-p_0)(v_0-v_2)}\\ v_D=v_0\sqrt{\dfrac{p_2-p_0}{v_0-v_2}}\\ \dfrac{p_2v_2}{\gamma-1}-\dfrac{p_0v_0}{\gamma-1}=\dfrac{1}{2}(p_2+p_0)(v_0-v_2)+Q_V\\ v_D-u_2=c_2\\ p=Av^{-\gamma}\end{cases}$$

显然,方程组(Ⅴ)除了温度 T_2 的计算公式未给出之外,从数学上看,求解其他参数的方程与计算理想气体爆轰参数的方程组(Ⅱ)在形式上是相似的,只不过方程组(Ⅱ)中为 κ,而方程组(Ⅴ)是 γ。因此,仿照前面的做法,只要把 κ 换成 γ,即可得到 $p_2,v_2,\rho_2,u_2,v_D,c_2$ 的显示式。对于凝聚炸药,p_0 可以忽略,所以

$$(\text{VI})\begin{cases}p_2=\dfrac{\rho_0v_D^2}{\gamma+1}\\ \rho_2=\dfrac{\gamma+1}{\gamma}\rho_0\ \text{或}\ v_2=\dfrac{\gamma}{\gamma+1}v_0\\ u_2=\dfrac{v_D}{\gamma+1}\\ v_D=\sqrt{2(\gamma^2-1)Q_V}\\ c_2=v_D-u_2=\dfrac{\gamma v_D}{\gamma+1}\end{cases}$$

对于爆轰波阵面温度,苏联科学家阿宾等给出的经验公式为

$$T_2=48p_2v_2(v_2-0.20)M_{r2} \tag{5-74}$$

或

$$T_2=48\frac{p_2}{\rho_2}\left(\frac{1}{\rho_2}-0.20\right)M_{r2}$$

式中: T_2——C-J 面上产物的温度,K;

p_2——C-J 面上的压强,GPa;

v_2——C-J 面上比体积,cm^3/g;

ρ_2——C-J 面上密度,g/cm^3;

M_{r2}——产物的平均摩尔质量。

显然,如果已知凝聚炸药的密度 ρ_0、爆热 Q_V 和局部等熵指数 γ,就可按照上述公式求出爆轰波阵面的参数。为此,下面介绍几种确定 γ 值的方法。

1. 由 $v_D-\rho_0$ 的实验数反推 γ

实验发现,许多炸药的爆速与装药密度之间存在简单的幂指数关系:

$$v_D = b\rho_0^a \tag{5-75}$$

式中，b，a 为与炸药性质有关的常数。

由式(5－73)和 $p_2=\dfrac{\rho_0 v_D^2}{\gamma+1}$，得出

$$A\rho_2{}^{\gamma}=\frac{\rho_0 v_D^2}{\gamma+1}$$

将 ρ_2，v_2 值和式(5－75)分别代入上式中，可得

$$A\left(\frac{\gamma+1}{\gamma}\right)^{\gamma}\rho_0^{\gamma}=\frac{b^2}{\gamma+1}\rho_0^{\ 2a+1}$$

比较上式两端，则得出

$$\gamma=2a+1 \tag{5-76}$$

可见，只要得到 $v_D-\rho_0$ 的实验关系曲线，通过函数逼近，求得幂指数 a，通过式(5－76)就可求得 γ。

例如，梯恩梯 $v_D=5\ 060\rho_0^{0.67}$，$\gamma\approx2.34$；黑索今 $v_D=5\ 720\rho_0^{0.71}$，$\gamma\approx2.42$。

实验数据表明，一般 $\rho_0>1\ g/cm^3$ 的凝聚炸药，a 值在 0.65～1 之间。作为近似计算，对密度较大的炸药一般可取 $a\approx1$，则 $\gamma=3$。于是，产物状态方程可以写为

$$p=A\rho^3$$

由方程组(Ⅵ)，可得到方程组

$$(\text{Ⅶ})\begin{cases}p_2=\dfrac{1}{4}\rho_0 v_D^2\\ \rho_2=\dfrac{4}{3}\rho_0\quad \text{或}\quad v_2=\dfrac{3}{4}v_0\\ u_2=\dfrac{v_D}{4}\\ c_2=\dfrac{3}{4}v_D\\ v_D=4\sqrt{Q_V}\end{cases}$$

实际使用时，一般只用方程组(Ⅶ)的前四个公式。按照第五式计算的爆速 v_D 值与实际爆速偏差较大，因而往往采用以下方法粗估爆速。

如果两种单体炸药，$\rho_{01}=\rho_{02}$，且已知第一种炸药的爆速 v_{D1}、爆热 Q_{V1} 和第二种炸药的爆热 Q_{V2}，则第二种炸药的爆速为

$$v_{D2}=v_{D1}\sqrt{\frac{Q_{V2}}{Q_{V1}}} \tag{5-77}$$

例 5.6　已知梯恩梯的装药密度为 1.6 g/cm³ 时，爆速为 7 000 m/s，爆热为 4 184 kJ/kg，求与梯恩梯具有相同装药密度时，爆热为 4 184×1.36 kJ/kg 的黑索今的爆速。

解　按照式(5－77)计算黑索今的爆速应为

$$v_D=7\ 000\times\sqrt{\frac{4\ 184\times1.36}{4\ 184}}\approx8\ 163\ m/s$$

2.根据爆轰产物的近似组成确定 γ 值

凝聚炸药爆轰产物的局部等熵指数可近似地按下式确定：

$$\frac{1}{\gamma} = \sum \frac{x_i}{\gamma_i} \tag{5-78}$$

式中：x_i——爆轰产物中第 i 种组分的摩尔分数；

γ_i——爆轰产物中第 i 种组分的局部等熵指数。

爆轰产物的组成，按照第三章介绍的 H_2O-CO-CO_2 规则确定，其主要组分的局部等熵指数为

$$\gamma_{H_2O}=1.9, \gamma_{CO_2}=4.5, \gamma_{CO}=2.85, \gamma_{N_2}=3.70, \gamma_C=3.55$$

根据爆轰产物的近似组成确定 γ 值，方法简单、应用方便。不过，它只考虑了产物组成对 γ 值的影响，没考虑炸药装药密度对 γ 值的影响，因此具有一定的片面性。

例 5.7 已知梯恩梯 $\rho_0=1.64\ g/cm^3$，$v_D=7\ 000\ m/s$，求其爆轰参数。

解 按照 H_2O-CO-CO_2 规则，梯恩梯的爆炸反应方程式为

$$C_7H_5O_6N_3 \rightarrow 2.5H_2O+3.5CO+3.5C+1.5N_2$$

按照式(5-78)，有

$$\frac{1}{\gamma}=\frac{2.5}{11}\times\frac{1}{1.9}+\frac{3.5}{11}\times\frac{1}{2.85}+\frac{3.5}{11}\times\frac{1}{3.55}+\frac{1.5}{11}\times\frac{1}{3.70}$$

$$\gamma\approx 2.8$$

再根据方程组(Ⅶ)，C-J 面爆轰参数为

$$p_2=\frac{\rho_0 v_D^2}{\gamma+1}=\frac{1.64\times10^3\times7\ 000^2}{2.8+1}\approx 21.15\ GPa$$

$$\rho_2=\frac{\gamma+1}{\gamma}\rho_0=\frac{2.8+1}{2.8}\times1.64\approx 2.23\ g/cm^3$$

$$u_2=\frac{v_D}{\gamma+1}=\frac{7\ 000}{2.8+1}=1\ 842\ m/s$$

$$c_2=v_D-u_2=5\ 158\ m/s$$

根据式(5-74)计算 T_2 为

$$T_2=48\times\frac{21.15}{2.23}\left(\frac{1}{2.23}-0.2\right)\times\frac{227}{11}\approx 2\ 334\ K$$

(二)康姆莱特法(Kamlet 法)——*N-M-Q* 公式

1968 年，Kamlet 等人提出了计算 $C_aH_bO_cN_d$ 类炸药的爆压、爆速的简易经验公式。

对于 $C_aH_bO_cN_d$ 类炸药，若 $\rho_0>1\ g/cm^3$，则

$$(\text{Ⅷ})\begin{cases} p_2=7.617\times10^8\varphi\rho_0^2 \\ v_D=706\varphi^{1/2}(1+1.30\rho_0) \\ \varphi=N\sqrt{MQ} \end{cases}$$

式中：p_2——C-J 面爆压，Pa；

v_D——C-J 面爆速，m/s；

ρ_0——炸药的装药密度，g/cm^3；

N——每克炸药所生成气态爆轰产物的物质的量，mol/g；

M——气态爆轰产物的平均摩尔质量，g/mol；

φ——炸药的特性值；

Q——每克炸药的最大定压爆热，J/g。

对计算 N, M, Q 值，Kamlet 对爆轰计算进行了分析并作出了一些假定。他认为炸药爆轰时，爆轰产物的组分取决以下两个化学反应的平衡：

$$2CO \rightleftharpoons CO_2 + C$$

$$CO + H_2 \rightleftharpoons H_2O + C$$

在较高的装药密度下，认为上述两个化学平衡都向右移动。他还规定爆轰产物组成以最大放热原则计算：氧首先与氢反应生成水，剩余的氧再与碳反应生成二氧化碳。多余的氧以氧分子存在。如有多余的碳，则形成固态碳。$C_aH_bO_cN_d$ 炸药的 N, M, Q 值的计算可分三种情况。

（1）当 $c \geqslant 2a + \frac{b}{2}$ 时，多余的氧以氧分子存在。此时的爆炸反应方程式为

$$C_aH_bO_cN_d \rightarrow \frac{b}{2}H_2O + aCO_2 + \frac{1}{2}\left(c - \frac{b}{2} - 2a\right)O_2 + \frac{d}{2}N_2$$

则得

$$(\text{Ⅸ-1})\begin{cases} N = \dfrac{2d + b + 2c}{4M_{re}} \\ M = \dfrac{1}{N} \\ Q = \dfrac{[120.9b + 393.5a] \times 10^3 - Q_{fe} \times 10^3}{M_{re}} \end{cases}$$

（2）当 $\frac{b}{2} \leqslant c < 2a + \frac{b}{2}$ 时，氧不足，有多余的碳，因此炸药爆炸反应方程式为

$$C_aH_bO_cN_d \rightarrow \frac{b}{2}H_2O + \left(\frac{c}{2} - \frac{b}{4}\right)CO_2 + \left(a + \frac{b}{4} - \frac{c}{2}\right)C + \frac{d}{2}N_2$$

则得

$$(\text{Ⅸ-2})\begin{cases} N = \dfrac{2d + b + 2c}{4M_{re}} \\ M = \dfrac{8(7d + 11c - b)}{2d + b + 2c} \\ Q = \dfrac{\left[120.9b + 196.75\left(c - \dfrac{b}{2}\right)\right] \times 10^3 - Q_{fe} \times 10^3}{M_{re}} \end{cases}$$

（3）当 $c < \frac{b}{2}$ 时，氧极其不足，仅将部分氢氧化为水，还有部分氢存在，碳完全没有被氧化，全以固体碳存在。此时的爆炸反应方程式为

$$C_aH_bO_cN_d \rightarrow cH_2O + \left(\frac{b}{2} - c\right)H_2 + aC + \frac{d}{2}N_2$$

则得

$$(\text{Ⅸ-3})\begin{cases} N = \dfrac{b + d}{2M_{re}} \\ M = \dfrac{2(b + 16c + 14d)}{b + d} \\ Q = \dfrac{241.8c \times 10^3 - Q_{fe} \times 10^3}{M_{re}} \end{cases}$$

式中：Q_{fe}——炸药的定压生成热，kJ/mol；

M_{re}——炸药的摩尔质量，g/mol。

可见，对于 $C_aH_bO_cN_d$ 类炸药，已知炸药的元素组成、装药密度 ρ_0 和定压生成热 Q_{fe}，利用上述方程组就可求得该炸药的爆压和爆速。它对爆速的预估值与实测值的误差一般在 3% 以内。

该方法简单、准确，适用于新炸药设计时对炸药爆轰性能的估算。但应用范围有限，当炸药的装药密度和生成热未知时，不能应用。另外，使用该方法计算硝酸酯、叠氮化物、硝基胍类炸药的爆速误差较大。

例 5.8 用 Kamlet 公式计算 RDX（$\rho_0=1.8\ g/cm^3$，$Q_{fe}=-76.6\ kJ/mol$）的爆压和爆速。

解 RDX 的分子式为 $C_3H_6O_6N_6$，满足 $\frac{b}{2}\leqslant c<2a+\frac{b}{2}$，$M_{re}=222$。应选用方程组（Ⅸ－2）计算 N，M 和 Q。

$$N=\frac{2d+b+2c}{4M_{re}}=\frac{2\times6+6+2\times6}{4\times222}\approx0.033\ 8\ mol/g$$

$$M=\frac{8(7d+11c-b)}{2d+b+2c}=\frac{8(7\times6+11\times6-6)}{2\times6+6+2\times6}=27.2\ g/mol$$

$$Q=\frac{\left[120.9b+196.75\left(c-\frac{b}{2}\right)\right]\times10^3-Q_{fe}\times10^3}{M_{re}}$$

$$=\frac{\left[120.9\times6+196.75\left(6-\frac{6}{2}\right)\right]\times10^3+76.6\times10^3}{222}$$

$$\approx6\ 271.4\ kJ/g$$

则

$$\varphi=N\sqrt{MQ}=0.033\ 8\ \sqrt{6\ 271.4\times27.2}\approx13.96$$

再根据方程组（Ⅷ），有

$$p_2=7.617\times10^8\varphi\rho_0{}^2=7.617\times10^8\times13.96\times1.8^2\approx34.5\ GPa$$

$$v_D=706\varphi^{1/2}(1+1.30\rho_0)=706\times13.96^{1/2}(1+1.30\times1.8)\approx8\ 810\ m/s$$

炸药性质的因素体现在 φ 值上，对于确定的炸药，由于化学分子式和生成热是确定的，所以 φ 值确定后，根据装药密度可以计算出具体条件下的爆速和爆压。表 5－8 给出了几种常用炸药不同装药密度时按 *N-M-Q* 公式计算的爆速和爆压。

表 5－8 几种常用炸药按 *N-M-Q* 公式计算的爆速和爆压

炸药	分子式	φ	$\rho_0/(g\cdot cm^{-3})$	$v_D/(m\cdot s^{-1})$	p_H/GPa
梯恩梯	$C_7H_5O_6N_3$	9.911	1.00	5 112	7.55
			1.45	6 412	15.88
			1.50	6 557	16.99
			1.55	6 701	18.14
			1.60	6 846	19.33
			1.64	6 961	20.31
黑索今	$C_3H_6O_6N_6$	13.876	1.00	6 049	10.57
			1.60	8 100	27.07
			1.65	8 271	28.79
			1.70	8 442	30.56
			1.75	8 613	32.38
			1.80	8 784	34.26

续表

炸药	分子式	φ	$\rho_0/(g \cdot cm^{-3})$	$v_D/(m \cdot s^{-1})$	p_H/GPa
奥克托今	$C_4H_8O_8N_8$	13.852	1.00	6 044	10.56
			1.70	8 435	30.50
			1.75	8 605	32.33
			1.80	8 776	34.20
			1.85	8 947	36.13
			1.90	9 118	38.10
特屈儿	$C_7H_5O_8N_5$	11.528	1.00	5 513	8.78
			1.55	7 227	21.10
			1.60	7 383	22.49
			1.65	7 539	23.92
			1.70	7 695	25.39
			1.73	7 788	26.29
泰安	$C_5H_8O_{12}N_4$	13.940	1.00	6 062	10.62
			1.60	8 118	27.19
			1.65	8 290	28.92
			1.70	8 461	30.70
			1.75	8 632	32.53
			1.77	8 701	33.28
苦味酸	$C_6H_3O_7N_3$	10.539	1.00	5 271	8.03
			1.55	6 910	19.29
			1.60	7 059	20.56
			1.65	7 208	21.86
			1.70	7 357	23.21
			1.75	7 506	24.59
硝基胍	$CH_4O_2N_4$	11.555	1.00	5 520	8.80
			1.55	7 236	21.15
			1.60	7 392	22.54
			1.65	7 548	23.97
			1.70	7 704	25.45
			1.75	7 860	26.97
DATB①	$C_6H_5O_6N_5$	10.696	1.00	5 311	8.05
			1.65	7 262	22.19
			1.70	7 412	23.55
			1.75	7 562	24.96
			1.80	7 712	26.41
			1.83	7 802	27.29
TATB①	$C_6H_6O_6N_6$	10.169	1.00	5 178	7.75
			1.75	7 373	23.73
			1.80	7 520	25.11
			1.85	7 666	26.52
			1.90	7 812	27.97
			1.93	7 900	28.86

注:①DATB—二氨基三硝基苯；TATB—三氨基三硝基苯。

(三)氮当量公式

我国科学工作者国遇贤于 1964 年提出了计算炸药爆速的经验公式，1978 年张厚生作了重要修正后成为计算炸药爆压的常用公式，称为氮当量公式：

$$(\text{X})\begin{cases} v_D = (690 + 1\ 160\rho_0)\sum N \\ p = 1.092\,(\rho_0 \sum N)^2 - 0.574 \\ \sum N = \dfrac{100}{M_r}\sum x_i N_i \end{cases}$$

式中： ρ_0——炸药的装药密度，g/cm^3；

p——炸药的爆压，GPa；

$\sum N$——炸药的氮当量；

M_r——炸药的摩尔质量，g/mol；

x_i——1 mol 炸药生成第 i 种爆轰产物的物质的量；

N_i——第 i 种爆轰产物的氮当量系数。

氮当量的含义：认为炸药的爆速、爆压与爆轰产物有关，而且每种产物对爆速和爆压值的贡献是不一样的，如果设氮的贡献为 1，其他产物与氮进行比较，可分别用数字来表示。爆轰产物的组成按 H_2O-CO-CO_2 规则确定，各种爆轰产物的氮当量系数 N_i 如表 5－9 所示。

表 5－9　各种爆轰产物的氮当量系数

产物	HF	CF_4	H_2O	CO	CO_2	N_2	O_2	H_2	C	Cl_2
N_i	0.577	1.507	0.54	0.78	1.35	1	0.5	0.564	0.15	0.876

在计算时，以 100 g 炸药为计算基准，而产物的物质的量与氮当量系数乘积之和就叫作氮当量。

例 5.9　用氮当量公式计算 TNT 炸药的爆速和爆压($\rho_0 = 1.598\ g/cm^3$)。

解　按 H_2O-CO-CO_2 规则，TNT 的爆炸反应方程式为

$$C_7H_5O_6N_3 \rightarrow 2.5H_2O + 3.5CO + 3.5C + 1.5N_2$$

因为 $M_r = 227$，所以

$$\sum N = \frac{100}{M_r}\sum x_i N_i = \frac{100}{227} \times (2.5 \times 0.54 + 3.5 \times 0.78 + 3.5 \times 0.15 + 1.5 \times 1) \approx 2.689$$

则

$$v_D = (690 + 1\ 160\rho_0)\sum N = (690 + 1\ 160 \times 1.598) \times 2.689 \approx 6\ 840\ \text{m/s}$$

$$p = 1.092\,(\rho_0 \sum N)^2 - 0.574 = 1.092 \times (1.598 \times 2.689)^2 - 0.574 \approx 19.59\ \text{GPa}$$

初期的氮当量公式简单方便，不需炸药的生成热，有一定的准确性；但是，该公式没有考虑炸药的分子结构对爆速的影响，从而对不同分子结构的炸药进行计算时往往产生较大的偏差。

于是，张厚生将结构因素引入氮当量概念，提出了计算爆速和爆压的修正氮当量公式。该公式为

$$\begin{cases} v_D = (690 + 1\ 160\rho_0)\sum N_{ch} \\ p = 1.106\,(\rho_0 \sum N_{ch})^2 - 0.84 \\ \sum N_{ch} = \dfrac{100}{M_r}\left(\sum p_i N_{p_i} + \sum B_K N_{B_K} + \sum G_j N_{G_j}\right) \end{cases}$$

式中：$\sum N_{ch}$—— 炸药的修正氮当量；

p_i——1 mol 炸药生成第 i 种爆轰产物的物质的量；

N_{p_i}—— 第 i 种爆轰产物的氮当量系数；

B_K，N_{B_K}—— 炸药分子中第 K 种化学键出现的次数及氮当量系数；

G_j，N_{G_j}—— 炸药分子中第 j 种基团出现的次数及氮当量系数。

应用最小二乘法，在电子计算机上所求得的爆轰产物、化学键和基团的氮当量系数列于表 5 - 10～表 5 - 12 中。

表 5 - 10　爆轰产物的修正氮当量系数

产物	HF	CF_4	H_2O	CO	CO_2	N_2	O_2	H_2	C	Cl_2
N_{p_i}	0.612	1.630	0.626	0.723	1.279	0.981	0.553	0.195	0.149	1.194

表 5 - 11　化学键的修正氮当量系数

化学键	N_{B_K}	化学键	N_{B_K}
C—H	−0.012 4	C⋯N	−0.080 7
C—C	0.062 8	C≡N	−0.012 8
⋯C—C⋯	−1.028 8	O—H	−0.110 6
C⋯C	0.010 1	N—H	−0.057 8
C=C	0.034 5	N—F	0.012 6
C≡C	0.214 0	N—O	0.013 9
C—F	−0.147 7	N⋯O	−0.002 3
C—Cl	−0.043 5	N—N	0.032 1
C=O	−0.179 2	N=N	−0.004 3
C—O	−0.043 0	N≡N	0
C—N	0.009 0	N=O	0

表 5 - 12　基团的修正氮当量系数

基团	N_{G_j}	基团	N_{G_j}
	−0.006 4	N_3	0.006 5
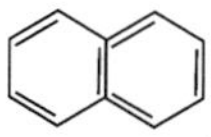	−0.016 1	$OH \cdot NH_3$	0.047 0
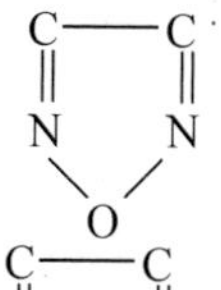 C—C ‖　‖ N　N ＼O／	−0.105 2	C-NO_2 N-NO_2	0.001 6 −0.002 8
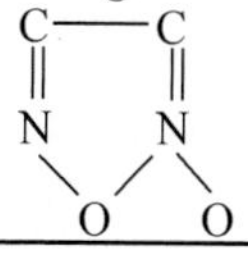 C—C ‖　‖ N　N ＼O／＼O	−0.022 5	C-ONO_2 N-NO	0.002 2 0.042 9

例 5.10 用修正氮当量公式计算硝化甘油(ρ_0=1.6 g/cm³)的爆速和爆压。

解 据 H_2O-CO-CO_2 规则，硝化甘油的爆炸反应方程式为

$$C_3H_5O_9N_3 \longrightarrow 2.5H_2O+3CO_2+0.25O_2+1.5N_2$$

$$\sum p_i N_{p_i} = 2.5\times0.626+3\times1.279+0.25\times0.553+1.5\times0.981\approx7.012$$

$$\begin{aligned}\sum B_K N_{B_K} &= 5N_{C-H}+2N_{C-C}+3N_{C-O}+3N_{N-O}+6N_{N\text{≕}O}\\ &=5\times(-0.012\,4)+2\times0.062\,8+3\times(-0.043\,0)+3\times0.013\,9+6\times(-0.002\,3)\\ &=-0.037\,5\end{aligned}$$

$$\sum G_j N_{G_j} = 3N_{C-ONO_2} = 3\times0.002\,2=0.006\,6$$

$$\sum N_{ch}=\frac{100}{M_r}(\sum p_iN_{p_i}+\sum B_KN_{B_K}+\sum G_jN_{G_j})=\frac{100}{227}\times(7.012-0.037\,5+0.006\,6)\approx3.075$$

$$v_D=(690+1\,160\rho_0)\sum N_{ch}=(690+1\,160\times1.6)\times3.075\approx7\,829\ \text{m/s}$$

$$p=1.106\,(\rho_0\sum N_{ch})^2-0.84=1.106\times(1.6\times3.075)^2-0.84\approx25.93\ \text{GPa}$$

例 5.11 用氮当量公式和修正氮当量公式计算 HMX($C_4H_8O_8N_8$)(ρ_0=1.817 g/cm³)的爆速和爆压。

解 据 H_2O-CO-CO_2 规则，HMX 的爆炸反应方程式为

$$C_4H_8O_8N_8\rightarrow4H_2O+4CO+4N_2$$

按照氮当量公式，有

$$\sum N=\frac{100}{M_r}\sum x_iN_i=\frac{100}{296}(4\times0.54+4\times0.78+4\times1)\approx3.135$$

$$v_D=(690+1\,160\rho_0)\sum N=(690+1160\times1.817)\times3.135\approx8\,771\ \text{m/s}$$

$$p=1.092\,(\rho_0\sum N)^2-0.574=1.092\times(1.817\times3.135)^2-0.574\approx34.86\ \text{GPa}$$

按照修正氮当量公式，有

$$\sum p_iN_{p_i}=4N_{H_2O}+4N_{CO}+4N_{N_2}=4\times0.626+4\times0.723+4\times0.981=9.32$$

$$\begin{aligned}\sum B_KN_{B_K}&=8N_{C-H}+8N_{C-N}+8N_{N\text{≕}O}+4N_{N-N}\\ &=8\times(-0.012\,4)+8\times0.009\,0+8\times(-0.0023)+4\times0.032\,1\\ &\approx0.082\,8\end{aligned}$$

$$\sum G_jN_{G_j}=4N_{N-NO_2}=4\times(-0.002\,8)=-0.011\,2$$

$$\sum N_{ch}=\frac{100}{M_r}(\sum p_iN_{p_i}+\sum B_KN_{B_K}+\sum G_jN_{G_j})=\frac{100}{296}\times(9.32+0.082\,8-0.011\,2)\approx3.173$$

$$v_D=(690+1\,160\rho_0)\sum N_{ch}=(690+1\,160\times1.817)\times3.173\approx8\,877\ \text{m/s}$$

$$p=1.106\,(\rho_0\sum N_{ch})^2-0.84=1.106\,(1.817\times3.173)^2-0.84\approx35.92\ \text{GPa}$$

表 5-13 列出了计算结果与实测值的比较。用修正的氮当量公式计算爆速，可以达到很高的精度。按计算所得的 166 种炸药、628 个爆速数据统计，其平均绝对误差为±1.9%。

表 5－13　爆速和爆压计算值与实测值的对比

（奥克托今 $\rho_0 = 1.817\ g/cm^3$）

数据来源	$v_D/(m\cdot s^{-1})$	v_D 相对误差/%	p/GPa	p 相对误差/%	p/GPa	p 相对误差/%
氮当量公式	8 771	－1.23	34.86	－1.02	34.86	－3.89
修正氮当量公式	8 877	－0.03	35.92	1.99	35.92	－0.96
实测值	8 880	0	35.22	0	36.27	0

(四)混合炸药爆速和爆压的近似计算

随着非活性组分(塑料、橡胶等高分子黏合组分)被引入炸药，爆轰参数的理论计算与单体炸药相比更为复杂，而它的爆速和爆压又是弹药威力设计的必要数据。因此，建立这些参数的简易近似计算式具有重要的实际意义。

1. 混合炸药爆速的计算

20 世纪 40 年代，美国 Los Alamos Scientific Lab 的 Urazer 提出，混合炸药理论密度时的最大爆速等于各组分理论密度时占有的体积分数乘以该组分的相应理论爆速(或传播速度)之和。

根据这种体积加和原理，可以得到计算混合炸药爆速的计算公式。

对于无空隙混合炸药，有

$$v_{De} = \sum \varepsilon_i v_{Di} \tag{5-79}$$

$$\varepsilon_i = \frac{m_i/\rho_i}{\sum(m_i/\rho_i)} \tag{5-80}$$

式中：v_{De}——无空隙混合炸药的爆速；

v_{Di}——混合炸药中第 i 种组分在理论密度时的爆速；

ε_i——第 i 种组分的体积分数；

m_i——第 i 种组分的质量；

ρ_i——第 i 种组分的理论密度(或结晶密度)。

实际上，混合炸药都包含着空隙。近似计算时，可把空隙当作一个组分，即认为实际混合炸药是结晶密度的炸药(即无空隙混合炸药)与空隙的混合物。按照体积加和原理，对于实际混合炸药：

$$v_D = \varepsilon_e v_{De} + \varepsilon_a v_{Da} \tag{5-81}$$

式中：v_D——实际混合炸药的爆速；

v_{De}——该炸药无空隙时的最大爆速，由式(5－79)确定；

ε_e——该炸药装药密度为 ρ_0 时，炸药净占的体积分数；

v_{Da}——爆轰时空隙中的传播速度，即空隙中的冲击波速度；

ε_a——该炸药装药密度为 ρ_0 时，空隙所占的体积分数。

若用 ρ_e 表示装药中炸药总的结晶密度，则

$$\rho_e = \frac{\sum m_i}{\sum \frac{m_i}{\rho_i}} \tag{5-82}$$

$$\varepsilon_e = \frac{\rho_0}{\rho_e}$$

$$\varepsilon_a = 1 - \varepsilon_e = 1 - \frac{\rho_0}{\rho_e}$$

将上述两式代入式(5-81)中,则

$$v_{\mathrm{D}}=\frac{\rho_0}{\rho_e}v_{\mathrm{De}}+\left(1-\frac{\rho_0}{\rho_e}\right)v_{\mathrm{Da}}=A+B\rho_0 \tag{5-83}$$

其中 $A=v_{\mathrm{Da}}$, $B=\dfrac{v_{\mathrm{De}}-v_{\mathrm{Da}}}{\rho_{\mathrm{e}}}$

由式(5-83)可见,实际混合炸药的爆速 v_{D} 与其装药密度 ρ_0 的关系是一条直线。如图5-23所示,在 v_{D} 轴上的截距就是装药中空隙的传播速度 v_{Da},其斜率为$\dfrac{v_{\mathrm{De}}-v_{\mathrm{Da}}}{\rho_{\mathrm{e}}}$。

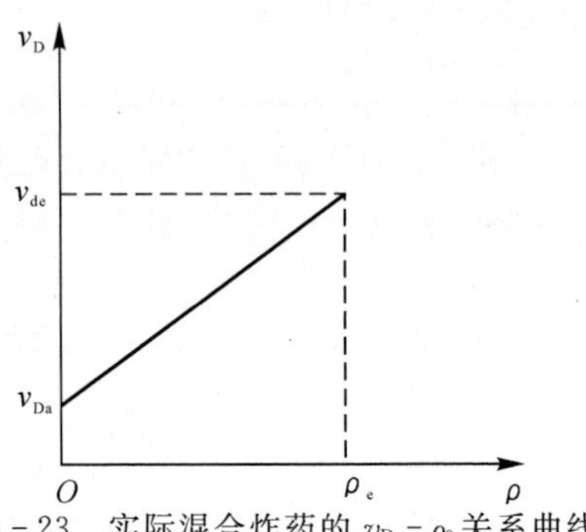

图5-23 实际混合炸药的 $v_{\mathrm{D}}-\rho_0$ 关系曲线

根据常用混合炸药的爆速实测结果和计算结果分析,对于 $\rho_0\geqslant1.0\ \mathrm{g/cm^3}$ 的实际混合炸药,在式(5-83)中,取 $A=v_{\mathrm{Da}}=\dfrac{v_{\mathrm{De}}}{4}$是较好的近似值。因此,通常采用的实际混合炸药的爆速近似计算式为

$$v_{\mathrm{D}}=\frac{v_{\mathrm{De}}}{4}\left(1+\frac{3\rho_0}{\rho_{\mathrm{e}}}\right) \tag{5-84}$$

式中,v_{De},ρ_e分别由式(5-79)和式(5-81)确定,部分炸药和常用添加物的 $v_{\mathrm{D}i}$ 见表5-14。表中未列入的添加材料的 $v_{\mathrm{D}i}$ 值一律取5 400 m/s。

表5-14 部分炸药及常用添加物的 $v_{\mathrm{D}i}$ 值

炸药或添加物	ρ_i[①]/(g·cm^{-3})	$v_{\mathrm{D}i}$/(m·s^{-1})	炸药或添加物	ρ_i[①]/(g·cm^{-3})	$v_{\mathrm{D}i}$/(m·s^{-1})
氨基甲酸乙酯橡胶	1.15	5 690	LiF	2.64	6 070
氯丁橡胶	1.23	5 020	$Ba(NO_3)_2$	3.24	3 800
聚乙烯	0.93	5 550	$KClO_4$	2.52	5 470
聚苯乙烯	1.05	5 280	$LiClO_4$	2.43	6 320
硅橡胶160		5 720	NH_4ClO_4	1.95	6 250
硅酮树脂	1.05	5 100	SiO_2	2.20	4 000
聚四氟乙烯	2.15	5 330	61.5Mg/38.5Al	2.02	6 900
Kel-F弹性体	1.85	5 380	硝化棉(NC)	1.50	6 700
Kel-F 800/827	2.00	5 830	黑索今[②]	1.81	8 800
Viton A	1.82	5 390		1.816	8 842
Kel 800	2.02	5 500	二硝基甲苯[②]	1.521	6 184
亚硝基氟橡胶	1.92	6 090	梯恩梯	1.65	6 970
蜂蜡	0.96	5 460	奥克托今	1.90	9 150
Kel-F蜡	1.78	5 620	泰安	1.77	8 280
Al	2.70	6 850		1.78	8 748
Mg	1.74	7 200		1.842	8 970
空气或间隙		1 500	吉纳	1.63	7 708
PVAC$(C_4H_6O_2)_n$	1.17	5 400	硝基胍	1.72	8 740

注:①材料的理论密度;

②按Kamlet公式计算的值。

2. 混合炸药爆压的近似计算

若混合炸药中非爆炸性添加物的比例不很大，可假定它是惰性物质，不参加炸药的爆轰化学反应，也不吸收和放出能量，只对爆炸物的浓度起稀释作用，那么混合炸药的爆压可采用修正的 Kamlet 半经验公式进行计算，即

$$p=1.558\varphi_e w\rho_0^2 \tag{5-85}$$

式中：φ_e——混合炸药中爆炸组分的 φ 值；

w——混合炸药中爆炸组分的质量分数。

部分炸药的 φ 值列于表 5-15 中。

表 5-15　部分炸药的 φ 值

炸药	φ 值	炸药	φ 值
梯恩梯	4.838	硝化甘油	6.837
黑索今	6.784	硝基甲烷	6.769
奥克托今	6.772	三硝基苯	5.105
特屈儿	5.615	埃得纳	6.473
泰安	6.805	三胺基三硝基苯	4.976
三硝基乙醇缩甲醛	6.8319	二胺基三硝基苯	5.233
RDX　TNT		PETN　TNT	
77　23	6.319	50　50	5.796
75　25	6.292	45　55	5.680
64　36	6.063	HMX　TNT	
60　40	5.992	77.6　22.4	6.320
50　50	5.806	75　25	6.288

例 5.12　求 80HMX/20Viton A 混合炸药（$\rho_0=1.870\ \text{g/cm}^3$）的爆速和爆压。

解　查表 5-14 得

HMX　　$\rho_e=1.90\ \text{g/cm}^3$，$v_{De}=9\ 150\ \text{m/s}$

Viton A　　$\rho_a=1.82\ \text{g/cm}^3$，$v_{Da}=5\ 390\ \text{m/s}$

按式(5-82)计算，有

$$\rho_e=\frac{\sum m_i}{\sum \frac{m_i}{\rho_i}}=\frac{80+20}{\frac{80}{1.90}+\frac{20}{1.82}}=1.883\ \text{g/cm}^3$$

按式(5-79)、式(5-80)计算，有

$$v_{De}=\frac{\sum(v_{Di}m_i/\rho_i)}{\sum(m_i/\rho_i)}=\frac{\frac{80}{1.9}\times 9150+\frac{20}{1.82}\times 5\ 390}{\frac{80}{1.9}+\frac{20}{1.82}}\approx 8\ 372\ \text{m/s}$$

按式(5-84)计算，有

$$v_D=\frac{v_{De}}{4}\left(1+\frac{3\rho_0}{\rho_e}\right)=\frac{8\ 372}{4}\left(1+\frac{3\times 1.870}{1.883}\right)\approx 8\ 329\ \text{m/s}$$

查表 5-15，得

$$\varphi_{HMX}=6.772$$

按式(5-85)计算，有

$$p=1.558\varphi_e w\rho_0^2=1.558\times6.772\times0.8\times1.870^2=29.52\ \text{GPa}$$

3. ω-Γ 公式

ω-Γ 公式是由我国学者吴雄提出的经验式，它既适用于计算混合炸药的爆速，也适用于计算单质炸药的爆速，且计算结果与实测值相当吻合。ω-Γ 的表达式为

$$v_D=33.1Q^{1/2}+243.2\omega\rho_0 \tag{5-86}$$

Q 及 ω 可分别按下式计算：

$$Q=\sum Q_i\omega_i \tag{5-87}$$

$$\omega=\sum \omega_i w_i \tag{5-88}$$

式中：v_D——混合炸药爆速，m/s；

Q——混合炸药的爆热或特征热值，kJ/kg；

ω——混合炸药的位能因子；

ρ_0——混合炸药装药密度，g/cm^3；

Q_i——混合炸药中组分 i 的特征热值，kJ/kg；

ω_i——混合炸药中组分 i 的位能因子；

w_i——混合炸药中组分 i 的质量分数。

各化合物的 Q_i 及 ω_i 均由经验公式计算，表 5-16 列出了常用单质炸药及混合炸药组分的 Q_i 值及 ω_i 值。

表 5-16　常用单质炸药及混合炸药组分的 Q_i 值及 ω_i 值

炸药或组分	Q_i/(kJ·kg^{-1})	ω_i	炸药或组分		Q_i/(kJ·kg^{-1})	ω_i
TNT	4 296	12.05	TNM	单质	1 284	12.29
				混合	6 665	12.29
RDX	5 790	14.23	NH_4NO_3	单质	1 485	13.18
				混合	3 318	14.80
HMX	5 769	14.23	BTNEN	单质	5 427	13.19
				混合	6 862	
EDNA	4 853	14.53	HN	单质	3 728	16.87
				混合	4 498	17.00
PA	4 602	12.63	肼		2 971	24.00
TATB	3 658	12.78	Al		15 522	−1.00
DATB	4 384	12.64	石墨		0	3.83
特屈儿	5 242	12.78	DOP		−239	15.20
PETN	6 192	13.80	PVAC		−1 519	14.00
D 炸药	3 700	13.00	硬脂酸		−2 519	17.79
DINA	5 439	14.30	尼龙 6/66		−1 318	16.20
TNB	5 297	12.29	蜡		−2 983	18.60

续表

炸药或组分	$Q_i/(kJ \cdot kg^{-1})$	ω_i	炸药或组分	$Q_i/(kJ \cdot kg^{-1})$	ω_i
R-盐	4 803	14.37	PMMA	−1 724	14.64
TNA	4 259	12.47	油类	−1 674	18.50
BTNEU	6 191	13.65	PIB	−2 983	18.50
DNPN	5 293	13.90	PS	1 155	16.93
NG	6 226	13.57	Vtion A	3 347	9.00
NQ	2 661	15.42	Kel-F	2 092	8.00
NM	5 054	14.72	聚乙烯醇硝酸酯	5 230	13.72
NC	4 076	13.40	CEF	−1 883	14.00
TNTA2B	6 502	13.30	聚丁烯醇缩丁醛	−695	15.35
BTF	6 581	12.94	Estane	1 536	13.90
FEFO	6 067	12.60	Exon	2 929	10.00

LX-17 的组成 TATB/Kel-F 为 92.5/7.5，由表 5-16 查得 TATB 及 Kel-F 的 Q_i 及 ω_i 值，采用 ω-Γ 公式可计算密度为 1.90 g/cm³ 的 LX-17 混合炸药的爆速。

$$Q=3\ 540\ \text{kJ/kg}$$

$$\omega=12.42$$

$$v_D=33.1\times3\ 540^{1/2}+243.2\times12.42\times1.90=7.708\ \text{km/s}$$

用此经验公式计算爆压的方程为

$$p=\frac{\rho_0 v_D{}^2}{\Gamma+1} \tag{5-89}$$

式中：p——爆压，GPa；

ρ_0——装药密度，$g \cdot cm^{-3}$；

Γ——绝热指数；

v_D——爆速，$km \cdot s^{-1}$。

可按下式计算绝热指数：

$$\Gamma=\gamma+\Gamma_0(1-e^{-0.546\rho_0}) \tag{5-90}$$

$$\Gamma_0=\sum n_i\Big/\sum\left(\frac{n_i}{\Gamma_{0i}}\right)=\sum\frac{w_i}{M_i}\Big/\sum\frac{w_i}{\Gamma_{0i}M_i} \tag{5-91}$$

式中：γ——爆轰产物定压热容(c_p)与定容热容(c_V)之比，即 c_p/c_V；

ρ_0——混合炸药装药密度，$g \cdot cm^{-3}$；

n_i——混合炸药中组分 i 的物质的量，mol/[100g(kg)]；

Γ_{0i}——组分 i 的绝热指数。

w_i——组分 i 的质量分数；

M_i——混合炸药中组分 i 的摩尔质量，g/mol。

常用单质炸药及混合炸药组分的 Γ_{0i} 值见表 5-17。

表 5-17　常用单质炸药及混合炸药组分的 Γ_{0i} 值

炸药或组分	Γ_{0i}	炸药或组分	Γ_{0i}	炸药或组分	Γ_{0i}
TNT	2.856	DNPN	2.750	FEFO	2.300
RDX	2.650	NG	2.480	硬脂酸	3.300
HMX	2.650	NQ	2.800	PVAC	2.780
EDNA	2.469	NM	2.310	尼龙 6/66	3.260
PA	2.961	NC	2.520	蜡	3.450
TATB	2.836	NHsB(BTF)	2.410	PMMA	2.920
DATB	2.875	TNM	3.430	油类	3.450
特屈儿	2.890	NH_4NO_3	2.750	PIB	3.450
PETN	2.480	BTNEN	2.900	PS	3.450
D 炸药	2.750		2.700	Vtion A	2.600
DINA	2.480	HN	2.710	Kel-F	2.500
TNB	2.980	肼	3.800	聚乙烯醇硝酸酯	2.520
R-盐	2.748	Al	4.000	CEF	2.800
TNA	2.920	石墨	4.000	Exon	2.400
BTNEU	2.698	DOP	3.220	Estane	2.990

由式(5-90)可知：当 $\rho_0 \to 0$ 时，$\Gamma=\gamma=c_p/c_V=1.25$；当 $\rho_0 \to \infty$ 时，$\Gamma=\gamma+\Gamma_0$。

采用 $\omega\Gamma$ 公式，可算得密度为 1.767 g/cm^3 及爆速为 8.522 km/s 的混合炸药 PBX-9011 的爆压。PBX-9011 的组成为 HMX/Estane=90/10(质量比)，由表 5-17 查得此两组分的 Γ_{0i} 值分别为 2.65 及 2.99，又知此两组分的摩尔质量分别为 296.2 g/mol 及 100 g/mol，于是按式(5-91)计算 PBX-9011 的 Γ_0 为 2.73，按式(5-90)计算它的 $\Gamma=2.94$。于是

$$p=\frac{1.767\times 8.522^2}{1+2.94}=32.57\ \text{GPa}$$

第四节　炸药爆轰参数的实验测定

一、炸药爆速的实验测定

爆速是研究爆轰过程的一个最重要的参数，因为由爆速可以推出其他一系列的爆轰参数。目前可以直接、精确地测定爆速值，而爆轰过程的其他参数多是间接测量的，而且许多方法也与爆速的测量有关。因此，无论在实践上，还是在理论上，爆速的测定都具有重要意义。

测定炸药爆速的方法较多，归纳起来，从测试原理上可以分为两大类：一种是测时法，另一种是高速摄影法。

(一)测时法

已知炸药中某两点间的距离为 Δs，利用各种类型的测时仪器或装置，测出爆轰波传过这两点所经历的时间 Δt，利用

$$v_D=\frac{\Delta s}{\Delta t}$$

即可求出爆轰波在这两点间传播的平均速度。

下面介绍常用的几种方法。

1. 道特利什法(Deutriche 法)

道特利什法又称导爆索法，是一种古老简便的测定方法。其测试原理是通过与已知爆速的导爆索相比较的方法来测定未知炸药的爆速。该方法简单易行，不需要复杂贵重的仪器设备，至今仍广泛用于民用工业炸药的爆速测定。

该方法的实验装置如图 5-24 所示。装在 $d=20$ mm 的纸管或钢管外壳中的炸药试样，长为 400～500 mm，在外壳上 b,c 两点钻两个同样深的孔，第一个孔 b 与起爆端的距离不应小于药柱直径的 5 倍，以确保 b 点能达到稳定爆轰；两孔间的距离为 300～400 mm。准确测量 b,c 间的距离(测准至 1 mm)。

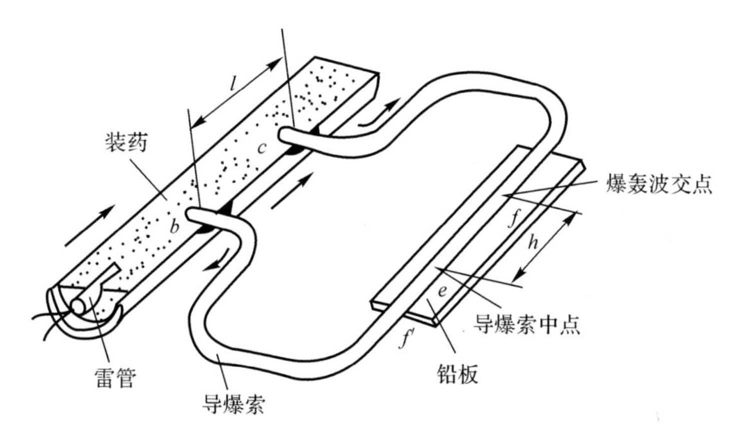

图 5-24　Deutriche 法测爆速的示意图

实验时，把一根长约 2 m、已知爆速的导爆索的两端插入两孔中至相同深度，将导爆索的中段拉直并固定在一块长约 500 mm、厚约 5 mm 的铅板上，对着导爆索的中点 e 在铅板上刻一条线作为标记。

当装药被雷管起爆后，爆轰波沿着炸药柱向右传播。传至 b 点分成两路：一路引爆导爆索，另一路继续沿药柱向前传播，至 c 点又引爆导爆索的另一端 c。导爆索中两个方向相反的爆轰波相遇于 f 点，作用在铅板上留下明显的痕迹。爆轰波传播经 $b\to e\to f$ 与 $b\to c\to f$ 所用的时间相等。

从 b 经 e 到 f 的时间 τ_1 为

$$\tau_1=\frac{be+h}{v_{D.C}}=\frac{L/2+h}{v_{D.C}}=\frac{L}{2v_{D.C}}+\frac{h}{v_{D.C}}$$

从 b 经 c 到 f 的时间 τ_2 为

$$\tau_2=\frac{l}{v_D}+\frac{cf}{v_{D.C}}=\frac{l}{v_D}+\frac{L/2-h}{v_{D.C}}=\frac{l}{v_D}+\frac{L}{2v_{D.C}}-\frac{h}{v_{D.C}}$$

根据 $\tau_1=\tau_2$，则有

$$v_D=\frac{lv_{D.C}}{2h} \tag{5-92}$$

式中：v_D——炸药试样在 b,c 两点间的平均爆速，m/s；

l——炸药试样在 b,c 两点间的距离，mm；

h——导爆索的中点 e 与两爆轰波相遇痕迹 f 点间的距离,mm;

$v_{D.C}$——导爆索的爆速,m/s。

当导爆索的爆速已知时,通过实验测出 l 和 h,即可测出被测炸药的爆速。

该方法的精度取决于导爆索爆速的精确性,以及 l 和 h 的测量精度。该方法方便简单,不需复杂贵重的仪器设备,但所用药量较多,测试精度较低,相对误差为 3%~6%。

2. 测时仪法

按测试仪器可分为示波仪测速法和数字测时仪测速法。它们的原理都是利用炸药爆轰时,爆轰波阵面的电离导电特性或压力变化,测定爆轰波依次通过药柱内(外)各探针所需要的时间而求出炸药的平均爆速。

(1)示波仪测爆速法。该方法试验装置示意图如图 5-25 所示。在药柱的每个测量点 A,B,C,D 上,分别嵌入一对电离式传感器探针。探针为镍铬丝或铜丝。两根探针间距为 1 mm 左右。当爆轰波未到达时,探针之间不通电;当爆轰波到达探针位置时,由于电离的爆轰产物作用,一对探针接通,于是信号网络中的电容放电,产生脉冲信号。这样,当爆轰波相继通过 A,B,C,D 各点时,每对探针则相继被接通导电,电容器 C_1,C_2,C_3,C_4 相继放电,结果在示波器上显示出相应的脉冲信号。脉冲信号传入示波器,在荧光屏上扫描,同步照相机立即把脉冲扫描信号拍摄下来。利用底片放大机读出爆轰波通过 A,B,C,D 各点的时间间隔 t_i,而它所对应的探针间的药柱长度 L_i 可预先测知。若被测炸药试样分为 n 个测试段,则按下式便可计算出炸药试样的平均爆速:

$$v_D = \frac{1}{n}\sum\frac{L_i}{t_i} \tag{5-93}$$

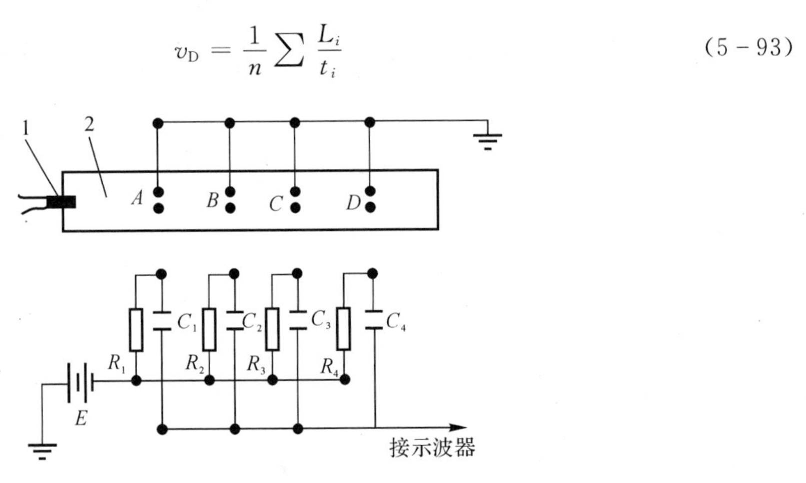

图 5-25 示波器测爆速示意图

1—雷管;2—待测炸药

该方法常用的仪器为 SB-16 型或 201 型高压示波仪,要求测时精度不低于 3×10^{-8} s,因此,其优点是精度较高、用药量少。但它只能测一段距离之间的平均爆速,适用于稳定爆轰情形。

(2)数字式测时仪测爆速法。常用的测时仪为多通道数字测时仪,这种测时仪可将测得的时间间隔用数字直接显示，减免了示波仪的摄影、冲洗胶卷及底片读数等操作。高精度的多通道测时仪一次可测多个数据，精度高达 1 ns，可用于爆速的精密测定。

该方法方便、精度高，数字直接显示，但只能测平均爆速。

(二)高速摄影法

该方法是利用爆轰波阵面传播时的发光现象，用高速摄像机将爆轰波沿装药传播的轨迹 $s(t)$ 连续地拍摄下来，而得到爆轰波通过装药任一断面的瞬时速度

$$v_{\mathrm{D}}(t)=\frac{\mathrm{d}s(t)}{\mathrm{d}t} \tag{5-94}$$

高速摄影法分转鼓法和转镜法两种。转鼓法主要用于测量低速燃烧过程，转镜法则适用于测定高速爆轰过程。转镜法的原理如图 5－26 所示。

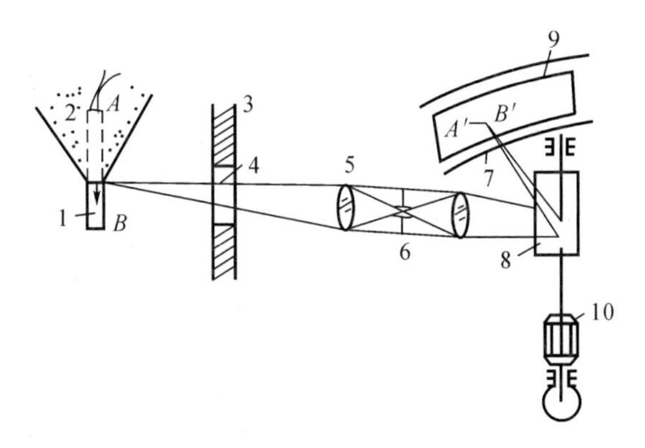

图 5－26　转镜式高速摄影法原理示意图

1—药柱；2—爆轰产物；3—防护墙；4—透光玻璃窗口；
5—物镜；6—狭缝；7—像机框；8—转镜；9—胶片；10—高速电动机

炸药柱被引爆后，爆轰波阵面上所发出的光经过两组长焦距的透镜会聚在高速旋转的转镜上，再由转镜反射到固定的胶片上。由于反射镜的高速转动，光点在胶片上也快速移动，这样在胶卷上就得到一条扫描曲线。这条扫描曲线与爆轰波沿炸药的传播是相对应的。如图 5－27 所示，炸药柱爆轰沿 y 轴方向传播，由于转镜的旋转，反射光点在胶片上沿 x 轴方向移动。二者合成的结果是在胶片上形成一条斜的扫描线 $A'B'$。这条扫描线对应于爆轰波沿炸药柱传播的轨迹 AB。

设高速摄像机的放大系数为 β(一般 $\beta<1$)，反射光点在胶片上水平扫描的线速度为 v，爆轰波的传播速度为 v_{D}，则光点垂直向下移动的速度应为 βv_{D}。因此，在扫描线上的某一点的切线斜率为

$$\tan\varphi=\frac{\beta v_{\mathrm{D}}}{v}$$

则该点对应的爆速为

$$v_{\mathrm{D}}=\frac{v}{\beta}\tan\varphi \tag{5-95}$$

其中，β 和 φ 可以在实验时确定，问题是求 v。

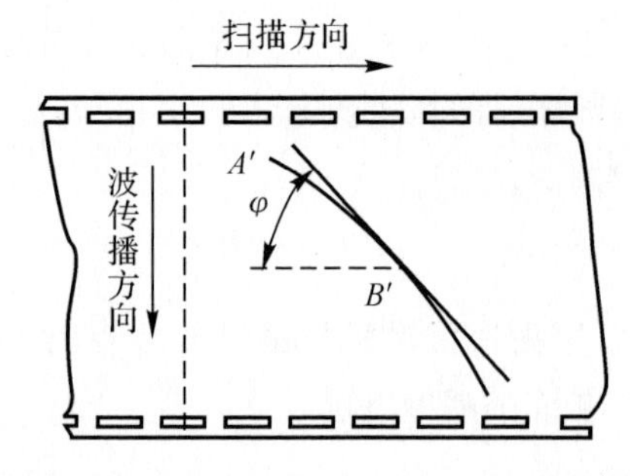

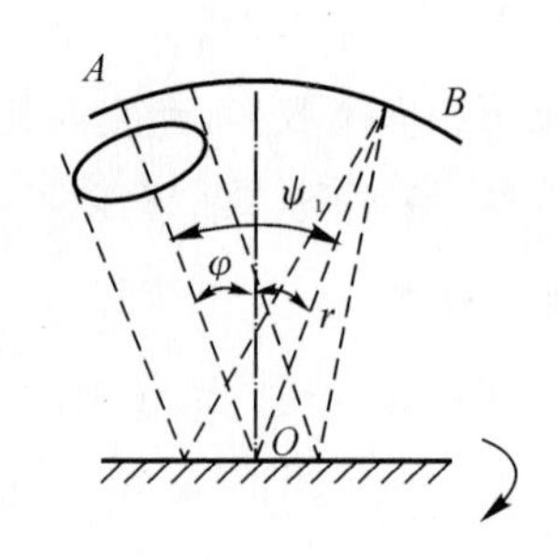

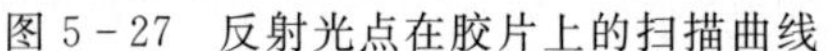

图 5-27　反射光点在胶片上的扫描曲线　　　　图 5-28　光线从平面转镜上的反射图

要精确确定光点移动的线速度 v，必须准确确定光点沿胶片转动的旋转角速度，因为这光点是由转镜反射得到的，即必须知道转镜的转速以及转镜转速与光点旋转的角速度之间的关系。从图 5-28 可知转镜转动的角速度为

$$\omega=\frac{\mathrm{d}\varphi}{\mathrm{d}t}$$

因为入射角 φ 等于反射角，所以反射光点旋转的角度为

$$\psi_1=2\varphi$$

因此反射光线 OB 旋转的角速度就是光点 B 旋转的角速度，即

$$\omega_1=\frac{\mathrm{d}\psi_1}{\mathrm{d}t}=\frac{2\mathrm{d}\varphi}{\mathrm{d}t}=2\omega$$

那么光点在胶片上移动的线速度为

$$v=r\omega_1=2r\omega=4\pi rn \tag{5-96}$$

式中：r——扫描半径，又称放大半径，即转镜反射面到固定胶片的距离；

　　n——转镜每分钟的转速。

将式(5-96)代入式(5-95)，扫描线上某一点对应的炸药爆速为

$$v_{\mathrm{D}}=C\tan\varphi \tag{5-97}$$

式中：C——仪器参数，$C=4\pi nr/\beta$；

　　φ——测得的时间距离曲线上切线的倾斜角。

由于仪器参数 C 可根据仪器的工作状态参数确定，所以只要测得扫描线上各点的切线斜率，就可根据式(5-97)计算出各点对应的炸药爆速。该方法测爆速的最大相对误差，对于稳定爆轰过程约为±1%，对于不稳定的爆轰过程约为±2.5%。其精度虽然不如测时仪法，且仪器操作复杂，数据处理工作量大，但可以实现连续测量，记录整个爆轰过程中各点的瞬时速度。因此，它主要用于研究不稳定爆轰过程。

需要指出的是，φ 角测量的准确性对爆速的测量有很大的影响。因此，尽量使扫描线的斜率接近于 45°，这样对爆速的测量精度最为有利。为此，在进行拍照之前，选择一个有利的转镜转速 n，由 $\tan45°=1$，得到 $n=\dfrac{\beta v_{\mathrm{D}}}{4\pi r}$。

二、炸药爆压的实验测定

炸药爆轰时 C-J 面上的压力 p 是其爆轰性能的重要示性数，它的精确测定将为检验爆轰理论提供根据，因而具有重要意义。但是由于爆轰波传播极快，凝聚相炸药爆压高达 10^{10} Pa

量级，具有强烈的破坏作用，故实验测定时在技术上遇到了困难。20世纪50年代开始才逐渐建立了测定炸药爆压的实验方法。目前测定爆压比较成熟的方法有自由表面速度法、水箱法和电磁法三种。自由表面速度法是先测定炸药爆炸作用下金属板的自由表面速度，然后反推出炸药的爆压；水箱法是测定炸药在水中爆炸后所形成的初始冲击波的速度，然后反推出炸药的爆压；电磁法是直接测定爆轰产物的质点速度，再计算炸药的爆压。

（一）自由表面速度法

自由表面速度法是先测定炸药爆炸作用下金属板的自由表面速度，然后反推出炸药的爆压。测定自由表面速度的方法有探针法、氩气隙闪光法和激光干涉仪法等。

表5-18列出了利用自由表面速度法测定的几种炸药的爆压。

表5-18　用自由表面速度法测定的几种炸药的爆压

炸药	黑索今	梯恩梯	60黑索今/40梯恩梯
密度 $\rho_0/(g\cdot cm^{-3})$	1.767	1.637	1.713
爆速 $v_D/(m\cdot s^{-1})$	8 639	6 942	8 018
爆压 $p/(10^{10}\ Pa)$	3.379	1.891	2.922

（二）水箱法

通过测量水中冲击波参数推算出爆压。实验测定时，在透明水箱中充以蒸馏水，装药爆炸后，冲击波将水层压缩，使水密度增大，透明度降低。采用同步爆炸闪光光源和高速摄影机记录下冲击波轨迹，求得水中冲击波速度，再利用水的Hugoneot方程即可确定出爆轰压$p_{C\text{-}J}$。即

$$p_{C\text{-}J}=\frac{p_w(\rho_w u_{sw}+\rho_x v_D)}{2\rho_w u_{pw}} \tag{5-98}$$

当以水为媒介时，可得

$$p_w=\rho_w u_{sw} u_{pw} \tag{5-99}$$

式中：p_w——水中传播的冲击波压力；

ρ_w——水的密度；

u_{sw}——水中传播的冲击波速度；

u_{pw}——水中的粒子速度；

ρ_x——炸药的密度；

v_D——爆速。

可用Aquarium技术测定u_{sw}，然后，通过取代u_{sw}，a和b，来计算u_{pw}：

$$u_{sw}=a+bu_{pw} \tag{5-100}$$

式中，a=1.51 mm/s，b=1.85。

最后，将u_{sw}，u_{pw}和水的密度（取1 g/cm³）值代入式（5-99），计算出起爆压力（水中传播的冲击波压力）p_w，再由式（5-98）计算$p_{C\text{-}J}$。

1982 年，美国制定了水箱法测爆压的军用标准。此法操作简便，费用较少，易于推广。水箱法测爆压装置示意图如图 5－29 所示。

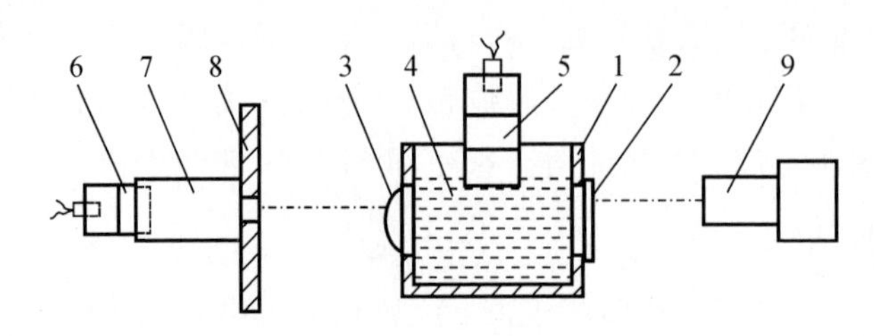

图 5－29　水箱法测爆压装置示意图

1—水箱；2—光学玻璃；3—玻璃透镜；4—蒸馏水；5—试验药柱；6—光源药柱；7—白纸筒；8—木栏板；9—高速扫描照相机

表 5－19 列出了利用水箱法测得的几种炸药的爆压值。

表 5－19　水箱法测得的几种炸药的爆压

炸药	密度 $\rho_0/(g \cdot cm^{-3})$	爆速 $v_D/(m \cdot s^{-1})$	爆压 p/GPa
梯恩梯	1.587	6 827	18.86±0.28
梯恩梯	1.638	6 920	20.1
黑索今	1.700	8 415	29.39±0.68
奥克托今	1.751	8 542	32.46
65 黑索今/35 梯恩梯	1.708	7 909	28.57±0.74

(三)电磁法

测量埋设在炸药中的 U 形铝箔传感器速度，并假设传感器整体随产物一起运动，再结合炸药的密度和爆速可直接算得爆轰压。

表 5－20 列出了利用电磁法测得的几种炸药产物质点的速度和爆压。

表 5－20　电磁法测得的几种炸药产物质点的速度和爆压

炸药	密度 $\rho_0/(g \cdot cm^{-3})$	质点爆速 $u/(m \cdot s^{-1})$	爆压 p/GPa
梯恩梯	1.60	1 810	20.272
梯恩梯	1.55	1 770	18.573
梯恩梯	1.47	1 710	16.389
梯恩梯	1.31	1 580	12.522
梯恩梯	1.00	1 320	6.732
50 黑索今/50 梯恩梯	1.68	2 030	26.090

(四)锰铜压力计法

锰铜压力计法是直接测量爆压或测量与炸药接触的金属板中的冲击波压力再反推爆压。这是一种较新的测量方法。

此外，可用平板炸坑试验测量板坑深度估算爆压。用不同方法或不同装置测得的爆压值差别为 10%～20%。

第五节　影响炸药爆速的因素

在流体动力学爆轰理论中，所讨论的是理想的、稳定的爆轰波，没有具体联系炸药的组成、结构、装药尺寸和形状等。而实践证明，这些条件对实际的爆轰过程有很大影响，研究这些影响因素对合理、有效地使用炸药具有重要的意义。因为凝聚炸药在实际中应用广泛，所以本节只讨论影响凝聚炸药爆速的因素。

一、炸药化学性质的影响

（一）爆热的影响

按照爆速的计算式，爆速与爆热的平方根成正比。所有能提高爆热的途径都有利于单体炸药爆速的提高，但是对于某些混合炸药，上述规律却不一定成立。如表 5－21 所示，钝黑铝炸药的爆热比黑索今高得多，但其爆速却比黑索今低。

表 5－21　几种炸药的爆热和爆速

炸药	$Q_V/(kJ \cdot kg^{-1})$	$\rho_0/(g \cdot cm^{-3})$	$v_D/(m \cdot s^{-1})$
80RDX/20Al	6 443	1.77	8 089
DBX 深水弹炸药 （$21NH_4NO_3$/21RDX/40TNT/8Al）	7 113	1.65	6 600
黑索今	5 439	1.77	8 640
梯恩梯	4 521.7	1.56	6 825

这是因为，有些混合炸药的爆热是二次反应放出来的。如 RDX 与 Al 粉组成的混合炸药，首先是 RDX 本身发生爆炸分解反应，而后其分解产物与铝粉发生如下反应：

$$2Al+3CO_2 \rightarrow Al_2O_3+3CO+878.64\ kJ$$

$$2Al+3H_2O \rightarrow Al_2O_3+3H_2+753.12\ kJ$$

在上述反应中，放出的热量很大，致使爆炸反应放出的热量显著增加，但是这些反应进行的速度较慢，因而反应放出的能量来不及补充到冲击波阵面。支持冲击波并决定其传播速度的主要是第一阶段的反应，即黑索今本身的爆炸分解反应，因而铝粉的加入反而会使爆速降低。

（二）分子结构的影响

从炸药的热化学可知，炸药的爆热与氧平衡和生成热有关，而氧平衡和生成热又取决于炸药的分子结构，即取决于炸药分子的原子组成和排列。因此，炸药的爆炸性质和炸药的分子结构有密切关系。

1. 氧平衡的影响

炸药的爆热和氧平衡之间没有严格的理论关系式，因此，炸药的爆速与氧平衡的关系只有通过实验来建立。通过大量的实验得到苦味酸、乙烯二硝胺、二硝基-二草酰胺、硝基胍、泰安、黑索今、特屈儿、梯恩梯以及上述炸药与梯恩梯配制的混合炸药，其爆速与修正氧平衡的关系如图 5 - 30 和图 5 - 31 所示。

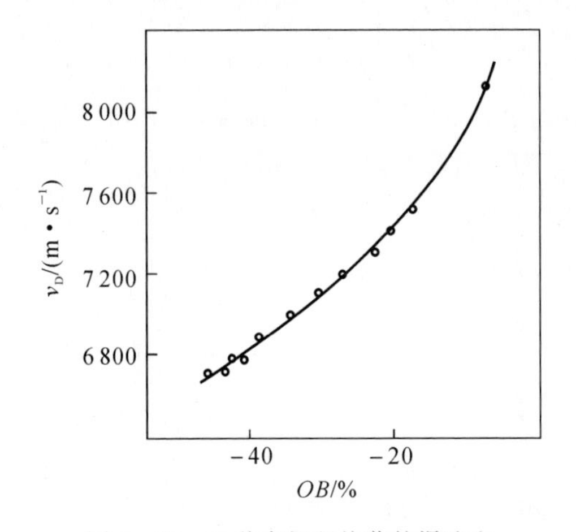

图 5 - 30　几种有机猛炸药的爆速和修正氧平衡的关系

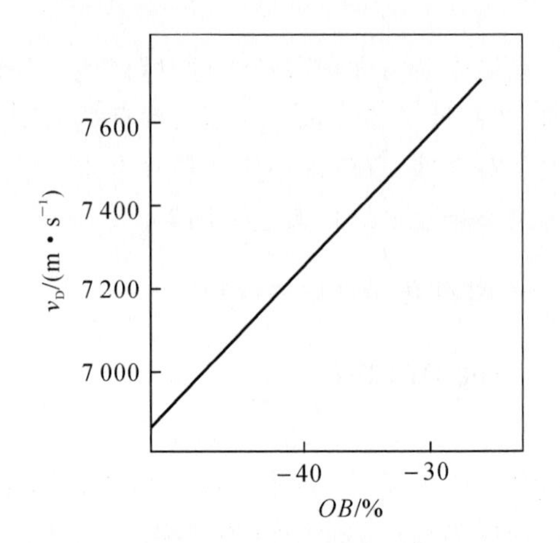

图 5 - 31　黑索今、泰安与梯恩梯的混合炸药的爆速和修正氧平衡的关系

修正氧平衡的概念：在 CHON 类炸药中，完全连接在 N 上的 O 原子，如—NO_2，—NO 中的 O 原子，在爆炸反应时，可使 C 或 H 氧化，释放能量；但对于炸药分子中已与可燃元素 C，H 相连的 O，如 C—O—N，C—O—H，C═O 基团中的 O，则不仅不氧化可燃元素，有时还阻碍与其连接的可燃物质的氧化作用，因此，称之为半无效氧或无效氧。因此，在考虑氧平衡与爆速的关系时，必须对半无效氧或无效氧加以修正，即应考虑修正后的氧平衡。

修正氧平衡就是炸药中的氧完全氧化其可燃元素以后，考虑到不同结构基团中的氧原子修正数，按炸药原子个数平均计算其多余或不足的氧量。

对于 $C_aH_bO_cN_d$ 类炸药，修正氧平衡的计算式为

$$OB_{修}=\frac{c-2a-b/2-\omega}{n}\times 100\% \qquad (5-101)$$

式中：n——炸药分子中的原子数，$n=a+b+c+d$；

ω——不同结构基团的氧原子修正数，$\omega=\sum \alpha_i\omega_i$；

α_i——炸药分子中第 i 种结构基团数；

ω_i——炸药分子中第 i 种结构基团的氧原子修正值，见表 5 - 22。

表 5 - 22　几种结构基团的氧原子修正值 ω_i

基团结构	N═O	C—O—N	C—O—H	C═O
ω_i	0	0.5	1.0	1.0

注：如果在分子中有 n 个上述键，在计算时采用累加的方法。

2. 生成热的影响

炸药的生成热(或焓)影响爆热，因此也影响爆速。如表 5 - 23 所示，TNT(2,4,6 -三硝基甲苯)、2,4,6 -三硝基间甲酚、2,4,6 -三硝基苯甲醚虽然原子组成相近，但由于生成热不同，其爆速也不同。一般来说，生成热大的炸药爆速较小。

表 5－23　炸药的爆速与生成热(或焓)的关系

炸药名称	2,4,6－三硝基甲苯	2,4,6－三硝基苯甲醚	2,4,6－三硝基间甲酚
分子式	$C_7H_5O_6N_3$	$C_7H_5O_7N_3$	$C_7H_5O_6N_3$
结构式	CH_3 O_2N　　NO_2 NO_2	OCH_3 O_2N　　NO_2 NO_2	OH O_2N　　NO_2 CH_3 NO_2
$Q_{pf}/(kJ\cdot kg^{-1})$	329	744.3	
$H_f/(kJ\cdot kg^{-1})$	－261.7	－630.1	－1 038
$\rho_0/(g\cdot cm^{-3})$	1.56	1.59	1.52
$v_D/(m\cdot s^{-1})$	6 825(压装)	6 660	6 6 20

二、装药物理因素的影响

在前面的分析中，研究的都是理想的稳定传播爆轰波，未考虑旁侧膨胀波对爆轰传播的影响。这需要一系列假设：装药直径为无限大；忽略炸药装药的局部差异，装药是均匀的；爆轰波反应区内所发生的化学反应也是均匀、理想地逐层传播。这样，爆轰波在炸药中的传播速度才是恒定的。但实际并非理想装药。首先，装药直径不可能无限大，相反，在保证使用效果的前提下，希望装药直径尽可能小。再者，实际装药并非绝对的均匀体系。装填方式有松装、压装和铸装之分，药柱又有有、无外壳之分。此外，炸药的颗粒度、装药密度、包封情况等的差别都会影响装药的均匀性。因此，应研究它们对爆速的影响。自 19 世纪末以来，在这方面已积累了大量的研究成果，下面分别加以介绍。

(一)装药直径对爆速的影响

由于装药的直径效应，化学反应区释放的能量只有一部分用来支持爆轰波的传播。图 5－32、图 5－33 是爆速与装药直径关系的实测曲线。从图中可以看出，在一定的直径范围内，炸药的爆速随装药直径的增大而增加；当直径达到一定值时，爆速达到某一最大值；直径再继续增大，爆速则不再变化。

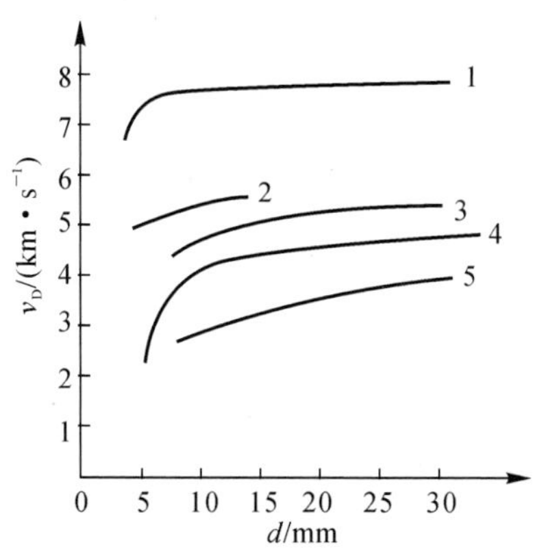

1—35TNT/65RDX，ρ_0＝1.71 g/cm^3；2—黑索今，ρ_0＝0.9 g/cm^3；3—40TNT/60RDX，ρ_0＝0.9g/cm^3；4—苦味酸，ρ_0＝0.9g/cm^3；5—40TNT/60RDX，ρ_0＝0.5g/cm^3

(a)

图 5－32　几种炸药的 v_D－d 关系曲线

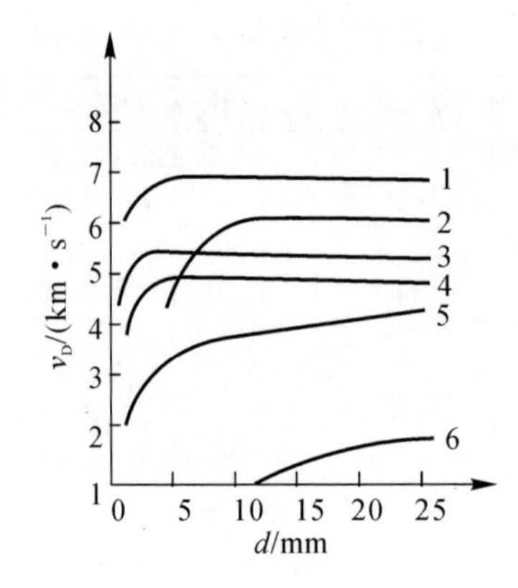

1—梯恩梯，$\rho_0=1.60\ g/cm^3$；2—50/50 阿马托，$\rho_0=1.53\ g/cm^3$；3—特屈儿，$\rho_0=0.95\ g/cm^3$；4—梯恩梯，$\rho_0=1.0\ g/cm^3$；5—50/50 阿马托，$\rho_0=1.0\ g/cm^3$；6—NH_4NO_3，$\rho_0=1.04\ g/cm^3$

(b)

续图 5-32　几种炸药的 v_D-d 关系曲线

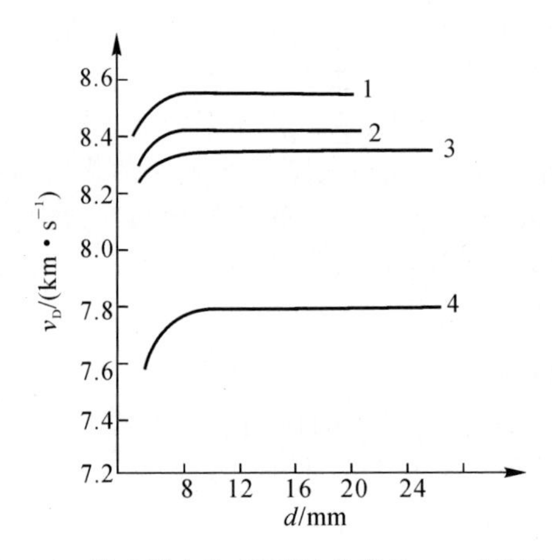

图 5-33　奥克托今和 HKPV 炸药的 v_D-d 关系曲线

1—奥克托今，$\rho_0=1.760\ g/cm^3$；2—奥克托今，$\rho_0=1.722\ g/cm^3$；3—HKPV，$\rho_0=1.700\ g/cm^3$；4—HKPV，$\rho_0=1.54\ g/cm^3$

对于一定装药密度的不同装药直径对爆速的影响，可以用图 5-34 所示的典型曲线表示。

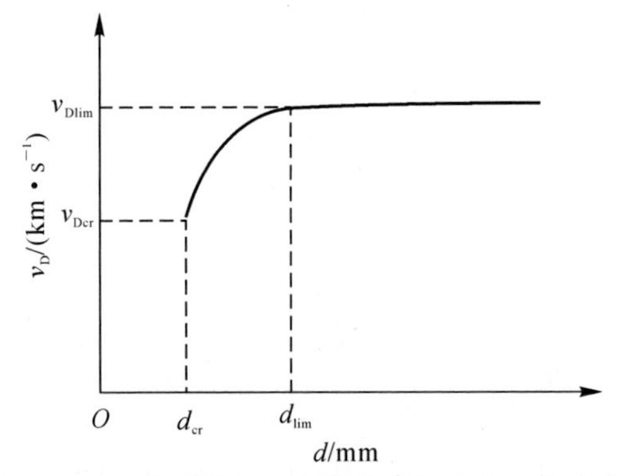

图 5-34　炸药爆速 v_D 与装药直径 d 的一般关系

对于任一种炸药，当 ρ_0 一定时，d 和 v_D 分别有两个特征值：临界直径 d_{cr}、临界爆速 v_{Dcr}；极限直径 d_{lim}，极限爆速 v_{Dlim}。

当 $d_{cr} \leqslant d \leqslant d_{lim}$ 时，v_D 随着 d 的增大而增大。当 $d \geqslant d_{lim}$ 时，v_D 达到最大值 v_{Dlim}，即理想爆速 v_{Df}，所以 d_{lim} 就是对应于 v_{Dlim} 的最小装药直径。当 $d = d_{cr}$ 时，v_D 达到最小值 v_{Dcr}。当 $d < d_{cr}$ 时，爆轰不能稳定传播，甚至熄灭，所以 d_{cr} 是对应于稳定爆轰的最小装药直径。

综上所述，所谓 v_{Dlim} 是指某种炸药在指定装药密度下的最大爆速，其数值大小只取决于炸药的性质和装药密度；而 v_{Dcr} 是指某种炸药在指定装药密度下的最小爆速，它反映了激发该炸药发生自行高速传播的化学反应所必须的最小冲击波速度，v_{Dcr} 愈小，炸药爆轰反应愈容易，所以 v_{Dcr} 的大小可以表示激发炸药爆轰的难易程度。

另外，在实际炸药装药设计中，d_{cr}，d_{lim} 具有重要意义。

只有在 $d \geqslant d_{cr}$ 且外界起爆冲量的冲击波速度 $v_{D0} \geqslant v_{Dcr}$ 的条件下，才能保证炸药装药稳定爆轰。

只有在 $d \geqslant d_{lim}$ 的条件下，炸药装药才能达到最大爆速 v_{Dlim}。

对于火药装药设计，只有在 $d < d_{cr}$ 且 $v_{D0} < v_{Dcr}$ 的条件下，才能保证火药装药稳定燃烧而不发生爆轰。出于安全考虑，应该提高炸药的 d_{cr} 和 v_{Dcr}。

(二)装药密度对爆速的影响

在炸药性质一定的情况下，当 $d_{cr} > d_{lim}$ 时，还有没有方法提高炸药的爆速呢？有，可以用提高炸药密度的方法来提高炸药的爆速(极限爆速)。一般来说，爆速随着装药密度的增加而增加，如图 5－35 和图 5－36 所示。

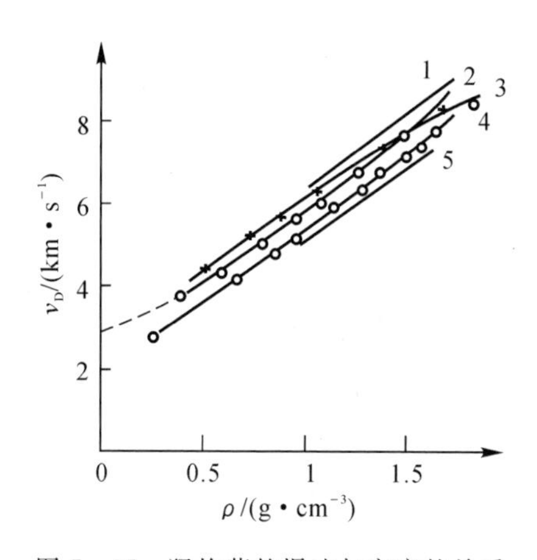

图 5－35　猛炸药的爆速与密度的关系

1—黑索今；2—泰安；3—40TNT/60RDX；4—苦味酸；5—梯恩梯

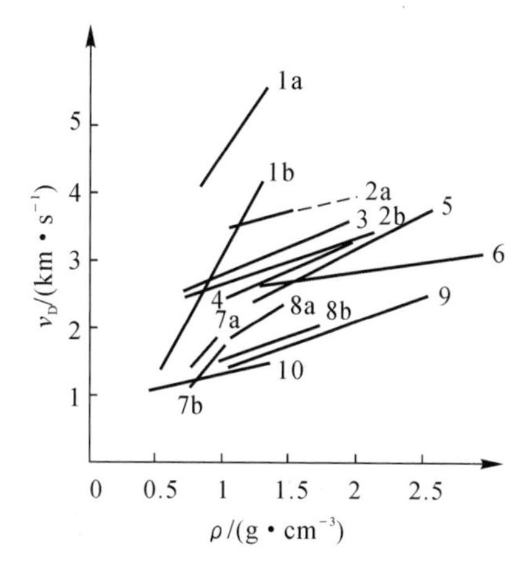

图 5－36　起爆药的爆速与密度的关系

1—二硝基重氮酚(a. 2 mm，b. 1 mm)；2—叠氮化铅(a. Cook 数据，b. 0.5～3 mm)；3—叠氮化银，0.5～3 mm；4—雷汞；5—雷汞-氯酸钾，1～2 mm；6—叠氮化镉，1 mm；7—特屈拉辛；8—斯蒂酚酸铅(a. 3 mm，b. 2 mm)；9—叠氮化铵，2 mm；10—酸性乙炔银，2 mm

大量实验表明，对于猛炸药和起爆药，装药密度在 0.5 g/cm^3 到炸药的结晶密度的范围内，爆速和密度之间呈线性关系，即

$$v_D = A + B\rho \quad (m/s)$$

式中：ρ——装药密度，g/cm³；

v_D——密度为 ρ 时的爆速，m/s；

A,B——与炸药性质有关的经验常数，部分炸药的 A,B 值见表 5-24，另一些炸药在特定范围内的 A,B 值见表 5-25。

表 5-24 炸药爆速方程中的 A、B 值

炸药	$\frac{A}{m \cdot s^{-1}}$	$\frac{B}{m \cdot cm^3 \cdot g^{-1} \cdot s^{-1}}$	炸药	$\frac{A}{m \cdot s^{-1}}$	$\frac{B}{m \cdot cm^3 \cdot g^{-1} \cdot s^{-1}}$
梯恩梯	1 785	3 225	苦味酸铵	1 555	3 435
泰安	1 600	3 950	硝基胍	1 445	4 015
50 泰安/50 梯恩梯	2 380	3 100	50 梯恩梯/50 硝酸铵	950	4 150
黑索今	2 490	3 590	吉纳	3 020	2 930
特屈儿	2 375	3 225	叠氮化铅	2 860	560
苦味酸	2 210	3 045	雷汞	1 490	890
乙烯二硝胺	2 635	3 275			

表 5—25 炸药在一定密度范围内的爆速方程中的 A、B 值

炸药	$A/(m \cdot s^{-1})$	$B/(m \cdot cm^3 \cdot g^{-1} \cdot s^{-1})$	$\rho/(g \cdot cm^{-3})$
奥克托今	1 987	3 733	1.00～1.90
硝化棉	1 866	3 433	0.13～1.53
50TNT/50RDX	2 573	3 059	0.53～1.69
40TNT/60RDX	2 805	3 002	1.05～1.72
25TNT/75RDX	2 586	3 422	1.00～1.72
25TNT/75HMX	2 506	3 268	1.20～1.80
30 梯恩梯/70 特屈儿	2 491	3 982	1.01～1.64
B 炸药	2 610	3 080	1.60～1.75
91 黑索今/9 蜡	1 780	4 000	1.60～1.67
三硝基苯	1 741	3 369	0.62～1.66
黑喜儿	1 547	3 575	0.70～1.64
梯恩梯	2 065 4 117	3 025 1 725	$1.400<\rho\leqslant1.575$ $1.575<\rho\leqslant1.611$
高氯酸铵	1 146 450	2 576 4 190	$0.55\leqslant\rho\leqslant1.0$ $1.0\leqslant\rho\leqslant1.26$
泰安	2 140 1 821 2 137	2 840 3 700 3 505	<0.37 $0.37\leqslant\rho\leqslant1.65$ >1.65

由表 5-25 可见，部分炸药的爆速与装药密度的关系是以折线方程分段表示的。这是因为这些炸药在接近晶体密度时，随着装药密度的增加，爆速增加较缓的缘故。

对于许多由富氧和缺氧组分组成的混合炸药，以及爆轰波感度低的单体炸药，爆速随装药密度的变化有许多奇怪的现象。当装药直径一定时，它们的爆速先随装药密度增加，达到某一极限后，再增加装药密度，爆速反而下降，并且在某一临界密度时还会发生“压死”现象，即爆轰不能稳定地进行，甚至熄灭。图 5－37 所示为两种硝铵炸药在装药直径为 100 mm 时的 v_D-ρ 曲线。图 5－38 表示不同装药直径的高氯酸铵炸药的 v_D-(ρ/ρ_{max})关系。

出现上述现象的原因是这些炸药的爆轰反应属于混合反应机理。当装药密度较小时，密度增加主要起着增加反应区能量密度的作用，所以炸药的装药密度愈大，爆速也愈大。而当装药密度过大时，密度再增加，将使反应区内炸药各组分分解产物的扩散、渗透困难，阻碍反应进行。于是，反应速率减慢，反应区宽度加大，侧向能量损失增加，致使其 d_{cr} 和 d_{lim} 增大，爆速下降，甚至熄爆。如果在增大密度的同时，也增大装药直径，爆速仍有可能继续随着密度的增加而增加，如图 5－38 所示。

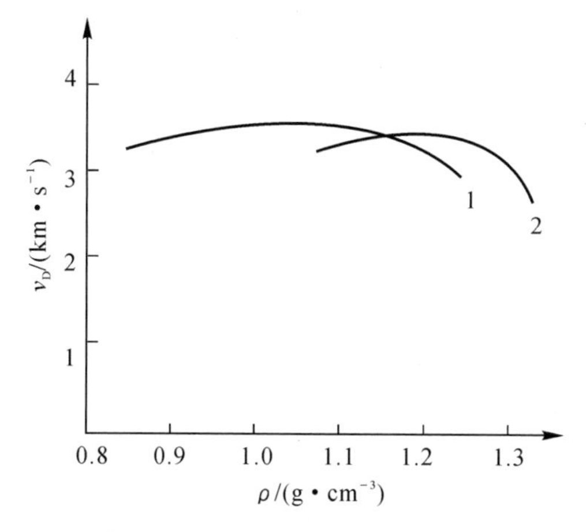

图 5－37　两种硝铵炸药的 v_D－ρ 曲线

1—90 硝酸铵/10 二硝基甲苯；2—90 硝酸铵/10 铝

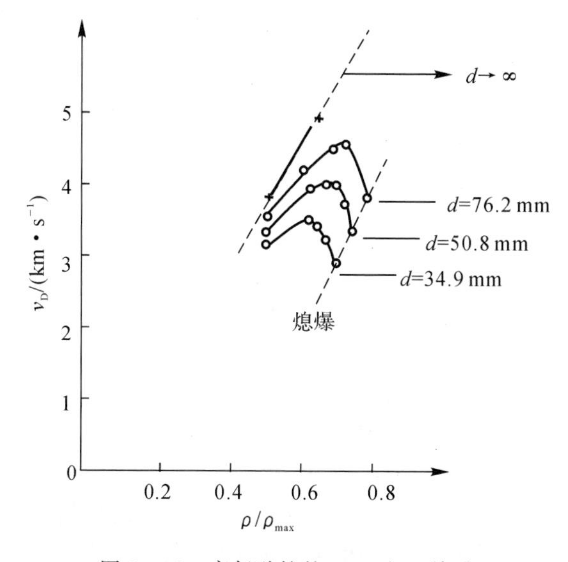

图 5－38　高氯酸铵的 v_D－ρ/ρ_{max} 关系

(三)炸药颗粒尺寸对爆速的影响

在装药直径小于极限直径时,炸药的颗粒尺寸影响炸药的爆速。特别是由氧化剂和可燃剂组成的混合炸药,这种影响更为显著,一般爆速随颗粒尺寸的增大而减小。但当装药直径大于极限直径时,则对爆速无影响。如表 5-26 所示的阿马托(80/20)炸药,当颗粒尺寸由 10 μm增加到 400 μm 时,爆速由 5 000 m/s 迅速降到 2 900 m/s;而当颗粒尺寸增大到 1 400 μm 时,炸药不能传爆。

表 5-26　阿马托(80/20)炸药颗粒尺寸 d_p 与爆速的关系(ρ_0=1.3 g/cm^3)

d_p/μm	10	90	140	400	1400
v_D/(m·s^{-1})	5 000	4 600	4 050	2 900	熄爆

实验发现块状炸药会出现反常的高爆速现象。例如,把磨得很细的泰安在 29.4 MPa 的压力下压制成 4～5 mm 的药粒,装进直径为 15 mm 的铜管中,当装药的平均密度为 0.735 g/cm^3 时,爆速高达 7 924 m/s;而对于同样装药条件下的粉末状泰安,爆速却只有 4 740 m/s。

叠氮化铅和雷汞等起爆药也会出现反常的高爆速现象。例如,晶粒尺寸大于其临界直径的大结晶叠氮化铅,当 ρ_0=1.6 g/cm^3 时,v_D=4 423 m/s,这与 ρ_0=3.8 g/cm^3 的叠氮化铅的爆速(4 500 m/s)已十分接近。

出现反常的高爆速现象的原因是当药粒尺寸超过临界直径时,爆轰不是以连续的形式沿炸药传播,而是以这些颗粒的密度相对应的爆速,从一个药粒传到另一个药粒。如果药粒尺寸小于临界直径,则每个颗粒不能像单个装药那样爆轰,而是以连续的形式沿炸药传播,这时的爆速则与装药的平均密度相对应。

(四)附加物对爆速的影响

附加物对爆速的影响比较复杂,一般来说,在炸药中大量加入惰性物质,甚至某些可燃物,都会降低炸药的爆速。表 5-27 列举了附加物对 TNT 爆速的影响。

表 5-27　附加物对梯恩梯爆速的影响

炸　　药	ρ/(g·cm^{-3})	v_D/(m·s^{-1})
梯恩梯	1.61	6850
50 梯恩梯/50 氯化钠	1.85	6 010
75 梯恩梯/25 硫酸钡	2.02	6 540
85 梯恩梯/15 硫酸钡	1.82	6 690
75 梯恩梯/25 铝	1.80	6 530

由表 5-27 可以看出,无论是加入惰性物质 NaCl,$BaSO_4$,还是可燃物 Al 粉,其爆速都比原炸药 TNT 低,这是因为非炸药物质的大量加入,降低了单位体积中炸药含量,使得能量密度下降。

在炸药中添加金属铝粉,虽然使爆热有所提高,但是铝粉的氧化是二次反应,它所释放的能量不能加强前沿的引导冲击波,并且在铝粉未反应之前,它本身还要吸收热量,致使爆轰波阵面温度降低。因此,在炸药中添加铝粉,爆速反而下降。

石蜡对爆速的影响是复杂的。例如,雷汞中含有 3%～5%的石蜡,其爆速反而有所增加。这可能是由于石蜡的加入增大了爆轰产物中的小分子气体产物,从而增大了爆速。RDX 中加入少量石蜡情况较复杂。如图 5-39 所示,A-IX-1 含有 5%的石蜡,在 ρ_0>1.63 g/cm^3 时,其 v_D 高于纯 RDX;而在 ρ_0<1.63 g/cm^3 时,其 v_D 低于纯 RDX。

如果向 RDX 中加入较多的石蜡，如 85RDX/15 石蜡，在所有密度下，加有石蜡的钝化 RDX 的 v_D 均低于纯 RDX 的 v_D（见图 5 - 40）。

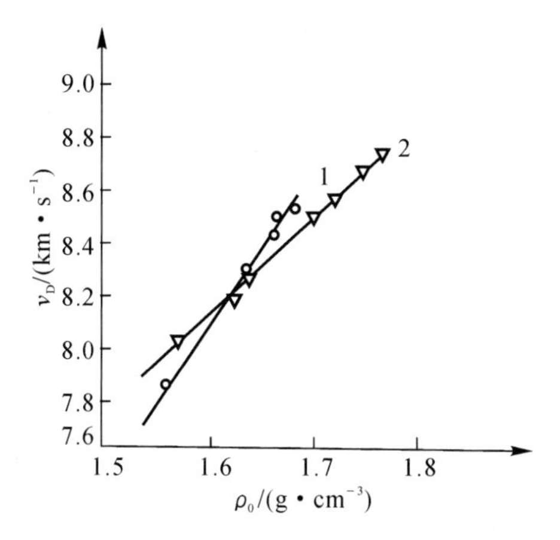

图 5 - 39　A-IX-1、黑索今的 $v_D - \rho_0$ 关系

1—A-IX-1；2—黑索今

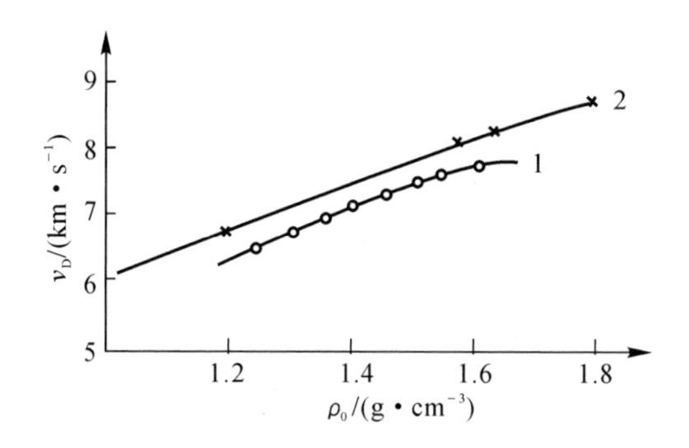

图 5 - 40　黑索今/石蜡(85/15)、黑索今的 $v_D - \rho_0$ 关系

1—黑索今/石蜡(85/15)；2—黑索今

又如，向临界直径比较小的低密度固体粉状炸药（如粉状泰安、黑索今、特屈儿）中加入一定量的水，也能使爆速提高（见表 5 - 28）。

一般认为水能提高爆速是因为水占据了药粒间的空隙，而水的压缩性小，在传递能量时损失较小。但是，对于临界直径比较大的固体粉状炸药，如梯恩梯、苦味酸，加水后爆速却急剧下降，甚至不爆轰（见表 5 - 28）。

表 5 - 28　外加水分对炸药爆速的影响

炸药名称	ρ/(g · cm^{-3})	不同含水量(%)下的 v_D/(m · s^{-1})													
		0	5	8	10	12	13	15	16	18	20	22	24	40	60
泰 安	0.9	5.35			5.77						6.25			7.14	7.50
黑索今	1.0	6.00			6.32			6.32			6.60	6.32	不爆		
特屈儿	0.9	5.17			5.36			5.36	5.36	5.36	不爆				
梯恩梯	0.9	4.41	3.85	半爆	不爆										
苦味酸	0.8	4.16			3.75	3.57	不爆								
B 炸药	0.9	5.55	5.36		5.00						5.00	不爆			

由上述分析可知，添加物对爆速影响的最终结果，要根据具体情况作综合考虑。

(五)初始冲能对爆速的影响

实验表明：当 $d \geqslant d_{\lim}$ 时，在一般情况下，初始冲能的大小只对装药起爆端附近的爆速有影响。

如图 5－41 所示，以外界作用产生的初始冲击波速度 v_{D0} 来估量初始冲能，则有下列关系：

当 $v_{D0} > v_{D\lim}$ 时，由于炸药爆轰反应释放的能量不足以维持过大的 v_{D0}，装药的 v_D 将由 v_{D0} 自行降低至 $v_{D\lim}$ 进行稳定传播；当 $v_{D0} = v_{D\lim}$ 时，一旦炸药起爆，就以 $v_{D\lim}$ 稳定传播；当 $v_{Dcr} \leqslant v_{D0} < v_{D\lim}$ 时，由于反应放出的能量逐渐加强引导冲击波，装药的 v_D 将由 v_{D0} 增至 $v_{D\lim}$，进行稳定传播；当 $v_{D0} < v_{Dcr}$ 时，初始冲能不足以激起炸药自行高速稳定传播的化学反应，即装药不能起爆，在装药中产生的冲击波将迅速衰减为声波。

因此，只要 $v_{D0} \geqslant v_{Dcr}$，$d \geqslant d_{\lim}$，稳定爆轰的 v_D 就与初始冲能无关。

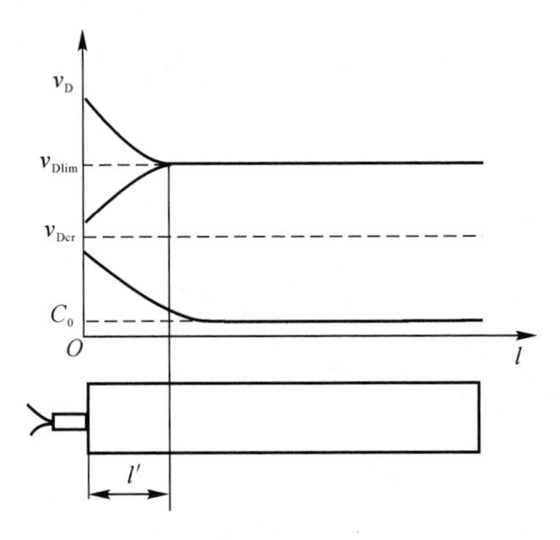

5－41　初始冲能对装药起爆端爆速的影响

初始冲能的大小对 v_D 的影响很大：当初始冲能大时，产生高速爆轰；反之，则出现低速爆轰现象。例如，某些液体炸药，如硝化甘油和以硝化甘油为基本组分的胶质炸药代那买特，以及其他粉状炸药，由于起爆能量不同，爆速可以高或低，在高爆速和低爆速之间没有稳定的中间爆速。表 5－29 列出了用不同雷管引爆硝化甘油装药的爆速实测数据。

表 5－29　硝化甘油在各种直径玻璃管中的爆速

玻璃管直径 d/mm	$v_D/(m \cdot s^{-1})$			
	2# 雷汞雷管	6# 雷汞雷管	8# 雷汞雷管	8# 布里斯卡雷管
6.3	890	810	1 350	8 130
12.7	2 530	1 940	1 780	8 100
19.0	2 130	1 970	1 750	8 250
25.4	2 190	2 020	—	8 130
32.0	1 760	1 780	—	8 140

由表 5－29 可见，当用 8# 布里斯卡雷管引爆时，由于初始冲能较强，硝化甘油装药的爆速

均在 8 000 m/s 以上，接近于理想爆轰；但用初始冲能较弱的 2#，6#，8# 雷汞雷管引爆时，其爆速则较低，一般为 1 000～2 000 m/s。

固体胶质炸药也有类似现象。如图 5－42 所示，密度为 1.48 g/cm³ 的爆胶，当药包直径在 5 mm 以下时，爆轰在装药中不能传递；而对于直径在 5 mm 以上的药包，就出现低速或高速爆轰。

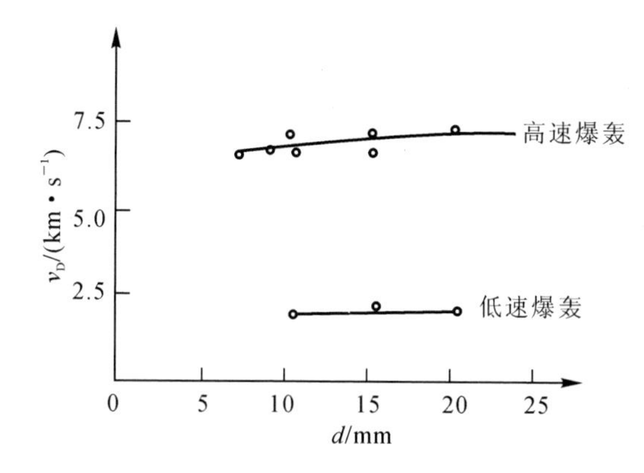

图 5－42　爆胶药包（ρ_0＝1.48 g/cm³）的高爆速与低爆速

实验中还发现，固体粉状炸药，如黑索今、特屈儿和梯恩梯等，当装药直径小于某一临界值时，在 $\rho_0 \leqslant 1$ g/cm³ 的低密度情况下也能出现低速爆轰，如图 5－43 所示。

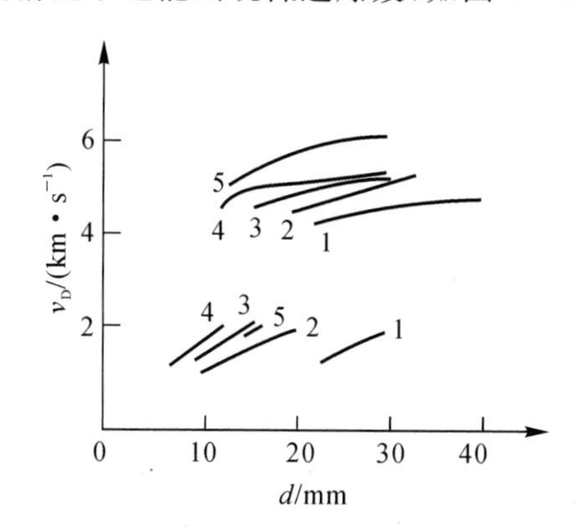

图 5－43　粉状炸药的高爆速和低爆速

1—梯恩梯，密度 0.95g/cm³，颗粒尺寸 1.0～1.6 mm；

2，3，4—特屈儿，密度 0.9 g/cm³，颗粒尺寸 2：1.0～1.6 mm，3：0.63～1.0 mm，

4：0.4～0.63 mm；5—黑索今，密度 1.0 g/cm³，颗粒尺寸 1.0～1.6 mm

此外，也曾观察到小装药直径的泰安爆轰由稳定的低速（2 500 m/s）突跃为高速（4 100 m/s）的现象。

低速爆轰是一种比较特殊的现象，目前还难以从理论上加以明确地解释。但是一般认为，低速爆轰现象主要出现在以表面反应机理起主导作用的非均质炸药，这样的炸药对冲击波作用很敏感，能被较低的初始冲能引爆，但由于初始冲能低，爆轰化学反应不完全，相当多的能量都在 C-J 面之后的燃烧阶段放出来，用来支持爆轰传播的能量较小，因而爆速较低。

思考与练习题

1. 由实验测定炸药的爆速有什么理论意义和实际意义？

2. 用测时仪法测定炸药爆速的基本原理是什么？试分析影响测定精度的主要因素。

3. 用康姆莱特法计算 $\rho_0=1.6\ g/cm^3$ 的泰安炸药的爆速和爆压。

4. 已知硝化甘油的初始密度 $\rho_0=1.6\ g/cm^3$，试用氮当量和修正氮当量公式计算其爆速和爆压。

5. 分别用康姆莱特公式、氮当量和修正氮当量公式计算特屈儿炸药在装药密度为 1.65 g/cm^3 时的爆速和爆压。

6. 求 85 黑索今/15 氯丁橡胶混合炸药（$\rho_0=1.680\ g/cm^3$）的爆速和爆压。

第六章　炸药的感度

炸药是一种能够发生爆炸变化的物质，但它仍具有一定的稳定性，要激起它的爆炸变化，还必须给予一定的外界作用，这种作用通常称为起始冲量。

实验表明，有些炸药只要受到轻微的外界作用就会发生爆炸，如碘化氮（NI_3），只要用羽毛轻轻拨动就会爆炸。也有一些炸药受到比较强烈的作用还不爆炸，如梯恩梯，当步枪子弹射穿它时都不爆炸。可见，不同的炸药在外界作用下发生变化的能力是不一样的。炸药在外界作用下发生爆炸变化的能力称为炸药的感度。引起炸药爆炸变化所需的起始冲量愈小，炸药的感度愈大；反之，则感度愈小。

起始冲量有各种不同的类型，如热作用、机械作用、冲击波作用、爆轰波作用、激光作用、静电作用等。实验表明，对于同一种炸药，不同类型的起始冲量之间没有严格的当量关系，例如氮化铅，它的热感度比梯恩梯低，而对机械作用的感度比梯恩梯高得多。又如黑火药，它的热感度比无烟药低，但火焰感度比无烟药高。这表明了炸药感度的复杂性，它不仅取决于炸药本身的性质，而且还与其他许多因素有关。因此，对于炸药的各种感度，必须进行具体研究，不能根据某种作用的感度推断出其他作用的感度。

炸药的感度是炸药重要的示性数之一，是衡量炸药不稳定程度的尺度，在炸药的制造、运输、保管和使用上都有重要的实际意义。特别是炸药对机械作用的感度和对热作用的感度是决定炸药能否在工程技术上应用的重要示性数。有许多炸药就是由于它们的感度过大，不能在技术上应用，例如叠氮化铜、甘油氯酸酯等。

在炸药的生产、运输和使用过程中，不可避免地要遭受震动和冲击。炮弹在发射时要承受很强的震动。因此，炸药感度过大，可能导致炮弹中装药在炮膛中爆炸；当炮弹碰到地面、装甲或其他障碍物时，由于弹壳受到强烈的制动，使弹头部的装药受到强烈的压缩，压缩的结果同样也可能引起早炸。由于这些原因，虽然硝化甘油和爆胶的爆炸作用比梯恩梯大得多，但是因它们的感度太大，故不能用来装填炮弹。

在实际生产中，常常要将炸药加热，由于工艺过程中不可能完全避免产生局部过热的现象，如果炸药具有大的感度，这样便会发生着火、燃烧甚至爆炸的事故，这在工业生产上是不允许的。因此，在工业上和军事上大量制造和使用的炸药必须具有比较低的热感度和比较低的机械感度。此外，对于这样一些炸药有时还要求注意在点燃时不发生爆炸，因为如果由于偶然的原因使炸药着火，或发生火灾时，便可减少爆炸的危险性。

为了避免炸药在生产和使用中可能出现的危险，炸药的感度不应过大，但也不应过小，因为炸药的感度过小，便难以引爆，使应用过程变得复杂和困难。一般猛炸药是用雷管进行引爆的。雷管的作用比一般的机械作用大得多。利用雷管进行引爆的确在炸药史上开辟了新的纪元，许多猛炸药被发现了。但也还有许多猛炸药，它们的感度过低，单用雷管还不能使其引爆，要引爆它们还需要再附加其他高猛度的炸药块才行，当然，这样的炸药便给应用带来复杂性。

根据实际中的要求，有时要降低炸药的感度，有时要提高炸药的感度。前者称为钝化，后者称为敏化。

学习和掌握炸药的感度，对于炸药的安全储存、运输、加工处理以及炸药的使用，都具有很重要的实际意义。

一、炸药起爆的原因

炸药在没有外界能量激发的条件下是稳定的，不会发生爆炸，只有在一定的引爆能量作用下，炸药才会发生爆炸，有关炸药稳定性和引爆能量之间的关系可以用图 6-1(a)的化学反应能栅图予以表示。在无外界能量激发时，炸药处在能栅图中Ⅰ的位置，此时炸药是处于相对稳定的平衡状态，其位能为 E_1，当受到外界一定的能量作用后，炸药被激发到状态Ⅱ的位置，此时炸药已吸收了外界的作用能量，同时自身的位能跃迁到 E_2，位能的增加量为 $E_{1,2}$，如果 $E_{1,2}$ 大于炸药分子发生爆炸反应所需要的最小活化能，那么炸药便发生爆炸反应，同时释放出能量 $E_{2,3}$，最后变成爆炸产物，处于状态Ⅲ的位置。炸药爆炸的能栅变化就好像是在位置 1 处放一个小球，如图 6-1(b)所示，小球此时是处在相对稳定状态，如果给一个外力使它越过位置 2，则小球就立即滚到位置 3，同时还产生一定的动能。从能栅图上可以看到，外界作用的能量既是炸药发生化学反应的活化能，又是外界用以激发炸药爆炸的最小引爆冲能。因此，$E_{1,2}$ 越小，该炸药的感度越大；$E_{1,2}$ 越大，则炸药的感度越小。

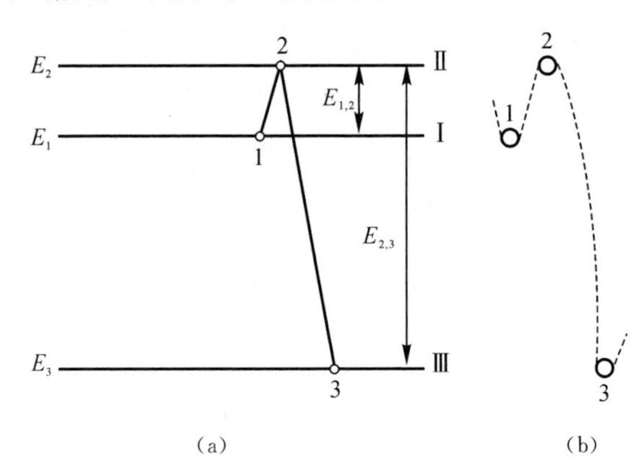

图 6-1 炸药爆炸的能栅图

Ⅰ—炸药稳定平衡状态；Ⅱ—炸药激发状态；Ⅲ—炸药爆炸反应状态

二、炸药感度的选择性和相对性

应该指出的是，不仅不同的炸药发生爆炸变化时所需要的最小引爆冲能不相同，就是同一种炸药在不同形式的能量激发下，其最小引爆冲能也不是一个固定值，它与引爆冲能的作用方式以及作用速度等因素有关。例如，在静压作用下，必须有很大的能量才有可能使炸药爆炸，但在快速冲击下只需要较小的能量就可以使炸药发生爆炸。在迅速加热的条件下炸药发生爆炸所需要的能量要小于它在缓慢加热发生爆炸所需要的能量，此外，同一种炸药的各种感度之间是不存在某种当量关系的，表 6-1 的数据可以说明这个问题。

表 6－1 炸药感度的对比

炸药	t_E①/℃	h_{min}②/cm
叠氮化铅	345	11
硝化甘油	222	15
黑索今	260	18
梯恩梯	475	100

注：①5 s 爆发点；

②撞击作用下最小落高，锤重 2 kg，药量 0.02 g，10 次试验中对应于只爆炸一次的落高。

表 6－1 列举的数据表明，叠氮化铅相当耐热，爆发点高达 345℃，但对机械撞击却非常敏感。硝化甘油的感度也表现出类似的不协调，梯恩梯对于热和机械作用的感度都较低，但与叠氮化铅比，也有不一致处，5 s 爆发点相差 130℃，而最小落高却相差近 10 倍。这种现象表明，以热、机械撞击作用为例，上述几种炸药对热、机械作用的反应存在着选择性，即对某种作用反应敏感度高，对另一种作用则不敏感，有选择地接受某一种作用。

炸药感度的另一特性是相对性，相对性含义有：

(1)炸药的感度表示炸药危险性的相对程度。

(2)不同场合对于炸药的感度有不同的要求。

例如，在热的作用下，且在同样温度下，尺寸小于临界值的炸药包或药柱是安全的，而尺寸超过了临界值的炸药包或药柱则可能发生热爆炸。这样，只有用一定条件下炸药发生爆炸的危险概率程度表示其感度大小，依据炸药感度的排列顺序评价其危险性，试图用某一个值表示炸药的绝对安全程度没有意义。

感度相对性另一表现是根据使用条件对某种炸药提出不同的感度要求。

炸药感度的大小主要取决于炸药自身的物理化学性质，同时还与炸药的物理状态以及装药条件等因素有关。

随着生产和使用的需要，人们在需要高感度炸药的同时，又希望它具有低感度的特性，也就是说，希望炸药在使用的时候具有高感度，以保证起爆和传爆的可靠性，而在生产、贮存、运输等非使用场合时，又具有低感度，以确保安全性。根据需要，人们将炸药的感度分为“实用感度”和“危险感度”。“实用感度”是指“敏感性”，即在一定的起爆方式下，如果用它的最小起爆能量来引爆某种炸药时，该炸药能顺利地起爆，不应该出现半爆或拒爆。对于炸药使用者来说，炸药具有适当的实用感度是很重要的，因为较高的实用感度可以减小炸药的拒爆概率，有效地防止意外事故的发生。“危险感度”是指“不安全性”，即在外界作用的能量高于炸药的最小起爆能时，炸药是安全的。高安全性是人们对炸药的要求，特别是在炸药的制造、运输等过程中，即使受到了低于最小起爆能的机械或者其他形式的外界能量作用，炸药也应该是安全的，不会发生爆炸等意外事故。一般来说，不安定性高则意味着意外引爆的可能性大，而不安定性低则意味着意外引爆的可能性小。

第一节 机械感度

在机械作用下，炸药发生爆炸的难易程度叫作炸药的机械感度。机械作用的形式多种多样，撞击、摩擦或者二者的综合作用都可以引起炸药爆炸，因此相应的就有撞击感度、摩擦感度。由于在生产、加工、运输、储存、使用条件下，很容易出现上述的机械作用，所以可以说机械感度是炸药的一种重要性质，也是决定能否安全使用炸药的关键因素。

机械作用形式复杂，测定机械感度的方法很多，大致可分为模拟型(模拟某些理想条件)和仿真型(模仿某些真实加工、操作条件)两大类，而经常测定的则有撞击感度、摩擦感度、苏珊(Susan)试验值、大型滑落试验值、鱼雷感度等。

一、撞击感度

这是最常见的炸药机械感度形式，测定时以自由落体撞击炸药，观察炸药受撞击后的反应。通常自由落体的速度为 2～10 m/s，因此称为低速撞击作用下的感度。

(一)测定撞击感度用的仪器

常见测定炸药撞击感度的仪器是立式落锤仪。这种落锤仪的结构如图 6-2 所示。它有两条严格平行、垂直于地面的导轨，落锤在导轨之间可以自由上下滑动，落锤由钢爪钩住，可以使落锤固定在不同高度。只要轻轻拉动钢爪上面的绳子，落锤即可立即沿导轨自由落下。落锤的质量分为 2 kg，5 kg，10 kg，20 kg，30 kg 几种，个别大型落锤可达 100 kg，根据炸药的性质、测定要求选用。落锤仪的另一重要部件是撞击仪器。图 6-3 所示为目前我国标准规定使用的撞击仪器，撞击装置由导向套、击柱和底座组成。图 6-3 中的击柱呈圆柱状，而圆柱边界处倒成圆角，适用于测定粉状(晶体或粒状)和塑性炸药。

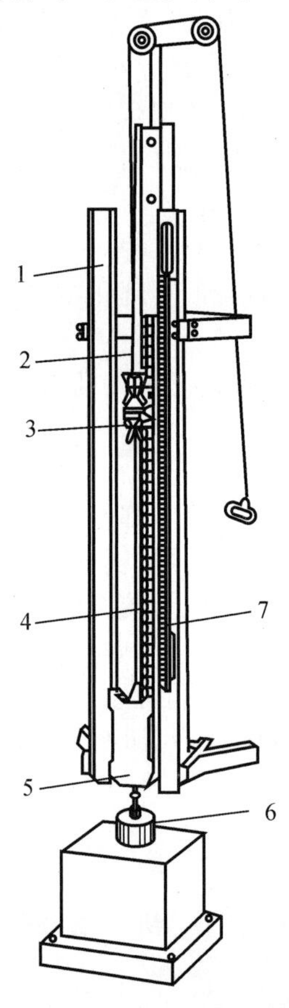

图 6-2　立式落锤仪

1—导轨；2—中心支柱；3—落锤释放装置；4—齿板；5—落锤；6—定位座；7—标尺

用这种仪器测定炸药撞击感度时，炸药放在图 6－3 中的两个击柱中间，药量取 50 mg 左右。实验时拉动钢绳使钢爪松开，锤就自由下落，撞击在击柱上，炸药反应可能表现为爆炸、速燃、热分解，可根据测定时的火花、烟雾或声响予以判断。凡出现上述现象的都应视为炸药已发生反应。

为了记录撞击时炸药反应的情况，还可采用配有其他记录装置的落锤仪，这些记录装置包括声频记录器、化学发光仪、力传感器、高速摄像仪等。

为了减轻测定时繁重的体力劳动，还可采用自动落锤仪，这种仪器可以自动提升、释放落锤，送入、退出撞击装置。

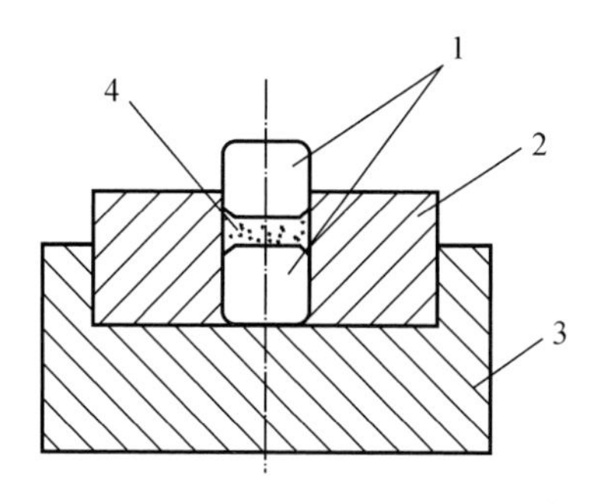

图 6－3 标准撞击仪器

1—击柱；2—导向套；3—底座；4—样品

(二)表示撞击感度的方法

用立式落锤仪测定炸药的感度，主要有以下几种表示方法。

1.爆炸百分数法

目前，国内广泛使用这种方法测定猛炸药的撞击感度。它是在一定的落锤质量和一定落高下撞击炸药，以发生爆炸的百分数表示。最常用的实验条件为落锤质量为 5 kg 和 10 kg 两种，落高则为 25 cm，药量为 0.05 g±0.001 g，一组实验 25 次，计算其爆炸百分数。若炸药在上述条件下爆炸百分数为 100％，则不易比较，可选择质量较轻(如 5 kg，2 kg)的落锤再进行实验，落高可相应地增加至 50cm。表 6－2 中列出了几种常用炸药在落锤质量为 10 kg、落高为 25 cm、标准撞击装置内进行实验得到的结果。

表 6－2 常见炸药的撞击感度①

炸药	爆炸百分数/％	炸药	爆炸百分数/％
梯恩梯	4～8	黑索今	70～80
阿马托	20～30	泰　安	100
苦味酸	24～32	无烟火药	70～80
特屈儿	50～60		

注：①落锤质量为 10 kg，落高为 25 cm，炸药质量为 50 mg，25 次试验为一组。

进行实验时，首先用标准试样对仪器进行标定。若落锤质量为 10 kg，落高为 25 cm，则用标准特屈儿标定，其爆炸百分数为 48％±8％。若落锤的质量为 5 kg，落高为 25 cm，应该用标准黑索今标定仪器，其爆炸百分数为48%±8%。

对工业炸药的撞击感度，如果采用质量为2 kg的落锤，以发生爆炸时的最小落高表示感度时，要用梯恩梯标定仪器，此时发生爆炸时最小落高为100 cm。

2.上、下限法

炸药的撞击感度可用上、下限表示。上限是指当落锤质量固定时，炸药发生100%爆炸时的最小落高 H_{100}，而下限则指100%不爆炸时的最大落高 H_0。实验测定撞击感度的上、下限时，采用一定质量的落锤，改变落高，平行实验一般为10次。从安全角度出发，一般参考下限。国内对起爆药广泛使用的是下限法。几种常用起爆药的撞击感度列于表6-3。

表6-3　起爆药的撞击感度

炸药名称	雷汞	特屈拉辛	叠氮化铅	斯蒂芬酸铅	二硝基重氮酚
落锤质量/kg	0.4	0.4	0.4	0.4	0.4
H_{100}/cm	9.5	6.0	33	36	—
H_0/cm	3.5	3.0	10	11.5	17.5

这种表示方法表面上看来确切，但由于炸药的撞击感度受一系列因素影响，加上实际测定时又远比爆炸百分数法的工作量大，所以，目前已不常用。

3.特性落高法

该方法以炸药爆炸百分数为50%时相对应的落高 H_{50}（落锤质量固定）表示。常用的方法是先找出上、下限，再在上、下限之间分若干等份。即：取几个不同的高度，在每一个高度下进行相同数量的平行实验，求得爆炸百分数。然后以落高为横坐标、爆炸百分数为纵坐标作图，画出感度曲线，找出相应爆炸百分数为50%时的落高。目前，采用布鲁斯顿统计处理法——升降法予以测定。该法原理是测定一系列爆炸和不爆炸的实验数据，对所得数据进行统计处理，得出所谓的特性落高。该法所得结果最为确切，目前被广泛采用。表6-4列出了一些炸药的特性落高值 H_{50}。

表6-4　常用炸药的特性落高①

炸药	H_{50}/cm	炸药	H_{50}/cm
梯恩梯	200	A-3炸药②	60
特屈儿	38	64RDX/36TNT	60
黑索今	24	阿马托	116
泰　安	13	硝酸铵	>300
奥克托今	26	双基推进剂	28

注：①落锤质量为2.5 kg，药量为35 mg；

② A-3炸药成分为91RDX/9蜡。

4.最小落高法

固定锤重和药量，用10次试验中一次爆炸的最小高度表示炸药的撞击感度，实测结果列于表6-5中。

表 6-5　部分炸药的最小落高[①]

炸药	最小落高/cm	炸药	最小落高/cm
梯恩梯	100	雷　汞	5
特屈儿	26	叠氮化铅	11
泰　安	17	二硝基重氮酚	5
硝化甘油	15	三硝基间苯二酚铅	80
奥克托今	32	硫化氮	20
黑索今	18	叠氮化银	6

注：落锤质量为 2 kg，药量为 20 mg。

5. 撞击能法

撞击能以 50%爆炸的落高与锤重的乘积表示，即

$$E_1 = mgH_{50}$$

式中：E_1——撞击能；

m——落锤质量；

g——重力加速度；

H_{50}——50%爆炸的落高。

由于落锤撞击到击柱等装置时，不是全部能量都传给炸药，有一部分能量不可逆地损耗于落锤系统材料弹性引起的落锤反跳，故落锤下落时传给炸药的撞击能量为

$$E = mg(H_{50} - H_0)$$

式中，H_0 为落锤反跳高度。

二、苏珊试验

苏珊试验是评价炸药在接近使用条件下相对危险的一种大型撞击试验，主要模拟固体炸药在高速碰撞时的安全性能。试验时，将炸药装入一定规格的苏珊试验弹中。

苏珊试验弹如图 6-4 所示。弹质量为 5.44 kg，口径为 ϕ82 mm，装药质量为 320～400 g（视装药品种及装药密度而异）。用炮将弹丸发射出炮口，并在弹丸飞行的正前方 3.7 m 处垂直竖立一装甲靶板。那么，在弹丸撞靶后，顶端铝帽发生破裂，弹内装药就受到冲击、挤压及摩擦等作用，可能引起点火，甚至成长为爆轰。通过光电系统可以测量弹丸的飞行速度，通过高速摄影仪可详细记录弹丸的着靶姿态以及撞靶后挤压变形直至点火爆炸的过程，通过数据采集系统可以测量炸药爆炸后形成的空气冲击波超压。根据这些测试结果，即可对炸药的射弹撞击感度进行综合分析评价。

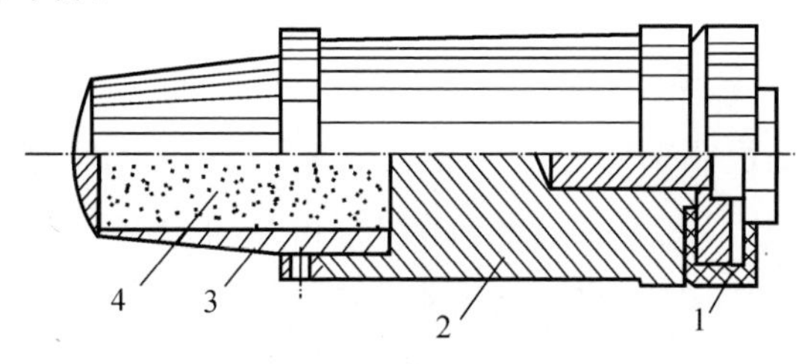

图 6-4　苏珊试验弹示意图

1—密封环；2—炮弹本体；3—铝帽罩；4—炸药

对于一种炸药配方，标准试验以每组 5～10 发为宜。因为苏珊试验弹药柱尺寸一定，对于不同炸药，其装药密度、质量、自身质量均不相同，所以一旦爆炸，形成的空气冲击波超压不同。因此，在数据处理时引入了 TNT 当量的概念，即预先模拟苏珊试验的环境条件，将不同质量的 TNT 药柱置于靶心位置，在相同距离、相同方位角测量 TNT 药柱完全爆炸时空气冲击波超压的大小，拟合出全爆药量对应超压的关系曲线，该曲线即称为 TNT 标定曲线。根据它及苏珊试验结果，即可查得相应的 TNT 爆炸药量(g)，这个药量称为 TNT 当量。弹丸撞靶速度与其超压对应的 TNT 当量之间的关系曲线称为苏珊感度曲线。

几种炸药的苏珊感度曲线如图 6-5 所示。

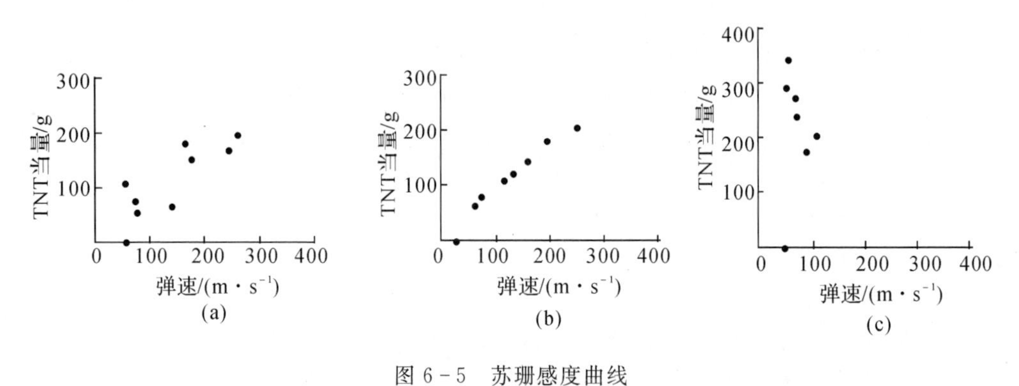

图 6-5　苏珊感度曲线

(a)RHT-1;(b)JOB-9003;(c)JO-9159

由于使用的发射工具不同，炮弹的初速可在 60～200 m/s 直到 600～800 m/s 范围内变化。当弹速固定时，炸药释放出的能量大就表示该炸药的高速撞击感度高，危险性大。

三、摩擦感度

在加工、处理炸药过程中，炸药受摩擦的机会相当多，因此测定它的摩擦感度很重要。摩擦感度曾被视为决定炸药安全性的重要指标。目前，有多种测定不同条件下炸药摩擦感度的仪器，在这些仪器中，炸药承受摩擦的情况不同。作为摆式摩擦仪的有苏式科兹洛夫摆、英式的布登摆，其他形式的有 BAM 摩擦感度仪、鱼雷感度仪等。

(一)科兹洛夫摩擦摆

该摆主要由液压系统和打击部分组成。液压系统是使炸药承受压力；打击部分即工作部分，主要是驱动上滑柱产生摩擦。图 6-6 所示为科兹洛夫摆。

试验时将 20 mg 炸药放在钢制的上、下滑柱中间，开动油压机，通过顶杆将滑柱从导向套(又称滑柱套)顶出，直到上、下滑柱的接触面离开导向套，上滑柱上端顶在上顶柱下面，下滑柱的下面在顶杆上端，上、下滑柱之间的炸药试样承受摆锤的冲击。在冲击作用下，上滑柱被强制移动 1.5～2.0 mm，相应地，炸药也就受到强有力的摩擦，从而引起炸药的爆炸反应。若试样变色、有味、发声、发光、冒烟或滑柱上有烧蚀痕迹，则判为爆炸。

摩擦感度试验结果的表示方法有两种：

(1)用爆炸百分数表示摩擦感度。如果是感度较高的炸药，则试验条件为：挤压压强 39.2 MPa，摆角 90°，药量 0.02 g。如果是感度较低的大颗粒炸药，则试验条件为：挤压压强 49.0 MPa，摆角 96°，药量 0.03 g。在上述试验条件下，可用标准的特屈儿来校验试验仪器。对应于上述两个条件标准特屈儿的爆炸百分数分别为 12%±8%和 24%±8%。表 6-6 列出了摆角为 90°时常见炸药的摩擦感度。通常以 25 次试验中炸药发生反应(热分解、燃烧、燃烧转爆轰)的百分数表示。

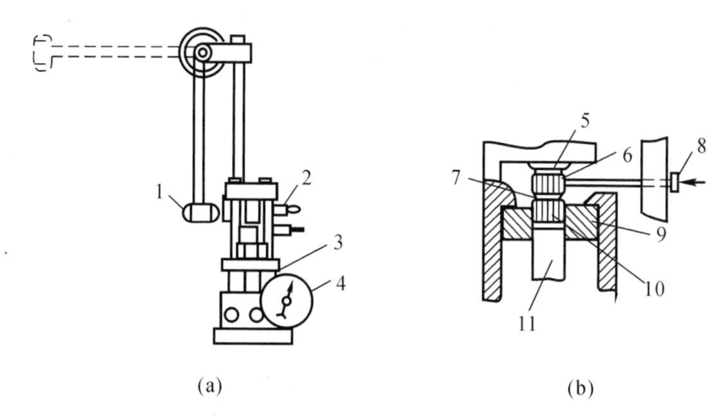

图 6-6　科兹洛夫摆

(a)仪器全貌；(b)工作部分的示意图(爆炸室)

1—摆体；2—仪器主体；3—油压机；4—压力表；5—上顶柱；6—上滑柱；7—试样；8—击杆；9—滑柱套；10—下滑柱；11—顶杆

表 6-6　常见炸药的摩擦感度①

炸　药	爆炸百分数/%	炸　药	爆炸百分数/%
梯恩梯	2	六硝基芪	36
特屈儿	16	奥克托今	100
黑索今	76	三硝基丁酸三硝基乙酯	44
泰安	100	双(三硝基乙醇)缩甲醛	43
硝基胍	0		

注：①试验条件：摆角为 90°，表压为 3.92 MPa，每次试验样品质量为 20 mg，每 25 次试验为一组。

从表 6-6 中可以看出，在上述试验条件下，泰安和奥克托今的爆炸百分数都为 100%，说明这两种炸药在摩擦作用下均很敏感，而硝基胍则最钝感，梯恩梯次之。

(2)用不同压强下爆炸百分数的感度曲线表示摩擦感度。由于压力的变化，作用在炸药样品上的摩擦力也会随之变化，因此，根据不同压力下炸药爆炸百分数的不同可以比较出炸药摩擦感度的大小，其感度曲线如图 6-7 所示。

(二)BAM 摩擦感度仪

BAM 摩擦感度仪(见图 6-8)由机片、电动机、托架及砝码等四部分组成。测试时，炸药置于摩擦棒与板之间，将砝码挂在托架的挂钩上，形成一定的压力，摩擦棒以一定速度往复运动，给炸药以一定摩擦作用，观察炸药是否发生反应。测定在 6 次试验中只发生一次爆炸的最小负载,作为炸药摩擦感度的标志。

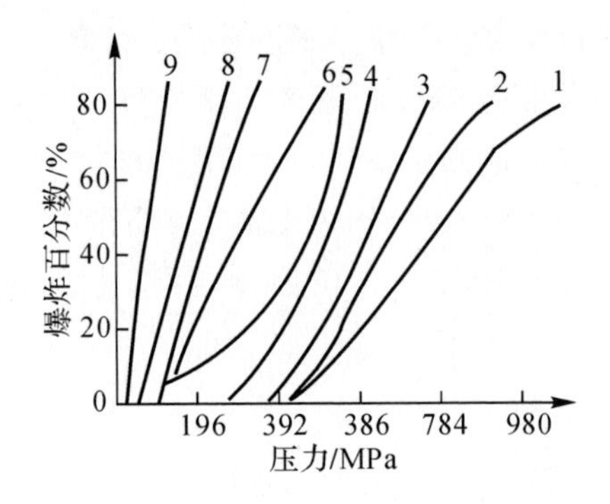

图 6-7 爆炸百分数与压力的关系

1—梯恩梯;2—二硝基苯;3—三硝基苯;4—特屈儿;5—黑索今;6—泰安;7—硝化棉;8—叠氮化铅;9—雷汞

(三)ABL 滑动摩擦感度仪

美国军用标准采用 ABL 滑动摩擦感度仪(其示意图见图 6-9),该感度仪由固定轮、平台、摆锤、油压机几部分组成。测定时,将炸药均匀地铺在粗糙的平台 2 上(台宽 6.4 mm,长 25.4 mm),药层厚度取单个晶粒,即为一层试样。降下轮 1,使其与试样接触,且借助油压机挤紧(作用力可在 44~8 000 N 间调节),而后释放摆锤 3 撞击平台 2,使平台以一定速率被强制滑动 25.4 mm。观察炸药的反应,求出在 20 次试验中不发生爆炸的最大压力,以其表示炸药的摩擦感度。

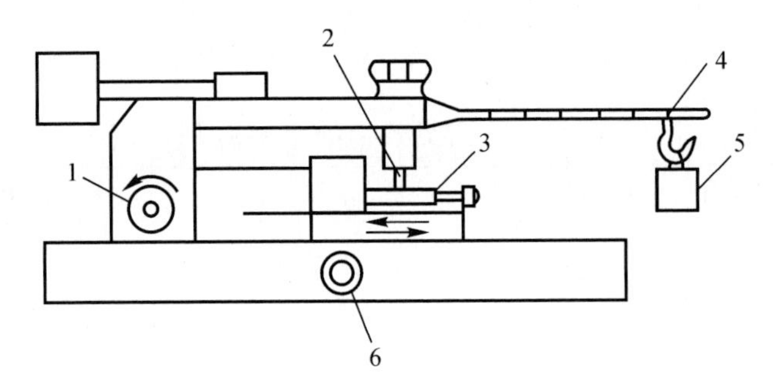

图 6-8 BAM 摩擦感度仪

1—机体;2—摩擦棒;3—摩擦板;4—托架;5—砝码;6—铸铁基座

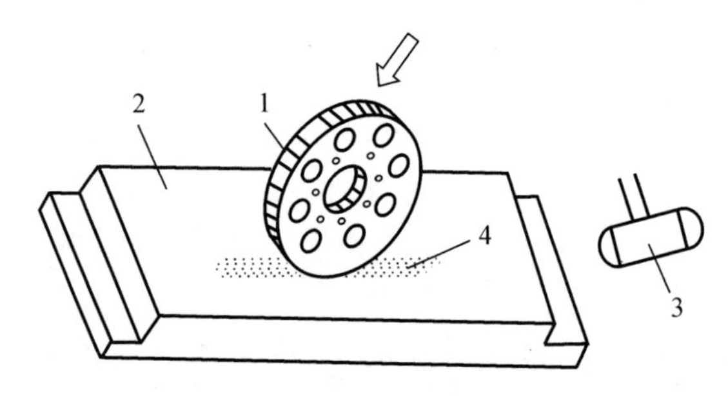

图 6-9 ABL 摩擦感度仪

1—固定轮;2—平台;3—摆锤;4—试样

第二节　热　感　度

炸药的热感度是指炸药在热作用下发生爆炸的难易程度。

炸药在生产、使用、储存和火工品点火等过程中对热作用的安全性及可靠性与炸药的热感度有密切的关系。LOVA(高安全、低感度)炸药是为适应现代战场而研制的,要求该炸药能耐一定程度的烧烤,所以研究炸药的热感度非常重要。

通常炸药受热的方式有两类:间接的均相受热(多在容器中)和直接的局部点燃(用高温热源直接引火)。

根据炸药受热方式的不同,热感度包括加热感度和火焰感度两种。所谓加热感度是指热源均匀地加热炸药时的感度,火焰感度是指炸药在明火(火焰、火星)作用下发火的难易程度。前者用爆发点表示,后者可用发火上下限法表示。

一、爆发点试验

通常用爆发点来表示炸药的加热感度。测定凝聚炸药的爆发点可采用以下两种方法:

(1)取一定量的炸药,从某一温度开始,以等速加热,记录从开始受热到发火或爆炸的时间和介质的温度,此温度即为爆发点。

(2)取一定量的炸药,在一定实验条件下,测定延滞期与温度的关系,实验结果用图表示。这种方法比较精确。

爆发点实验测定装置如图 6-10 所示,它是一个伍德合金浴,成分为铋(Bi)50%、铅(Pb)25%、锡(Sn)13%、镉(Cd)12%,夹层中有电阻丝加热,炸药试样放在一个 8 号铜雷管壳中,雷管壳用软木塞塞住,套上定位用的固定螺母,使管壳投入后侵入合金浴的深度在 25 mm 以上。合金浴的温度由温度计指示。

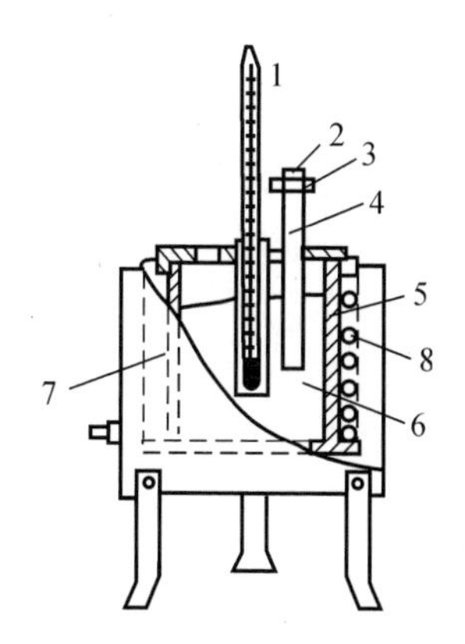

图 6-10　测定 5 s 爆发点用的仪器

1—温度计;2—塞子;3—固定螺母;4—雷管壳;
5—加热浴体;6—加热用合金;7—电炉;8—电阻丝

测定时,首先进行预备试验,将合金浴加热到 100～150℃,放入一支盛有炸药试样的雷管壳,并继续升高温度直到爆炸,记录下爆炸时的温度,以定出正式试验时的温度范围。然后可开始正式试验:将合金浴加热到较预备试验所得温度高 45～50℃时停止加热。温度开始下降时,看准当时的温度,迅速放入已准备好的试样,同时打开秒表记录到爆炸所经历的时间,此时间即为爆发延滞期，投入试样时合金浴的温度即为此延滞期的爆发点。

为了比较各种炸药热感度的大小，必须固定一个延滞期，一般都采用 5 s 延滞期或 5 min 延滞期爆发点。

现以 5 s 延滞期的爆发点实验为例加以说明。

实验时将合金浴加热并恒定于预定温度 T，再把装有一定量(一般 20～50 mg)炸药的雷管壳迅速投入合金浴，同时打开秒表，记录发火延滞时间 τ。连续做不同的恒定温度 T_1，T_2，…，T_n所对应的延滞期τ_1，τ_2，…，τ_n的实验，根据实验数据作 T 与 τ，$\ln\tau$ 与 $1/T$ 的关系图，由 T-τ 图求得 5 s 延滞期的爆发点，由 $\ln\tau$ 与 $1/T$ 直线的斜率算出炸药的活化能E 值。T 与 τ 和 $\ln\tau$ 与 $1/T$ 的关系如图 6－11 所示。

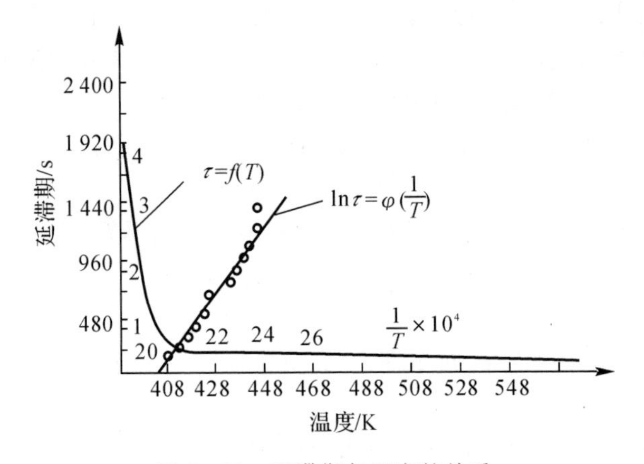

图 6－11　延滞期与温度的关系

实验得到的凝聚炸药爆发点与延滞期的关系为

$$\ln\tau=A+\frac{B}{T},\quad B=\frac{E}{R}$$

式中：τ——延滞期，s；

E——与爆炸反应相应的炸药活化能，J/mol；

R——摩尔气体常数，采用 8.314 J/mol・K；

A——与炸药有关的常数；

T——爆发点，K。

表 6－7 列出了常见炸药的 5 s 延滞期的爆发点。

表 6－7　常见炸药的 5 s 爆发点

炸　药	T_{ig}/℃	炸　药	T_{ig}/℃
乙二醇二硝酸酯	257	梯恩梯	475
硝化甘油	222	苦味酸	322
泰安	225	苦味酸铵	318
硝化纤维(含 N13.3%)	230	特屈儿	257
硝基胍	275	三硝基间苯二酚铅	265
黑索今	260	结晶叠氮化铅	345
奥克托今	335	雷汞	210
三硝基苯	550	四氮烯	154

测得的爆发点低，说明炸药的热感度大；反之，则说明热感度小。

必须指出，炸药的爆发点不是一个严格的物理化学常数，它与实验条件有密切的关系，如与炸药药量、粒度、装药尺寸、实验程序、加热方式、传热条件等因素有关。为了便于比较实验结果，就必须确定严格的标准实验条件。

二、火焰感度

在实际使用和处理炸药的过程中，炸药受热作用的形式是多样的，如缓慢加热、迅速加热或者火焰火花的直接作用。例如火工品中，引火药引起雷管内的起爆药爆炸，就是火焰直接作用于炸药的结果。另外，从安全出发对火焰感度也有一定的要求，研究炸药的火焰感度很有实际意义。实践表明，炸药的加热感度与火焰感度之间也没有严格当量关系。如黑火药与无烟药比较，黑火药的 5 s 延滞期的爆发点是 300℃，无烟药是 200℃，而实际上黑火药比无烟药更易引燃。

火焰感度的表示方法和实验方法种类很多，但是都比较粗糙，不能令人满意。最简单的一种方法是采用图 6－12 所示的密闭火焰感度仪进行测定。在一定条件下，黑火药燃烧时喷出的火焰或火星作用在炸药的表面上，观察是否发火，以发火的上、下限来表示火焰感度。上限是指炸药 100％发火的最大距离，下限是指 100％不发火的最小距离。因此，上限大则炸药的感度大，下限大则炸药的危险性大。

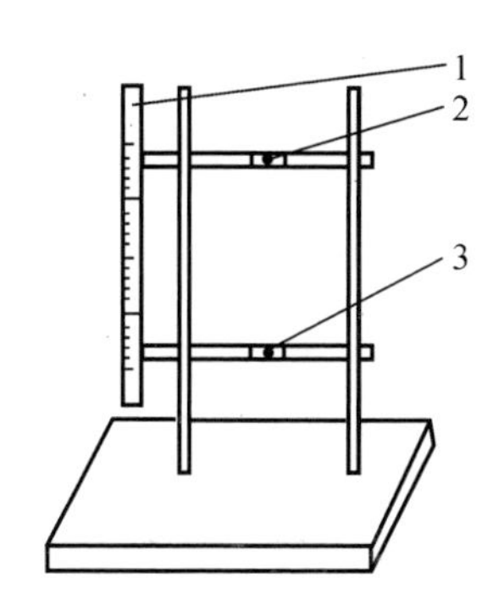

图 6－12　密闭火焰感度仪简图

1—刻度尺；2—固定火药柱；3—火帽台

对于起爆药，若比较其准确发火难易程度，应比较上限。从安全的角度则应绝对避免和火焰接触，因此目前已不测定其下限。黑火药和几种起爆药的火焰感度列于表 6－8 中。

表 6－8　黑火药和几种起爆药的火焰感度

炸药	100％发火的最大距离/cm	炸药	100％发火的最大距离/cm
雷汞	20	特屈拉辛	15
叠氮化铅	<8	二硝基重氮酚	17
斯蒂芬酸铅	54	黑火药	2

第三节　冲击波感度

在冲击波作用下，炸药发生爆炸的难易程度叫作炸药的冲击波感度。冲击波感度是衡量炸药安全性和某些引燃性能的重要指标。例如，进行火炸药、火工品及弹药装药生产工房及储存仓库的安全距离设计时，需要知道炸药在多大冲击波压力作用下100％爆炸或100％不爆炸的感度数据。

测定冲击波感度的方法很多，常见的有隔板试验、楔形试验和殉爆距离几种。

一、隔板试验

测定原理是利用冲击波在惰性物质中衰减的现象，采用聚合物或金属薄片为隔板放在主动、被动药柱之间，以隔板厚度表示被动药柱的冲击波感度。凡是在多层隔板隔断下(也即冲击波已经强烈衰减)仍能被起爆的炸药，就具有高的冲击波感度。美国海军军械实验室(Naval Ordance Laboratory，NOL)20世纪50年代末开始研究，1961年标准化的一种小尺寸隔板试验(Small Scale Gap Test，SSGT)，至今仍在使用，实验装置如图6－13所示。当主动药柱爆轰后，爆轰波传入惰性隔板，爆轰波衰减为冲击波，并且依隔板的厚薄而不同程度地衰减；当进入被动药柱时，就成为引爆被动药柱的冲击波。如果药柱被引爆，则发生爆轰反应。可由鉴定块(验证板)上的钢凹深度值予以判断：①根据预先作出的隔板厚度-钢凹深度值关系曲线，取50％爆炸时的隔板厚度对应的钢凹深度值作为判据；②取主动药柱和被动药柱间无隔板时测得钢凹深度值的1/2作为判据。凡被动起爆后测得的钢凹深度值大于取值判为爆，小于判为不爆。

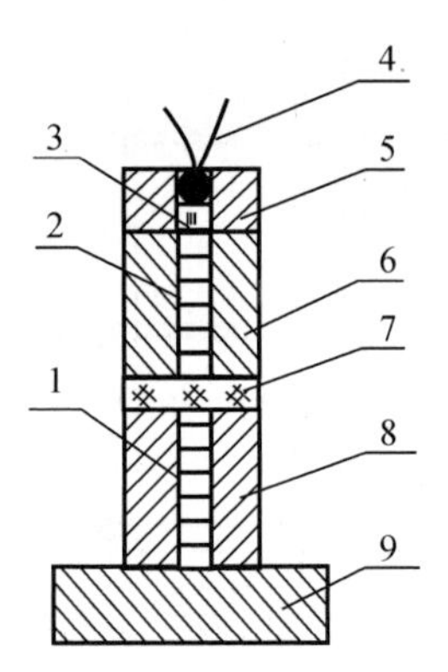

图6－13　小型隔板实验装置

1—被动药柱；2—主动药柱；3—火焰雷管；4—点火头；
5—雷管座；6—主动套筒；7—隔板；8—被动套筒；9—鉴定块

小隔板试验用C类RDX作主动药柱，通过用类似于撞击感度中定特性落高的统计方法——升降法来确定50％被引爆时的隔板厚度(δ_{50})，以此表示被动药柱的冲击波感度。

δ_{50}值可由下式求得：

$$\delta_{50}=\delta_0+d(\frac{A}{N}\pm\frac{1}{2})$$

式中：δ_{50}——引爆率为50％时的隔板厚度，mm；

δ_0——零水平时的隔板厚度，mm；

d——步长，mm；

A——$\sum in_i$；

N——$\sum n_i$；

i——水平数，自零开始的整数；

n_i——i 水平时，爆与不爆的次数。

δ_{50}愈大，其冲击波感度愈大。

在表 6－9 中列出了常见炸药的隔板试验 δ_{50} 值。

表 6－9　常见炸药的隔板试验 δ_{50} 值

炸　药	炸药成型方法	$\rho/(g\cdot cm^{-3})$	δ_{50}/mm
梯恩梯	压装	1.608	3.44
特屈儿	压装	1.706	3.25
泰　安	压装	1.707	5.56
黑索今	压装	1.712	4.50
奥克托今	压装	1.815	3.75
65 梯恩梯/35 黑索今	铸装	1.698	2.49

由表 6－9 中数据看出，泰安的冲击波感度最大，δ_{50} 值最大，而梯黑混合炸药最低，δ_{50} 值最小。

二、楔形试验

将炸药制成斜面状(楔形)，由宽的一面引爆，而后观察在何处停止爆炸传播，以该处的厚度表示该炸药的冲击波感度。实验测定时的装置如图 6－14 所示。

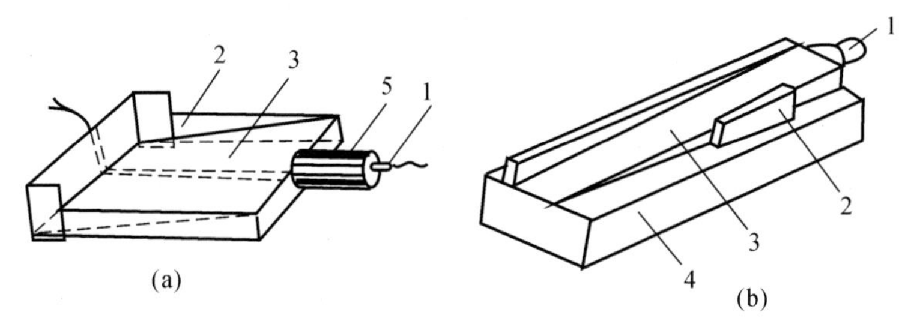

图 6－14　测定冲击波感度用的楔形试验

(a)液体炸药用楔形试验；(b)固体炸药用楔形试验

1—雷管；2—槽子或限制板；3—炸药；4—验证板；5—传爆药柱

本方法测定的数值表示爆轰停止传播时药柱的厚度，也即样品的临界爆轰直径或尺寸，它表示该炸药爆轰能力的强弱。在表 6－10 中列出了常见炸药的楔形试验结果。楔形角可取为 1°，2°，3°，4°，5°，样品质量控制在 50 g 左右。

表 6－10　楔形试验的数据

炸　药	$\rho/(g\cdot cm^{-3})$	d[①]/mm	备注
梯恩梯	1.62	1.75	65℃压装

续表

炸　药	ρ/(g·cm^{-3})	d[①]/mm	备注
梯恩梯	1.62	1.75	65℃压装
75 黑索今/25 梯恩梯	1.752	1.51	铸装
	1.791	1.43	铸装
60 黑索今/40 梯恩梯	1.729	0.785	铸装
	1.729	0.805	铸装
91 黑索今/9 蜡	1.642	0.528	压装
二氨基三硝基苯	1.708	0.630	压装
90 奥克托今/10 聚氨酯	1.770	0.610	压装
85 奥克托今/15 氟橡胶	1.860	0.452	压装
特屈儿	1.684	0.267	压装

注:①d 为爆轰停止传播时药柱厚度。

三、殉爆距离

(一)殉爆距离

装药 A 的爆炸能引起与其相距一定距离的被惰性介质隔离的 B 装药爆炸的现象叫作殉爆,如图 6-15 所示。惰性介质可以是空气、水、土壤、金属或非金属材料等。装药 A 称为主动装药,装药 B 称为被动装药。

爆炸通过惰性介质而传递的能力,称为殉爆能力。引起殉爆时两装药间的最大距离称为殉爆距离。

研究殉爆现象有重要的意义。一方面在实际应用中要利用炸药的殉爆现象,如某些引信中雷管或中间传爆药需要通过金属或非金属隔板来起爆传爆药柱,在爆破作业中利用殉爆来松动大面积的土壤及岩石等;另一方面,研究这一现象可为火炸药生产和储存的工房、仓库确定安全距离提供基本数据。

实验研究殉爆的方法很简单,将两个炸药柱或卷(工业炸药放在厚纸作的纸卷中)同轴心地排成一列,放在地面上(见图 6-15)。引爆主动炸药,观察被动炸药的反应,求出 100%殉爆的最大距离或不殉爆的最小距离。欧洲工业炸药测试标准化委员会规定用图 6-16 的方法测定殉爆距离,这种装置可以消除冲击波的反射、折射和地面性质的干扰。试验时,这种装置应悬空挂起,距地面、墙面均应大于 1 m。

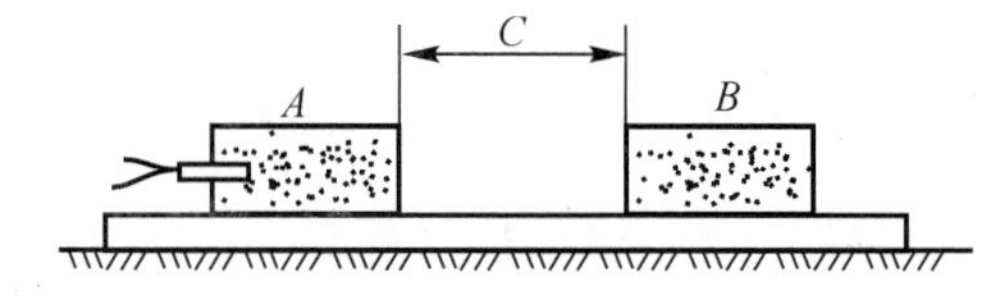

图 6-15　炸药殉爆示意图

实验结果用爆轰传播系数(C. T. D)表示:

$$\text{C. T. D}=\frac{d(+)+d(-)}{2}$$

式中:$d(+)$——100%殉爆时的最大距离;

$d(-)$——100％不殉爆时的最小距离。

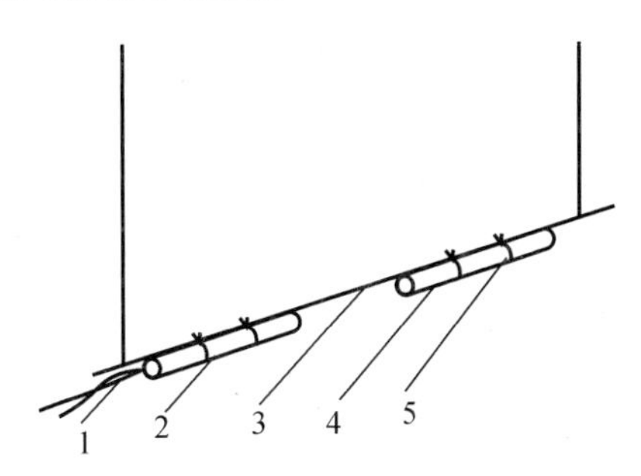

图 6－16　殉爆试验

1—雷管；2—主动炸药；3—刚性杆；4—被动炸药；5—固定用绳

引起殉爆的原因如下：

（1）主动装药的爆轰产物直接冲击被动装药。当两装药间的介质密度不是很大（如空气等），且距离较近时，主动装药的爆轰产物就能够直接冲击被动装药，引起被动装药的爆轰。

（2）主动装药爆轰时，抛射出的物体冲击被动装药。如主动装药的外壳破片，主动装药爆轰时形成的金属射流冲击到被动装药，引起被动装药爆轰。

（3）主动装药爆轰时，在惰性介质中形成的冲击波冲击被动装药。主动装药爆轰时，在其周围介质中形成冲击波，当冲击波通过惰性介质进入被动装药仍具有足够的强度时，就能引起被动装药爆轰。

在实际情况下，也可能是以上两种或三种因素的综合作用。如介质是空气，且两装药相距较近，主动装药又有外壳时，就可能是三种因素都起作用。若两装药间被惰性介质隔开，且距离较大，则主要是第三种情况。

殉爆距离主要决定于下列因素：

（1）主动装药的药量和性质。殉爆距离主要决定于主动装药的起爆能力，因此，凡是影响起爆能力的诸因素，都可以影响殉爆距离。

主动装药的药量愈大，以及它的爆热、爆速愈大时，引起殉爆的能力也就愈大。这是因为主动装药的能量高、爆速高，药量大时，所形成的冲击波压力与冲量大。

表 6－11 列出了主动装药和被动装药都为梯恩梯、介质为空气时，药量对殉爆距离的影响。

表 6－11　药量对殉爆距离的影响

主动装药质量/kg	10	30	80	120	160
被动装药质量/kg	5	5	20	20	20
殉爆距离/m	0.4	1.0	1.2	3.0	3.5

（2）主动装药的外壳。装药有外壳时，殉爆距离可以增大。这可能是由于外壳有利于爆轰产物的定向飞散，从而使殉爆距离增大。

（3）主动装药与被动装药之间的连接方式。当两装药之间用管子连接时，爆轰产物及冲击波就能更好地集中向某一方向飞散，增强了起爆能力，使殉爆距离增大。如装药质量为 50 g 的苦味酸，主动装药的密度为 1.25 g/cm^3，被动装药的密度为 1.0 g/cm^3，在空气中殉爆距离为 19 cm；当用直径为 3.2 cm、厚为 1mm 的纸管连接时，殉爆距离为 60 cm；再如用直径为 3.2 cm、厚为 5 mm 的钢管连接时，则殉爆距离为 125 cm。因此，在有爆炸危险的各工序之间，以及各工房之间，必须设立单独的通风管道，厂房内用明下水道。

(4)被动装药的性质。影响殉爆距离的主要因素是被动装药的爆轰波感度，它的爆轰波感度愈大，殉爆能力也愈大。因此，凡是影响被动装药爆轰波感度的因素(密度、装药结构、粒度大小、化学性质等)都影响殉爆距离。当被动装药密度低时，其爆轰波感度大，则殉爆距离也大。非均质的被动装药殉爆距离比均质装药的殉爆距离要大。被动装药压装时，比铸装的殉爆距离大。

表 6－12 所列数据的实验条件：主动装药用 35.5 g 钝化黑索今，密度为 1.6 g/cm^3，主动装药与被动装药的直径皆为 23.2 mm，用 0.15 mm 厚的醋酸纤维管连接，从中可以看出被动装药密度的影响。

表 6－12　被动装药密度对殉爆距离的影响

被动装药		殉爆距离/mm
炸药	密度/(g·cm^{-3})	
细粒度的梯恩梯	1.30	130
细粒度的梯恩梯	1.40	110
细粒度的梯恩梯	1.50	100
钝化黑索今	1.40	95
钝化黑索今	1.50	90
钝化黑索今	1.60	75

被动装药的直径小于临界直径时不能殉爆。

(5)装药间介质的性质。惰性介质的性质对殉爆距离有很大的影响，这主要和冲击波在其中传播的情况有关。一般在不易压缩的介质中，冲击波容易衰减，因而殉爆距离较小。此外，介质愈稠密，冲击波在其中损失的能量也愈多，故殉爆距离也愈小。

表 6－13 中主动装药为苦味酸 20 g，密度为 1.25 g/cm^3，纸外壳，被动装药为苦味酸，密度为 1.0 g/cm^3。

表 6－13　介质对殉爆距离的影响

两装药间的介质	空气	水	黏土	钢	砂
殉爆距离/cm	2.8	4.0	2.5	1.5	1.2

因砂、土等介质吸收冲击波能量的能力强，故它们隔在装药之间时，使殉爆距离大大减小。因此，在炸药仓库以及某些危险性大的生产工房周围常常建筑一道土围墙，这样可以大大缩小炸药工房与仓库以及它们与其他建筑物之间的距离。

(二)安全距离

在设计厂房、仓库距离和爆破工作时，殉爆距离值至关重要，上述建筑物彼此距离应大于安全距离。安全距离和在建筑中加工或存放的炸药量有关，进行爆破工作的安全距离则以爆破点——工作人员距离为准，计算的原理基于取哪种破坏作用的参量为分析基准。

(1)如果取决定破坏作用的参量为冲击波阵面的超压,则安全距离 R_{sf} 的确定与某个超压值 Δp 有关,Δp 值取不能使建筑物破坏的值。这时,可依下式进行计算,即

$$R_{sf}=k_{sf}m^{\frac{1}{3}} \tag{6-1}$$

式中:k_{sf}——安全系数,m;

m——建筑物中的炸药量,kg。

(2)如果取决定破坏作用的参量为冲量,则

$$R_{sf}=k_{sf}m^{\frac{2}{3}} \tag{6-2}$$

(3)在计算爆破工作的安全距离时,则按下式计算 R_{sf}:

$$R_{sf}=k_{sf}m^{\frac{1}{2}} \tag{6-3}$$

式(6-3)中 m 的指数介于式(6-1)和式(6-2)的中间值,这是因为:①爆炸时具体条件变化十分复杂;②在实际工作中很难区分破坏作用是由超压还是冲量决定。

(4)对于民居点——炸药工作间的 R_{sf},则应由下式决定:

$$R_{sf}\geqslant 10\sqrt{m} \tag{6-4}$$

根据建筑中从事的危险性程度可将有炸药的建筑分为 A,B,C,D 四级,A 级又分为 A_1,A_2 两级。表 6-14、表 6-15 中列出了 k_{sf} 的值。

表 6-14　A 级建筑的 k_{sf} 值

<table>
<tr><th rowspan="2">建筑等级</th><th colspan="3">围墙防护情况</th></tr>
<tr><th>都没有</th><th>单方有</th><th>都有</th></tr>
<tr><td>A_1</td><td>4.50</td><td>1.70</td><td>0.85</td></tr>
<tr><td>A_2</td><td>2.80</td><td>1.20</td><td>0.60</td></tr>
</table>

表 6-15　危险库房的安全系数 k_{sf}

<table>
<tr><th rowspan="3">主动炸药
建筑级别</th><th colspan="4">被动炸药建筑级别</th></tr>
<tr><th rowspan="2">A_1</th><th rowspan="2">A_2</th><th colspan="2">B　　C　　D</th></tr>
<tr><th>有土围</th><th>无土围</th></tr>
<tr><td>A_1</td><td>0.4</td><td>0.4</td><td>0.4</td><td>0.8</td></tr>
<tr><td>A_2</td><td>0.3</td><td>0.3</td><td>0.3</td><td>0.6</td></tr>
</table>

第四节　爆轰波感度

在爆轰波作用下,炸药发生爆炸的难易程度叫作爆轰波感度,又称起爆感度。对于单体和军用混合炸药,少量的起爆药就可以引起爆轰,引起炸药爆轰的最小起爆药量叫作极限起爆药量。但是对于工业炸药来讲,例如浆状炸药,只用雷管不能使之爆轰,还需要用猛炸药(例如梯恩梯-黑索今的混合炸药)"接力",俗称为起爆药包。对于不同的炸药,起爆药的概念不同,爆轰波感度的理解也有差别。

用于测定单体炸药爆轰波感度的方法相当古老且简单,在图 6-17 中列出了该方法的示

意图，这种方法可用于求得引起炸药爆轰时起爆药的极限起爆药量。

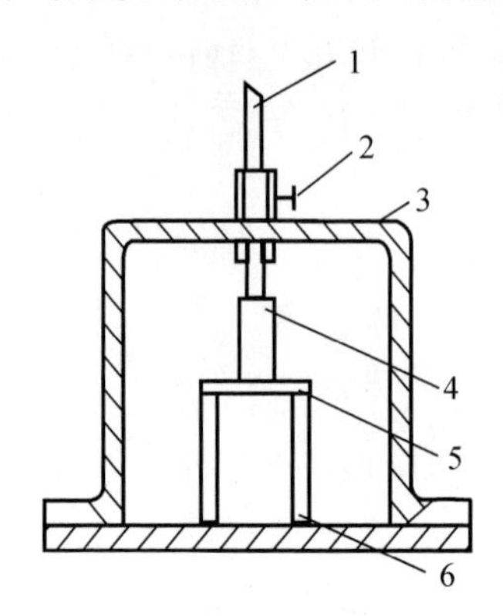

图 6-17　炸药爆轰波感度的测定装置

1—导火索；2—固定管；3—防护罩；4—试样管；5—验证板；6—支座

在测定时，将 1 g 炸药装入 8 号雷管壳中，在专门模具中压实，压强保持在 49 MPa。精确称量起爆药（例如叠氮化铅），小心地将起爆药压在雷管壳中的炸药上，再装入 100 mm 长的导火索，在专用爆炸室内点火引爆。观察爆炸试验后作为验证板——铅板的变形，如果铅板上出现直径大于管壳外径的孔洞，表明猛炸药被完全引爆。用插试法（每次变更起爆药质量为 10 mg）求得能引起炸药爆轰的最小起爆药质量。在表 6-16 中列出了特屈儿等四种炸药的极限起爆药量。对于常用的叠氮化铅来说，只需几十毫克就足以使上述炸药完全爆轰。用于起爆工业炸药的“起爆”药量则可达百克。

表 6-16　常见炸药的极限起爆药量

起爆药	极限起爆药量 m_{min}/mg			
	特屈儿	苦味酸	梯恩梯	黑索今
叠氮化铅	25	25	90	15
叠氮化汞	45	75	145	
叠氮化钛	70	115	335	
雷酸汞	20	50	95	
雷酸亚铜	25	80	125	
雷　汞	290	300	360	190

第五节　静电感度

两个物体互相摩擦，不但能产生热，而且能产生静电。绝大多数炸药都是绝缘物质（比电阻在 10^{12} Ω/cm 以上），所以炸药颗粒之间的摩擦很易带电，而且容易形成高电压。炸药和其他物体摩擦也一样会产生静电。当能量足够大时，这种带高电压的静电在适当条件下就会放电，产生电火花。这种电火花能量足够大，就可以引燃或引爆炸药。如果此时在电火花附近有可燃气体，如乙醇、乙醚等蒸气，那就很易点燃，引起事故。

在炸药生产和加工过程中，不可避免地会产生摩擦，如球磨粉碎、混药、压药、螺旋输送、气流干燥等过程都发生炸药之间的摩擦和炸药与其他物体之间的摩擦。干燥的起爆药从导药槽上滑下时，产生的静电达几百伏至上千伏，8321 炸药过筛时静电可达上万伏，筛下药粒用金属制品去接触时，可以听到放电的噼啪声，在夜间能看到蓝色放电火花。

静电是火炸药工厂及弹药装药厂发生事故的重要原因之一，尤其是火工厂和火药厂更为严重。为了掌握这一现象的基本规律性，我们必须对炸药静电感度问题加以研究，以便指导实践，防止静电事故的发生。

炸药的静电感度实际上包括两个方面，一是炸药在摩擦时产生静电的难易程度，二是在静电火花作用下炸药发生爆炸的难易程度。这是两个不同的概念。有的炸药摩擦时容易产生静电，但对电火花作用不一定敏感。从工厂技术安全角度来看，总希望产生的静电尽可能小，防止电火花的产生，防止静电火花引爆炸药的事故。

一、关于炸药的摩擦带电

(一)摩擦带电原理

两物体摩擦时，接触的两个面可以互相挨得很近，使一个物体分子中的电子进入另一个分子的引力作用范围。如果摩擦时有足够的能量，就可能使其中比较容易丢失电子的那个物体上的电子转移到比较容易接受电子的物体上去，所以静电都是一正一负成对产生的。

由于电子带有负电荷，所以失去电子的物体就带正电荷，得到电子的物体就带负电荷。

各种物体失电子或得电子能力不同，摩擦时电荷正负也不同。各种金属互相摩擦时失电子能力按如下次序：

← 铝、锌、锡、镉、铅、锑、铋、汞、铁、铜、银、金、铂、钯

失电子能力

也就是说，在这序列中位于前面的物体与位于后面的物体摩擦时，前者容易失电子而带正电，后者带负电。

炸药和其他物体摩擦时产生电荷的正、负是通过试验确定的。

(二)静电测量

要知道炸药摩擦带电的难易程度，就要测量炸药摩擦后所带的静电量。

在物理电学中已经学过，静电量 Q 有如下关系：

$$Q=CU$$

式中：C——电容；

U——电压。

因此，只要知道系统的电容量和静电电压，即可得到静电电量。

实验装置示意图见图 6-14，炸药从滑槽 3 滑下，进入金属容器 5，此时在静电电位计上读得静电电压，炸药和金属容器之间本身就存在一个电容 C_1，所以系统总电容 $C=C_1+C_2$。C_2 是外加的电容，是已知的。C_1 是未知的，需要试验确定，方法很简单：先不加电容 C_2，测得电压 U_1；再加上电容 C_2，测得电压 U_2。

不加 C_2 时，电量 $Q_1=C_1U_1$；加上 C_2 时，电量 $Q_2=(C_1+C_2)U_2$。因为电量是相同的，即 $Q_1=Q_2$，所以

$$C_1U_1=(C_1+C_2)U_2$$

$$C_1=\frac{C_2U_2}{U_1-U_2}$$

利用图 6－18 装置可以测量各种炸药在不同槽板上滑动时所带静电量。

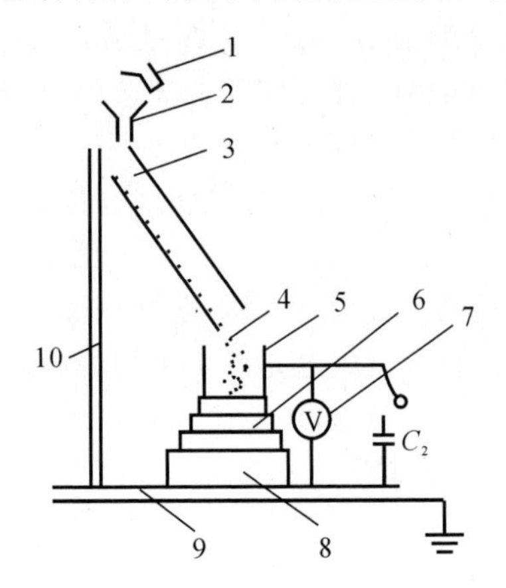

图 6－18　静电测量装置示意图

1—样品杯；2—漏斗；3—滑槽；4—试样；5—金属容器；
6—绝缘板；7—静电计；8—垫片；9—导电橡胶；10—支架

测试装置固定后，C_1 和 C_2 也固定了。这样静电电量大小也可由相应的静电电压大小来衡量。

静电的极性可用如下方法来判断：用绸子和玻璃棒摩擦，将玻璃棒与容器中炸药接触，如电位降低，炸药带负电。因为玻璃棒带正电，和带负电的炸药接触时电位就降低了。

(三)影响静电量的因素

1. 摩擦板倾斜角度

对 TNT，颗粒度为 48～80 目，质量为 21 g，湿度 57％时所做的试验结果如图 6－19 所示。

由图 6－19 看出，摩擦板倾斜角度约为 60°时，摩擦产生静电量最大。角度减小或增大均可使静电量减小。这是因为角度大了，摩擦速度虽然加大了，但摩擦力减小了；相反，角度小了，摩擦速度降低起主要作用。

从这个观点来设计火工导药槽时，角度大一些比较好。

2. 摩擦板长度

随着摩擦板长度的增加，静电量也增加，如图 6－20 所示。从这个观点来考虑，起爆药导药槽应尽可能短，以减少静电量。

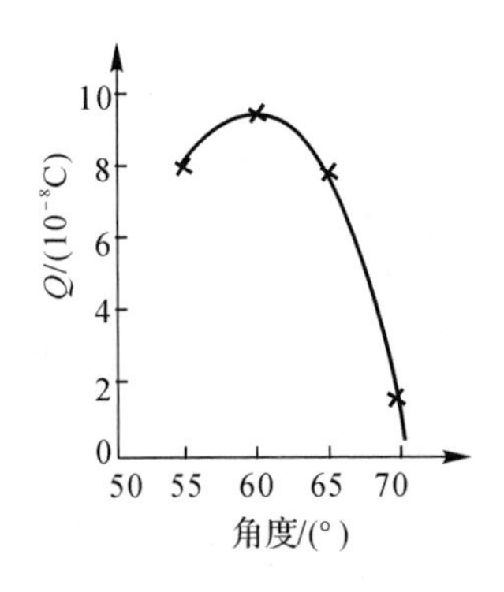

图 6－19　摩擦板倾斜角的影响

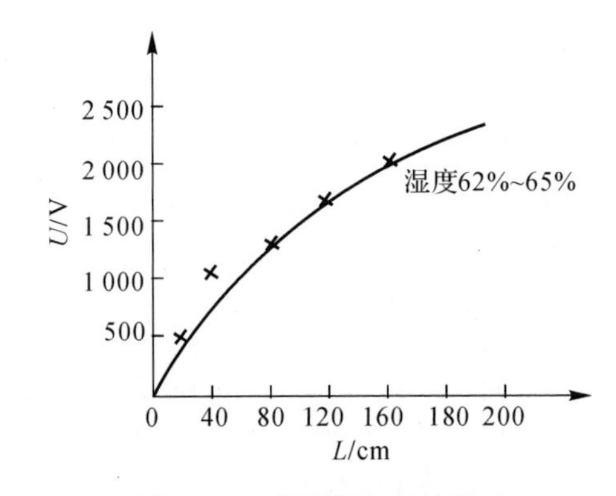

图 6－20　摩擦板长度的影响

3. 炸药粒度的影响

试验结果表明，炸药粒度减小，静电量增加，试验数据列于表 6－17。

表 6－17　TNT 颗粒度与带电量的关系①

粒度/目	28～48	48～80	80～120	120～150
电压/kV	0.9	1.25	1.60	1.80

注：①上述试验的条件：药量 20 g，湿度 63%～68%，板长 160 cm，倾斜角 60°。

分析其原因，可能是随炸药粒度减小使与板的实际摩擦面积增加了。

4. 空气湿度的影响

试验证明，空气湿度增加时，炸药静电量也减小，如图 6－21 所示。

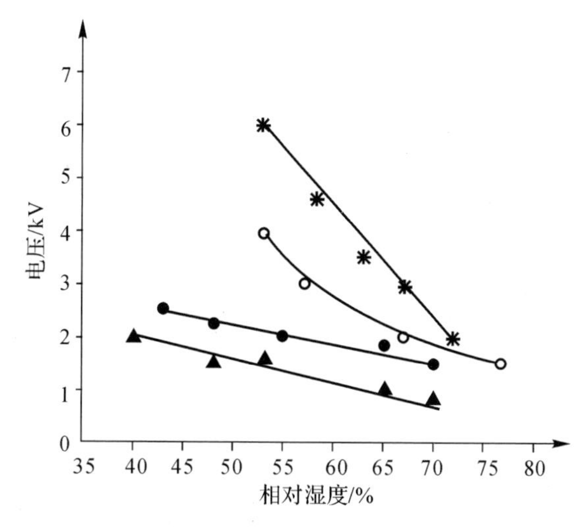

图 6－21　空气湿度对炸药静电量的影响

*—黑索今(温度 19～25℃)　O—特屈儿(温度 21～22℃)

●—TNT(温度 1.75～20℃)　▲—A-Ⅸ-1(温度 1.75～20℃)

由图 6－21 可见，空气湿度对不同炸药带电量的影响不一样。对黑索今的影响最大，特屈儿其次，对 A-Ⅳ-1 的影响小，对 TNT 的影响最小，但总的来说都是减小。这是因为湿度增加，空气中带电离子数增加，这样就有利于炸药所带的静电从空气中放掉，同时空气湿度增加，使炸药表面的湿度也增加了，从而增加了炸药表面的导电性，这样就不利于静电的积累。

5. 接地的影响

从对黑索今的试验来看，摩擦板接地与否对黑索今静电量的大小没有明显的影响(见表 6－18)。

表 6－18　接地对黑索今静电量的影响

条件	不同次数的电压/kV						
	1	2	3	4	5	6	平均
不接地	3.20	3.10	3.10	3.05	3.00	3.00	3.07
接　地	3.20	3.35	3.25	2.90	3.10	3.10	3.13

注：上述试验是在湿度 62%～63%、药量 10 g、板长 160 cm 条件下进行的。

摩擦板接地与否对炸药静电影响不大的原因可能是，炸药是绝缘体，当板接地时，只有与板接触的那些地方的炸药的带电量才会减少，而这部分的电量占总电量的极少部分。

6. 炸药药量的影响

炸药药量增加时，静电量也增加，这是比较容易理解的。因为药量增加一方面增加了摩擦力，使电量增加；另一方面也增加了摩擦面，使静电增加。

7. 摩擦板材料的影响

不同材料失电子或得电子能力不同，产生静电量也不同，对一些材料的试验结果如表6－19所示。

表6－19　不同摩擦板材料对静电量的影响

炸药	不同摩擦板材料的电压/kV				
	万能胶	有机玻璃	聚苯乙烯	石蜡	梯恩梯
黑索今	0.48	8.2	2.25	1.11	0
特屈儿	1.9	3.05	2.14	0.20	0
梯恩梯	1.15	4.8	1.66	0.89	0
A-Ⅸ-1	0.81	6.9	2.26	1.13	0

从表6－19可以看出，将万能胶、石蜡、梯恩梯等材料涂在板上，产生的静电比较小，例如在板上涂一层梯恩梯可以完全防止静电的产生。

二、炸药对静电火花的感度

（一）表示方法

炸药对静电火花感度的表示方法通常有两种：一是用在一定试验条件下起爆炸药所需要的电火花能量 E 来表示，二是用在固定电火花能量下比较各种炸药的爆炸百分数来表示。电火花能量有三种：

（1）上限能量——100%爆炸所需最小电火花能量 E_{100}；

（2）下限能量——100%不爆炸所需最大电火花能量 E_0；

（3）特性能量——50%爆炸所需的电火花能量 E_{50}。

（二）测定方法

图6－22是测定炸药静电感度的一种装置，它可产生不同能量的电火花。此装置是通过电容放电的方式得到的电火花。在测定时，先将开关K接通电极a使电容器充电，而后又将K扳向电极b，使电容器放电，电火花作用在试样5上，观察样品爆炸时所需的能量值。

电火花能的大小由下式计算：

$$E=\frac{1}{2}CU^2$$

式中：E——电火花能量，J；

U——电压，V；

C——电容，F。

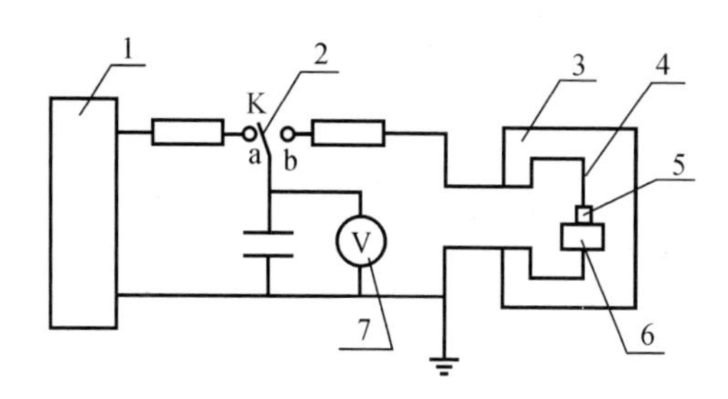

图 6-22　炸药静电感度的测定方法

1—高压电源；2—高压真空开关；3—防护箱；4—针形电极；5—试样；6—击柱；7—静电计

例如：4# 炸药 100%不爆的最大电压为 7 kV，放电电容为 0.28 μF，则

$$E=E_0=\frac{1}{2}CU_0^2=\frac{1}{2}\times 0.28\times 10^{-6}\times 7^2\times 10^6=6.86\ \text{J}$$

如果装置条件固定下来，即 C 也固定，那么电火花能量也可用电压 U 值来表示。

几种常用炸药在不同能量的电火花作用下的爆炸百分数列于表 6-20。通过表 6-20 可得表 6-21，即得到这几种炸药的上、下限能量和特性能量。

表 6-20　几种炸药在不同能量(J)的电火花作用下的爆炸百分数

炸药	在不同能量(J)的电火花作用下的爆炸百分数(%)				
	0.050 (1.0kV)	0.113 (1.5kV)	0.200 (2.0kV)	0.313 (2.5kV)	0.450 (3.0kV)
梯恩梯	50	68	83	100	100
黑索今	13	20	38	55	85
特屈儿	37	68	100	100	—
A-Ⅸ-1	0	20	57	100	100

注：电容 C=0.1 μF，电极距离 d=1 mm，药量 m=20 mg。

表 6-21　几种常用炸药的 E_0，E_{50} 和 E_{100}

炸药	E_0/J	E_{50}/J	E_{100}/J
梯恩梯	0.004	0.050	0.374
黑索今	0.013	0.288	0.577
特屈儿	0.005	0.071	0.195
A-Ⅸ-1	0.062	0.185	0.384

由表 6-20、表 6-21 可见，梯恩梯的静电感度比黑索今的静电感度高，而梯恩梯的撞击感度比黑索今低得多。可见，炸药静电感度的顺序和机械感度的顺序不一致。

另外，炸药摩擦带静电的难易程度与静电感度是互相独立的两个方面。例如，一般来说，黑索今比梯恩梯较容易摩擦带电，但梯恩梯的静电感度又比黑索今的高。因此，在考虑黑索今和梯恩梯发生静电事故时，两个因素都要考虑。

第六节 激光感度

激光是能量高度集中、颜色单纯的光线，在空气中传播不易衰减。近年来，由于固体激光器的改进、Q 开关的应用，可以产生高功率、脉冲时间短的激光，形成冲击波，从而引爆炸药。使用上述技术引爆炸药的装置原理示于图 6－23，接受激光的部件(试样室)示于图 6－24。

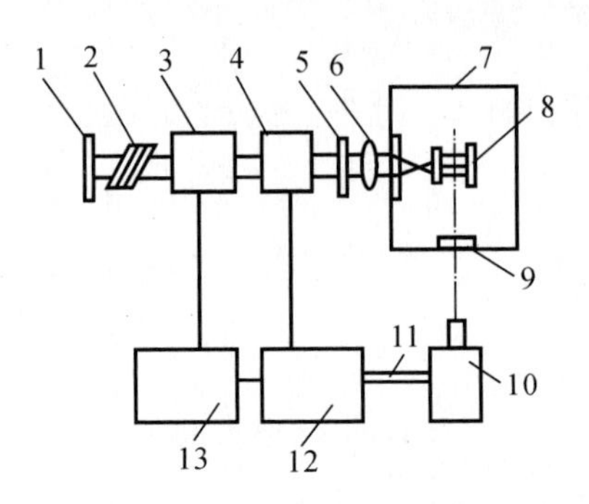

图 6－23　激光引爆的原理图

1—反射镜；2—偏振光镜；3—电池组；4—红宝石；5—正面反射镜；
6—透镜；7—钢制安全室；8—试样室；9—树脂窗；10—高速摄像机；
11—同步触发脉冲；12—灯源；13—时间延期脉冲发生器

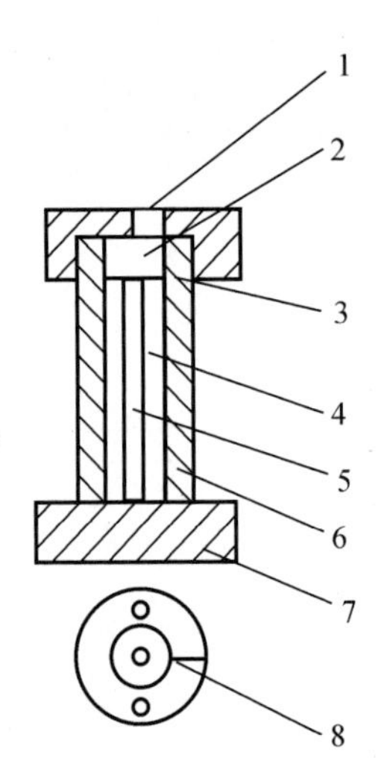

图 6－24　试样室

1—激光进口孔；2—玻璃窗；3—薄铝箔；4—玻璃毛细管；
5—炸药柱；6—黄铜体；7—钢块；8—狭缝

在表 6－22 中列出了几种炸药被激光引爆的结果。

由于炸药表面吸收激光的程度不同，所以炸药的表面性质对于引爆效果有明显的影响。

表 6-22　激光引爆的数据

炸　药	ρ/(g·cm^{-3})	E_{laz}/J	窗户材料	炸药		$\tau/\mu s$	v_D/(m·s^{-1})	b/mm
				d/mm	l/mm			
泰安	1.64	1.0	铝	3.80	20.6	2.90	7 228	0.61
泰安	1.72	2.0	玻璃	3.80	20.6	2.86	7 379	0.76
黑索今	1.18	1.0	铝	3.05	25.4	3.98	6 374	0.38
黑索今	1.18	3.5	铝	1.00	25.4	4.90	5 393	0.13
黑索今	1.18	3.8	铝	2.70	20.6	3.62	6 741	0.53
特屈儿	1.08	4.0	铝	3.05	25.4	5.58	5 609	0.23

注：b 为钢板凹痕深度；E_{laz} 为激光能。

第七节　影响炸药感度的因素

影响炸药感度的因素大致可以分成两方面：一是炸药结构本身的物理化学性质，二是炸药的物理状态和装药条件。研究这些对感度的影响因素可以根据炸药本身化学结构和物理化学性质来粗略预计炸药的感度情况，同时可以引导我们根据这些因素来人为地控制炸药的感度。

一、炸药结构本身的物理化学性质和感度的关系

(一)原子团的稳定性

炸药爆炸的根本原因是原子间键的破裂，所以原子团的稳定性对炸药感度有很大影响。

通过实验研究归纳，不稳定原子团的性质、不稳定原子团的所在位置及不稳定原子团的数目均对感度有影响。

一般—OCl_4 比—ONO_2 稳定性小，所以过氯酸盐比硝酸酯感度大；—$CONO_2$ 比—CNO_2 稳定性小，所以硝酸酯比硝基化合物感度大。

醇和碳水化合物的硝酸酯，不论对热、机械的感度均大于苯系碳氢硝基化物，而芳香族的硝胺感度则处于其中。泰安虽有 4 个稳定性小的原子团—$CONO_2$，比硝化甘油的不稳定性原子团还多一个，但因为它们不稳定原子团的分布不同(泰安为对称分布)，其结果泰安比硝化甘油的热和机械感度均小。

芳香族的硝基衍生物的撞击感度首先取决于苯环上取代基的总数，而取代基的种类和位置表现出的影响不大；但在苯环上的甲基、羟基、卤素取代基和硝基的数目增加，撞击感度也增加(见表 6-23)。

表 6-23　不同取代基硝基衍生物的撞击感度

炸　药		取代基数目	撞击能/(kg·m·cm^{-2})
二硝基苯	—CH_3 影响	2	19.5
三硝基三甲苯		6	5.9
二硝基酚	—OH 影响	3	12.7
三硝基酚		4	8.2
氯代二硝基苯	—Cl 影响	3	12.0
氯代三硝基苯		4	11.3
二硝基甲苯	—NO_2 影响	3	18.9
三硝基甲苯		4	11.4

从化学官能团来看,一般说来,硝酸酯类炸药(如硝化甘油、泰安)感度较高,硝胺类(如黑索今)次之,硝基类(如梯恩梯)感度最小。

另外,带负电性取代基的炸药分子结构中各原子联系较弱,而正电性取代基较强,所以三硝基酚类衍生物比三硝基甲苯类感度高。

(二)炸药的生成热

炸药的生成热与炸药分子的键能有关,一般键能小时,生成热也小,而生成热小的炸药感度高。起爆药的生成热比猛炸药的生成热要小得多,常用起爆药一般都是吸热化合物,也就是生成热都是负的,所以一般起爆药的感度比猛炸药都高。

(三)炸药的爆热

爆热大的炸药感度较高,这可以从炸药中的能量传播来加以理解。对爆热大的炸药,只需较少的活化质点分解后放出的能量就足够维持爆轰继续往下传播而不至于衰减;相反,爆热小的炸药相对需要较多的活化质点放出的能量才能维持爆轰继续传播。因此,两种活化能大致相同的炸药,爆热大的爆轰波感度也大,如黑索今>特屈儿>梯恩梯。对机械感度来说,爆热大的有利于热点成长,所以一般爆热大的炸药机械感度也大。

(四)炸药的活化能

活化能实际上就是炸药爆炸的一个能栅,这个能栅愈高,愈不易跨过这个能栅而爆炸,也就是感度愈小。相反,活化能愈小,感度就愈高。应该指出,活化能受外界条件影响很大,所以不是所有情况都严格遵守这个规律。

(五)炸药的热容和热传导性

炸药的感度随着热容和热传导性的增加而减小。因为使炸药热点升高到临界温度,对热容大的炸药需要较多的热量,所以相对来说不易引爆,感度较小。对热传导性高的炸药,很容易把热量散失到周围介质中去,不易形成热积累,要使炸药升高到一定温度所需能量就多,所以热感度要低。此外,热容和热传导性对机械感度的影响较小。

(六)炸药的挥发性

挥发性大的炸药和挥发性小的炸药,在具有相同爆发点和相同的加热情况下,前者因挥发性大,要达到爆发点所需要的热量较多,所以挥发性大的炸药热感度一般较小。

二、炸药物理状态及装药条件对感度的影响

物理状态的影响表现在物态、结晶形状、装药密度、结晶大小以及初温和附加物的影响。

(一)炸药的物态

通常炸药由固态转化为液态时,感度要提高,原因有三:①通常液态具有较高的温度。②固态熔化为液态需要吸收熔化潜热,因而液态比固态具有较高的内能。③液态时有较高的蒸气压,易于爆发。

温度高、内能高、蒸汽压大,它们都有利于炸药进行反应,因而在外界作用下易于导致爆炸。例如:

固体 TNT 在 20℃时,2 kg 落锤 10%爆炸的落高为 36 cm。

液态 TNT 在 105~110℃时,2 kg 落锤 10%爆炸的落高为 5 cm。

冻结状态的硝化甘油比液态硝化甘油感度要低。但也有例外，当冻结过程中形成不安定型的硝化甘油结晶时，其感度反而提高。

（二）结晶的形状

叠氮化铅有两种不同晶形：α型与β型。α型为棱柱状，β型为针状，β型比α型机械感度要大得多，在其晶粒破碎时即可爆炸，一般认为这与晶体的晶格能量有关。晶格能量决定了相应离子间的静电引力（如叠氮化物中的 N_3^- 和 Me^+）。晶格能量愈大，这种叠氮化物就愈稳定，感度也就愈低，如表 6－24 所示。

表 6－24　几种叠氮化物的撞击感度

叠氮化物		实验条件落锤质量/g	锤面直径/mm	感度上限	
				落高/mm	爆炸百分数/%
晶格能量增大（↑）	PbN_6	1.52	1.55	225	100
	CdN_6	1.52	1.55	195	100
	CaN_6	1.52	1.40	119	100
	BaN_6	1.52	1.35	65	100

注：β型叠氮化铅的晶格能量低，所以它的感度也高。

（三）装药密度和表面情况

一般炸药随着密度增加，爆轰波感度降低，这是因为炸药密度增加后，结构密实，不易吸收能量。对火焰感度也是如此，密度大的炸药表面空气隙较少，高温的燃烧产物不易深入至内部，所以不易点燃；若表面疏松，则火焰感度即会大大增加。

当密度过大时，就会造成所谓"压死"现象，即炸药失去被引爆的能力。

压装和铸装的炸药感度也不同，一般压装炸药爆轰波感度大于铸装炸药，像压装梯恩梯用8# 工业电雷管可以完全起爆，而铸装梯恩梯就不能完全起爆。原因同上面讲的一样，铸装炸药结构致密，爆轰产物的能量不易被它所吸收，所以不容易起爆。

（四）炸药颗粒度

炸药颗粒度大小对爆轰波感度有很大影响。颗粒度小的爆轰波感度大。例如，从溶液中沉淀出来的超细粒的结晶梯恩梯比通过 2 500 孔/dm^3 筛的梯恩梯的极限起爆药量小（前者只要 0.04 g PbN_6，后者需 0.10 g），这是因为细粒度的炸药比表面积大，所以接受爆轰产物的能量也大，形成活化中心的数目多，因而容易引起爆炸反应。另外，细结晶炸药有利于爆轰的扩展，因为比表面积愈大，反应速度也愈快。

（五）温度的影响

随着炸药初始温度的升高，炸药的各种感度也增高。例如，不同温度下梯恩梯的撞击感度有很大不同，见表 6－25。

表 6－25　不同温度时梯恩梯的撞击感度

温度/℃	梯恩梯状态	爆炸下限（2kg 落锤）/cm
－40	固态	46
20	固态	36
80	液态	18
90	液态	8
105～110	液态	5

原因是温度升高，炸药分子间相对振动增加，使分子中原子间键的强度减弱；同时，温度升高，反应速度也加快，因而容易引起爆炸。

(六)附加物的影响

向炸药中掺入附加物(或杂质)可以使炸药的感度发生显著的变化，主要对机械感度影响大。

不同的附加物起不同的影响。加入炸药后能增加炸药感度的叫增感剂，降低感度的叫钝感剂。附加物对炸药机械感度的影响取决于附加物的硬度、熔点、含量、粒度等性质。

(1)附加物的硬度。当附加物的硬度大于炸药时，在一定粒度和含量下使炸药的感度增加，因为在硬度大的附加物附近能量容易集中，形成热点。而硬度小的附加物特别是黏性物质，如胶体石墨、石蜡、凡士林、油类等，能降低炸药的感度。一方面这些物质在机械载荷作用下缓和了对炸药的冲击，另一方面这些物质吸收了外界的机械能，同时还阻碍了炸药的分解发展为燃烧和爆炸。

(2)附加物的熔点。有人认为低于400℃的物质一般不增加炸药的撞击感度和摩擦感度，相反会使炸药的感度降低；对于高熔点的杂质，如果热传导性愈好，对炸药感度的增加就不大，如食盐的熔点为804℃，但增感作用不大。一般说来，附加物的熔点在热点爆发点以上的能使炸药增感，在热点爆发点以下的能使炸药钝感，后者是因为温度升高至热点爆发点以下，附加物就熔化了，失去了固体坚硬的棱角，不易形成热点。

(3)附加物的含量。一般说来，塑性大的物质含量愈多，炸药愈钝感，因为吸收热量愈多。当这种附加物过多的时候，机械感度就等于零。硬度大的，能使炸药增感的附加物在一定范围内感度随含量增加而增加，如砂子含量对梯恩梯撞击感度的影响见表6-26。

表6-26　砂的含量对梯恩梯撞击感度的影响

砂的含量/%	爆炸百分数/%
0.01～0.05	6
0.1～0.15	20
0.2～0.25	29

注：锤重10 kg，落高25 cm。

但这种增感剂含量多到一定程度后阻碍了爆炸反应的进行，所以感度反而下降。

大粒度的附加物容易使炸药增感，而粒度很小的附加物即使硬度大、熔点高也可以不增感，甚至还可以稍微钝感。这都是粒度小了后不容易形成热点的原因。

思考与练习题

1. 什么是炸药的感度？为什么要研究炸药的感度？
2. 简述炸药的各种感度的概念。
3. 何谓冲击波感度？其中的隔板起什么作用？
4. 为什么要测定炸药的殉爆距离？影响殉爆的因素有哪些？
5. 影响炸药感度的因素有哪些？

第七章 炸药的爆炸作用

炸药爆炸是一种释放能量,并对外做功的过程。炸药在爆炸时形成的高温、高压产物,能对周围介质产生强烈的冲击和压缩作用,从而使与其接触或接近的物体产生变形、破坏和运动。这种作用是爆轰产物的直接作用。当目标离爆炸点较远时,爆炸产物本身的破坏作用将不甚明显。但是,当炸药在空气和水等介质中爆炸时,由于爆轰产物的急剧膨胀,从而在周围介质中形成冲击波。冲击波在这些介质中的传播能够在较远的距离上产生破坏作用。因此,炸药对周围介质的作用,不仅表现为与爆炸点相近距离上的直接作用,而且表现为与爆炸点较远距离上的间接作用。

炸药爆炸的破坏作用范围可用图 7-1 来描述。图中的 O 点是炸药的爆炸中心,球形装药的半径为 r_0。Ⅰ区($14r_0$ 以内)爆轰产物直接作用与空气冲击波的作用同时存在,但主要是爆轰产物的直接作用;Ⅱ区($14r_0$~$20r_0$)爆轰产物的直接作用与空气冲击波的作用同时存在;Ⅲ区($20r_0$ 以外)主要是空气冲击波作用。

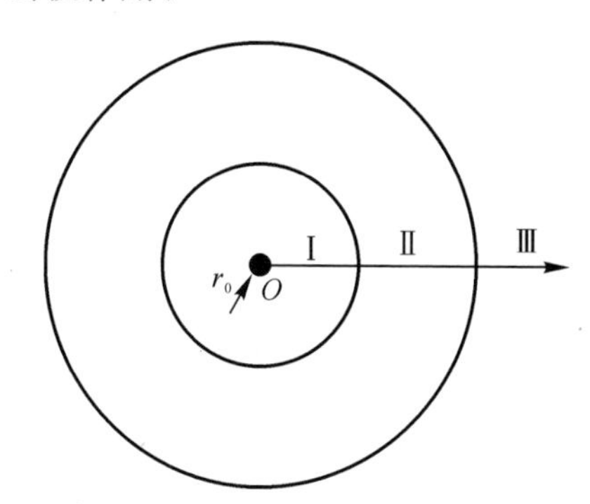

图 7-1 炸药爆炸作用范围示意图

炸药爆炸时对周围物体的各种机械作用统称为炸药的爆炸作用。

炸药的爆炸作用与炸药装药量、炸药性质、炸药装药的形状、炸药周围介质的性质等因素有关。

研究炸药的爆炸作用,可以正确地评价炸药的爆炸性能和合理地使用炸药,从而充分发挥炸药的效能,为各种装药设计提供必要的理论依据。

第一节 炸药的做功能力

在分别讨论爆炸的各种作用之前,对于炸药的爆炸作用先作一总的讨论。如 152 mm 激光末制导炮弹(战斗部类型为杀伤爆破,装药 6.5 kg)在地面爆炸时,它的各种爆炸作用形式有:

(1)弹体变形和破碎;

(2)弹体破片高速度向外飞散;

(3)压缩和抛掷泥土;

(4)在空气中形成冲击波等。

因此,炸药爆炸时,做功的形式是多种多样的。但是对于某一种特定的目标来说,只有某一种或某几种爆炸作用才是有效的。爆炸的总做功能力可由下式表达:

$$W_{总}=W_1+W_2+W_3+\cdots+W_n \tag{7-1}$$

式中:$W_1,W_2,W_3,\cdots,W_n$——各项爆炸作用所做的功;

$W_{总}$——各项爆炸作用做功的总和。

由式(7-1)可见,炸药爆炸时对周围介质所产生的各种爆炸作用的总和,即爆炸所作的总功,称为炸药的做功能力。炸药的做功能力又称为炸药的威力。

炸药的做功能力可由理论计算或实验求得。

一、做功能力的计算

(一)做功能力的理论表达式

因爆炸十分迅速,故可认为炸药爆炸为定容绝热过程。又由于爆轰气体做功的时间极短,与周围介质的热交换可以近似忽略,因此可近似地把产物膨胀过程看作绝热过程,于是炸药爆炸做功可用图7-2表示。

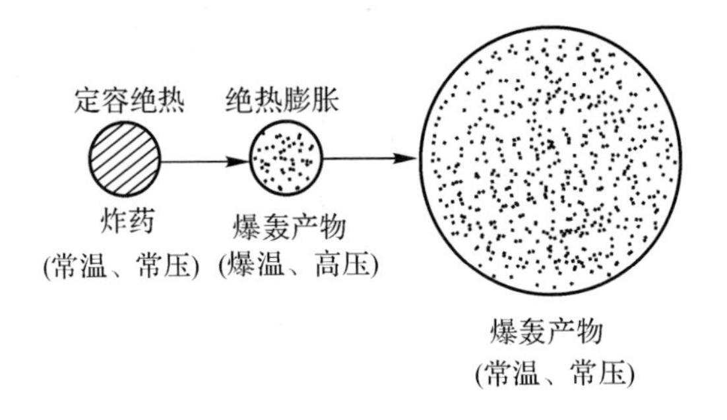

图7-2　炸药爆炸做功示意图

炸药爆炸是定容绝热过程,将炸药的化学能全部变成爆轰产物的热能,使爆轰产物温度升高到爆温。而后爆轰产物绝热膨胀到常温常压,此过程中,没有能量损耗,全部变成了机械功。

根据热力学第一定律,爆炸气体热力学能的减少等于气体在膨胀过程中传给介质的热量及膨胀所做的功,即

$$-\mathrm{d}E=\delta Q+\mathrm{d}W \tag{7-2}$$

式中:$-\mathrm{d}E$——爆炸气体内能的减少量;

δQ——气体在膨胀过程中传给介质的热量;

$\mathrm{d}W$——气体膨胀所做的功。

因爆轰产物的膨胀过程是绝热的,故$\delta Q=0$,则式(7-2)可写为

$$dW=-dE=-\bar{c}_V dT$$

对温度变量进行积分，则得爆轰产物由温度 T_1 膨胀到 T_2 时所做的总功为

$$W=\int_{T_1}^{T_2}-\bar{c}_V dT=\bar{c}_V(T_1-T_2)=\bar{c}_V T_1(1-\frac{T_2}{T_1}) \tag{7-3}$$

式中：T_1——爆温，K；

T_2——膨胀终了时爆轰产物的温度，K；

$\bar{c}_V$——$T_1 \sim T_2$ 范围内，爆轰产物的平均比定容热容，kJ/(kg・K)。

又因　$Q_V=\bar{c}_V(T_1-T_2)$，所以

$$W=Q_V \tag{7-4}$$

式中，Q_V 为炸药的爆热。

式(7－4)表示炸药爆炸所放出的能量全部用于对外界做功，是炸药做功能力的理论数值，称为炸药的理论做功能力。

由于实践上难以确定 T_2 的值，故式(7－3)没有实用价值，因此常用爆轰产物膨胀过程的体积和压力来代替温度的变化。

由于产物膨胀过程中，压力下降非常快，气体产物可看作理想气体。对于理想气体的绝热过程，有 $pv^{\kappa}=A$，则可得

$$\frac{T_2}{T_1}=(\frac{p_2}{p_1})^{\frac{\kappa-1}{\kappa}}=(\frac{v_1}{v_2})^{\kappa-1}$$

式中，κ 为绝热指数，$\kappa=c_p/c_V$。

又因为 $Q_V=\bar{c}_V(T_1-T_2)\approx\bar{c}_V T_1$，所以爆轰产物绝热膨胀终了时所做的功又可用下式表示：

$$W=Q_V\left(1-\frac{T_2}{T_1}\right)=Q_V\left[1-\left(\frac{p_2}{p_1}\right)^{\frac{k-1}{k}}\right]=Q_V\left[1-\left(\frac{v_1}{v_2}\right)^{k-1}\right]=\eta Q_V \tag{7-5}$$

式中：　η——做功效率；

p_1，v_1——未膨胀时爆轰产物的压力和比体积；

p_2，v_2——膨胀终了时爆轰产物的压力和比体积。

式(7－5)表示炸药的实际做功能力。由式(7－5)可以看出，炸药的实际做功能力小于炸药的理论做功能力。其数值不仅与炸药的爆热有关，而且和爆轰产物的膨胀比 v_2/v_1 及绝热指数 κ 有关。

当爆轰产物无限绝热膨胀，即 v_2 无限大时，爆轰产物完成的功等于炸药的理论做功能力。

(二)做功能力的经验计算

1．特性乘积法

由前面的讨论可以得知，爆热及绝热指数值均与爆炸产物的组成有关，产物中二原子分子多时，爆热较小(因生成 CO、H_2 的放热量远小于生成 CO_2 和 H_2O 的放热量)，但绝热指数较大，气态爆炸产物的体积也较大；产物中三原子分子多时，爆热较大，γ 值较小，产物的体积也小，因此炸药的做功能力取决于爆热 Q_V 及气态爆炸产物体积 V_0 的乘积。爆热决定了炸药的能量，而这一能量是由气体爆炸产物的膨胀转变为功的。气态爆炸产物的体积愈大，热能转变

为功的效率就愈高，一般称 $Q_V V_0$ 为炸药的特性乘积。

约翰逊(C. H. Johansson)采用臼炮法测定的做功能力数据表明，做功能力 W 与特性乘积 $Q_V V_0$ 之间有如下关系：

$$W = 3.65 \times 10^{-4} Q_V V_0 \tag{7-6}$$

式中：W——炸药的做功能力，kJ/g；

Q_V——炸药的爆热，kJ/g；

V_0——炸药气态爆炸产物的体积，cm^3/g。

常数值 3.65×10^{-4} 是采用他们的仪器实验得出的，不同仪器得出的结果不一定相同。

表 7-1 为几种常用炸药做功能力的计算值[按式(7-6)计算]与实验值的比较。

表 7-1　几种炸药做功能力计算值与实验值的比较

炸药	$Q_V/(kJ\cdot g^{-1})$	$V_0/(cm^3\cdot g^{-1})$	$W/(kJ\cdot g^{-1})$	
			计算值	实验值
奥克托今	5.46	908	1.768	1.726
黑索今	5.46	908	1.810	1.716
泰安	6.12	780	1.742	1.701
60 黑索今/40 梯恩梯	4.84	841	1.486	1.454
92 硝酸铵/8 梯恩梯	3.95	890	1.283	1.216
苦味酸	4.40	675	1.084	1.183
梯恩梯	4.10	690	1.033	1.062

由表 7-1 的数据可以看出，计算值和实验值是比较一致的。

爆热 Q_V 及气态爆炸产物的体积 V_0 的数值可由实验方法确定，但实验测定这些数比较困难，因而一般都是根据炸药的氧平衡用经验方法进行计算，这样做不仅烦琐，也不准确；进一步的研究表明，虽然采用不同的公式算出的爆热及气态爆炸产物体积的数值差别较大，但对其乘积的影响不大。为简化起见，可以采用按最大放热原则(炸药中的氧先使氢氧化成水，使碳氧化成二氧化碳)算出的最大热 Q_{max} 及相应的气态爆炸产物的体积 V_m 的乘积作为特性乘积，称为 $Q_{max}-V_m$ 法。

在实验测定炸药做功能力时，一般采用在同样条件下，被试炸药做功能力与一定密度下某一参比炸药做功能力的比值作为试样的相对做功能力。常用的参比炸药为梯恩梯，相对比较值称为梯恩梯当量。

用 $Q_{max}-V_m$ 法计算梯恩梯当量时，只需计算某炸药的 $Q_{max}V_m$ 与梯恩梯的 $Q_{max}V_m$ 即可。

由特性乘积法计算的常用炸药相对做功能力与实验值比较一致。

表 7-2 列举了几种常用炸药相对做功能力的计算值($Q_{max}-V_m$ 法)与实验值的比较。从表中结果可以看出，计算值与实验值是比较一致的。

表 7-2　炸药相对做功能力计算值与实验值的比较

炸药名称	相对做功能力(梯恩梯当量)/%	
	计算值	实验值
梯恩梯	100.0	100
硝酸铵	52.1	56
泰安	148.6	145
黑索今	154.3	150
硝化甘油	144.4	140
奥克托今	153.8	150
硝基胍	106.7	104
苦味酸	97.3	112
特屈儿	121.2	130
B 炸药	133.4	133
乙撑二硝胺	146.7	139
地恩梯	84.5	71
异戊四醇六硝酸酯	123.6	142
50 梯恩梯/50 硝酸铵	129.4	124
50 泰安/50 梯恩梯	123.1	126
70 特屈儿/30 梯恩梯	112.7	120

2. *威力指数法*

炸药的做功能力决定于炸药的爆热及气态爆炸产物的体积，而这两项数值又与炸药的分子结构有着密切的联系。对炸药分子结构与做功能力关系的研究结果表明，炸药的做功能力是炸药分子结构的可加函数，每种分子结构对做功能力的贡献可以用威力指数 π 表示。用威力指数法计算炸药做功能力的公式为

$$W=(\pi+140)\times 100\%$$

$$\pi=\frac{100\sum f_i x_i}{n} \tag{7-7}$$

式中：W——相对做功能力(梯恩梯当量)；

π——威力指数；

f_i——炸药分子中特征基和基团的个数；

x_i——特征基和基团的特征值；

n——炸药分子中的原子数。

常用炸药的特征基和基团的特征值见表 7-3。

表 7-3　特征基和基团的特征值

特征基和基团	x_i	特征基和基团	x_i
C	−2	O(在 N=O 中)	+1.0
H	−0.5	O(在 C—O—N 中)	+1.0
N	+1.0	O(在 C—O 中)	−1.0
N—H	−1.5	O(在 C−O−H 中)	−1.0

按威力指数法计算所得黑索今的相对做功能力见表 7－4。

表 7－4　按威力指数法计算的黑索今的做功能力

特征基和基团(个数)	$f_i x_i$
C(3)	3×(−2)＝−6
H(6)	6×(−0.5)＝−3
N(6)	61.0＝6
O(6)	61.0＝6
n＝21	$\sum f_i x_i = 3$
π＝300/21＝14.3 W＝(14.3＋140)×100％＝154.3％(实验值为 150％)	

表 7－5 列举了几种常用炸药用威力指数法算出的相对做功能力及与实验值的比较。

表 7－5　炸药相对做功能力计算值(威力指数法)与实验值的比较

炸药名称	相对做功能力(实验值)	相对做功能力(威力指数法计算值)	
	梯恩梯当量/％	W	梯恩梯当量/％
梯恩梯	100	104	100
特屈儿	129	126	121
黑索今	150	154	148
奥克托今	145	154	148
硝仿肼	175	180	173
泰安	145	147	141
40 梯恩梯/60 黑索今	133	132	127
50 梯恩梯/50 泰安	126	124	119
30 黑索今/50 特屈儿/20 梯恩梯	132	129	124

注：本表中的实验方法与表 7－2 不同，因此实验结果略有差别。

二、做功能力的实验测定

(一)铅铸法

铅铸法是我国国家标准规定的测定炸药做功能力的一种试验方法，也是测定炸药做功能力的国际标准方法。铅铸法适用于测定粉状、颗粒状和膏状炸药的做功能力。

1. 实验原理

将一定质量、一定密度的炸药置于铅铸孔内，爆炸后以铅铸孔扩大部分的体积来衡量炸药的做功能力，图 7－3 所示为爆炸前、后铅铸扩孔体积变化的示意图。显然，铅铸扩孔越大，炸药的做功能力越大。

2. 方法和步骤

(1)称取炸药 10 g(精确到 0.01 g)，装入牛皮纸或锡箔纸筒中做成药柱，在药柱中心孔内插入 8 号雷管。

(2)将制备好的药柱放入图 7－3 所示的铅铸之中,药柱应放在铅铸孔底部,小孔用石英砂填满。

(3)爆炸后,铅铸内孔被扩大成梨形,以水为介质测出爆炸后的铅铸孔内体积。

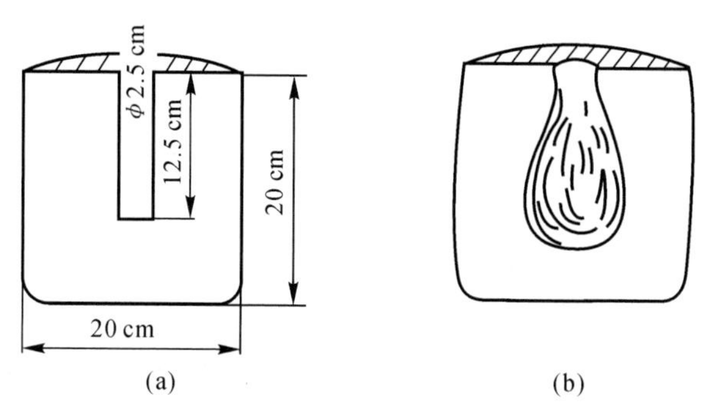

图 7－3　爆炸前后铅铸扩孔体积变化的示意图

(a)爆炸前；(b)爆炸后

3. 测定结果

做功能力(W)以毫升计,按下式求出:

$$W = V_1 - V_0 \tag{7-8}$$

式中:V_1——爆炸后铅铸扩孔的体积,mL;

V_0——爆炸前铅铸原小孔的体积,mL。

每个试样须平行作两次测定,取平均值(精确到 1 mL),平行测定误差不超过 20 mL。

4. 实验值的修正

当炸药爆炸时,由于温度对铅的影响,以及引爆用的雷管也参与了扩孔作用,因此需对实验值进行修正。

(1)对温度影响的修正。由于做实验的季节不同,铅铸的温度也不同,温度高时铅较软。爆炸产物使铅铸孔的扩张值增大,故需要进行修正。一般以 15℃为标准,其余温度应按表 7－6 进行修正。

表 7－6　对温度影响铅铸孔扩张值的修正值

温度/℃	−20	−10	0	5	8	10	15	20	25	30
修正量/%	+14	+10	+5	+3.5	+2.5	+2.0	0	−2	−4	−6

(2)对雷管作用的修正。对雷管作用的修正可以用上述实验方法做空白实验,即在铅铸中只引爆雷管,测其体积扩张值,作为修正根据。

由于上述扩张值只是用来判断和比较炸药的做功能力,有时在比较时,若采用同样的标准雷管,也可以不进行雷管作用的修正。

(二)做功能力摆(威力摆)法

做功能力摆,又称为弹道臼炮。它可以直接由爆炸时测出的功值大小来评定炸药的相对做功能力。做功能力摆如图 7－4 所示。

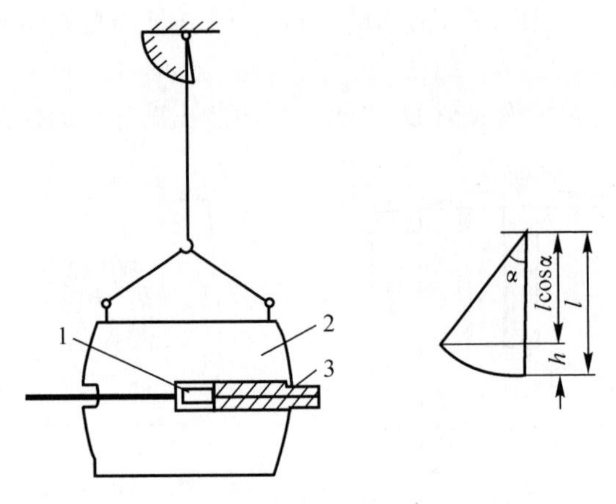

图 7-4　做功能力摆工作原理示意图

1—炸药装药；2—摆体；3—炮弹

炸药爆炸生成高温、高压的爆炸产物，该爆炸产物在膨胀时做功。所做的功分为两部分：一部分用于抛射炮弹（发射实心弹）；另一部分使摆体摆动 α 角，即使摆体的重心升高 h。以这两部分功之和表示该炸药的做功能力，即

$$W=W_1+W_2 \tag{7-9}$$

式中：W——炸药爆炸所做的功；

W_1——炸药爆炸时，使摆体摆动 α 角所做的功；

W_2——炸药爆炸时，抛射实心弹所做的机械功。

使摆体摆动 α 角所做的功 W_1，相当于使摆体的重心升高 h 所做的功，则

$$W_1=M_p gh$$

$$h=l-l\cos\alpha=l(l-\cos\alpha) \tag{7-10}$$

所以

$$W_1=M_p gl(1-\cos\alpha)$$

式中：M_p——摆的质量；

α——摆角；

l——摆长。

W_2是炮弹所做的功。它等于炮弹在离开臼炮瞬间的动能，即

$$W_2=\frac{1}{2}m_t v_t{}^2 \tag{7-11}$$

式中：m_t——炮弹质量；

v_t——炮弹初速。

由于摆体动量等于炮弹动量，所以

$$M_p u_p=m_t v_t$$

式中，u_p为摆速。

所以

$$v_t=\frac{M_p u_p}{m_t}$$

代入式(7-11)，得

$$W_2=\frac{1}{2}m_t\left(\frac{M_p}{m_t}u_p\right)^2=\frac{1}{2}\frac{M_p^2 u_p^2}{m_t} \tag{7-12}$$

假定摆体在摆动过程中没有能量损耗，则摆体开始摆动瞬间的动能等于结束瞬间的重力势能，即

$$\frac{1}{2}M_p u_p^2 = M_p g h$$

$$u_p^2 = 2gh = 2gl(1-\cos\alpha)$$

所以

$$W_2 = \frac{1}{2}\frac{M_p^2 u_p^2}{m_t} = \frac{M_p^2}{m_t} gl(1-\cos\alpha) \tag{7-13}$$

于是

$$W = W_1 + W_2 = M_p gl(1-\cos\alpha) + \frac{M_p{}^2}{m_t} gl(1-\cos\alpha) = M_p gl(1-\cos\alpha)\left(1+\frac{M_p}{m_t}\right) \tag{7-14}$$

对于每台做功能力摆来说，摆体质量 M_p、炮弹质量 m_t、摆长 l 均为定值，即 $M_p gl\left(1+\frac{M_p}{m_t}\right)$ 为常数，以 C_{pe} 表示摆的结构常数，于是

$$W = C_{pe}(1-\cos\alpha) \tag{7-15}$$

因 C_{pe} 已知，可直接由摆角 α 计算出炸药的做功能力。一般以 TNT 为标准，其他炸药的做功能力与 TNT 的做功能力之比，称为该炸药的 TNT 当量。炸药做功能力的 TNT 当量等于 $W_{炸药}/W_{TNT}$。

表 7-7 中列出某些炸药的铅铸扩张值与做功能力摆测定的 TNT 当量的数值。

表 7-7　某些炸药的做功能力

炸药名称	ΔV/mL	W_{TNT}①/%
雷　汞	110	
叠氮化铅	115	
二硝基重氮酚	230	
梯恩梯	285～305	100
特屈儿	340	136
黑索今	480～495	140
奥克托今	486	140
泰　安	490～505	

注：①TNT 当量。

(三)抛掷漏斗坑法

在工程上，当药包爆破产生外部作用时，除了将岩石(固体介质)破坏以外，还会将一部分破碎了的岩石抛掷，在地表形成一个漏斗形的坑，这个坑叫爆破漏斗，工程上常用爆破漏斗表示炸药的做功能力。

试验时，在均匀介质中(如砂、尾砂)掘一装药炮孔，孔径 5 cm，深 30～40 cm。在孔底装集中药包，质量为 30～50 g，采用 8# 雷管起爆，爆后形成如图 7-5 所示的漏斗。测量出爆破漏

斗的参数值，如漏斗半径 r、最小阻力线 W^0 值，以表示炸药实际做功能力。

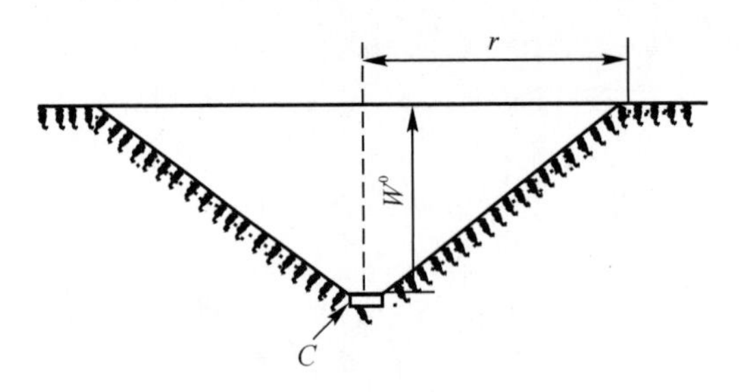

图 7-5　爆破漏斗

C—炸药包；W^0—最小阻力线；r—漏斗半径

由图 7-5 看出，装药 C 爆炸后形成一个顶点在 C 处的漏斗状深坑，其特性则由 r/W^0 表示。令 $n=\frac{r}{W^0}$，称为爆破作用指数。$n=1$ 的漏斗叫作标准抛掷坑，$n>1$ 则称为强抛掷坑。

计算时以标准抛掷坑为例，则其抛掷体积为

$$V_N=\frac{\pi}{3}r^2W^0\approx W^{03}\quad (\frac{r}{W^0}=1) \tag{7-16}$$

而用于形成该爆炸功的药包质量 m_e 为

$$m_e=KV_N\approx KW^{03} \tag{7-17}$$

K 表示形成标准抛掷坑时，抛掷单位体积的介质所需的炸药量，即炸药的比消耗，它与介质的性质、炸药的性质及实验方式有关。

若只要求破碎，使介质松散，则所需的炸药量可以适当减少，一般只有抛掷场合的 1/3，即

$$m_e=\frac{1}{3}KV_N \tag{7-18}$$

对于强抛掷所需的装药量，可按下式计算：

$$m_e=KV_Nf(n)$$

而

$$f(n)=0.4+0.6n^3$$

所以

$$m_e=KW^{03}(0.4+0.6n^3) \tag{7-19}$$

但当大量抛掷，即 W^0 值达几十米，而炸药质量达百吨以上时，依式(7-19)算出的值要低于实用值。原因是式(7-19)只考虑到应抛掷的体积，而没有考虑将介质升高所需的能量。

三、提高炸药做功能力的方法

(一)加入高能元素或能生成高热量氧化物的细金属粉末

从炸药做功能力的理论表达式讨论中可知，提高炸药的爆热能提高炸药的做功能力。因此，在炸药中加入铍、铝、镁粉，就能提高炸药的爆热，从而使炸药的做功能力有较大的提高。例如，在黑索今中加入适量的镁粉，爆热可提高 50%。在混合炸药中加入铝粉、镁粉等是获得高爆热炸药常用的方法。这是因为这些金属粉末不仅能与氧元素进行氧化反应，放出大量的热，而且还可以和炸药爆炸产物中的 CO_2，H_2O 产生二次反应，而这些反应都是剧烈的放热反应，增大了爆热，因而也使炸药的做功能力提高。

(二)增加炸药的比体积

增加炸药的比体积也能提高炸药的做功能力。例如,TNT 中加入 NH_4NO_3(TNT:$OB<0$;NH_4NO_3:$OB>0$)可以增加炸药的比体积,因而在实际使用中常用该方法来达到提高炸药做功能力的目的。

(三)改善炸药的氧平衡

炸药的爆热和爆轰产物组成与炸药的氧平衡有关,因而炸药的做功能力也与氧平衡有关。炸药在零氧平衡时,爆炸反应完全,放出的热量最大,因而炸药的做功能力相应较大。对于单体炸药或非铝混合炸药,实践证明是符合该规律的。而对于含铝高威力炸药的氧平衡,氧平衡应偏负,一般在-10%~-30%。因为含铝炸药具有二次反应的特点,铝粉与爆轰产物 CO_2 和 H_2O 反应,甚至可与产物 N_2 反应生成 AlN。

第二节　炸药的猛度

炸药爆炸时,粉碎和破坏与其接触的物体的能力称为炸药的猛度。做功能力表示的是炸药总体的破坏能力,而猛度表示的仅是炸药局部的破坏能力。

在实际应用中,利用局部破坏作用的重要例子有:弹丸爆炸形成破片,聚能装药破甲弹的破坏作用,利用爆炸高速抛掷物体,利用炸药的直接接触爆炸切断钢板,破坏桥梁的各种结构,等等。

一、猛度的理论表示法

炸药爆炸直接作用,主要决定于爆轰产物的压力大小及其作用时间的长短,也就是决定于爆轰产物作用于目标的压力和冲量。在不同的情况下,压力和冲量起的作用是不同的,因此,可以用爆轰产物的压力或冲量来表示炸药的猛度。

(一)用爆轰结束瞬间产物的压力 p_2 表示

炸药爆轰时能破碎周围坚固介质,是高温高压的爆轰产物直接对它强烈冲击的结果。爆轰产物的压力愈大,对周围介质的破碎能力也愈大。所以,对凝聚炸药可用下式表示其猛度:

$$p_2=\frac{1}{4}\rho_0 v_D{}^2 \tag{7-20}$$

从式(7-20)可以看到,装药的爆速和密度愈大,它的猛度也就愈大。

对单体炸药,装药密度在 1.0~1.7 g/cm³ 时,近似地有

$$v_D\approx A\rho_0 \tag{7-21}$$

A 是密度为 1 g/cm³ 时炸药的爆速。将式(7-21)代入式(7-20)得

$$p_2=\frac{1}{4}A^2\rho_0^3$$

这说明猛度近似地与炸药装药密度的三次方成正比。密度增大时,猛度将很快地增加。所以做猛度实验时,要严格控制装药密度。

(二)用作用在目标上的比冲量表示

当爆轰产物对目标的作用时间大于目标本身的固有振动周期时,对目标的破坏能力只取决于爆轰产物的压力。而当爆轰产物对目标的作用时间小于目标的振动周期时,对目标的破坏能力不仅决定于爆轰产物的压力,而且还取决于压力对目标的作用时间。所以,炸药的猛度还可用与压力作用时间有关的比冲量来表示。

作用在目标上的力与该力对目标作用时间的乘积，称为作用在目标上的冲量，其公式为

$$I=\int Sp\,\mathrm{d}\tau \tag{7-22}$$

式中：I——作用在目标上的冲量；

p——作用在目标上的压力；

S——目标的受力面积；

τ——力对目标的作用时间。

作用在单位面积上的冲量叫比冲量 i。若目标的受力面积 S 不随时间而改变，则

$$i=\frac{I}{S}=\int p\,\mathrm{d}\tau \tag{7-23}$$

因此，要知道比冲量 i，首先要知道作用在目标上的压力。

假设是一维的平面爆轰，炸药紧贴在目标上，目标是绝对刚体，如图 7-6(a)所示。则根据一维等熵气体动力学方程，捷尔道维奇和斯达纽柯维奇推得爆轰产物作用于目标上的压力随时间的变化为

$$p=\frac{64}{27}p_2\left(\frac{h}{v_D\tau}\right)^3 \tag{7-24}$$

式中，h 为装药长度。

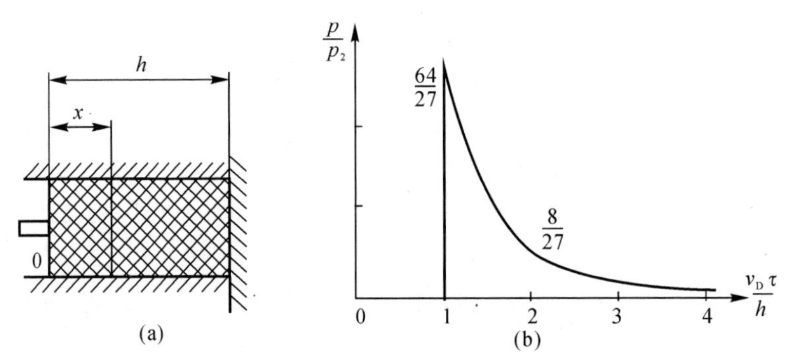

图 7-6　爆轰产物作用在目标上的压力

在爆轰刚结束，$\tau=h/v_D$ 瞬间，压力即作用在目标上，它的大小是

$$p=\frac{64}{27}p_2 \tag{7-25}$$

即爆轰结束瞬间产物作用在目标上的压力为爆轰压力的 64/27 倍。这是因为作用在目标上的压力，除产物自身的静压外，还有以 u_2 速度运动的爆轰产物，突然被目标阻挡，即由于冲击波反射的结果，给目标很大的动压。

当 $\tau=4\dfrac{h}{v_D}$，$p=\dfrac{1}{27}p_2$，即在炸药爆轰所需时间的 4 倍时，作用在目标上的压力已经下降到只有爆轰结束瞬间产物压力的 1/27 了。这说明爆轰产物的压力衰减是非常快的，其下降曲线表示在图 7-6(b)中。

将上面得到的爆轰产物作用在目标上的压力表达式(7-24)代入求冲量的积分式(7-22)中，得

$$I=\int_{\frac{h}{v_D}}^{\infty}Sp\,\mathrm{d}\tau=\int_{\frac{h}{v_D}}^{\infty}S\,\frac{64}{27}p_2\left(\frac{h}{v_D\tau}\right)^3\mathrm{d}\tau=\frac{64}{27}\left(\frac{h}{v_D}\right)^3Sp_2\int_{\frac{h}{v_D}}^{\infty}\frac{\mathrm{d}\tau}{\tau^3}=\frac{32}{27}S\,\frac{h}{v_D}p_2$$

将 $p_2=\frac{1}{4}\rho_0 v_D{}^2$ 代入上式，得

$$I=\frac{32}{27}S\frac{h}{v_D}\frac{1}{4}\rho_0 v_D{}^2=\frac{8}{27}Sh\rho_0 v_D=\frac{8}{27}mv_D \tag{7-26}$$

式中，m 为装药的全部质量，$m=Sh\rho_0$。

因此，作用在目标上的比冲量为

$$i=\frac{8}{27}\frac{mv_D}{S}=\frac{8}{27}h\rho_0 v_D \tag{7-27}$$

式(7-27)表明，当没有侧向飞散时，爆轰产物直接作用在目标上的比冲量与装药质量和爆速成正比。

上面的推导没有考虑侧向飞散，所以公式中的 m 是装药的全部质量。实际爆轰过程中，产物是各方向飞散的，并非全部产物都作用在目标上。这样，m 不应该是装药的全部质量，而应该是直接对目标有作用的那部分装药质量，也就是有效装药量。

(三)有效装药量

有效装药量(m_a)表示在给定方向上飞散的爆轰产物所相当的那部分装药量。

1. 瞬时爆轰时的有效装药量

瞬时爆轰是为了便于处理爆轰问题而假设的一种特殊情况。它假定爆轰在整个装药中同时进行，在同一瞬时炸药装药全部变成爆轰产物，爆轰产物占有原装药的体积，并且在整个体积内爆轰产物的状态参数都是相同的。这种情况在实际上是不可能的，但因为爆轰过程很短促，有些情况和此相近。例如，在密闭容器中或在弹体内炸药爆轰时，由于容器变形的速度总比爆轰传播的速度要小很多，因此，可以认为爆轰是瞬时完成的。作这样的假设，可以使爆轰过程大为简化，在计算有效装药量时，就可不必考虑起爆位置和传播方向，因此，瞬时爆轰具有一定的实际意义。

装药瞬时爆轰后，膨胀波向爆轰产物内部传播，爆轰产物则以同样的速度向各方向飞散。图7-7表示圆柱形装药瞬时爆轰后，爆轰产物的飞散情况。图7-7中，h 为装药高度；r 为装药半径；ae，be，ef，cf，df 是各方向的膨胀波的波阵面。

沿 x 轴正方向飞散的有效装药是 cfd 圆锥体。圆锥体的高是 r，底面积是 πr^2，圆锥体的体积是 $\frac{1}{3}\pi r^3$，飞向 x 轴方向的有效装药量为

$$m_a=\frac{1}{3}\pi r^3\rho_0 \tag{7-28}$$

式中，ρ_0 为装药密度。

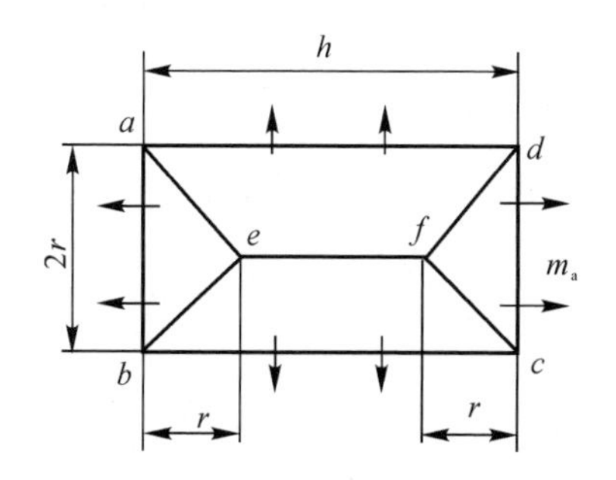

图7-7　圆柱形装药瞬时爆轰后产物飞散图

显然，只有当 $h \gg 2r$ 时，才能获得上述有效装药量。当 $h=2r$ 时，e 和 f 相交于一点，侧向飞散量最小。

2. 产物两端飞散时的有效装药量

若装药侧面有坚固的外壳，如图 7-8 所示，则产物只能向两端飞散，而没有侧向飞散。当装药从左端起爆时，则从理论上可导出飞向起爆端的爆轰产物质量为

$$m'_a = \frac{5}{9}m \tag{7-29}$$

飞向底端的爆轰产物的质量为

$$m_a = \frac{4}{9}m \tag{7-30}$$

式中，m_a是作用在目标上的有效装药量。

若装药高度为 h，则飞向底端的有效装药量高度 $h_a=\frac{4}{9}h$。

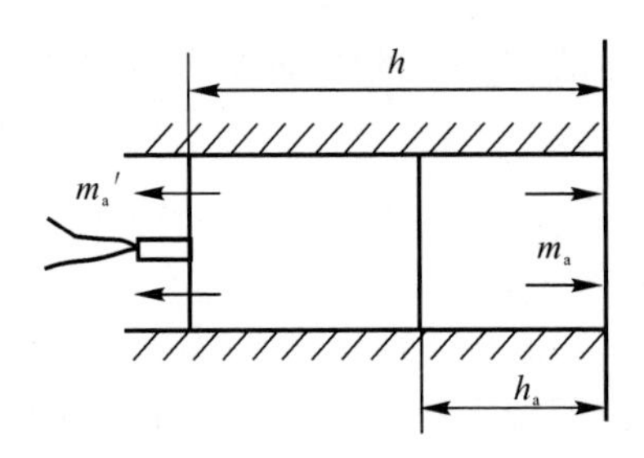

图 7-8　产物两端飞散示意图

3. 有侧向飞散时的有效装药量

通常的情况是装药从一端起爆，产物各向飞散，如图 7-9 所示。图中圆锥体 101 是飞向底端的有效装药量，其高度是 h_a，装药半径为 r。

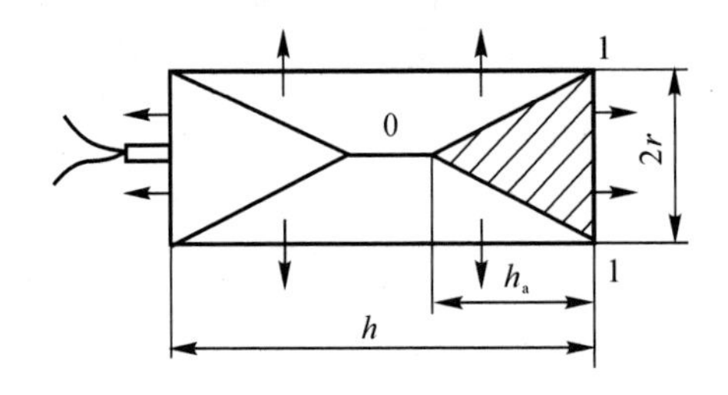

图 7-9　有侧向飞散时的有效装药量

h_a的确定：假定侧向膨胀波传到装药轴心的时间与爆轰波传过 h_a的时间相等，即

$$\tau=\frac{r}{c}=\frac{h_a}{v_D}$$

侧向膨胀波的速度近似地取 $c\approx\frac{v_D}{2}$，$\frac{r}{v_D/2}=\frac{h_a}{v_D}$，所以 $h_a=2r$。即有效装药量的高度等于装药直径。

有效装药的体积为

$$\frac{1}{3}\times 2r\pi r^2=\frac{2}{3}\pi r^3$$

有效装药的质量为

$$m_a=\frac{2}{3}\pi r^3\rho_0 \tag{7-31}$$

将式(7.31)和 $S=\pi r^2$ 代入比冲量表达式(7－27),得

$$i=\frac{8}{27}\frac{mv_D}{S}=\frac{8}{27}\frac{2}{3}\times\frac{\pi r^3}{\pi r^2}\rho_0 v_D=\frac{16}{81}r\rho_0 v_D \tag{7-32}$$

因此,当装药足够长时,从装药的一端起爆,作用在底部目标上的比冲量是

$$i=\frac{16}{81}r\rho_0 v_D$$

4. 装药的有效高度

当装药太短时,则不能保证飞向底端的有效装药是一个圆锥体。例如,当装药高度 $h=3r$ 时,根据两端飞散的原理,飞向底端的装药高度是

$$\frac{4}{9}h=\frac{4}{9}\times 3r=\frac{4}{3}r$$

显然,这小于有效装药量的高度 $2r$,如图 7－10 所示。图 7－10 表示了装药高度不够,有效装药量小于最大有效装药量。

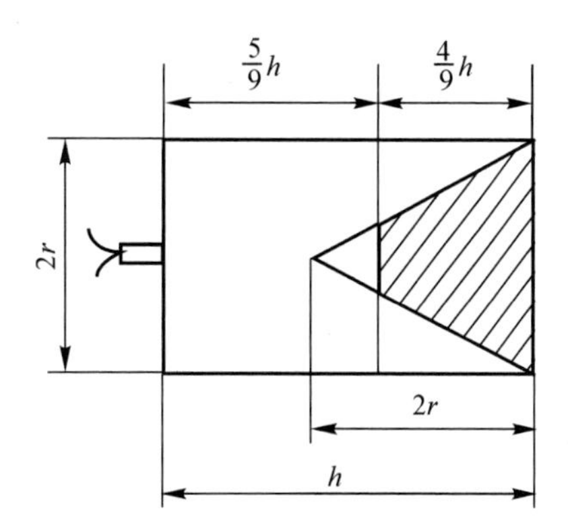

图 7－10　装药高度不够时的有效装药量

获得最大有效装药量的装药最小高度称为装药的有效高度。因此,装药的有效高度应满足:

$$\frac{4}{9}h=2r$$

所以

$$h=\frac{9}{2}r=2.25d \tag{7-33}$$

即装药的有效高度是装药直径的 2.25 倍。

当装药高度超过装药的有效高度时,对于底端的直接破坏作用的有效装药不再增加,有效装药的体积为一个高等于底径的圆锥体。当装药高度小于装药的有效高度时,则有效装药为一截锥体。这两种情况的有效装药质量 m_a 分别由下列两式计算。

当 $h \geqslant 4.5r$ 时

$$m_a = \frac{2}{3}\pi r^3 \rho_0 \tag{7-34}$$

当 $h < 4.5r$ 时

$$m_a = \left(\frac{4}{9}h - \frac{8}{81}\frac{h^2}{r} + \frac{16}{2\ 187}\frac{h^3}{r^2}\right)\pi r^2 \rho_0 \tag{7-35}$$

二、猛度的实验测定法

炸药的猛度通常用铅柱压缩和猛度摆进行实验测定。

(一)铅柱压缩法

铅柱压缩装置如图 7-11 所示。铅柱高 60 mm、直径为 40 mm,钢片厚 10 mm、直径为 41 mm,其作用在于将炸药的能量均匀传递给铅柱,使铅柱不易被击碎。

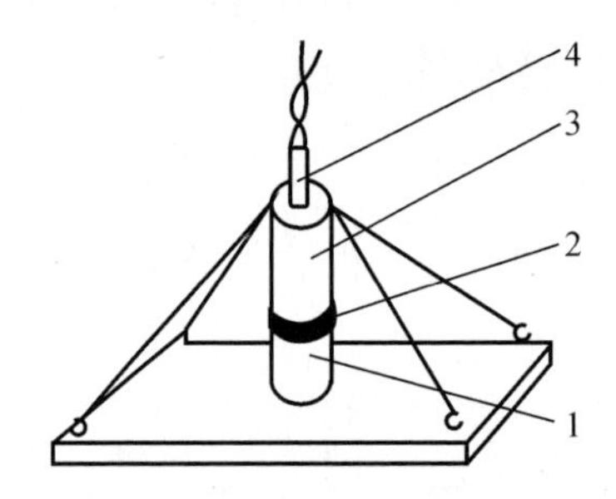

图 7-11 铅柱压缩装置图

1—铅柱;2—钢片;3—炸药;4—雷管

1. 实验原理

利用炸药爆炸瞬间产生的高温、高压爆轰产物对其邻近介质的强烈冲击、压缩作用,将铅柱压缩,以铅柱被压缩的高度来衡量炸药的猛度。铅柱压缩法适用于测定粉状、颗粒状和膏状炸药的猛度。

2. 实验步骤

(1)用游标卡尺按四个对称位置布置测量铅柱及钢片的尺寸,精确到 0.1 mm,取四个测量的平均值为 H;

(2)将纯铅制的圆柱放置于钢垫板中央;

(3)将圆钢片放在铅柱上面并对准中心;

(4)将 50 g 炸药(猛度较大的炸药,如黑索今或泰安等,用 25 g)放入装药纸筒内,装药密度控制在 1.0 g/cm^3,在药卷中心插入雷管,深度为 15 mm;

(5)将装好雷管的药卷放在钢片上部中央,用线绳拉紧进行定位;

(6)起爆后,回收被压缩的铅柱,沿四个对称方向测量高度,取平均值为 h_0。

3. 测定结果

炸药爆炸后,铅柱被压缩成蘑菇形,高度减小。用铅柱压缩前后的高度差 $\Delta h = H - h_0$ 表示炸药猛度。显然,炸药猛度愈大,则 Δh 值愈大,所以,可以用 Δh 值来比较炸药猛度的大小。

用这种方法测出的炸药猛度的数据列于表7－8。

表7－8　几种炸药的猛度(铅柱压缩法)

炸药	梯恩梯	特屈儿	黑索今①	泰安①
Δh/mm	16±0.5	19	24	24

注:①此实验用药量为25 g。

这种方法的优点是设备简单,操作方便。其缺点、局限性与改进措施如下:

(1)随着 Δh 的增加,铅柱变粗,变形阻力提高,当铅柱受到过分压缩而接近破碎时,阻力又变小,因而压缩值和变形功不是线性关系,如压缩值从10 mm增加到20 mm时,压缩铅柱的变形功增加接近两倍。

(2)试验结果在很大程度上取决于炸药的爆轰能力和极限直径。当炸药试样的极限直径大于40 mm时,不能达到理想的爆速,因此测试结果偏低。

(3)本法只适合于低密度、低猛度炸药的测试,对于高密度、高猛度炸药,试验时钢板将被炸裂,铅柱也被炸裂或炸碎。为了克服这一缺点,有时采用更厚的钢板(20 mm)或将试验药量减小到25 g,但试验结果与正常条件下的数据无法进行比较,因此,本法一般不适宜测试高密度、高猛度的炸药。

(4)本法只能得到相对数据,试验的平行性较差。

(二)铜柱压缩法

该方法是1893年由卡斯特(Kast)首先提出的,故称为卡斯特法。它虽不如铅柱法应用普遍,但是比较准确,而且可测试猛度较大的炸药。

试验所用仪器装置如图7－12所示。在钢底座2上放置空心钢圆筒3,圆筒内安置一个淬火钢活塞,活塞直径为38 mm,高80 mm,与圆筒滑动配合,活塞下方放置测压铜柱,活塞上方放一厚30 mm的镍铬钢垫块,垫块上放两块直径为38 mm、厚4 mm的铅板,铅板上放置装有雷管的炸药装药试样。垫块和铅板的作用是保护活塞免受爆炸产物的破坏。

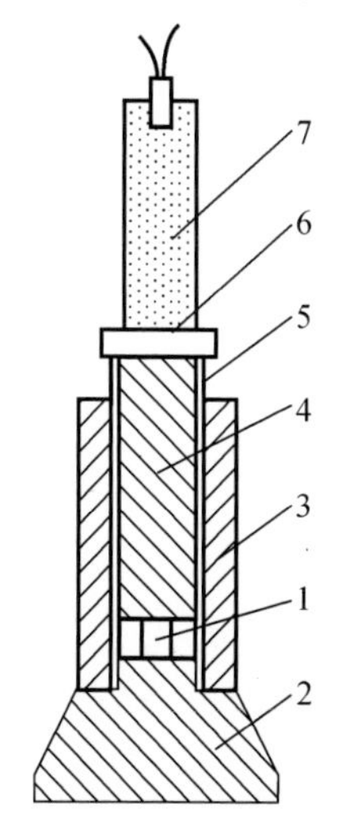

图7－12　卡斯特猛度仪

1—测压铜柱;2—底座;3—圆筒;4—活塞;5—垫块;6—铅板;7－炸药试样

炸药试样直径为 21 mm，高 80 mm，装药密度应严格控制并精确测定。低密度炸药可用纸筒或薄壁外壳。

常用的测压铜柱直径为 7 mm、高 10.5 mm，用电解铜制作，也可采用其他规格的铜柱。试验前后用测量工具精确测定铜柱的高度，并用试验前、后铜柱的高度差来衡量其猛度。

表 7-9 列出了几种炸药的铜柱压缩值(ϕ7 mm×10.5 mm)。

表 7-9　几种炸药的铜柱压缩值

炸药	铜柱压缩法 Δh_L/mm	炸药	铜柱压缩法 Δh_L/mm
爆胶	4.8	硝化棉	3.0
硝化甘油	4.6	60 梯恩梯/40 铝	2.9
特屈儿	4.2	50 梯恩梯/50 铝	2.5
苦味酸	4.1	40 梯恩梯/60 铝	2.1
梯恩梯	3.6	30 梯恩梯/70 硝酸铵	1.6
二硝基苯	2.9	62%代那买特	3.9

铜柱压缩法的优点是不需要贵重的仪器设备，操作方便。但其灵敏度较低，对于极限直径大于 20 mm 的炸药，测得的猛度值明显偏低。

与铅柱压缩试验一样，铜柱的压缩值与猛度不呈线性关系，因此以铜柱的压缩值直接表示炸药的猛度不够确切。

国际炸药测试方法标准化委员会规定采用铜柱压缩法作为工业炸药的标准测试方法。试样装在内径为 21.0 mm、高 80 mm、壁厚 0.3 mm 的锌管中，装药密度为使用时的密度，用 10 g 片状苦味酸作为传爆药(ϕ21 mm×20 mm，ρ=1.50 g·cm^{-3})放在锌管上面，并采用装有0.6 g 泰安的雷管引爆。

卡斯特猛度计安放在 500 mm×500 mm×20 mm 的钢板上，每一炸药试样进行 6 次平行试验，测定压缩平均值后求出相应的猛度单位。

(三)平板炸坑试验

1. 原理

将一定规格的药柱放置在一块厚钢板(印痕板)上，引爆炸药后，钢板在爆炸产物的直接作用下形成一个凹形炸坑。测量出炸坑的深度，用试样的炸坑深度与参比炸药(如梯恩梯)炸坑深度的比值作为试样的相对猛度。

2. 材料及设备

(1)印痕板可用一定尺寸的圆钢或方钢切割加工而成，印痕板应有足够大的截面积和厚度，以防止在试验时炸裂。如对于直径 20～30 mm 的药柱，可采用直径(或边长)70 mm、厚 40～50 mm 的印痕板，印痕板的表面应光滑，表面最好经过研磨，以保证试样和印痕板能紧密接触。

印痕板的机械性能(特别是硬度)是影响炸坑深度的主要因素。经验表明,尽管钢材的钢号与规格完全相同,但机械性能仍可能有较大差别,比较好的方法是取由炼钢厂同一炉钢轧制出的钢材加工成一批印痕板。为了保证能得到较大的炸坑深度,钢材强度不宜太大,一般可采用 3 号钢。

(2)百分表或深度千分尺,量程 0～10 mm,最小分度值 0.01 mm。

(3)环形测深垫圈,外径与印痕板外径相同,宽 5～10 mm。

(4)基准平台。

(5)测深仪表夹具。

3.试验条件及步骤

(1)试样准备。试样直径及高度对炸坑有很大影响。确定试样直径时要考虑炸药的极限直径,应能产生以理想爆速传播的稳定爆轰。军用炸药的直径可取 20～30 mm,某些工业炸药的直径应更大一些。不同直径时,炸坑深度不同,因此必需取同一直径,才能对不同炸药的坑深进行比较。

药柱的高度应为直径的 3～5 倍。

药柱密度应均匀,无裂纹、缩孔及其他疵病,同一试样的各药柱密度差不能太大(一般不超过 0.01 g/cm^3)。药柱端面应平整,对于散装或低密度炸药,可装在簿壁纸筒中试验。

(2)试验装置如图 7-13 所示。

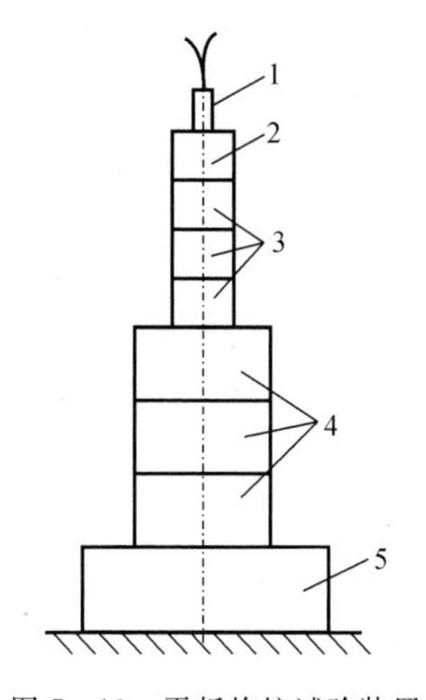

图 7-13　平板炸坑试验装置

1—雷管;2—传爆药柱;3—炸药试样;4—印痕板;5—钢板

在硬质地基上放一块厚平钢板,钢板上放 2～3 块印痕板,然后放置炸药试样及传爆药柱。传爆药柱的直径与试样相同。检查试样是否位于印痕板中心,然后插入雷管,引爆试样后,检查印痕板是否有裂纹,背部是否有隆起或层裂现象,如有,此次试验应作废。

一个样品进行三发以上试验,测出坑深后取平均值,采用密度为 1.57 g/cm^3 的梯恩梯作参比炸药。

(3)炸坑深度的测量。测量装置示意图如图 7-14 所示。

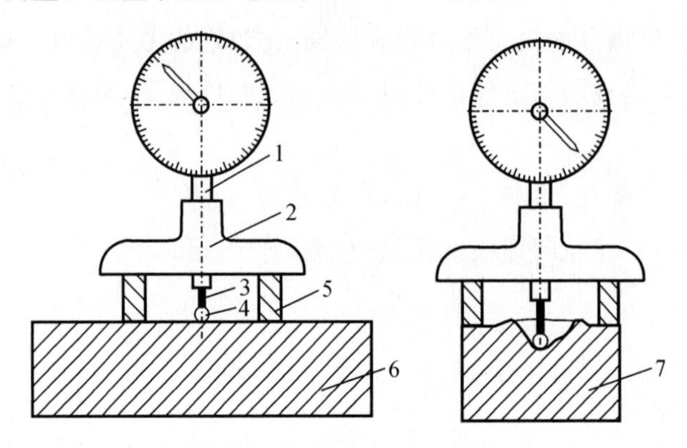

图 7-14 炸坑深度的测量

1—测量仪表(百分表);2—夹具;3—测杆;4—滚珠;

5—测深垫圈;6—基准平台;7—试验后的印痕板

将测量仪表在夹具中夹紧,把测深垫圈放在基准平台上,将一直径 3～4 mm 的滚珠置于基准平台上,测量垫圈上平面到滚珠的距离(B_1),然后将滚珠置于试验后印痕板的炸坑中,使其在重力作用下处于坑的最深处,将测深垫圈放到印痕板上,测量垫圈上平面到滚珠的距离(B_2),炸坑深度 B 应为

$$B=B_2-B_1$$

一般百分表的测杆端部为半球形,测量时应换成平头测杆。

如印痕板端面与测深垫圈的接触部分有毛刺或局部突起,应锉平后再进行测量。

4. 试验结果

(1)药柱高度对炸坑深度的影响。表 7-10 给出了梯恩梯药柱高度对炸坑深度的影响。

表 7-10 不同高度的梯恩梯药柱的平板炸坑深度(B)

药柱直径 d/mm	密度 ρ/(g·cm^{-3})	药柱高度 h/mm	h/d	B/mm
12.7	1.629	12.7	1.0	1.57
		16.9	1.33	1.70
		25.4	2.0	1.93
		31.7	2.5	1.93
		42.4	3.34	2.01
		84.6	6.66	1.93
		508	40.0	1.93
25.4	1.631	25.4	1.0	2.90
		31.7	1.3	3.20
		42.4	1.7	4.04
		50.8	2.0	4.19
		63.5	2.5	4.27
		72.6	2.9	4.14
		84.6	3.3	4.19
		101.6	4.0	4.09
		127.0	5.0	4.111
		169.0	6.7	4.14
		254.0	10.0	4.06

续表

药柱直径 d/mm	密度 ρ/(g·cm^{-3})	药柱高度 h/mm	h/d	B/mm
41.3	1.626	12.7	0.3	2.46
		16.9	0.4	3.02
		25.4	0.6	4.01
		31.7	0.8	4.67
		42.4	1.0	5.41
		50.8	1.2	6.05
		63.5	1.5	6.90
		72.6	1.8	7.06
		84.6	2.1	7.09
		1 01.6	2.5	7.13
		127.0	3.1	7.06
		254.0	6.2	6.93
		508.0	12.3	6.96
		1016.0	24.6	6.99

图 7－15 给出了几种常用炸药炸坑深度值与 h/d 的关系。由图 7－15 看出，当药柱高度较小时，随着高度的增加炸坑深度增加，对于常用炸药，当高度增至 2～2.5 倍药柱直径时，坑深达到极限值，继续增加高度，坑深也不增加了，这一点与上面谈到的有效装药量的结论是一致的。

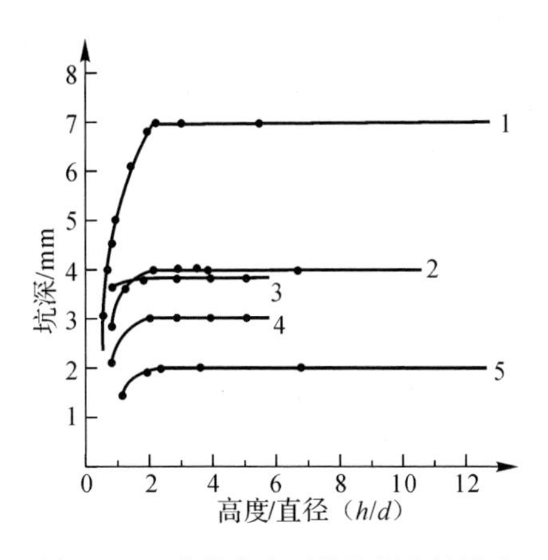

图 7－15　药柱高度对炸坑深度的影响

1—梯恩梯，ρ=1.626 g/cm^3，d=41.3 mm；2—梯恩梯，ρ=1.631 g/cm^3，d=25.4 mm；
3—塑料黏结黑索今，ρ=1.73 g/cm^3，d=20 mm；4—梯恩梯，ρ=1.62 g/cm^3，d=20 mm；
5—梯恩梯，ρ=1.629 g/cm^3，d=12.7 mm

值得指出的是，对于某些塑料黏结炸药，当药柱高度为 2～2.5 倍直径时，坑深不能达到极限值，只有在药柱高度达到 5 倍以上直径时，坑深才达到最大值，这是因为这类炸药的爆轰成长效应比较显著，只有在离起爆点较远距离后爆轰压力才能达到稳定值。因此，测定这类炸药的炸坑深度时，应适当加大药柱高度。

表 7 - 11 给出了几种塑料黏结炸药药柱高度对炸坑深度的影响。

表 7 - 11　药柱高度对炸坑深度的影响

炸药名称	直径 d/mm	密度 ρ/($g \cdot cm^{-3}$)	高度 h/mm	h/d	B/mm
PBX - 9403	41.3	1.840	12.7	0.3	4.22
			16.9	0.4	5.23
			25.4	0.6	7.32
			31.7	0.8	8.28
			42.4	1.0	9.27
			50.8	1.2	9.37
			63.5	1.5	9.45
			72.6	1.8	9.67
			84.6	2.1	9.91
			101.6	2.5	10.52
			127.0	3.1	10.54
			169.0	4.1	10.87
			203.0	4.9	11.20
			254.0	6.2	11.30
			305.0	7.4	11.30
			1016.0	24.6	11.30
PBX - 9010	41.3	1.782	12.7	0.3	4.24
			25.4	0.6	6.99
			50.8	1.2	8.81
			76.2	1.9	9.22
PBX - 9010	41.3	1.890	102.0	2.5	9.55
			203.0	4.9	10.00
			306.0	7.4	10.30
			406.0	9.8	10.30
PBX - 9205	41.3	1.690	12.7	0.3	3.61
			16.9	0.4	4.47
			25.4	0.6	5.72
			31.7	0.8	6.78
			37.8	0.9	7.92
			50.8	1.2	8.31
			63.5	1.5	8.43
			72.6	1.8	8.43
			84.8	2.1	8.41
			102.0	2.5	8.51
			127.0	3.1	8.71
			169.4	4.1	8.94
			254.0	6.2	9.12
			508.0	12.8	9.20
			1 016.0	24.6	9.32

(2)药柱直径对炸坑深度的影响。由式(7-34)可以看出,有效装药量与药柱直径成正比,因而炸坑深度与药柱的直径成正比。图7-16给出了梯恩梯的炸坑深度与药柱直径的关系。

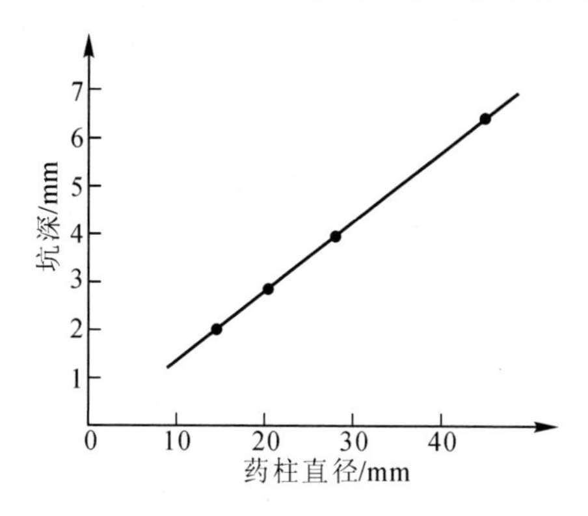

图7-16 不同直径的梯恩梯的炸坑深度(密度1.63g/cm³)

由图7-16可见,炸坑深度与药柱直径之间存在良好的线性关系。

(3)常用炸药的平板炸坑深度。表7-12为常用炸药大直径时的平板炸坑试验结果。试样直径为41.3 mm,高200 mm以上,无外壳。用PBX-9205作传爆药柱,印痕板为1018冷轧钢。

表7-13为常用炸药小直径时的平板炸坑试验结果。试样直径为20 mm,高度不小于60 mm,用直径为20 mm、高20 mm的聚黑-1作传爆药柱。印痕板直径为70 mm,厚35 mm,采用3号钢材,抗拉强度为45 kg/mm^2,屈服强度为31 kg/mm^2,硬度HB 128。

表7-12 常用炸药大直径时的平板炸坑试验结果

炸药名称	密度 $\rho/(g \cdot cm^{-3})$	坑深/mm	相对坑深/%
奥克托今	1.730	10.07	145
硝基甲烷	1.133	4.15	60
泰安	1.665	9.75	141
黑索今	1.537	8.20	118
黑索今	1.754	10.25	149
三氨基三硝基苯	1.87	8.31	120
特屈儿	1.681	8.10	117
梯恩梯	1.626	6.93	100
B炸药	1.710	8.47	122
70黑索今/30梯恩梯	1.737	9.40	136
75黑索今/25梯恩梯	1.740	9.53	138
75奥克托今/25梯恩梯	1.784	9.86	142
55泰安/45梯恩梯	1.655	7.84	113

注:相对坑深以ρ=1.626 g/cm^3的梯恩梯为100。

表 7-13　常用炸药小直径时的平板炸坑试验结果

炸药名称	密度 ρ/(g·cm^{-3})	坑深/mm	相对坑深/%
奥克托今	1.816	4.87	155
黑索今	1.720	4.51	144
泰安	1.689	4.36	139
泰安	1.600	3.96	126
泰安	1.531	3.78	120
梯恩梯	1.580	3.14	100
40 梯恩梯/60 黑索今	1.686	4.11	131
钝黑-1	1.624	3.78	120
聚黑-1	1.680	4.10	131

注：相对坑深以 ρ=1.580 g/cm^3 的梯恩梯为 100。

美国用平板炸坑试验测定军用炸药的相对猛度，试验方法有两种。

方法 A：将直径为 41mm、长 127mm 的无外壳药柱放在一厚 44 mm、面积为 32.3 cm^2 的冷轧钢板上，再用一块或几块同样规格的钢板垫在下面，用两个直径为 41.3 mm、重 30 g 的特屈儿作传爆药柱，用 8$^\#$ 电雷管引爆。

方法 B：炸药试样装于内径为 19.1 mm、壁厚为 1.6 mm 的钢管中，将钢管垂直放在一块边长 101.6 mm、厚 16.9 mm 的冷轧方钢板上，方钢板水平地放在一根内径为 38.1 mm、外径为 76.2 mm 的短粗钢管上，炸药试样、钢板和短粗钢管的中心处在一条直线上，用特屈儿作传爆药柱（每 20 g 试样用特屈儿 5 g），用 8$^\#$ 雷管引爆。

两种方法均用梯恩梯作参比炸药，用试样的炸坑深度与同样条件下密度为 1.61 g/cm^3 的梯恩梯的炸坑深度比较，求得试样相对猛度。

几种军用炸药的相对猛度见表 7-14。

表 7-14　军用炸药的相对猛度

炸药名称	密度/(g·cm^{-3})	相对猛度/%	试验方法
黑索今	1.50	135	B
泰安	1.50	129	B
特屈儿	1.36	96	A
特屈儿	1.50	116	B
特屈儿	1.59	115	A
苦味酸	1.50	107	A
B 炸药	1.71	132	A
C 炸药	1.58	112	A
C-4 炸药	1.60	115	A
C-3 炸药	1.57	116	A
30 梯恩梯/70 黑索今	1.725	136	A
40 梯恩梯/60 黑索今	1.72	132	A
苦味酸铵	1.50	91	B
硝基胍	1.50	95	A
50 泰安/50 梯恩梯	1.66	121	A
80 梯恩梯/20 铝	1.75	93	A

(四)猛度摆法

该方法可直接测定爆炸作用的比冲量,其装置如图 7－17 所示。

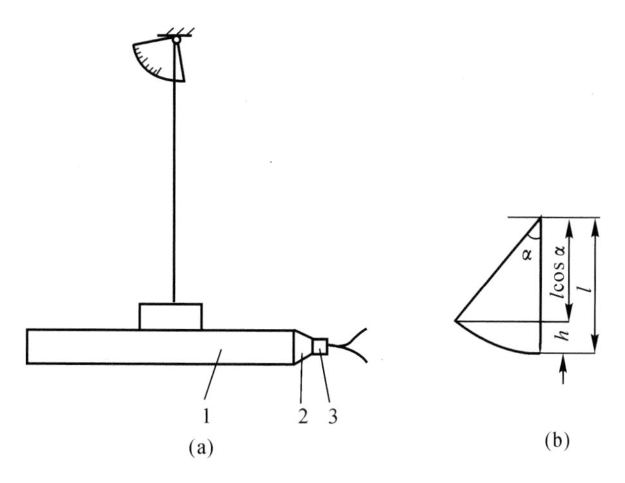

图 7－17　猛度摆测定原理图

1—摆体;2—击砧;3—药柱

猛度摆是由一个挂在旋转轴上的长圆柱形实心摆体构成的。实验时,将一定质量的炸药在一定的压力下压成药柱,以药柱的底贴在图 7－17(a)所示的击砧断面处,使药柱和摆体处于同轴线。雷管起爆炸药后,由于爆轰产物的作用,摆体以速度 v 开始摆动,当摆动到最高位置时,摆体的重心升高了 h,这时,摆体摆动了 α 角。根据能量守恒定律,摆体开始摆动瞬间的动能等于摆体重心升高到达 h 时的重力势能,即

$$\frac{1}{2}Mv^2=Mgh$$

又因

$$h=l(1-\cos\alpha)$$

故

$$v=\sqrt{2gh}=\sqrt{2gl(1-\cos\alpha)}=2g\sqrt{\frac{l}{2g}(1-\cos\alpha)}$$

摆体的摆动周期为

$$T=2\pi\sqrt{\frac{l}{g}}$$

则

$$2\sqrt{\frac{l}{g}}=\frac{T}{\pi}$$

又因

$$\sqrt{\frac{1}{2}(1-\cos\alpha)}=\sin\frac{\alpha}{2}$$

所以

$$v=g\frac{T}{\pi}\sin\frac{\alpha}{2} \tag{7-36}$$

炸药爆炸结束瞬间,爆轰产物给予摆体的总冲量等于摆体在开始摆动瞬间的动量,即

$$I=Mv$$

则有

$$I=Mv=Mg\frac{T}{\pi}\sin\frac{\alpha}{2}=\frac{MgT}{\pi}\sin\frac{\alpha}{2} \tag{7-37}$$

所以

$$i=\frac{I}{S}=\frac{MgT}{\pi S}\sin\frac{\alpha}{2} \tag{7-38}$$

令

$$C_{pe}=\frac{TMgl}{\pi}$$

则

$$i=\frac{C_{pe}}{Sl}\sin\frac{\alpha}{2} \tag{7-39}$$

式中：l——弹道摆的臂长；

C_{pe}——弹道摆常数；

T——弹道摆的摆动周期；

M——弹道摆的质量；

S——接受冲量的表面积；

i——比冲量；

α——弹道摆摆体摆动的最大摆角；

h——摆上升的高度。

在比较冲量时，实验用的各种样品密度和几何形状要一致。因为比冲量不仅取决于炸药的装药密度，而且还取决于装药的几何尺寸。

由表 7-15 看出，当梯恩梯的装药密度由 1.30 g/cm^{3}增加到 1.50 g/cm^{3}时和钝化黑索今的装药密度由 1.20 g/cm^{3}增加到 1.40 g/cm^{3}时，比冲量都增加 12%～13%。

表 7-15　某些炸药的比冲量数值

$\rho/(g\cdot cm^{-3})$	梯恩梯		钝化黑索今	
	$i/(kg\cdot s\cdot cm^{-2})$	$v_D/(m\cdot s^{-1})$	$i/(kg\cdot s\cdot cm^{-2})$	$v_D/(m\cdot s^{-1})$
1.20	—	—	0.312	6 400
1.25	—	—	0.325	6 660
1.30	0.285	6 025	0.336	6 870
1.35	0.295	6 200	0.343	7 060
1.40	0.303	6 320	0.355	7 350
1.45	0.311	6 440	—	—
1.50	0.320	6 640	—	—

由图 7-18 可以看出，当装药的质量和直径一定时，两种不同炸药的冲量与爆速为线性关系。

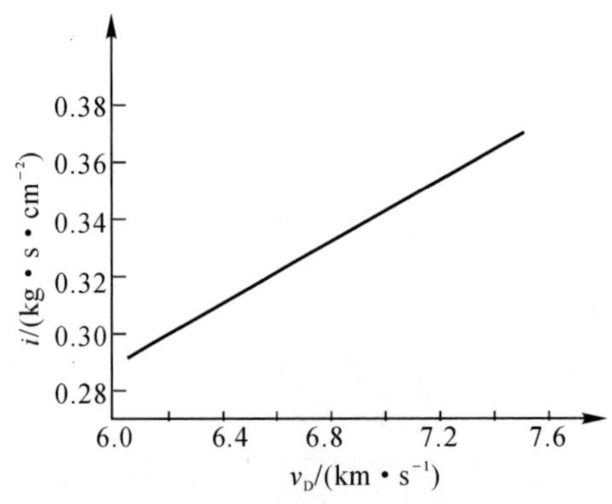

图 7-18　比冲量与爆速的关系

三、影响炸药猛度的因素

(一)装药密度

提高单体炸药的装药密度,对增加炸药猛度很有利。提高装药密度,就提高了炸药爆速,因此也增加了炸药的猛度。但炸药的装药密度受工艺条件及炸药本身真密度的限制,因而装药密度的增加有一定限度。但是,对于硝铵炸药或某些混合炸药来说,在一定的范围内,由于装药密度的增加,其爆速反而有下降的趋势。

(二)多方指数 γ

炸药的多方指数 γ 值小,对提高炸药爆轰产物的压力、冲量有利,因而也就提高了炸药的猛度。

γ 值与爆轰产物的组成和炸药装药密度有关。

(三)粉碎度和混合均匀度

对于混合炸药,其粉碎度和混合均匀度对猛度影响显著。粉碎度愈大,则猛度愈大。阿马托 80/20 的猛度与粉碎度的关系见表 7-16。

表 7-16 阿马托 80/20 的猛度与组分粉碎度的关系

$d_p/\mu m$	2 000～800	260～160	120～96	74～50
$\rho/(g \cdot cm^{-3})$	1.0	1.0	1.0	1.0
$\Delta h/mm$	5.7	11.0	15.0	18.0

从表 7-16 看出,粉碎度愈大,愈容易混合均匀,则猛度愈大。粉碎度大小和混合均匀与否,都直接影响化学反应的难易及爆速的大小,因而影响炸药的猛度。混合炸药各组分的粉碎度愈高,则炸药中各组分的接触面愈大,混合均匀,猛度愈大。

(四)氧平衡

对于单体炸药,一般接近零氧平衡时,猛度大;正氧平衡或负氧平衡时,猛度反而小。

对于含有金属粉的混合炸药,金属粉含量愈多,炸药的猛度愈小。因为炸药中加入金属粉,虽能增加炸药的爆热值,但爆热的增加是在二次反应中产生的,所以并不能增加炸药的猛度。

四、炸药猛度与做功能力的关系

炸药的猛度和做功能力都是表示炸药的威力大小的爆炸性能参数。具体地讲,做功能力表示的是炸药总的破坏能力,猛度表示的是炸药的局部破坏的能力。在工程上,做功能力表现的是炸药的抛射能力,如爆出岩石方量的多少。猛度表示的是炸药破碎的能力,如把岩石破碎的程度。从爆炸过程来讲,炸药从爆轰到产物膨胀的各个阶段的作用都能程度不同地对炸药的做功能力做出贡献,因而作用时间较长。而猛度仅仅是爆轰刚刚结束瞬间爆轰波的作用,因而作用时间较短。由此看来,炸药的做功能力包含了猛度因素。也就是说,猛度大的炸药,其做功能力也应当大,反之,做功能力大的炸药,其猛度不一定大。这已为实验事实证明。

通常对于高能的单质炸药，其猛度与做功能力基本上是一致的，即做功能力大的，猛度也大。对于含铝炸药及反应能力不甚强的混合炸药，其猛度与做功能力往往是不一致的，与相应的单质炸药相比通常是做功能力较大而猛度较低。表 7－17 是两组炸药爆炸性能的比较数据，造成这种结果的原因主要是爆炸过程中能量的分配及影响因素不同，猛度主要取决于爆速和密度，而做功能力则主要与爆热和爆容有关。单质炸药爆轰时间很短，绝大部分能量在很窄的反应区内释放，直接用于提高爆速和爆压；而含铝等金属粉的混合炸药，相当一部分能量是在反应区外的二次反应中放出的，它不能提供给爆轰波以提高爆速，但可以用于做膨胀功而提高做功能力。

表 7－17　两组炸药爆炸性能的比较

爆炸性能	梯恩梯及其混合炸药		黑索今混合炸药	
	梯恩梯	铵梯(80/20)	钝化黑索今	钝黑铝
爆热 Q_V/(kJ·kg^{-1})	4 184	4 343	5 430	6 443
爆容 V_0/(L·kg^{-1})	740	892	945.7	530
爆速 v_D/(m·s^{-1})	7 000	5 300	8 089	7 300
铅铸扩张值 V_L/mL	285	350～400	430	550
铅柱压缩值 h_L/mm	18	14	17.65	13.30
密度 ρ_0/(g·cm^{-3})	1.2	1.2	1.0	1.0

正确选择炸药的做功能力与猛度具有很大的实际意义，做功能力表示炸药总的破坏能力，而猛度是表示局部的破坏能力。如需要对介质的抛掷能力大时，则应选用做功能力大的炸药，而需要对介质的破碎能力大时，则选用猛度大的炸药。如同时需要考虑对介质的抛掷和破碎作用时，则应选择具有一定做功能力和猛度的炸药。如用于杀爆弹装药或工程爆破中应用的炸药以大做功能力为主，不必强求高爆速；对于以高速弹片为主的杀伤武器，则以高密度、高爆速（即高猛度和中等做功能力）的炸药为好；而用于聚能效应的破甲弹时，则要使用高猛度兼有大做功能力的炸药。

第三节　聚能效应

一、聚能效应的表现

（一）聚能效应的作用

炸药爆炸的聚能效应是爆炸直接作用的一种特殊情况。其作用机理在于使爆炸能量在某固定方向集中，使爆炸的局部破坏效应大大增强。爆炸的聚能效应不仅用于军事的坦克武器，而且广泛用于切割钢板和钢板穿孔，以及石油开采等，因此，爆炸聚能效应的用途是十分广泛的。

普通装药和聚能装药对钢板作用能力的对比如图 7－19 所示。

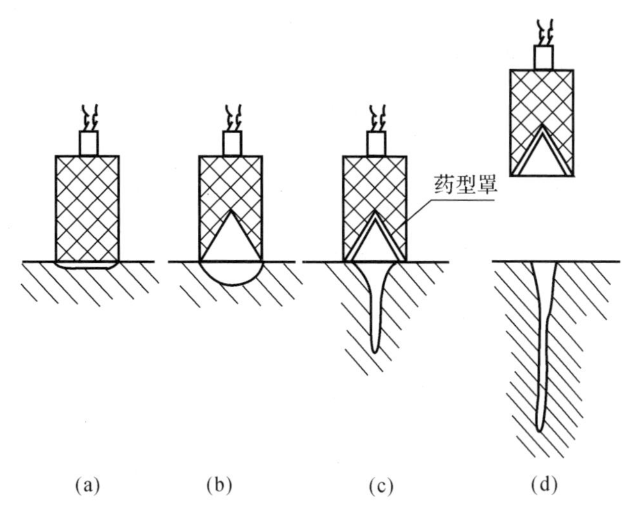

图 7－19　普通装药与聚能装药作用对比示意图

铸装药柱为 50 梯恩梯/50 黑索今，药量为 50 g，靶是钢板，按四种位置分别进行实验，得到的破甲情况如表 7－18 所示。

表 7－18　四种位置铸装药柱的破甲深度 L(钢靶板)

序号	药柱形状	药柱与靶子相对位置	L①/mm
1	实心药柱	接触	8.3
2	接触端带锥孔	接触	13.7
3	锥孔上放金属罩	接触	33.1
4	锥孔上放金属罩	距离 23.7mm	79.2

注：①L 为破甲深度。

实验结果表明，在装药底部制成孔穴，或再加一金属药型罩，且使药柱底部和靶板隔开某个距离(炸高)，就可以明显增加破甲效应。这种使某个方向爆炸作用增加的现象称为炸药的聚能效应。通常把带锥孔(或其他形状)的药柱对靶子的破坏作用，称为无药型罩聚能效应；把锥孔(或其他形状)带药型罩的药柱对靶子的破坏作用，称为有罩聚能效应。

为了解释聚能现象，我们研究一下爆轰产物的飞散过程，即聚能效应的物理本质。

(二)聚能效应的物理本质

圆柱形药柱爆轰后，爆轰产物沿近似垂直于原药柱表面的方向，向四周飞散，作用于钢板部分的仅仅是药柱端部的爆轰产物，作用的面积等于药柱端面积[见图 7－20(a)]。带锥孔的圆柱形药柱则不同：锥孔部分的爆轰产物飞散时，先向轴线集中，汇聚成一股速度和压力都很高的气流，称为聚能气流[见图 7－20(b)]。爆轰产物的能量集中在较小的面积上，在钢板上就打出了更深的孔，这就是锥孔能够提高破坏作用的原因。

锥孔处爆轰产物向轴线汇聚时，有两个因素在起作用：

(1)爆轰产物质点以一定速度沿近似垂直于锥面的方向向轴线汇聚，使能量集中；

(2)爆轰产物的压力本来就很高，汇聚时在轴线处形成更高的压力区，高压迫使爆轰产物向周围低压区膨胀，使能量分散。

由于上述两因素的综合作用，气流不能无限地集中，而在离药柱端面某一距离 F 处达到最大的集中，以后则又迅速飞散开了。

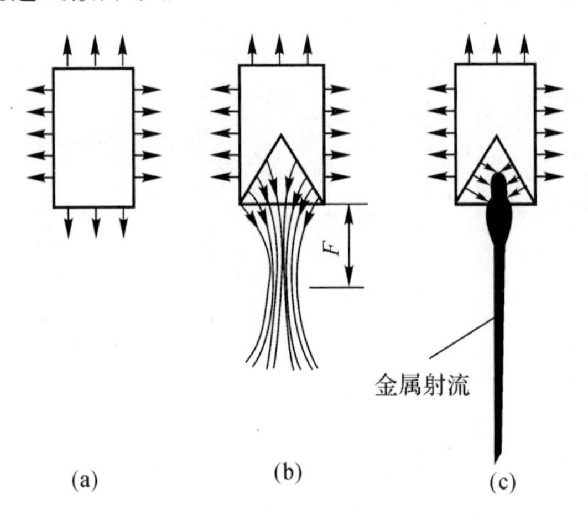

图 7－20　爆轰产物飞散及聚能气流

为了提高聚能效应，就应设法避免高压膨胀引起能量分散而不利于能量集中的因素。在药柱锥孔表面加一铜罩[见图 7－20(c)]，爆轰产物在推动罩壁向轴线运动过程中，就将能量传递给了铜罩。由于铜的可压缩性很小，因此内能增加很少，能量的极大部分表现为动能形式，这样就可避免高压膨胀引起的能量分散而使能量更为集中。此外，铜罩还有两个有利穿孔的作用：

(1)罩壁在轴线处汇聚碰撞时，发生能量重新分配。罩内表面铜层的速度比闭合时的速度高 1～2 倍，使能量密度进一步提高，形成金属射流；罩的其余部分则形成速度较低的杵体。

(2)金属射流各部分的速度是不同的，端部速度高，尾部速度低，因此射流在向前运动过程中将被拉长。但由于铜的优良的延性，射流可比原长延伸好几倍而不断裂。当然，金属射流在延伸过程中不像聚能气流那样膨胀分散，仍保持着原来的能量密度。

药柱锥孔上加铜罩后，聚能金属射流代替了聚能气流，使聚能作用大为提高，再加上上述两个作用，使得带罩药柱的穿孔能力大大提高；把钢板放在离药柱一定距离处，金属射流能打出 6～7 倍口径深，甚至更深的孔来。

药型罩的作用是将炸药的爆轰能量转换成罩的动能，从而提高聚能作用，所以对罩的材料的要求是：可压缩性小，在聚能过程中不汽化(因为汽化后会发生能量分散)，密度大，延性好。

由此看出，聚能装药高破甲作用的根本原因在于能量的高度集中。无药型罩聚能装药爆炸时，聚集的是爆轰产物，虽然爆轰产物的速度很高，但由于它的密度低，聚能流单位截面上集中的能量有限。而有药型罩聚能装药爆炸时，一部分爆炸能转变为金属流沿轴线运动的动能，由于金属流的密度大，断面积小，端部又具有很高的速度(>7 000 m/s)，因此在横断面上的能量密度更大，破甲作用就远远超过了产物流。

(三)金属流的形成和运动

分析有药型罩的聚能装药时的脉冲 X 光照相，可以具体了解金属流的形成及其运动过程。图 7－21 表示圆锥形药型罩的聚能装药金属流的形成和运动过程，图中爆轰波自左向右传播。

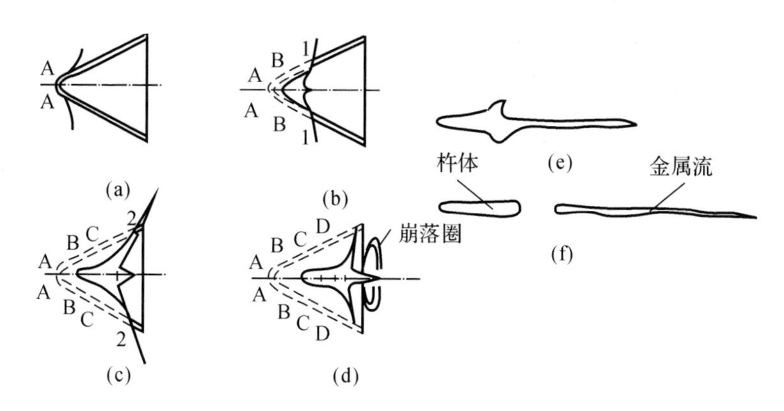

图 7-21　药型罩变形和金属流形成过程

如图 7-21(a)所示，当爆轰波到达药型罩顶部时，顶部的金属由于受到强烈的压缩，而向右运动。

当爆轰波继续向右运动到达药型罩断面 1—1 时，则位于断面 1—1 左面的罩面被压向轴线，罩面 AB 在轴线上发生高速碰撞，从 AB 的内表面挤出一股高速运动的金属流，此股金属流紧跟在前股金属流之后运动，其余的金属闭合并形成低速运动的杵体。

当爆轰波到达断面 2—2 时[见图 7-21(b)]，则断面 2—2 以左的罩面被压向轴线，罩面 BC 在轴线上又发生高速碰撞，从内表面又挤出一股高速运动的金属流，此股金属流紧跟在前股金属之后运动，其余的金属继续形成杵体[见图 7-21(c)]。这样，随着爆轰波向右运动，罩面不断地被压向轴线，金属流和杵体不断地加长。

如图 7-21(d)所示。当爆轰波到达药型罩底平面时，则罩面全部被压向轴线，形成金属流和杵体。在爆轰波到达药型罩底平面时，由于其端部卸载，罩的底部将有 1～2 mm 的锥体发生断裂，并以某一速度飞出，此部分金属不可能被压向轴线形成金属流和杵体。

如图 7-21(e)所示。在爆轰波到达装药底部和以后的很短时间内，杵体和金属流合为一体，但运动速度不同，各截面间存在着速度梯度，该速度梯度依药型罩各部分炸药层厚度不同而异。杵体的运动速度较小，为 500～1 000 m/s，而金属流头部运动速度较大，可达几千米每秒甚至上万米每秒。

由于金属流的速度高于杵体的速度，随着向右运动，两者终于分开，如图 7-21(f)所示。通常药型罩只有 20%～30%的质量形成金属流，其余 70%～80%都变成杵体。

当金属流脱离杵体后，两者仍继续向前运动。由于金属流本身存在速度梯度，很快就断裂成细粒，穿甲效果也大大降低，因此，聚能效应要选择合适的炸高，炸高太大或太小，都会对破甲产生不利的影响。

金属流脱离杵体的条件和金属流断裂的难易，取决于速度梯度的大小和药型罩金属的理化性能。金属流本身存在的速度梯度大，或金属塑性差时，金属流易于断裂；金属流与杵体两者之间的速度梯度愈大，两者愈易脱离。

二、影响聚能效应的因素

聚能效应是一种复杂的物理、化学过程，其作用后的最终效果为破甲威力，所采用的炸药、药型罩、炸高、隔板、战斗部壳体、旋转运动以及靶板材料都对破甲效果有影响。因此，为了提高破甲威力，必须对上述各因素进行分析。图 7－22 所示为聚能药柱的剖面及作用示意图。

图 7－22 表示了最一般形状的药柱。总高度为 H，h_1 表示上半部圆锥体高度度，h_2 表示下半部圆柱高度，h_3 代表底部的锥孔高度，α 表示顶部圆锥角度，γ 表示锥孔角度，F 为药柱底部(指圆柱下表面)到靶板的距离，δ，t 分别表示药柱外壳、药型罩的厚度，l 则为射流长，B 为靶板厚度，用 L 表示聚能作用效果(通常以破甲深度或切割效果表示。)

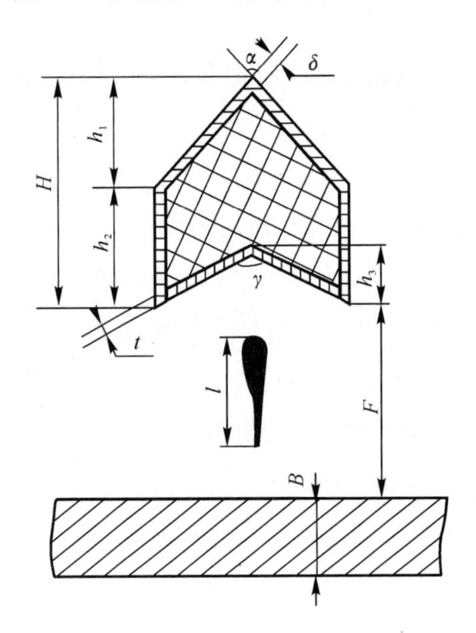

图 7－22　聚能药柱剖面及作用示意图

下面分别看一下各因素对破甲效果的影响。

(一)炸药

1. 炸药性能

炸药是聚能破甲的能源。炸药爆炸后很快地将能量传给药型罩，药型罩在轴线上闭合碰撞，产生高速运动的金属流，然后依靠金属流破甲。理论分析和实验研究表明，炸药影响破甲威力的主要因素是爆轰压力。

随炸药爆轰压力的增加，破甲深度与孔容积都增加，且破甲深度和孔容积都与爆压呈线性关系，而孔容积与爆轰压力的线性关系比破甲深度与爆轰压力的线性关系更明显。这主要是由于本试验是在固定炸高条件下进行的，而不同爆轰压力装药，其有利炸高不可能一样，因此破甲深度有波动，而孔容积都能更好地表示破甲过程中靶板所吸收的能量。图 7－23 为破甲深、孔容积与爆压的关系。

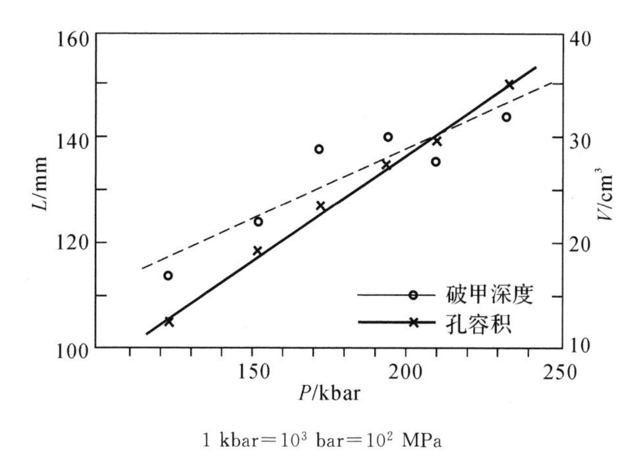

1 kbar$=10^3$ bar$=10^2$ MPa

图 7－23　破甲深、孔容积与爆压的关系

2. 装药形状

聚能装药的破甲深度与装药直径和长度有关，随装药直径和长度增加，破甲深度增加。试验表明，当药柱长度增加到三倍装药直径以上时，破甲深度不再增加。

(二)药型罩

1. 药型罩材料

当药型罩被压合后，形成连续而不断裂的射流（金属流）愈长，密度愈大，其破甲愈深。从原则上说，要求药型罩材料密度大、塑性好，在形成射流过程中不汽化。

试验表明，紫铜的密度较高，塑性好，破甲效果最好；生铁虽然在通常条件下是脆性的，但在高速、高压的条件下却具有良好的可塑性，所以破甲效果也相当好；铝作为药型罩虽然延展性好，但密度太低；铅作为药型罩虽然延展性好，密度高，但是由于铅的熔点和沸点都很低，在形成射流的过程中易于汽化，所以铝罩和铅罩破甲效果都不好。

2. 药型罩锥角

破甲弹药型罩锥角通常在 35°～60°之间选取。对于中、小口径战斗部，以选取 35°～44°为宜；对于中、大口径战斗部，以选取 44°～60°为宜。采用隔板时，锥角宜大些；不采用隔板时，锥角宜小些。

3. 药型罩壁厚

药型罩最佳壁厚随药型罩材料、锥角、直径以及有无外壳而变化。总的来说，药型罩最佳壁厚随罩材料密度的减小而增加，随罩锥角的增大而增加，随罩口径 d 的增加而增加，随外壳的加厚而增加。

研究表明，药型罩最佳壁厚与罩半锥角的正弦成比例，但是在锥角小于 45°时，这个比例略大些，大于 45°时，这个比例略小些。

为了改善射流性能，提高破甲效果，实践中通常采用变壁厚的药型罩。适当采用顶部薄、底部厚的变壁厚药型罩，提高破甲深度的原因主要在于增加射流头部速度，降低射流尾部速度，从而增加射流速度梯度，使射流拉长，从而增加破甲深度。变壁厚药型罩壁厚变化率（沿罩母线 100 mm 壁厚增加量）的选择，一般来说小锥角药型罩选小些，大锥角药型罩选大些。

4.药型罩形状

图 7-24、图 7-25 列出了三种形状的聚能药柱及它们的作用情况，说明不同形状的药柱可给出不同的切割厚度和破甲深度范围。

圆锥形聚能药柱可给出最大的切割效果，但是允许变化的距离范围窄（*BD*）；喇叭形药柱的切割厚度较小，但是切割距离则可在 *EG* 内变化；半球形药柱则正取居中的情况。总之，半球形药柱适用性最强，切割厚度较大，而允许的距离变化也较宽。

就锥孔形状看，圆锥形罩的穿甲效应较大；半球形罩形成反向金属流，类似高速弹丸，因而破甲稳定性较好。一般圆锥形罩用于破甲弹，而半球形罩用于混凝土爆破弹。

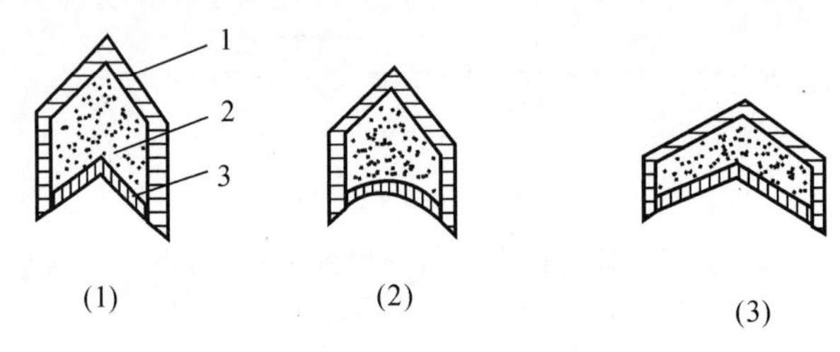

图 7-24 不同形状的聚能药柱

1—外壳；2—药柱；3—药型罩

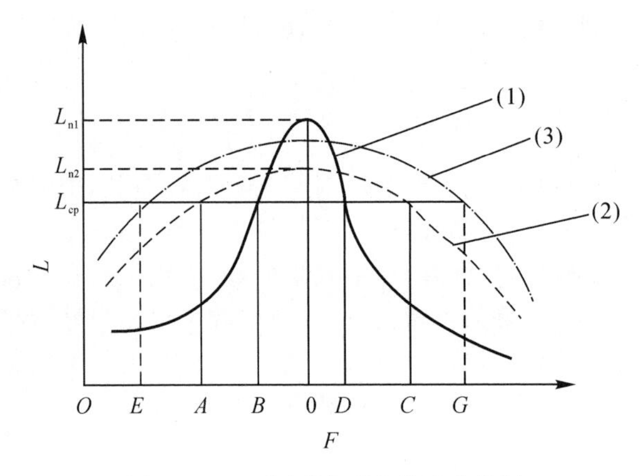

图 7-25 不同形状药柱的聚能作用

(三)隔板

1.隔板的作用

隔板的作用在于改变在药柱中传播的爆轰波形，控制爆轰方向和爆轰到达药型罩的时间，提高爆炸载荷，从而增加射流速度，提高破甲威力。如图 7-26 所示为常用的带隔板药柱。

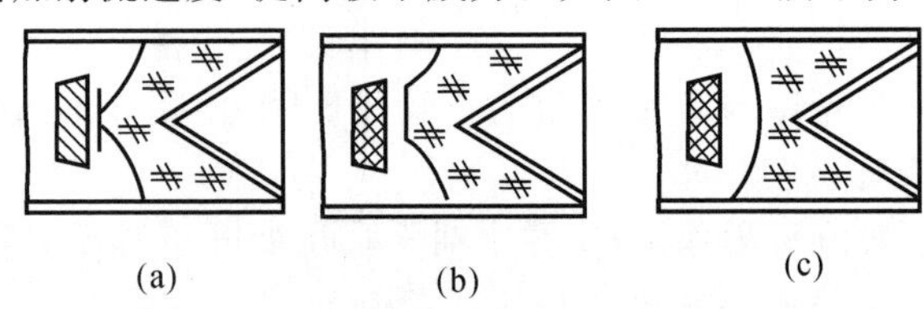

图 7-26 有隔板药柱的爆轰波形

(a)喇叭形波；(b)w 形波；(c)球形波

2. 隔板的选择

隔板材料一般采用塑料，因为这种材料声速低，隔爆性能好，并且密度小，还有足够的强度。

(四)炸高

炸高对破甲威力的影响可以从两方面来分析：

(1)随炸高的增加，射流伸长，从而提高破甲深度；

(2)随炸高的增加，射流产生径向分散和摆动，延伸到一定程度后产生断裂现象，使破甲深度降低。

与最大破甲深度相对应的炸高，称为有利炸高。有利炸高是一个区间，实际上选择炸高都是选择有利炸高的上限，这样既能保证破甲深度，又可减轻弹重。有利炸高与药型罩锥角、药型罩材料、炸药性能以及有无隔板都有关系。

有利炸高随罩锥角的增加而增加。对于一般常用药型罩，有利炸高是罩底径的 1～3 倍，如图 7-27 所示。

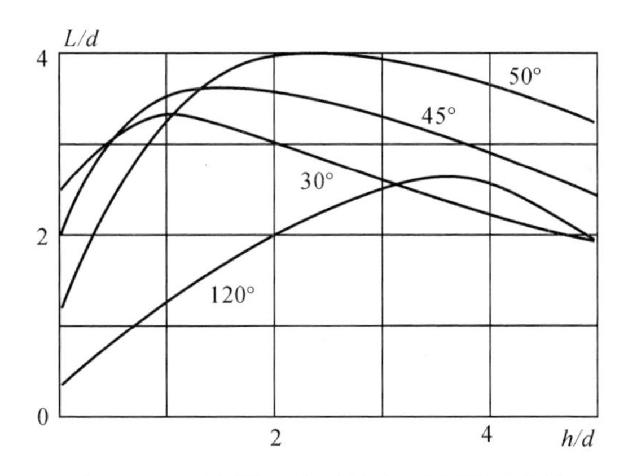

图 7-27　不同罩锥角时炸高-破甲深度曲线

当罩锥角为 45°时，不同材料药型罩破甲深度随炸高的变化如图 7-28 所示。

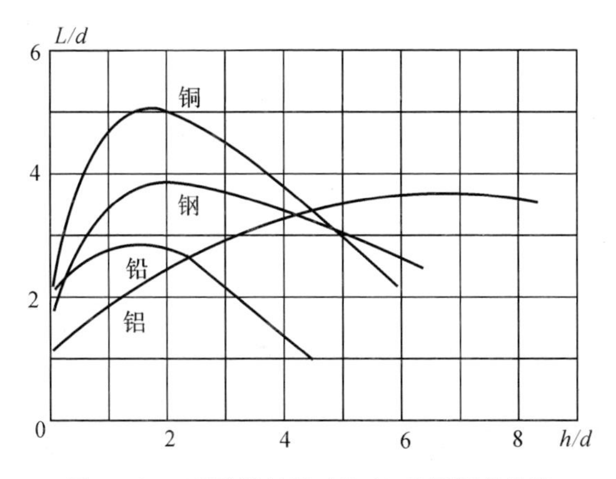

图 7-28　不同罩材料时炸高-破甲深度曲线

从图中看出，铝材料由于延展性好，形成的射流较长，因而有利炸高大，为罩底径的 6～8 倍，适用于大炸高的场合。

采用高爆速炸药以及增大隔板直径，都能使药型罩所受冲击压力增加，从而增大射流速度，并使射流拉长，故有利炸高增加。

(五)壳体

试验表明，有壳体和无壳体相比，破甲效果有很大差别。此差别主要是由弹底和副药柱周围部分的壳体所造成的，在同样条件下，如果减小隔板的直径和厚度，则可降低壳体的影响。

壳体对破甲效果的影响是通过壳体对爆轰波形的影响而产生的，而其中主要是表现在爆轰波形成的初始阶段。用光药柱时，通过试验使爆轰波形与药型罩的压合得到很好的配合，能够保证隔板前的中心爆轰波与通过隔板周围的侧向爆轰波同时到达罩顶部，致使罩顶各部分受载平衡。当增加壳体后，由于爆轰波在壳体壁面上发生反射，并且稀疏波进入推迟，从而使靠近壳体壁面附近爆轰能量得到加强。这样就加强了侧向爆轰波的冲量，使侧向爆轰波较中心爆轰波提前到达药型罩壁面，破坏罩顶部分的受载情况，迫使罩顶后喷，形成反射流，破坏罩的正常压合秩序，使得最后形成的射流不集中、不稳定，导致破甲深度下降。

事物是受各方面因素作用的，当药柱增加壳体后，稀疏波的作用减弱，有利于提高炸药的能量利用率。而上述讲到的降低破甲深度，只是破坏了光药柱试验所得到的最佳爆轰波形，如果适当改变装药结构，尤其是隔板尺寸，就可以提高破甲深度。

一般来说，对于带隔板的聚能装药，增加壳体有类似于不合理地增大隔板直径的作用，因而将光药柱试验得到的隔板直径和厚度减小，可使爆轰波形趋向于合理，从而可以提高破甲深度。对于不带隔板的聚能装药，可以采用改变药柱锥度和药型罩锥角的办法达到调整爆轰波形的目的。

(六)旋转运动

1.旋转运动的影响

当聚能战斗部在爆炸过程中具有旋转运动时，对破甲威力影响很大。这是由于：一方面旋转运动破坏金属流的正常形成；另一方面在离心力作用下，射流金属颗粒甩向四周，横截面增大，中心变空，并且这种现象随转速的增加而加剧。实验证明，当转速 $n<3\ 000$ rad/min 时，破甲威力损失不明显；当 $n>3\ 000$ rad/min 时，随着转速的增大，破甲威力的损失也愈来愈大；当 $n=20\ 000$ rad/min 时，破甲深度将下降 60%以上。

旋转运动对破甲性能的影响随装药直径的增加而增加，这主要是由于在大口径时，射流的旋转更加增大。

聚能装药具有旋转运动时，有利炸高比无旋转运动时要大大缩短，并且随转速的增加，其有利炸高变得更短。

另外，旋转运动对破甲性能的影响还随着药型罩锥角的减小而增加。

2.消除旋转运动对破甲性能影响的措施

措施主要有采用错位式抗旋药型罩的，有采用外壳旋转、装药微旋结构的，有采用滑动弹壳结构的。另外，采用旋压成型药型罩也能起到这种作用。

(七)靶板材料

靶板强度对破甲效果影响很大，其中主要影响因素是材料的密度和强度。

按照定常不可压缩流体理论，破甲深度为

$$L=l\sqrt{\frac{\rho_j}{\rho_t}}$$

式中：l——射流有效长度；

ρ_j——药型罩材料密度；

ρ_t——靶板材料密度。

显然，破甲深度与射流有效长度成正比，与药型罩材料密度的二次方根成正比，与靶板材料密度的二次方根成反比。

第四节　炸药在空气中的爆炸作用

一、空气中爆炸时冲击波参数的计算

由于爆轰产物只在近距离起作用，因此，炸药在空气中爆炸时起破坏作用的主要是空气冲击波。空气冲击波的破坏和杀伤作用，离爆炸中心愈近愈强烈，但是作用的面积较小。反之，则作用减弱，但作用的面积增大。若在空气中爆炸时冲击波超压在 0.2 kg/cm^2 以上的总作用面积为 100，超压在 20 kg/cm^2 以上的仅占总面积的 1.3%；在 2～20 kg/cm^2 超压范围内的面积约占 6.7%；而占总作用面积 92% 的区域超压在 0.2～2 kg/cm^2 的范围内。虽然如此，并不能低估冲击波的破坏作用。当大面积作用于建筑物时，波阵面上的超压在 0.2～0.3 kg/cm^2 时就可使一般砖木结构建筑物受到破坏。

为了研究炸药在空气中爆炸时的破坏作用，必须研究空气中爆炸时冲击波参数的变化规律。

（一）空气冲击波的爆炸相似律

这里只讨论一个球形装药由中心引爆的爆炸冲击波在周围均匀空气中的传播情况，不考虑大气密度随高度的变化，也不考虑空气中存在其他物体的情况。

炸药完全爆炸后，在空气中产生一个强冲击波，呈球形向四周扩张，它开始的传播速度远远大于声速。随着冲击波球面的不断扩大，能量逐渐耗散，波速不断下降，最终衰减为声波。这种由炸药在空气中爆炸所形成的强空气冲击波也常称为爆炸波。

概括地说：一方面爆炸波在扩展过程中强度不断减弱，波速不断减小；另一方面，爆炸波所到的空间任一点，其压力随时间不断减小并有振荡现象。这个过程的理想情况目前可以用一组相当复杂的方程来描述，这组方程只有在有限的情况下才可以得到解析解。因为控制方程组过于复杂，而且都是非线性的，所以一般情况下无法得到解析解。其中部分问题目前可以通过计算机得到一些近似解。

爆炸现象的试验研究往往需要消耗大量的人力、物力，特别是大药量爆炸时。因此，采用相似理论进行分析，寻找比例定律模型，从空中爆炸研究工作一开始就受到重视。人们希望通过小药量冲击波参数的测试，推断出大药量爆炸时爆炸波的参数。

Hopkinson 比例定律（或称为三次方根比例定律）就是一种最简单的比例定律，它是 Hopkinson 在 1915 年提出的。即两个几何相似的炸药装药，炸药成分相同，尺寸不同，在相同的大气环境中爆炸时，在相同的比例距离上产生相似的爆炸波。图 7－29 较好地说明了 Hopkinson 比例定律的含义。如果一个直径为 d 的球形装药在空中爆炸后，在距离 R 处通过一个压

力为 p、到达时间为 t_a、正压作用时间为 t_+、冲量为 i 的爆炸波，那么另外有一个直径为 λd 的球形装药在同样的空中爆炸以后，在距离 λR 上必然将通过一个压力同样为 p、到达时间为 t_a、正压作用时间为 λt_+、冲量为 λi 的爆炸波。下面首先介绍相似理论的一些基本知识，然后介绍如何利用相似理论对空气冲击波的相似性进行研究。

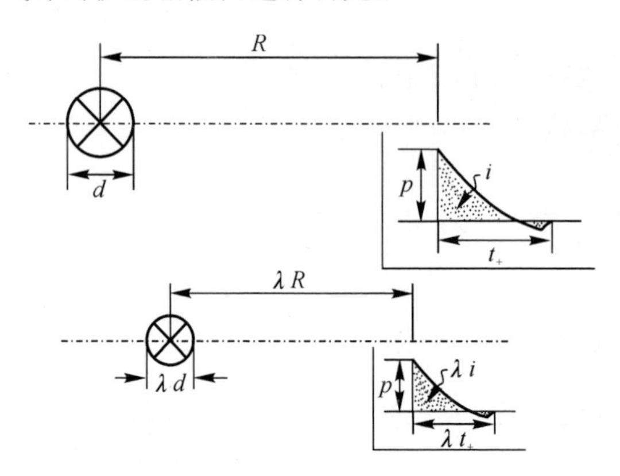

图 7-29　Hopkinson 比例定律示意图

1. 相似理论

(1)量纲。各种物理量的数值必须通过测量用各种量度单位来表示。例如，长度单位用“米”，时间单位用“秒”，质量单位用“千克”。所谓对某一物理量的“测量”，就是先制定或选定一个单位，再将该物理量与这个单位进行比较，得到倍数。一个量，如果测量单位变了，它的数值也会发生变化，则为有量纲量。例如，长度、时间、力、能量、力矩等均为有量纲量。一个量，若其数值与所采用的测量单位无关，则此量为无量纲量。例如，角度、两个长度之比、长度的二次方与面积之比、能量与力矩之比等是无量纲量。

物理量一般分为两类：基本物理量(它们相互独立并可以通过自然规律的各种定律构成其他物理量)，如长度、质量、时间；导出物理量(由基本物理量和定律导出的物理量)，如速度、加速度等。国际通用单位制(SI 制)是由 7 个基本物理量构成的，即长度、质量、时间、电流强度、温度、光强和物质的量。它们的量纲符号分别为 L、M、T、I、Θ、J 和 N。

导出量的量度单位对基本量的量度单位的依赖关系可以表示成公式形式，这种公式称为量纲公式，它可以看作导出量的扼要定义及其物理本质的表征。一般某个物理量的量纲表示为

$$[Q]=\mathrm{L}^{\alpha}\mathrm{M}^{\beta}\mathrm{T}^{\gamma}\mathrm{I}^{\delta}\Theta^{\varepsilon}\mathrm{J}^{\zeta}\mathrm{N}^{\eta}$$

式中，α、β、γ、δ、ε、ζ、η 称为量纲指数。要了解一个物理量，最好的方法就是明白其量纲，量纲的本质就是单位。

例如，速度 $v=\frac{\mathrm{d}x}{\mathrm{d}t}\Rightarrow[v]=\frac{[\mathrm{d}x]}{[\mathrm{d}t]}=\frac{\mathrm{L}}{\mathrm{T}}$，加速度 $a=\frac{\mathrm{d}^2x}{\mathrm{d}t^2}\Rightarrow[a]=\frac{[\mathrm{d}^2x]}{[\mathrm{d}t^2]}=\frac{\mathrm{L}}{\mathrm{T}^2}$。

同理高阶微分之量纲

$$\frac{[\mathrm{d}^kx]}{[\mathrm{d}t^k]}=\frac{\mathrm{L}}{\mathrm{T}^k},k=1,2,3,\cdots$$

其他导出量，如密度 ρ、压力 p、力 F 也都可以转化为三个基本量的乘积。密度按定义表示成 $\rho=m/V\Rightarrow[\rho]=[m/V]=\mathrm{M/L^3}$。牛顿第二运动定律表示成 $F=ma\Rightarrow[ma]=\mathrm{MLT^{-2}}$。

另外，由万有引力定律 $F=Gm_1m_2/r^2$ 得到 $[F]=\mathrm{MLT^{-2}}=[G]\mathrm{M^2/L^2}$，则 $[G]=\mathrm{L^3/MT^2}$，由此也可以推出 Kepler 行星第三运动定律：行星距太阳的平均距离的三次方与行星绕太阳的周期的二次方成正比即 $T^2\propto L^3$。另外，压力是单位面积所受的力，即 $p=F/A$，因此 $[p]=[F]/[A]=\mathrm{MLT^{-2}/L^{-2}}=\mathrm{ML^{-1}T^{-2}}$。假设压力 p 是密度的函数，$p=p(\rho)$，则 $\mathrm{d}p/\mathrm{d}\rho=[p]/[\rho]=\mathrm{ML^{-1}T^{-2}/ML^{-3}}=(\mathrm{L/T})^2$（在气体动力学中，这是声速的平方）。

（2）量纲平衡。量纲平衡是量纲分析中最重要的原则，一个具有物理意义的方程式，其等式两边量纲必须一致，如

$$s=v_0t+\frac{1}{2}at^2,\quad \mathrm{L}=\frac{\mathrm{L}}{\mathrm{T}}\mathrm{T}=\frac{\mathrm{L}}{\mathrm{T^2}}\mathrm{T^2}$$

$$v=v_0+at,\quad \frac{\mathrm{L}}{\mathrm{T}}=\frac{\mathrm{L}}{\mathrm{T}}=\frac{\mathrm{L}}{\mathrm{T^2}}\mathrm{T}$$

另外，还有动能和位能：

$$E=\frac{1}{2}mv^2\Leftrightarrow U=mgh,\quad [E]=\mathrm{M}\frac{\mathrm{L^2}}{\mathrm{T^2}}=\mathrm{M}\frac{\mathrm{L}}{\mathrm{T^2}}\mathrm{L}=[U]$$

波动方程：

$$\frac{\partial^2u}{\partial t^2}-c^2\frac{\partial^2u}{\partial x^2}=0,\quad \frac{[u]}{\mathrm{T^2}}=[c]^2\frac{[u]}{\mathrm{L^2}}\Rightarrow[c]=\frac{\mathrm{L}}{\mathrm{T}}$$

（3）相似定理。设有一个量纲量 x 是一组相互独立的有量纲量 $x_1,x_2,x_3,\cdots,x_n$ 的函数，表示为

$$x=f(x_1,x_2,\cdots,x_k,x_{k+1},\cdots,x_n)$$

其中有些量是变量，其他的是常量。设在有量纲量中前 $k(k\leqslant n)$ 个量的量纲是独立的（在力学中通常具有量纲独立的量不超过三个）。假定 k 等于量纲独立的参量的最大数目，则量 $x_{k+1},\cdots,x_n$ 的量纲可以用参数 $x_1,x_2,\cdots,x_k$ 的量纲表示出来。

取 k 个量纲独立的量 $x_1,x_2,\cdots,x_k$ 作为基本量，通过变换，参量 $x_{k+1},\cdots,x_n$ 的数值由下式确定：

$$\pi=\frac{x}{x_1{}^{n_1},x_2{}^{n_2},\cdots,x_k{}^{n_k}},\quad \pi_1=\frac{x_{k+1}}{x_1{}^{n_1},x_2{}^{n_2},\quad\cdots,\quad x_k{}^{n_k}},\quad\cdots\quad,\pi_{n-k}=\frac{x_n}{x_1{}^{n_1},x_2{}^{n_2},\cdots,x_k{}^{n_k}}$$

则通过量纲变换转化为 $n-k+1$ 个 $\pi,\pi_1,\cdots,\pi_{n-k}$ 之间的关系式，即 π 定理：

$$\pi=f(\pi_1,\cdots,\pi_{n-k})$$

假设另一个物理现象也遵循上面所描述的规律，即

$$x'=f(x'_1,x'_2,\cdots,x'_k,x'_{k+1},\cdots,x'_n)\tag{7-40}$$

通过量纲分析也可以得到

$$\pi'=f(\pi'_1,\cdots,\pi'_{n-k})\tag{7-41}$$

如果两个物理现象相似，式（7-40）和式（7-41）中对应的项必须相等，即 $\pi_i=\pi'_i$。

2.爆炸参数的相似准则

炸药在空气中爆炸时，影响冲击波超压的因素主要有炸药能量 E_0、空气初始压力 p_0、密度 ρ_0 和冲击波传播距离 R。如果忽略一些次要因素，如空气的黏性、传热性和大气温度等，则超压 Δp 可以表示为

$$\Delta p=f(E_0,p_0,\rho_0,R)\tag{7-42}$$

选择 E_0、ρ_0、p_0 作为独立量纲物理量。式（7-42）可表示为两个无量纲量之间的关系：

$$\pi=f(\pi_1) \tag{7-43}$$

式中，$\pi=\dfrac{\Delta p}{p_0}$，$\pi_1=\dfrac{R}{E_0^{\alpha_1}p_0^{\alpha_2}\rho_0^{\alpha_3}}$。

根据量纲平衡得到

$$\pi_1=\frac{R}{E_0^{1/3}p_0^{-1/3}}$$

因此，式(7-43)可以改写为

$$\frac{\Delta p}{p_0}=f'\left(\frac{R}{E_0^{1/3}p_0^{-1/3}}\right) \tag{7-44}$$

式(7-44)表明两个炸药在空中爆炸时，只要无量纲量 $R/(E_0{}^{1/3}p_0{}^{-1/3})$ 保持不变，$\Delta p/p_0$ 就相同。如果大气条件不变，p_0 不变，再考虑到超压总是随炸药能量的增加而增加，随距离的增加而减小，式(7-44)又可以改写为

$$\Delta p=f\left(\frac{\sqrt[3]{E_0}}{R}\right) \tag{7-45}$$

由于 TNT 是最常用的炸药，炸药爆炸所释放的能量 E_0 可以用炸药质量与爆热的乘积来表示。当炸药固定为 TNT 时，式(7-45)可以改写为

$$\Delta p=f\left(\frac{\sqrt[3]{\omega}}{R}\right) \tag{7-46}$$

当采用其他炸药时，用 ω_e 来广义地表示 TNT 当量。设某一炸药的爆热是 Q_{Vi}，药量是 ω_i，其 TNT 当量为

$$\omega_e=\frac{Q_{Vi}}{Q_{VTNT}}\omega_i \tag{7-47}$$

式中，$Q_{V\,TNT}$ 为 TNT 的爆热(4 186 kJ/kg)。

例 7.1 已知 10 kg TNT 在空中爆炸时 5 m 处的超压为 0.142 3 MPa，试求 5 kg RDX (Q_V=5 442.8 kJ/kg)在距炸点多远处的超压与前者相同。

解 由式(7-46)可知，只要 $\sqrt[3]{\omega}/R$ 不变，超压 Δp 就相同，因此有

$$\frac{\sqrt[3]{\omega}}{R_T}=\frac{\sqrt[3]{\omega_e}}{R_R}$$

式中，下标 T 表示 TNT，下标 R 表示 RDX。

由式(7-47)得

$$\omega_e=5\times\frac{5\ 442.8}{4\ 186}=6.5(\text{kg})$$

计算得到

$$R_R=R_T\ \sqrt[3]{\omega_e}\Big/\sqrt[3]{\omega}=1.37(\text{m})$$

3. *冲击波参数经验算法*

空气冲击波参数主要有冲击波峰值超压 Δp、正压作用时间 t_+ 和比冲量 i 等。式(7-46)表明，影响超压的主要因素为药量与距离，在组成 $\sqrt[3]{\omega}/R$ 的形式后，超压仅是一个变量的函数

了。式(7－46)可展开成多项式形式，即

$$\Delta p=f_1\left(\frac{\sqrt[3]{\omega}}{R}\right)=A_0+A_1\left(\frac{\sqrt[3]{\omega}}{R}\right)+A_2\left(\frac{\sqrt[3]{\omega}}{R}\right)^2+A_3\left(\frac{\sqrt[3]{\omega}}{R}\right)^3+\cdots \tag{7-48}$$

通过一系列试验就可以拟合出系数 $A_0,A_1,A_2,\cdots$。在实际工程应用中取前三项就足够精确了。由边界条件 $R\to\infty$，$\Delta p=0$ 得 $A_0=0$。

通过量纲分析同样可得 $t_+/\sqrt[3]{\omega}$、$i/\sqrt[3]{\omega}$均是$\sqrt[3]{\omega}/R$(ω 为装药量，R 为距爆心的距离)的函数，进而可展开成多项式形式：

$$t_+/\sqrt[3]{\omega}=f_2\left(\frac{\sqrt[3]{\omega}}{R}\right)=B_0+B_1\left(\frac{\sqrt[3]{\omega}}{R}\right)+B_2\left(\frac{\sqrt[3]{\omega}}{R}\right)^2+B_3\left(\frac{\sqrt[3]{\omega}}{R}\right)^3+\cdots \tag{7-49}$$

$$i/\sqrt[3]{\omega}=f_3\left(\frac{\sqrt[3]{\omega}}{R}\right)=C_0+C_1\left(\frac{\sqrt[3]{\omega}}{R}\right)+C_2\left(\frac{\sqrt[3]{\omega}}{R}\right)^2+C_3\left(\frac{\sqrt[3]{\omega}}{R}\right)^3+\cdots \tag{7-50}$$

式中，ω,R 的单位分别为 kg 和 m；各系数 A_i,B_i,C_i($i=0,1,2,\cdots$)由试验确定。

(1)空气冲击波峰值超压的经验计算公式。Sadovskyi 根据球状 TNT 装药在无限空气介质中爆炸的试验结果得到冲击波超压计算式为

$$\Delta p=10^5\left(\frac{0.76}{\bar{R}}+\frac{2.55}{\bar{R}^2}+\frac{6.5}{\bar{R}^3}\right),1\leqslant\bar{R}\leqslant 10\sim 15 \tag{7-51}$$

式中，超压 Δp 的单位是 Pa。在计算装药附近的超压时，式(7－51)不适用。根据试验得到装药附近的超压公式为

$$\Delta p=10^5\left(\frac{14.0717}{\bar{R}}+\frac{5.5397}{\bar{R}^2}-\frac{0.3572}{\bar{R}^3}+\frac{0.00625}{\bar{R}^4}\right),\quad 0.05\leqslant\bar{R}\leqslant 0.5 \tag{7-52}$$

其他距离建议采用下面的公式计算：

$$\Delta p=10^5\left(\frac{0.67}{\bar{R}}+\frac{3.01}{\bar{R}^2}+\frac{4.31}{\bar{R}^3}\right),\quad 15\leqslant\bar{R}\leqslant 70.9 \tag{7-53}$$

式中，$\bar{R}=R/\sqrt[3]{\omega}$称为相对距离。对于其他炸药，根据式(7－47)换算成 TNT 当量。但是需要指出的是，上述换算会引起较大的误差，因为空气初始冲击波参数与炸药的爆轰压力、多方指数等有关。

装药在地面爆炸时，由于地面的阻挡，空气冲击波不是向整个空间传播，而是向半无限空间传播，所以被冲击波卷入运动的空气量减少一半。当装药在混凝土和岩石一类的刚性地面爆炸时，可看作两倍的装药在无限空间爆炸。将 $\omega_e=2\omega$ 代入式(7－51)得到

$$\Delta p=10^5\left(\frac{0.96}{\bar{R}}+\frac{4.05}{\bar{R}^2}+\frac{13}{\bar{R}^3}\right),\quad 1\leqslant\bar{R}\leqslant 10\sim 15 \tag{7-54}$$

装药在普通土壤地面爆炸时，土壤在高温高压的爆轰产物作用下发生变形、破坏，甚至部分抛掷到空中形成一个炸坑。例如，100 kg TNT 装药爆炸后留下的炸坑面积达 38 m^2，在这种情况下就不能按刚性地面全反射来考虑。试验表明，此时 $\omega_e=(1.7\sim 1.8)\omega$，若取 $\omega_e=1.8\omega$ 并代入式(7－51)得到

$$\Delta p=10^5\left(\frac{0.92}{\bar{R}}+\frac{3.77}{\bar{R}^2}+\frac{11.7}{\bar{R}^3}\right) \tag{7-55}$$

几种情况的计算结果如图 7－30 所示。

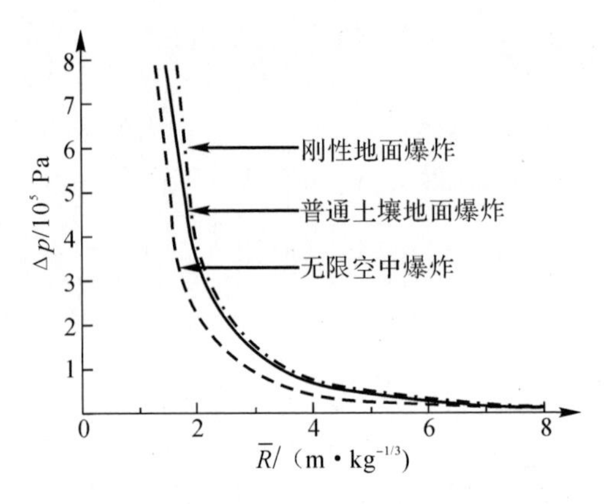

图 7－30　TNT 装药爆炸时超压与距离的关系

例 7.2　5 kg 50TNT/50RDX 的球形装药在空中爆炸，求距离炸点 3.6 m 处空气冲击波峰值超压。已知 50TNT/50RDX 炸药的爆热为 4 814.8 kJ/kg。

解　由式(7－47)得

$$\omega_e=\frac{Q_{Vi}}{Q_{VTNT}}\omega_i=5\times\frac{4\ 814.8}{4\ 186}=5.76(\text{kg})$$

$$\bar{R}=R/\sqrt[3]{\omega}=3.6/\sqrt[3]{5.76}\approx2$$

由式(7－51)计算得到

$$\Delta p=1.8\times10^5(\text{Pa})$$

如果装药在堑壕、坑道、矿井内爆炸，则空气冲击波沿着坑道两个方向传播，这时卷入运动的空气比在无限介质中爆炸时少得多。TNT 当量炸药可按面积比方法计算，即

$$\omega_e=\omega\frac{4\pi R^2}{2S}=2\pi\frac{R^2\omega}{S} \tag{7-56}$$

式中：S——一个方向传播的空气冲击波面积，等于坑道面积，m^2；

R——冲击波传播距离。

如果装药是长圆柱形，则空气冲击波为柱形波，其面积为 $2\pi RL$(L 为装药长度)，得到

$$\omega_e=\omega\frac{4\pi R^2}{2\pi RL}=2\frac{R\omega}{L} \tag{7-57}$$

如果装药在高空爆炸，则应该考虑空气介质初始压力 p_0 的影响。设高空中的压力为 p_{0H}，海平面的压力为 p_0，则在压力 p_{0H} 的高空中爆炸的 TNT 当量为

$$\omega_e=\frac{p_{0H}}{p_0}\omega \tag{7-58}$$

根据估算，海拔 3 000 m 处的冲击波超压比海平面的小 9%，海拔 6 000 m 处比海平面的小 10%。

(2)空气冲击波正压作用时间 t_+ 的计算。空气冲击波正压作用时间 t_+ 也是衡量爆炸对目标的破坏程度的重要参数之一，如同确定 Δp 一样，也可以根据爆炸相似律通过试验来建立经验公式。

根据爆炸相似律，由于

$$\frac{t_+}{\sqrt[3]{\omega}}=f\left(\frac{\sqrt[3]{\omega}}{R}\right)$$

所以空爆($R/\sqrt[3]{\omega}\geqslant 0.35$)时，有

$$\frac{t_+}{\sqrt[3]{\omega}}=1.35\times 10^{-3}\left(\frac{R}{\sqrt[3]{\omega}}\right)^{1/2} \tag{7-59}$$

式中，t_+ 为正压作用时间(s)。

如果装药在地面爆炸，则药量应该用 TNT 当量进行计算。对于刚性地面 $\omega_e=2\omega$，对于土壤地面 $\omega_e=1.8\,\omega$，将其代入式(7-59)，则冲击波正压区作用时间分别为

$$\frac{t_+}{\sqrt[3]{\omega}}=1.52\times 10^{-3}\left(\frac{R}{\sqrt[3]{\omega}}\right)^{1/2} \tag{7-60}$$

$$\frac{t_+}{\sqrt[3]{\omega}}=1.49\times 10^{-3}\left(\frac{R}{\sqrt[3]{\omega}}\right)^{1/2} \tag{7-61}$$

式中，t_+ 的单位为 s。一般化学爆炸的正压作用时间是几毫秒到几十毫秒。

(3)空气冲击波比冲量 i 的计算。空气冲击波的比冲量 i 也是冲击波对目标的破坏作用的重要参数之一，比冲量的大小直接决定了冲击波破坏作用的程度。理论上讲，比冲量是由空气冲击波阵面超压对时间的积分直接确定的，即

$$i=\int_0^{t_+}\Delta p(t)\mathrm{d}t \tag{7-62}$$

也可以利用式(7-50)，通过试验数据拟合得到

$$\frac{i}{\sqrt[3]{\omega}}=A\frac{\sqrt[3]{\omega}}{R}=\frac{A}{\bar{R}},\quad R>12r_0 \tag{7-63}$$

式中：i——比冲量，$\mathrm{N\cdot s/m^2}$；

r_0——装药半径；

A——系数，TNT 在无限空间中爆炸时 $A\approx 200\sim 250$；

ω——梯恩梯炸药的质量或当量，kg。

采用其他炸药时需要换算。由于比冲量与爆轰产物速度成正比，而爆轰产物速度又与炸药爆热的二次方根成正比，所以

$$i=A\frac{\omega^{2/3}}{R}\sqrt{\frac{Q_{Vi}}{Q_{i\mathrm{TNT}}}} \tag{7-64}$$

如果装药在普通土壤地面上爆炸，将 $\omega_e=1.8\omega$ 代入式(7-64)得到

$$i=(300\sim 370)\frac{\omega^{2/3}}{R},\quad R>12r_0 \tag{7-65}$$

二、空气冲击波的正反射

当冲击波在行进中遇到障碍时，可发生反射。如果传播方向垂直于障碍物表面，则发生的反射为正反射，如图 7-31 所示。

入射波接近固壁面时的情况如图 7-31(a)所示。入射波未到达前，未扰动介质的参数为 p_0,ρ_0,u_0，此时 $u_0=0$；入射波阵面处的参数为 p_1,ρ_1,u_1，入射波的传播速度为 v_{D1}。

入射波抵达障碍物后，反射瞬间的情况如图 7－31(b)所示。反射波的参数为 p_2，ρ_2，u_2。由于在反射瞬间气流受阻，速度变为 0，即 $u_2=0$，v_{D2} 为反射波在已被入射波扰动过的介质中的传播速度。

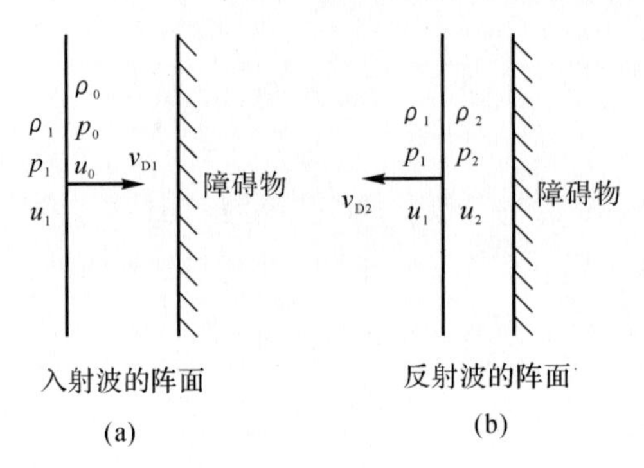

图 7－31　冲击波的正反射

由冲击波关系式得

$$u_1-u_0=\sqrt{(p_1-p_0)(v_0-v_1)} \tag{7-66}$$

$$u_2-u_1=\sqrt{(p_2-p_1)(v_1-v_2)} \tag{7-67}$$

因为 $u_0=u_2=0$，以上两式两边取二次方，得

$$(p_1-p_0)(v_0-v_1)=(p_2-p_1)(v_1-v_2) \tag{7-68}$$

再根据雨贡纽方程，有

$$\frac{v_1}{v_0}=\frac{(\kappa+1)p_0+(\kappa-1)p_1}{(\kappa+1)p_1+(\kappa-1)p_0} \tag{7-69}$$

$$\frac{v_2}{v_1}=\frac{(\kappa+1)p_1+(\kappa-1)p_2}{(\kappa+1)p_2+(\kappa-1)p_1} \tag{7-70}$$

将式(7－68)～式(7－70)联立求解，得

$$\frac{p_2}{p_1}=\frac{(3\kappa-1)p_1-(\kappa-1)p_0}{(\kappa-1)p_1+(\kappa+1)p_0} \tag{7-71}$$

从式(7－71)也可以得到以超压表示的公式：

$$\frac{p_2-p_0}{p_1-p_0}=\frac{(3\kappa-1)p_1+(\kappa+1)p_0}{(\kappa-1)p_1+(\kappa+1)p_0} \tag{7-72}$$

当入射冲击波很强时，因 $p_1\approx p_0$，故 p_0 可忽略。这样式(7－72)可简化为

$$\frac{p_2-p_0}{p_1-p_0}=\frac{3\kappa-1}{\kappa-1} \tag{7-73}$$

对于空气中的强冲击波来说，若将 κ 值代入，则有：

当 $\kappa=1.25$ 时，$\dfrac{p_2-p_0}{p_1-p_0}=11$；

当 $\kappa=1.4$ 时，$\dfrac{p_2-p_0}{p_1-p_0}=8$。

由此可见，强冲击波在固壁面反射后将使壁面处的压强增加很多，因而冲击波的反射现象加强了冲击波对目标的破坏作用。

当入射冲击波很弱，即 $p_1\approx p_0$ 时，由式(7－72)可得

$$p_2 - p_0 = 2(p_1 - p_0) \tag{7-74}$$

可见，反射后壁面超压将增加一倍。

空气中反射冲击波与入射冲击波的超压如表 7－19 所示。

表 7－19　空气中反射冲击波超压与入射冲击波超压的关系（$\kappa=1.4$）

p_1-p_0/kPa	p_2-p_0/kPa	p_1-p_0/kPa	p_2-p_0/kPa
10	21	120	345
20	43	150	459
30	67	200	667
40	93	250	895
50	120	300	1 140
60	149	400	1 670
70	178	500	2 250
80	210	700	3 500
100	275	1 000	5 530

将式（7－71）的 p_2 值代入关系式（7－70），可求得冲击波反射时，波阵面两侧的密度比为

$$\frac{\rho_2}{\rho_1} = \frac{v_1}{v_2} = \frac{\kappa p_1}{(\kappa-1)p_1 + p_0} \tag{7-75}$$

对于强冲击波 $p_1 \gg p_0$，同样可以忽略 p_0，式（7－75）可简化为

$$\frac{\rho_2}{\rho_1} = \frac{\kappa}{\kappa-1} \tag{7-76}$$

当强冲击波在固壁反射后，也就是介质经过入射和反射冲击波的两次压缩后，固壁面附近的介质被压缩的最大倍数可由式（7－69）和式（7－76）求出，即有

$$\frac{\rho_2}{\rho_0} = \frac{\kappa(\kappa+1)}{(\kappa-1)^2} \tag{7-77}$$

对于空气中的强冲击波反射，则有：

当 $\kappa=1.25$ 时，$\frac{\rho_2}{\rho_0}=45$；

当 $\kappa=1.4$ 时，$\frac{\rho_2}{\rho_0}=21$。

可见，经过两次压缩后，介质密度比是相当大的。

在 $u_0=u_1=0$ 的情况下，由冲击波动量守恒方程，对入射冲击波可以写出

$$p_1 - p_0 = \rho_0 v_{D1} u_1$$

对反射冲击波可以写出

$$p_2 - p_1 = -\rho_2 v_{D2} u_1$$

两式相除，可得

$$v_{D2} = -\frac{p_2-p_1}{p_1-p_0}\frac{\rho_0}{\rho_2} v_{D1}$$

如将式（7－69）～式（7－72）代入并经过整理，则上式可改写为

$$v_{D2} = -\frac{2\left(\kappa - 1 + \frac{p_0}{p_1}\right)}{(\kappa+1)+(\kappa-1)\frac{p_0}{p_1}} v_{D1} \tag{7-78}$$

当入射冲击波很强，即 $p_1 \gg p_0$ 时，式(7－78)可简化为

$$v_{D2} = -\frac{2(\kappa-1)}{(\kappa+1)} v_{D1}$$

对于空气中的强冲击波来说，则有：

当 $\kappa=1.25$ 时，$v_{D2} \approx -0.22 v_{D1}$；

当 $\kappa=1.4$ 时，$v_{D2} \approx -0.33 v_{D1}$。

由此可见，反射冲击波的传播速度总是低于入射冲击波的传播速度，而且两波的方向相反。

当入射冲击波很弱，即 $p_1 \approx p_0$ 时，由式(7－78)可知，反射波的传播速度近似等于入射波的传播速度。

若将(7－71)式改写为

$$\frac{p_2}{p_1} = \frac{(3\kappa-1)-(\kappa-1)\dfrac{p_0}{p_1}}{(\kappa-1)+(\kappa+1)\dfrac{p_0}{p_1}}$$

则由数值计算可知，在 $p_1/p_0 > 1$ 情况下，分数项满足

$$\frac{(3\kappa-1)-(\kappa-1)\dfrac{p_0}{p_1}}{(\kappa-1)+(\kappa+1)\dfrac{p_0}{p_1}} < 1$$

故有

$$\frac{p_2}{p_1} < \frac{p_1}{p_0}$$

或

$$\frac{p_2 - p_1}{p_1} < \frac{p_1 - p_0}{p_0}$$

这就是说，反射冲击波的强度总是低于入射冲击波的强度。

思考与练习题

1. 测定炸药做功能力的实验方法有哪些？它们各自的特点是什么？

2. 测定炸药猛度的实验方法有哪些？它们各自的特点是什么？

3. 炸药的做功能力与炸药的猛度分别用什么方法来表示？

4. 炸药的做功能力与猛度决定于什么爆轰参数？做功能力和猛度之间有何区别与联系？是否做功能力大的炸药猛度也一定大？

5. 试说明测定炸药做功能力的威力摆和测定炸药猛度的猛度摆在原理上有何区别。

6. 怎样提高炸药的做功能力？怎样提高炸药的猛度？

第八章　起爆药和猛炸药

在第二章我们讨论炸药的分类时，按照炸药的用途，将其分为起爆药、猛炸药、火药和烟火剂四种类型。本章我们主要讨论常用起爆药和猛炸药。

第一节　起　爆　药

起爆药的主要特征是对外界作用比较敏感，用比较小的起始冲量就可以发火，被点燃后爆炸变化速度快，故起爆药在雷管中作为初发装药，或作为电引火头引火剂的成分。它在简单的外界激发冲量（如撞击、摩擦、火焰、针刺、电能等）作用下能迅速发火起爆，并引起次发装药的爆轰，完成雷管的爆炸作用的要求。常用的起爆药有雷汞、氮化铅、三硝基间苯二酚铅、四氮烯和二硝基重氮酚等。

一、雷汞

雷汞的学名叫雷酸汞，分子式为 $Hg(ONC)_2$，相对分子质量为 284.6，结构式为

$$Hg\begin{cases} O—N \rightleftharpoons C \\ O—N \rightleftharpoons C \end{cases}$$

雷汞依其制法不同，可分为灰色和白色，目前军用雷汞均为白色的。灰色和白色雷汞都为斜方晶系的细小结晶状固体，其密度随纯度不同而有很大差别，雷汞的纯度愈低，其密度（密度为 4.3～4.4 g/cm^3，松装密度为 1.22～1.25 g/cm^3）愈大。

雷汞吸湿性很小，在相对湿度 100％情况下，储存 80 d 后，吸湿量仅为 0.16％，其吸湿量随杂质增大而显著增大。

雷汞微溶于水，随温度增加溶解度略有增大，其情形见表 8－1。

表 8－1　雷汞在不同温度下的溶解度

温度/℃	12	49	100
100 克水中的溶解量/g	0.07	0.175	0.77

当雷汞含水达 10％时，只燃烧而不爆炸；含水达 30％时，则不能点燃。因此，平时常将雷汞短时间储存在水中以保安全，但不宜长期在水中存放，否则雷汞的纯度会下降，颜色改变。

雷汞不与碳酸作用，遇浓酸被分解，所以可用此法销毁少量雷汞。

雷汞在冷的稀硝酸中不分解，而能溶解，其溶解度随浓度增加而增加。雷汞能与浓硫酸作用，引起爆炸。

雷汞能被强碱分解，而弱碱作用缓慢。硫代硫酸钠能分解雷汞。因此，常用硫代硫酸钠销毁少量雷汞。

雷汞易与铝镁金属起作用，有水存在时作用更剧烈，产生疏松状的铝镁氧化物。雷汞与镍不起作用，与锡作用能力很弱，在潮湿状态与汞产生汞齐。铅与干雷汞中的汞生成汞齐，在潮湿状态下生成雷酸铅。雷酸铅水解可转变为不溶的碱式盐保护膜，阻止内层的反应。铜与干雷汞作用不显著，在有水存在时生成碱性雷酸铜及碱式碳酸铜的混合物 $Cu(ONC)_2 \cdot Cu(OH)_2 \cdot Cu_2(OH)_2CO_3$，并可析出金属汞。碱式雷酸铜的撞击感度及热感度均比雷汞低，但摩擦感度比雷汞高。湿雷汞与锌作用缓慢，可生成具有爆炸性的雷酸锌，其起爆力和雷汞相似。

雷汞热安定性较差，在常温下尚安定，在 40～50℃或稍高的温度下长期加热，即能引起雷汞的分解；在 90～95℃时能很快分解出气体，但不能爆炸；经 35～50 h 后则显著地丧失爆炸性能，再经 75～100 h 后，则变成黄褐色不易点燃的粉末，但加热至 100℃时，48 h 内可发生爆炸。

雷汞长期受日光照射可变为黄色，但性能无显著变化。雷汞受紫外光照射数小时后，呈黑褐色，较易发火，但撞击感度降低，经长期曝光后可分解成对撞击不敏感的物质。

雷汞有甜的金属味道，雷汞同汞和汞化合物（朱砂及甘汞除外）一样是有毒的物质，能激起鼻、喉、眼的黏膜发生痛痒，长期作用能使皮肤痛痒，甚至引起湿疹病；能使人头发变白，牙龈出血。

雷汞的装药性能和爆炸性能见表 8－2。

表 8－2　常用起爆药爆炸性能和装药性能

性能		起爆药					备注
		雷汞	氮化铅	斯蒂酚酸铅	特屈拉辛	二硝基重氮酚	
压药性	流散性	较好	好	好	差	差	
	耐压性	差，500 kg/cm² 时出现压死	好	好	差，500 kg/cm² 时出现压死	差	
	使用压力/(kg/cm²)	200～400	600±100	1070～1200		作用在药面上压力不大于 140 kg/cm²	
爆炸性能	爆发点/℃	170～180，特殊情况	315～330	270～280	135～140	170～175	延滞期 5min
		160，爆炸					
		210	345		154 或 160	180	延滞期 5s
	撞击感度上限/cm	9.5	24(糊精)	36	6.0	＞40	100％爆炸最小落高，药量 0.02 g，压药压强 400 kg/cm²，锤重 400 g
	撞击感度下限/cm	3.5	10.5(糊精)	11.5	3.0	17.5	100％不爆炸最大落高，试验条件同上
	火焰感度/cm	20	＜8(糊精)	54	15	17	药量 0.03 g，压药压强 400 kg/cm²，用标准药柱点燃
	摩擦感度/％	100	76(糊精)	70	70	25	6 个油压，80°摆角

续表

<table>
<tr><th colspan="2" rowspan="2">性能</th><th colspan="5">起爆药</th><th rowspan="2">备　注</th></tr>
<tr><th>雷　汞</th><th>氮化铅</th><th>斯蒂酚酸铅</th><th>特屈拉辛</th><th>二硝基重氮酚</th></tr>
<tr><td rowspan="8">爆炸性能</td><td>静电感度/J</td><td>0.025</td><td>0.007 0</td><td>0.000 9</td><td>0.010</td><td>0.12</td><td></td></tr>
<tr><td>极限起爆药量/g</td><td>0.36</td><td>0.09</td><td>不能单独装药</td><td>不能单独装药</td><td>8 号纸管，铅加强帽，对 RDX 为 0.11</td><td>500kg/cm² 的压力压 1gTNT 入 8 号雷管</td></tr>
<tr><td>爆速/(m/s⁻¹)</td><td>5 400 (ρ=4.0～4.3 g/cm³)</td><td>5 276 (ρ=4.05 g/cm³)</td><td>4 900 (ρ=2.6 g/cm³)</td><td></td><td>6 500 (ρ=1.12 g/cm³)</td><td></td></tr>
<tr><td>威力/mL</td><td>28.1～28.7</td><td>26.6～32.6</td><td>29～29.1</td><td></td><td>230</td><td>铅铸扩孔值</td></tr>
<tr><td>爆热/(kcal·kg⁻¹)</td><td>370</td><td>364</td><td>308</td><td>550</td><td>1 400</td><td></td></tr>
<tr><td>爆容/(L·kg⁻¹)</td><td>311</td><td>308</td><td>470</td><td>400～450</td><td>600～700</td><td></td></tr>
<tr><td>爆压/(kg/cm²)</td><td>8 684</td><td></td><td></td><td></td><td></td><td></td></tr>
<tr><td>爆温/℃</td><td>4 450</td><td>3 050</td><td>2 100</td><td></td><td>4 950</td><td></td></tr>
<tr><td colspan="2">产生静电难易/V</td><td>56</td><td>88</td><td>217</td><td>91</td><td>35</td><td>湿度 40%～65%，60g 药与 58 号绢筛摩擦 1min 所产生的静电</td></tr>
</table>

二、氮化铅

氮化铅的学名叫叠氮化铅，分子式为 $Pb(N_3)_2$，相对分子质量为 291.2。

氮化铅是白色粉状结晶物质，由于结晶条件不同可呈现四种晶形。在实际生产中，通常有两种晶形：一种是 α 结晶，为短柱状斜方晶形，其感度较小；另一种是 β 结晶，为长针状单斜晶形，感度过大，实际上不采用。α 型密度为 4.71 g/cm^3，β 型密度为 4.93 g/cm^3，松装密度为 1.20～1.40 g/cm^3。

氮化铅吸湿性小，在相对湿度 100%条件下，储存 40 d 吸湿量为 1.6%～1.9%。

氮化铅不溶于冷水，稍溶于沸水，并在沸水中有部分水解，生成不溶于水的 $Pb(OH)_2$。缓慢冷却时氮化铅即成为极敏感的针状结晶析出，并可能发生自爆。在温度为 18℃和 70℃时 100 mL 水中分别溶解 0.023 g 和 0.090 g。在潮湿状态下，甚至含水 30%也不失去其爆炸性能。氮化铅能部分溶解在某些盐如硝酸钠和醋酸钠溶液中，难溶于乙醇、丙酮、苯、乙醚等有机溶剂中，易溶于乙胺。若加水使氮化铅沉淀，会发生碱性水解，此时的氮化铅很难点火。

氮化铅能与醋酸作用，放出叠氮酸。氮化铅与硝酸作用，除生成相应的铅盐外，叠氮酸还被氧化放出氮气。浓硝酸、浓硫酸与干氮化铅作用激烈，可发生爆炸，甚至浓硫酸与湿氮化铅作用也能引起爆炸。

碱溶液能分解氮化铅，而生成碱性氧化铅，附在氮化铅表面形成保护膜，所以它们的作用难以继续进行，但若增加搅拌，反应可加速。

氮化铅不与铝、镍、铅等金属作用，但可与铜、铁等金属作用。氮化铅在有潮湿并有二氧化碳存在的环境中，表面会部分分解生成氮氢酸。氮氢酸易和铜作用生成氮化铜或氮化亚铜。这两种生成物的机械感度比氮化铅还高，因此，制造氮化铅所用设备、工具、盛具通常都不用铜制造。装氮化铅的雷管壳和加强帽一般也不采用铜质的。

氮化铅具有良好的热安定性，在 50℃下存放 3～5 年，其性质无显著变化。温度高于 200℃，则分解加速，可变成不能爆炸的粉末，但若温度高于 350℃时，即使在真空状态下也能发生爆炸。

氮化铅受日光照射，其表层会分解。当光线强时，也可达其内部使颜色变黄，甚至变黑。在有水分时，光照后生成碱式氮化铅 $Pb(N_3)_2PbO$，并放出氮氢酸。

氮化铅本身是一种有毒物品，尤其是氮氢酸是无色，易挥发而有毒的液体，其水溶液会使皮肤腐烂。空气中氮氢酸浓度很小时，也会引起头晕、头痛，刺激眼、鼻黏膜；而浓度大时会引起气喘，甚至停止呼吸。氮氢酸进入人体内会引起心脏麻痹。因此，一般规定空气中氮化铅粉尘限制在 0.2 mg/m^3 以下。

氮化铅的装药性能和爆炸性能见表 8-2。

平常方法制得的 α 型氮化铅是粉末状细小结晶，流散性不好，难以装药，因此加入钝感剂造粒或各种添加剂来控制晶形，以便得到便于使用的各种氮化铅。

(1)石蜡氮化铅。在制得的氮化铅中，混入石蜡苯溶液，石蜡含量为 1%～2%，经过造粒、干燥、筛选即成石蜡氮化铅。由于石蜡的存在，耐压性变坏，威力下降，造粒工序安全性差，所以石蜡氮化铅被其它氮化铅所代替。

(2)糊精氮化铅。化合反应时加入 5%左右浓度的糊精溶液控制结晶，形成尺寸均匀、形状规则的 α 结晶，改善了流散性。糊精氮化铅是当前主要应用的一种氮化铅。

(3)聚乙烯醇氮化铅。它是在化合时以聚乙烯醇溶液代替糊精溶液而制得的。除它的撞击感度比糊精氮化铅有所提高外，其它性能都较优越，特别是极限起爆药量小，吸湿性小，储存安定性好，故引起广泛的重视。但由于它在制造过程中，生成的细长易碎结晶的静电感度比其它氮化铅的高，故还未用于军工产品。

(4)羧甲基纤维素氮化铅。它是在含 0.6%～1.2%羧甲基纤维素钠溶液中反应得来的，性能良好，不吸湿，极限起爆药量又小，较聚乙烯醇氮化铅还优越。例如，某雷管起爆黑索今的起爆药极限起爆药量：羧甲基纤维素氮化铅为 25 mg，聚乙烯醇氮化铅为 30 mg，糊精氮化铅为 90 mg。

(5)导电氮化铅。因反坦克破甲弹要求雷管作用时间极短，需用电雷管，从而研制成了用于导电药式电雷管用的导电氮化铅。它是由聚乙烯醇、石墨和硝酸铅充分混合的导电液和氮化钠化合而得，含有石墨 3%～4.5%，导电性强和静电感度小是其主要特点。

三、三硝基间苯二酚铅

三硝基间苯二酚铅的别名叫斯蒂酚酸铅，代号为 THPC，分子式为 $C_6H(NO_2)_3O_2Pb \cdot H_2O$，相对分子质量为 468.3，其结构式为

$$\left[\text{苯环：1-}O^- \text{，2-}NO_2 \text{，3-}O^- \text{，4-}NO_2 \text{，6-}NO_2 \right] Pb \cdot H_2O$$

三硝基间苯二酚铅是黄色短柱状斜方形结晶物质，含有 1 分子的结晶水。结晶水结合牢固，加热到 100 ℃仍不失去，加热到 110 ℃，经 12 h 才能脱去结晶水。脱水物质对于结晶无影响，且在大气中又会重新吸收水分。它的密度为 3.08 g/cm^3，松装密度为 1.0～1.6 g/cm^3。

三硝基间苯二酚铅的吸潮性极小，在 100%相对湿度下储存 40 d 后，水分仅增加 0.4%～0.6%。它在水中溶解度也极小，17℃时 100 mL 水仅能溶解 0.07 g。三硝基间苯二酚铅难溶于氯仿、苯、甲醇等有机溶剂，微溶于酒精、乙醚和汽油中，能溶于醋酸，易溶于浓醋酸铵溶液中。

它与硫酸、硝酸作用，使其分解生成相应的铅盐和斯蒂酚酸，它与碱不起作用。

三硝基间苯二酚铅的热安定性很高，在 75℃长期加热无分解现象；在日光照射下，它的颜色变暗。

三硝基间苯二酚铅的装药性能和爆炸性能见表 8-2。

因使用要求不同，三硝基间苯二酚铅制成不同颗粒大小的结晶。例如，用于针刺药时，为保证装药流散性，结晶要求大些，用于电引火头的结晶小些。而为了雷管装药的流散性好，过去用蜂蜡钝化造粒，但因蜂蜡在 50℃就软化，耐热性差，改用软化点为 90℃的沥青钝化造粒，就具有较好的耐热性，静电感度大大降低。

四、四氮烯

四氮烯的化学名叫脒基亚硝胺脒基四氮，别名叫特屈拉辛（是不饱和四氮衍生物的总称），分子式为 $C_2H_8ON_{10}$，相对分子质量为 188.1，结构式为

$$\text{(四唑环: N—N=C—NH—N)}\ C{-}N{=}N{-}\overset{H}{N}{-}\overset{H}{N}{-}C(=NH){-}NH_2 \cdot H_2O$$

四氮烯是疏松状白色或稍带黄色的粉末状结晶固体，工业品密度为 1.635 g/cm^3，松装密度为 0.4～0.45 g/cm^3。

它的吸潮性很小，在 30℃、相对湿度 90%条件下，经长时间保存，增重 0.77%。它难溶于水，在室温时 100 mL 水中仅溶解 0.02 g，也不溶于乙醇、戊醇、乙醚、丙酮、甲苯、苯、四氯化碳等有机溶剂。

四氮烯在热水中被分解，分解最终产物为脲素、肼、氮气和水，故可用使它与水共沸的办法，销毁少量的四氮烯。

四氮烯是弱碱性物质，能溶于稀酸中，加水后又能析出，可用于精制四氮烯。它在热稀酸、冷浓酸中发生分解，在碱溶液中也能分解。

四氮烯不与金属和普通炸药起作用。

四氮烯在常温下是安定的，在 50 ℃下加热无变化；加热至 75 ℃，经 10 d 失重 8%，且变为黄色。

四氮烯是有毒的。

四氮烯的装药性能和爆炸性能见表 8－2。

五、二硝基重氮酚

二硝基重氮酚的学名叫二硝基重氮氧化苯，代号为 DDNP，分子式为 $C_6H_2(NO_2)_2N_2O$，相对分子质量为 210.1，结构式为

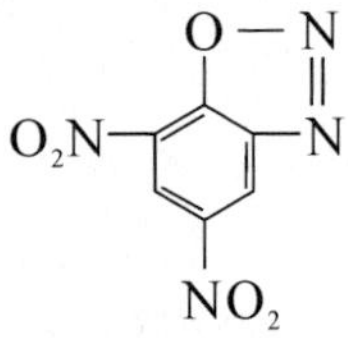

纯 DDNP 为亮黄色针状结晶，实际随生产工艺方法不同，颜色和晶形均有差异。颜色有亮黄、土黄、黄绿、桔红、棕紫等；结晶形状有针状、片状、短柱状、星形聚晶和球形聚晶等。工业品 DDNP 为深棕色或紫红色球状聚晶。由丙酮结晶的纯 DDNP 的密度为 1.71 g/cm^3，松装密度为 0.17～0.95 g/cm^3，工厂实际应用的为 0.48～0.70 g/cm^3。

纯的二硝基重氮酚具有较大的吸湿性，而聚合成球形的二硝基重氮酚吸湿性则较小。在 100%相对湿度下，其平衡水分为 0.32%，它吸湿后并不影响起爆力。如以 0.8 g 的装药量、250 kg/cm^2 的压合压力装填 8 号爆破纸雷管（铁加强帽），经相对湿度 90%～95%，在常温下受潮 260 h 后，产品仍能 100%起爆完全。

二硝基重氮酚微溶于水，可以不同程度溶于有机溶剂中，如表 8－3 中所示。

表 8－3　二硝基重氮酚在各种溶剂中的溶解度

溶剂	溶解度（100 mL 溶液）/g	
	25℃	50℃
水	0.062 0	0.248 0
乙醇	0.129 0	0.424 0
乙醚	0.029 5	—
苯	0.133 0	—
丙酮	5.743 0	—

二硝基重氮酚在冷的无机酸中是比较安定的，但在热浓硫酸中可以被分解。它在碱性介

质中是不稳定的，可引起一系列的分解、偶联、聚合等反应，而失去其爆炸性。它具有良好的热安定性，将其加热到60℃时不受什么影响，但温度再高，则可以观察到分解现象。随加热时间增加，它的失重也逐渐增加。

在日光照射下引起二硝基重氮酚的颜色、纯度、起爆力的变化，特别是在直射日光照射下，颜色变黑，纯度下降。若受直射光照射10 min，则纯度由100%下降至67.3%。受日光直接照射10 d后，就完全失去爆炸性能，变成一种只能燃烧的物质。

干燥的二硝基重氮酚与铁、铜、铝、锌、镁、锡、铅等金属均无作用，潮湿的二硝基重氮酚对铜、铝、锌、锡等金属有一定的作用。

二硝基重氮酚是有毒的，它可刺激人体中枢神经，对皮肤有染色和刺激性。长期接触能引起接触性皮炎和过敏性皮炎，又可能造成肝脏和膀胱疾病，中毒症状是面容青紫、眩晕昏迷。

它的装药性能和爆炸性能见表8－2。

第二节　猛　炸　药

猛炸药的主要特性是对外界作用感度比起爆药小，由燃烧转为爆轰的成长速度小，其爆速与单位质量炸药爆炸所放出的能量比起爆药大。因此，猛炸药在雷管中作为次发装药，作为雷管输出能量的主要能源。常用的猛炸药有梯恩梯、特屈儿、黑索今、泰安、奥克托今等。

一、梯恩梯

梯恩梯是淡黄色鳞片状结晶物质，密度为1.66 g/cm^3，松装密度为0.7～0.9 g/cm^3，熔点为80.9 ℃。

梯恩梯吸湿性很小，约为0.05%，难溶于水，易溶于吡啶、丙酮、苯、甲苯、氯仿等有机溶剂中，微溶于乙醇、四氯化碳、二硫化碳。

梯恩梯能溶解在硝酸、硫酸和硝硫混酸中，溶解度随酸的浓度和温度升高而增大。

梯恩梯与氢氧化钾、氢氧化钠、氢氧化铵等及其水溶液或酒精溶液作用，反应激烈，生成相应的碱金属盐，生成物极为敏感，其撞击感度与雷汞、氮化铅类似。它们的爆发点为116～225℃，热安定性极小，在50～65℃就可能发生爆炸。因此，严禁TNT与干碱粉或碱酒精溶液相接触。

梯恩梯的热安定性好，在150℃时才开始缓慢分解。

它与金属及其氧化物不起作用，因此便于装药使用。但如有稀硝酸（约13%）存在时，则TNT与铅、铁、铝的碎屑共热至90℃时，就可生成一种机械感度极大的棕色至棕褐色物质。

在日光照射下梯恩梯变为褐色，而表面的生成物能防止反应深入内部。但凝固点下降，撞击感度提高。例如经3个月的阳光直照，其凝固点由80℃下降为74℃，受撞击时易发生爆炸。因此，TNT应避免阳光照射。

梯恩梯是具有苦味的有毒物质，可通过皮肤沾染和呼吸引起中毒。短时间吸入大量粉尘或蒸气会产生急性中毒，严重者能致死亡，长期接触也可能产生慢性中毒，其毒性主要损害肝脏,引起中毒性贫血。

梯恩梯的爆炸性能见表 8-4。

表 8-4　常用猛炸药爆炸性能

性能	炸药					备注
	梯恩梯	特屈儿	黑索今	泰　安	奥克托今	
爆发点/℃	475	257	230	225	327	延滞期 5s
撞击感度/%	4～8	50～60	70～80	100	100	锤重 10 kg,落高 25 cm
摩擦感度/%	4～6	16	70±8	92	100	
枪弹贯穿/%		约 70%爆炸	100%爆炸	100%爆炸		
爆轰波感度	很钝感,铸装比压装钝感,起爆须用传爆药柱	比 TNT 敏感	比特屈儿敏感	比黑索今稍敏感		
	极限起爆药量:雷汞 0.36 g,氮化铅 0.09 g	极限起爆药量:雷汞 0.29 g,氮化铅 0.03 g	极限起爆药量:雷汞 0.19 g,氮化铅 0.05 g	极限起爆药量:雷汞 0.17 g,氮化铅 0.03 g		
	在通常情况下,不由燃烧转为爆轰,但堆积着燃烧,则可转成爆轰					
威力/mL	285	340	475	470～500	486	铅铸扩孔值
猛度/mm	13	19	24	24		铅柱压缩值
爆速/($m \cdot s^{-1}$)	6 700 (ρ=1.5 g/cm^3)	7 400 (ρ=1.63 g/cm^3)	8 660 (ρ=1.755 g/cm^3)	8 600 (ρ=1.77 g/cm^3)	8 917 (ρ=1.85 g/cm^3)	
爆温/℃	3 473	3 097	3 127	3 627		
爆热/($kcal \cdot kg^{-1}$)	1 000	1 090	1 300	1 400	1 356	
爆容/($L \cdot kg^{-1}$)	685	740	900	800		
爆压/kPa	1 687(ρ=1.598 g/cm^3)	243.1	337(ρ=1.733 g/cm^3)		393	

二、黑索今

黑索今为无味、无嗅、白色粉末结晶，密度为 1.816 g/cm^3，松装密度为 0.8～0.9 g/cm^3。用浓硝酸直接硝解制得黑索今的熔点为 201～202℃，一般军用品的熔点为 202～203℃。

黑索今不吸湿，不溶于水，也不溶于一般有机溶剂，能溶于丙酮和浓硝酸中，故可用丙酮和浓硝酸来重结晶黑索今。它在浓硝酸中的结晶为正方体，在苯胺、酚、苯甲酸乙酯及硝基苯中为针状，在醋酸中为片状，在丙酮中则为单斜晶体。

硫酸和盐酸能分解黑索今，它在浓硫酸中的分解反应式为

$$C_3H_6O_6N_6 + 2H_2SO_4 \rightarrow 3HCHO + 2O_2S\left\langle\begin{matrix}OH\\ \\ONO\end{matrix}\right. + 2N_2 + H_2O$$

因此不能用硝硫混酸作为硝化剂来制造黑索今。

稀硫酸或稀苛性碱与黑索今共同煮沸时，可发生分解反应：

$$C_3H_6O_6N_6 + 6H_2O \rightarrow 3HCHO + 3NH_3 + 3HNO_3$$

因此可应用稀氢氧化钠溶液销毁废黑索今和清洗生产黑索今设备。

黑索今的热安定性比较好，在 50℃时长期存放不分解，在 100℃时储存 100 h 无明显变化，在熔融后开始分解，在 213℃时于 410 s 内可分解一半。

黑索今在日光照射下不分解，在紫外线照射下由白色变为淡黄色。

少量的黑索今在空气中能完全燃烧，大量黑索今在急剧受热或燃烧时能导致爆炸。

黑索今为有毒物质，可以通过呼吸道、消化道及皮肤侵入人体。长期微量吸入黑索今，会发生慢性中毒，短时间内大量吸入也会发生急性中毒。黑索今慢性中毒症状是头痛、消化不良、小便增多、妇女闭经等。大多数中毒者发生贫血，红血球及网状红血球数目降低，淋巴球及单核球数目增多。黑索今急性中毒症状是头痛、晕眩恶心、口中有甜味、干渴、虚弱无力、四肢和头颈抽搐，严重时继上症状后失去知觉，脸部及四肢青紫，痉挛，咬舌，有时有遗尿、遗精现象。少数人对黑索今有过敏性斑疹的药物反应。黑索今中毒有一定的潜伏期，有时在停止接触 1～2 d 后才能发生中毒症状。

目前，对黑索今中毒尚无特效解毒药物。对急性中毒患者，可采取洗胃、导泻、吸氧、注射维生素 C 和葡萄糖及服镇静剂等应急措施。患者抽搐时，可注射苯巴比妥钠。

黑索今的爆炸性能见表 8-4。

由于一般使用的黑索今是结晶粉末，流散性不良，有时为保证其装药量精度要求，利用水悬浮法虫胶造粒，虫胶含量一般不大于 3%。也有的用提纯地蜡和硬脂酸钝化黑索今，其钝感剂含量不大于 6.5%。

三、特屈儿

特屈儿是浅黄色结晶物质，纯特屈儿为白色结晶，密度为 1.73 g/cm^3，松装密度为 0.9～1.0 g/cm^3。

特屈儿不吸湿也不溶于水，易溶于丙酮、醋酸乙酯，溶于苯、二氯乙烷，微溶于四氯化碳、乙醚、乙醇、三氯甲烷、二硫化碳有机溶剂中。特屈儿与水长时间共热，可缓慢分解生成苦味酸。它与稀硫酸无作用，但与浓硫酸作用。它与硝酸无显著作用，但能被溶解，溶解度随硝酸浓度

增加、温度升高而增大。

特屈儿在碱性介质中不稳定，在很稀的碳酸钠溶液中共沸时即发生分解。它与硫化钠可发生缓慢的分解作用，变为非爆炸物质，因此利用13%硫化钠溶液来销毁少量的废特屈儿。

在常温下特屈儿安定性较好，在75℃下6个月无明显变化。

特屈儿是有毒的物质。据报道，其粉尘在空气中的浓度达1.5 mg/m^{3}时就有毒。轻微中毒时，人的手、脸、颈等裸露部分发生斑疹、水泡等，从而引起溃疡，皮肤和毛发染成黄色。严重中毒时，发生皮肤充血，脸部发生急性水肿，眼结膜充血。当鼻孔受刺激时，分泌出血；当咽喉受到刺激时，呈现喘息状态。长期接触能引起肝脏损害和神经障碍。特屈儿中毒也伴随有一般症状，如食欲减退、失眠和头眩晕等。

特屈儿的爆炸性能见表8-4。

四、泰安

泰安是白色结晶，密度为1.77 g/cm^3，松装密度为1.2～1.3 g/cm^3，熔点为141～142℃，工业品熔点为138～140℃。

泰安不吸湿，也不溶于水，易溶于丙酮、吡啶、二氯乙烷等，微溶于酒精、甲醇、三氯甲烷、苯、甲苯、乙醚、二氯乙烯等有机溶剂中。

含酸泰安很不安定，长期储存时可能自燃或自爆，因为酸能促使泰安分解。泰安与碱发生皂化反应。泰安可被硫化钠分解，所以常用硫化钠销毁少量的泰安。泰安不与金属作用。

因泰安化学结构具有对称性，其热安定性比其他多元醇硝酸酯稳定，少量泰安在140～145℃加热0.5 h开始放出氧化氮，加热到175℃时放出黄烟，190℃时激烈分解。

泰安稍具毒性，能引起血压降低、呼吸短促等病症，但影响不显著。

泰安的爆炸性能见表8-4。

五、奥克托今

奥克托今是白色结晶物质，它最初是作为醋酐法制得的黑索今(以乌洛托品为原料)中的杂质而被发现的。其有四种晶形，α型的密度为1.845 g/cm^3，β型为1.902 g/cm^3，γ型为1.82 g/cm^3，δ型为1.78g/cm^3。它是高熔点炸药，熔点为278℃。

奥克托今不吸湿，也难溶于水，20℃时100 mL水中溶解0.003%，100℃时100 mL水中溶解约为0.02%。它们几乎不溶于甲醇、乙醇、苯、甲苯、二甲苯、乙醚中，溶于丙酮、硝基甲烷、环己酮等有机溶剂中。

它与稀硝酸或硫酸实际上不发生分解，能溶于浓硫酸，与浓硫酸作用发生分解，其分解速度比黑索今略慢。其遇碱也发生分解。

奥克托今与黑索今相比具有较高的热安定性，例如黑索今的半衰期在213℃时为410 s，299℃时为0.25 s，奥克托今的半衰期在270℃时为216 s，314℃时为45 s。因此，可利用奥克托今提高雷管的耐热性。

奥克托今对中枢神经有作用，也能引起肝脏损害。

六、硝化甘油

纯硝化甘油为无色透明的油状液体，工业品为淡黄色或黄褐色，其中有水珠存在时呈乳白色；15 ℃时密度为 1.6 g/cm³，温度越高，密度越小；凝固点为 13.2℃（不稳态凝固点为 2.2℃）。硝化甘油有甜味，其黏度比水大 2.5 倍。它不吸湿，不溶于甘油，但能溶于水。在普通温度下它能与很多有机溶剂以及硝化乙二醇、硝化二乙二醇等任意混合。硝化甘油本身能溶解梯恩梯和二硝基甲苯。硝化甘油是硝化棉的很好的溶剂和胶化剂。常温下硝化甘油挥发性小，50℃以上时挥发性显著增大。硝化甘油有毒，当吸入蒸气或液体溅在皮肤上时，会引起头痛。当密度 ρ=1.6 g/cm³时，爆速为 7 700 m/s，做功能力为 520 mL(1.4 倍 TNT 当量)，猛度为 24～26 mm。

由于硝化甘油很敏感，所以不能单独使用。它的主要用途，一个是胶化硝棉，以制造某些无烟火药和固体火箭推进剂，另一个是用来做胶质炸药。

七、三氨基三硝基苯

三氨基三硝基苯是最早的耐热、钝感炸药之一，黄色粉状结晶，在太阳光或紫外线照射下变为绿色。它不吸湿，室温下不挥发，高温时升华，除能溶于浓硫酸外，几乎不溶于所有有机溶剂，高温下略溶于二甲基甲酰胺和二甲基亚砜。其晶体密度为 1.937 g/cm³，熔点大于 330℃（分解），标准生成焓约－150 kJ/mol。250℃、2 h 失重 0.8%，100℃第一个及第二个 48 h 均不失重，经 100 h 不发生爆炸，DTA 开始放热温度为 330℃。它爆热为 5.0 MJ/kg(液态水，计算值)，密度为 1.857 g/cm³时爆速为 7.60 km/s，密度为 1.89 g/cm³时爆压为 29.1GPa，做功能力为 89.5%(TNT 当量)，撞击感度及摩擦感度均为 0%，在 250～300℃，其 h_{50}(2.5 kg 落锤)大于 320 cm，爆发点超过 340℃(5 s)。

三氨基三硝基苯是一种非常安定、非常钝感的耐热炸药，爆轰波感度也很低，且临界直径较大，在 Susan 试验、滑道试验、高温(285℃)缓慢加热、子弹射击及燃料火焰等形成的能量作用下，三氨基三硝基苯均不发生爆炸，也不以爆炸形式反应。

思考与练习题

1. 起爆药的主要特征是什么？常用的单质起爆药有哪些？
2. 猛炸药的主要特征是什么？常作的单质猛炸药有哪些？

第九章　火工品简介

第一节　概　　述

一、火工品的发展简史

所谓火工品，指的是受很小外界能量激发即可按预定时间、地点和形式发生燃烧或爆炸的元件或装置，用以产生各种预期效应（声、光、电、波、热、气体等）。火工品的应用是极为广泛的。火柴就是最常见、最简单的火工品。弹丸发射和爆炸、手榴弹发火、节日的烟火、大型爆破、人造卫星的发射、工件的爆炸成型等初始能量都是不同类型的火工品提供的。在常规兵器中，它是弹药（引信）的一个重要组成部分，是引信爆炸序列的起点。没有火工品的可靠作用，一切武器将不能正常发挥效力，同时，火工品的安全性又是武器安全性的关键所在。

火工品的发展和火炸药的发展是密切相关的。伟大的中华民族不仅发明了黑火药，并且首先将它应用于军事方面。这在唐代李全著《神机制敌太白阴经》、宋代许洞著《虎钤经》、宋代曾公亮等编《武经总要》等著作中都有记载。公元 682 年（唐高宗永淳元年），孙思邈用伏火硫磺法制造黑火药，在他的《丹经》《丙伏硫磺法》中记述了制造的方法。

18 世纪以前，黑火药是用于火炮发射、弹丸装药以及火工品中的唯一药剂。当时的火工品是由纸管中散装的黑火药构成的，叫作引火烛，用软纸包细粉黑火药搓成的小纸绳（叫做引火线）来引燃。有的用铁棒灼热火嘴引燃；火嘴上放有少量黑火药被引燃而产生火焰，火焰通过传火孔点燃枪筒中的黑火药。到了 18 世纪中期，有人开始用金属筒代替纸作引火烛；同时引火线又有了新的发展，即用搓成的软麻绳浸透硝酸钾饱和溶液，然后再涂黑火药的方法制造。

化学的发展也促进了火工品的发展。1776 年，法国化学家伯托勒发现氯酸盐与可燃剂混合，易受冲击而爆炸。1779 年，加瓦特制得雷汞，这是第一种撞击感度较高的起爆药。从此，雷汞逐渐代替了点火用火工品中的黑火药。1807 年，福沙依特用氯酸钾、硫、炭的混合物来引燃发射药，这种混合物称为击发药。1831 年，又出现了雷汞、氯酸钾、硫化锑混合的击发药。起初将片状或粒状的击发药放于两张蜡纸之间黏合，然后安放于手射武器的发射机构中，由撞机冲击而发火。这样使用既不方便又不安全。1914 年，美国首先用铁盂代替蜡纸。1917 年，英国人爱格采用压有击发药的铜盂，这种火工品称为火帽。击发药和火帽的出现对促进武器的迅速发展具有重要意义。1890 年，出现了爆轰成长期最短的氮化铅，但由于制造中会生成危险结晶，所以直到 1907 年才用于雷管装药。1910 年，发现了撞击感度较大的特屈拉辛。

1914 年,又制成了火焰感度最好的斯蒂芬酸铅。各种新起爆药的不断涌现和性能的不断改善,为火工品改善性能和增加品种提供了十分有利的条件。

19 世纪前半期,在火炮中,还采用过对摩擦敏感的药剂和摩擦装置做成火工品,人们称它为拉发火管。1897 年,有人将撞击发火的枪弹火帽装入传火管中,在火炮上使用。人们把这种传火管称为撞击传火管,后来又叫作底火。

长期以来,黑火药也是唯一的延期药,可是它有易吸潮、气体产物多、延期时间不准等缺点。1929 年,出现了硅和铅丹混合的延期药。第二次世界大战时期,英、美等国对延期药进行了广泛的研究,研制了无气体和微气体延期药。

1831 年,毕克福在索状织物内松装黑火药,用以传火,这种传火件叫作导火索,从 19 世纪中期开始广泛用于爆破工程。19 世纪末到 20 世纪初,法国、意大利、德国、瑞典等国又将各种猛炸药装入金属和非金属管壳内,制成了传爆的索状物,称为导爆索。这为大量的炸药包同时起爆创造了条件。1864 年,诺贝尔将雷汞装入铜管中,获得了良好的爆炸效果,人们称它为雷管。雷管的出现使武器的战斗部结构和性能的改进大大地向前迈进了一步。

19 世纪初,法国人徐洛制造出利用电流使火药发火的电火工品。1830 年,美国在纽约港工程中爆破巨大的岩崖时,使用的就是电火工品。20 世纪初,电火工品开始用于海军炮和要塞炮中。当时,它是火工品中既安全又可靠的一种。但是,随着电力工业和无线电技术的发展,不断出现电火工品早炸的问题。早在 1934 年,美国、德国就有人研究过静电对火炸药的危害。

导弹、飞船上雷达系统输出的功率不断增加,一般电火工品很容易被这种高功率雷达和高频率发射系统的电磁场引爆。美国军械部自 1952 年开始注意射频引起早炸的问题。美国海军武器实验室在 20 世纪 50 年代就开始集中大量人力和物力对射频问题进行研究。它拥有三个电磁辐射对军械的危害问题的实验基地,专职人员就有 100 人左右。1961 年,召开了第一次会议,许多单位发表了不少关于防射频、防静电的新型电起爆装置的设计和研究论文。其他国家也在这方面进行了大量工作。

布登和约夫在《固体中的快速反应》中,曾介绍了 20 世纪 50 年代氙灯光引爆起爆药的研究,但没有用于火工品。60 年代出现了激光新技术,人们及时地利用了激光来对各种火、炸药进行研究。利用激光能量来引爆装有炸药的火工品叫激光雷管,用来引燃装有烟火剂、推进剂的叫激光爆管,统称激光起爆器。激光起爆、引燃装置多用于导弹和宇航技术上。其优点是:防静电和防射频能力比电起爆、引燃装置高,多发爆炸的同步性好,并且作用前便于测试检查。

用含有起爆药的火工品起爆炸药是近百年来的传统起爆技术。目前,现役引信火工品仍以装有起爆药的传统敏感型火工品为主。近年来,采用高新技术研制和发展的火工品在小型化、钝感化和提高安全可靠性等方面有了新的突破,出现了一批新型火工品和新起爆技术,主要有爆炸桥丝雷管和冲击片雷管及其起爆技术、爆炸逻辑网络技术、半导体桥起爆技术,激光起爆技术,微波起爆技术、高能电子束起爆技术、光电和粒子束起爆技术,等等,对传统的火工品和起爆方法提出了严峻的挑战。

二、火工品的用途

(一)军事用途

火工品在军事上的应用极为广泛,主要用来点火和起爆。可以说,任何一种武器,不管是常规的,还是尖端的,都要靠火工品点火才能发射,靠火工品起爆才能使其战斗部发挥效能。除了点火和起爆之外,火工品在军事上常用来完成延期、曳光、抛射(宣传弹、照明弹等)等任务。随着军事技术的发展,火工品还用来进行分离、切割、接力、气体发生、瞬时热量供给、遥测和遥控开关闭合、座舱弹射等各种工作。

现在以某反坦克增程火箭弹(见图 9-1)为例,来说明火工品在弹丸发射和爆炸中的重要作用。

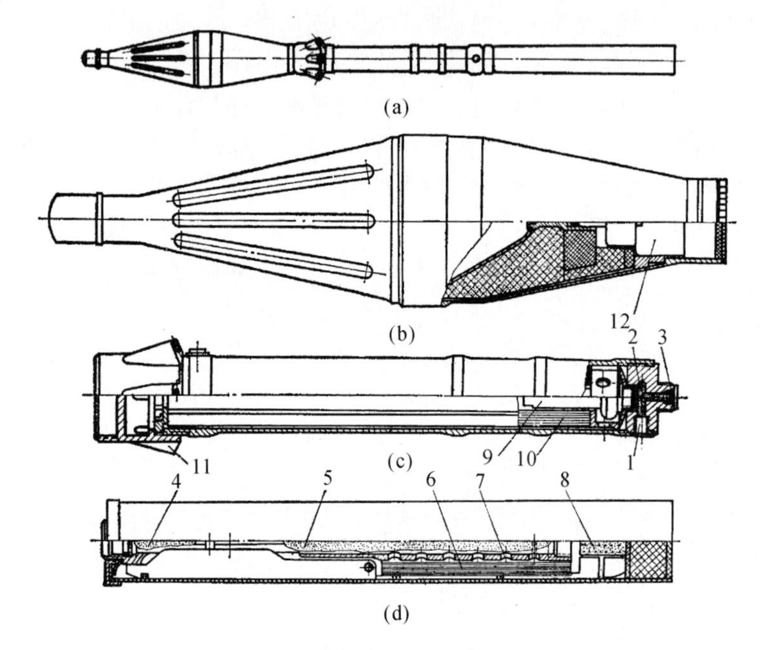

图 9-1 反坦克增程火箭弹

(a)总体示意图;(b)战斗部;(c)增程发动机;(d)起飞发动机

1—底火;2—散装传火药;3—闭气盖;4、5—引燃点火药包;6—传火孔;

7—双基发射药;8—曳光剂;9—惯性点火具;10—增程发射药;11—喷管;12—引信底部

(1)发射。底火 1 击发后,点燃了"丁"字形传火孔中散装传火药 2。火药气体冲开闭气盖 3,引燃点火药包 4,5,又通过传火孔 6 点燃双基发射药 7,同时点燃曳光剂 8。

(2)增程。惯性点火具在火箭弹发射后飞行 10 m 以上的距离时点燃增程药,气体由喷管喷出,产生增程推动力。惯性点火具的结构如图 9-2 所示,其作用如下所述。点火具中的火帽 1 在惯性作用下压缩弹簧 2,与击针 3 相撞而被刺燃。其火焰经击针旁边的传火孔将引燃药 4 和延期药 5 点燃,然后再引燃点火药盒 6 中的扩燃药 7,而将增程药点燃。

(3)战斗部爆炸。火箭发射时,引信的惯性保险解除。同时,引信[见图 9-3(a)]的侧火帽 1 受惯性作用与击针 2 相撞发火,经传火孔将保险延期药 3 点燃。保险药燃完后,引信处于待发状态[见图 9-3(b)],即滑块 5 在滑块簧 4 作用下滑到位,使电雷管 6 与导爆药柱 7 对正。引信碰击目标时,其中的电雷管在压电陶瓷所产生的电压作用下起爆,依次引爆导爆药柱 7、传爆药柱 8,乃至战斗部主装药柱。

上面谈到的三个传火系列和一个传爆系列中,除双基发射药、增程药和战斗部中的主副装药外,其余都属于火工品的范围。由此可见,军用火工品种类繁多,作用十分重要。虽然看它们体积很小、结构简单，但缺一不可，只要有一个不能正常作用，就会贻误战机，或者造成早炸而使我方蒙受无谓的牺牲。

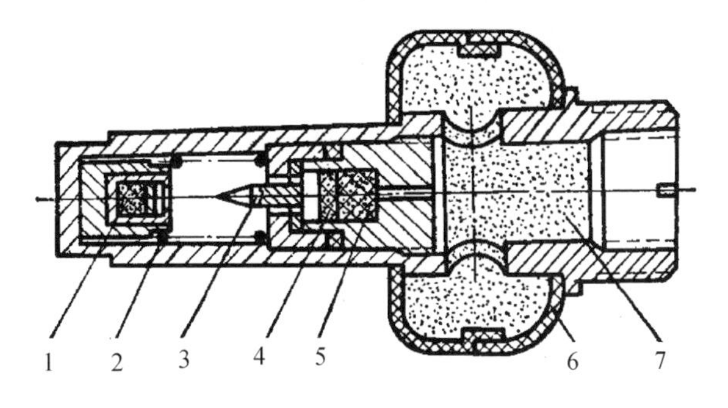

图 9-2　惯性点火具

1—火帽；2—弹簧；3—击针；4—引燃药；5—延期药；6—点火药盒；7—扩燃药

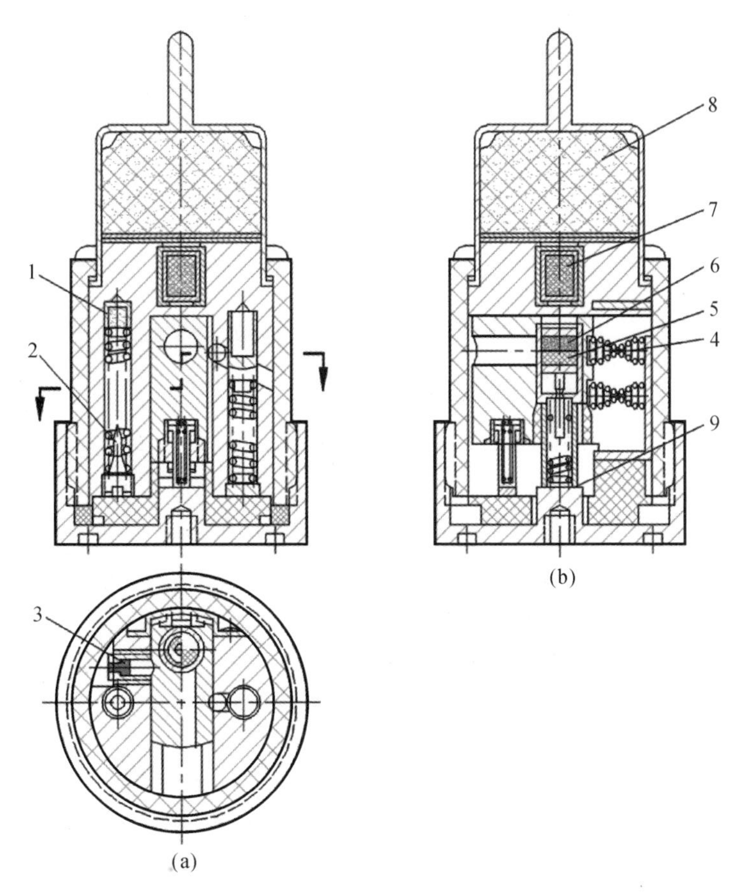

图 9-3　反坦克火箭增程弹配用引信底部

(a)平时保险状态；(b)待发状态

1—侧火帽；2—击针；3—保险延期药；4—弹簧；5—滑块；

6—电雷管；7—导爆药柱；8—传爆药柱；9—导电帽

(二)民用方面

火工品是石油开发、矿山开采、开山筑坝、填沟修路、炸礁建港、爆炸成型、切割钢板、合成金刚石、沙漠沉杆、航空救生等工作中不可缺少的元件和装置。现代化的爆破工程日益增多,为满足大规模的全断面一次爆破或毫秒分段爆破以及各种特殊爆破需要,研制出延期由十几毫秒至数百毫秒的各种毫秒雷管、防水雷管、低阻桥丝抗杂散电流电雷管、薄膜电雷管、导电药雷管、无起爆药雷管、耐高温高压雷管以及各种用途的导爆管、导火索等等。

在各种爆破工程中,火工品质量的好坏,不仅关系到爆破能否引起,更主要的是关系到整个爆破过程能否按照人们的意志进行。比如,雷管的延期时间不准,防射频抗静电性能不好,深井采油雷管耐高温高压不够等,不仅不能得到预期的效果,相反还可能导致巨大的危害。所以,在一定意义上讲,工程爆破的效果取决于起爆的雷管和其他火工品的质量。

三、火工品的分类

火工品种类繁多,功能不一,有各种不同的分类方法,主要有按输入的性质和输出的性质两种分类方法。按输入的性质可分为针刺、撞击、火焰、电能、光能、冲击波等类别;按输出的性质,可分为引燃火工品(火帽、底火、引火头、点火具、导火索)、引爆火工品(雷管、导爆管、传爆管)、时间类火工品(延期管、时间药盘)和其他火工品(曳光管、抛放弹、气体发生器)等四大类。

本书主要讲述引燃和引爆的火工品,为便于叙述,以上两种分类方法在书中是并用的。

四、火工品的设计要求

尽管火工品的种类很多,技术指标也各不相同,但从火工品的实用性出发,设计时应满足以下要求。

(一)合适的感度

火工品对输入外界能量响应的敏感程度称为火工品的感度。要求合适的感度即设计时要求一定的感度下限和一定的感度上限。要求一定的感度下限是为了保证火工品在制造、运输、储存及勤务处理过程中的安全性;而要求一定的感度上限则是为了保证使用时的作用可靠性。如果感度过大,危险性就大,不容易保证安全;相反,如果感度过小,则要求大的输入冲能,会给配套使用造成困难。

(二)适当的威力

火工品输出能量的大小称为火工品的威力。火工品的威力是根据使用要求提出的,过大、过小都不利于使用。如引信引爆系统中的雷管,威力过小就不能引爆导爆药、传爆药,降低了引信可靠性;而威力过大,不仅会使引信的保险机构失去作用,降低了引信的安全性,而且会增大保险机构的尺寸,给引信设计增加困难。又如,用于点燃时间药盘的火帽,其输出火焰威力的过大或过小,都会影响时间药剂的燃速,引起作用时间散布,从而使延期时间的设计要求难以满足。

(三)长贮安定性

火工品在一定条件下长期储存,不发生变化与失效的功能称火工品的长贮安定性。安定性取决于火工品中火工药剂各成分及相互之间,以及药剂与其他金属、非金属之间,在一定温度和湿度条件下是否发生化学反应和物理变化。长期储存中外界的温度、湿度经常会发生变化，如果产品的安定性不好，就易产生变质或失效。一般军用火工品规定储存期约为15年，在储存期内要求火工品保证性能稳定。

（四）适应环境的能力

火工品在制造、使用过程中将遇到各种环境因素的作用。首先，火工品适用环境广泛，包括高空、深海、寒区和热区，光照条件、气温、气压变化范围大。其次，不仅静电危害存在，随着电子设备在战场上的大量使用，射频、杂散电流等意外电能作用也日益增多，还有战场条件下的高热、高冲击和大功率射频等。另外，火工品在制造、运输、使用过程中会经常发生震动、磕碰、跌落等机械作用。

火工品易受环境力的诱发，不仅会因产生性能衰变而失效，还可能被敏化而导致意外引发，从而影响产品的作用可靠性和安全可靠性。因此，设计中要采取诸如全密封、静电泄放和防射频等措施，以保证火工品具有较强的抵抗外界诱发作用的能力。

（五）小型化

火工品是功能相对独立的元器件，但又是武器系统的配套件。随着引信的小型化，火工品结构的尺寸设计应贯彻小型化原则，并注意与武器系统的尺寸、结构相匹配。

第二节　常用火工品

一、雷管

雷管是在较小外界刺激激发后输出爆轰能量（冲击波、炽热粒子、碎片等高温高压气体产物）的起爆炸药的管状火工品。雷管在弹药爆炸系列和爆破装置中用作起爆元件，或利用其输出能量直接引爆猛炸药，或作为动力源火工品使用。激发雷管的外界刺激作用包括火帽发出的火焰、击针撞击及电能等。

雷管种类繁多，按用途分为引信、爆破和特种雷管；根据输出能量不同，可分为电雷管和非电雷管。电雷管又可分为火花式、中间式和电桥式电雷管。非电雷管包括针刺、拉发延期、火焰、化学和激光雷管等。为了满足特殊要求，已发展了一些特殊用途的雷管，如耐高温、高压雷管，防射频、防静电及防雷电的三防雷管等。

雷管一般为管状结构，由管壳、加强帽、装药、发火件等构成。管壳材料为金属或纸。装药一般为三层：第一层是高感度的发火药；第二层是中间装药；第三层是输出装药，多用黑索今、泰安、奥克托今等猛炸药，以保证雷管的起爆能力。

导弹武器系统中常用雷管类型包括火焰雷管、针刺雷管、电雷管、激光雷管等。下面介绍导弹弹头使用的几种主要类型的雷管。

（一）火焰雷管与针刺雷管

火焰雷管和针刺雷管的构造大同小异，一般均由雷管壳、加强帽和药剂（起爆药和猛炸药）三部分组成，如图9－4和图9－5所示，不同的是加强帽结构与起爆药的种类。其中绸垫的作用是使药剂不外露。加强帽一般为铝质材料，其作用是保护起爆药免受外界作用，并阻止起爆药被引燃后爆炸气体的外逸，以改善雷管的起爆能力。雷管壳一般选用坚固性及与雷管中炸药相容性较好的镍铜合金或铝合金。其作用为承受炸药在燃烧或爆轰时产生的气体压力，避免雷管过早破裂引起炸药气体泄漏、雷管不完全爆炸及弹丸(战斗部)早炸。雷管装药包括起爆药和猛炸药,装药性质及装药量决定了雷管质量的好坏。起爆药用于起爆猛炸药,装于雷管上部,其上放很薄一层对火焰较敏感的三硝基间苯二酚铅或一层针刺药,以增加起爆药的火焰感度或针刺感度。起爆药常用氮化铅,其原因是氮化铅爆轰成长快,极限起爆药量少,从而使雷管体积小、起爆能力强。猛炸药装于雷管下部,保证雷管中猛炸药发生稳定爆轰以产生最大的爆炸威力。猛炸药多采用爆轰波感度大的特屈儿、黑索今和泰安等。

火焰雷管由具有一定能力的外界火焰激发(火焰可由机械点火具、电点火具或导火索等产生)。针刺雷管由击针撞击,使击发药发火击发。

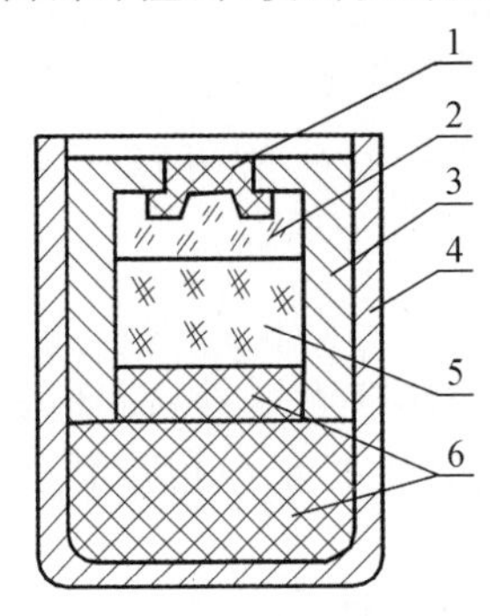

图 9-4 火焰雷管

1—绸垫;2—THPC;3—加强帽;4—雷管壳;5—叠氮化铅;6—钝化黑索今

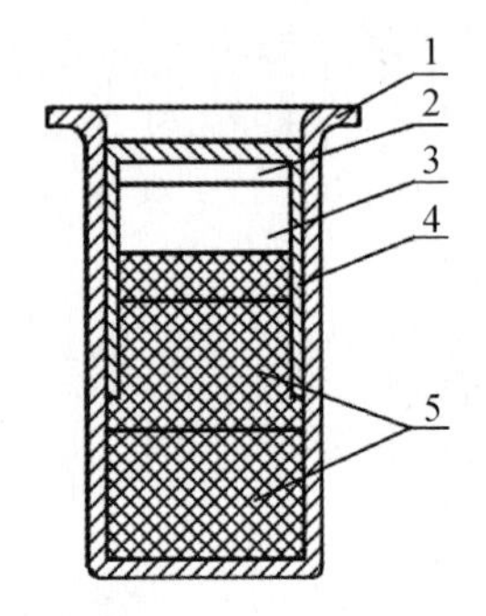

图 9-5 针刺雷管

1—管壳;2—针刺药;3—叠氮化铅;4—加强帽;5—钝化黑索今

(二)电雷管

电雷管是用各种形式的电能作为输入激发能的雷管。由电能作为激发能源,把电能转换成爆轰能输出,用来起爆炸药装药(传爆药柱等)。其作用原理类似于上述火焰雷管和针刺雷管。

按电能的作用形式,电雷管可分为桥丝式电雷管、火花式电雷管、金属膜式电雷管和导电药电雷管等。按作用时间,可分为微秒电雷管、毫秒电雷管、延期电雷管(延期时间为 0.5～10 s)。按作用条件,可分为防水的和不防水的,正常感度的和低感度的,抗静电的、耐热性强的等多种电雷管。其特点是准确度高,可远距离控制,作用时间可靠,并联使用时的同步性较好。

1.火花式电雷管

火花式电雷管是利用高电压在两极间产生的火花放电作为输入激发能的电雷管。如图 9-6 所示,火花式电雷管由管壳、电极、电极塞、加强帽、铝箔、装药底帽、起爆药和猛炸药等组成,铝箔的作用与要求同管壳。一般认为火花式电雷管的发火过程为:当高电压(如 2 kV 以上)加在两金属电极间时,两电极间的起爆药介质中形成火花放电,即产生高温、高压的电火花,火花放电形成的电火花使起爆药引爆。

其特点是:发火电压高,使用较安全;作用时间短,同步性较好。

2.桥丝式电雷管

桥丝式电雷管是由细电阻丝做成桥丝将电能转变为热能作为输入激发能的电雷管。因为它性能稳定,易于控制,且事先可以检查,所以应用广泛。

桥丝式电雷管通常由管壳、加强帽、电极、塑料电极塞、镍铬合金桥丝、起爆药、猛炸药等组成，其结构如图 9－7 所示。从图中可以看出，桥丝式电雷管在结构上与火花式电雷管的重要区别在于两电极之间的桥丝。

电流通入电雷管，桥丝加热升温，使其周围的薄层起爆炸药温度上升到发火点，经过一段延滞期后引爆起爆药。

微秒电雷管的桥丝选用电阻率较大、直径较小的镍铬丝，起爆药选用感度高、爆轰成长快、粒度小、密度高的结晶氮化铅。

战斗部主要选用微秒电雷管，其优点是作用时间短，多雷管并联使用时的同步性较好。

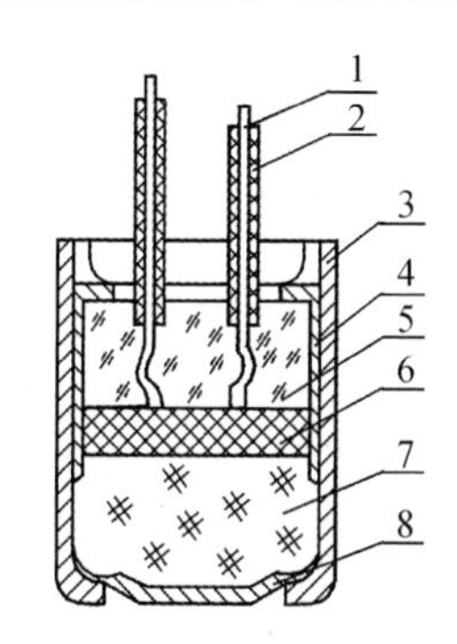

图 9－6　火花式电雷管结构示意图

1—电极；2—绝缘套；3—管壳；4—加强帽；5—电极塞；6—起爆药；7—猛炸药；8—铝箔

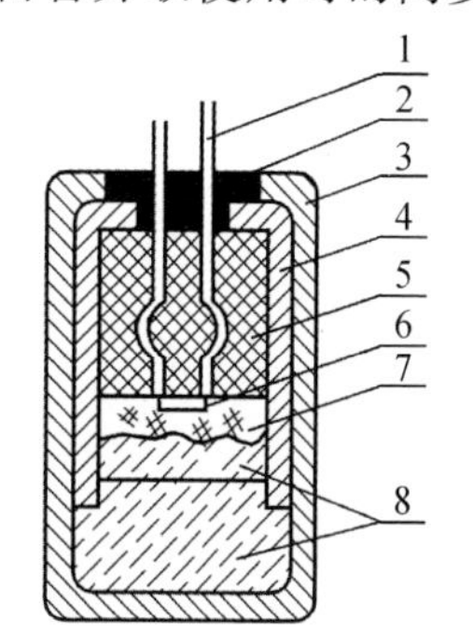

图 9－7　桥丝式电雷管结构示意图

1—电极；2—固化胶；3—管壳；4—加强帽；5—电极塞；6—桥丝；7—起爆药；8—猛炸药

3. 爆炸桥丝电雷管

爆炸桥丝电雷管(Exploding Bridgewire Detonator)，简称 EBW 雷管，是一种高能无起爆药电雷管，是爆炸导体直接起爆猛炸药理论的第一实践。它利用强电流通过桥丝时，桥丝汽化产生的冲击波作为激发能。

爆炸桥丝电雷管的结构与桥丝式电雷管相似，如图 9－8 所示，但不装起爆药，只装比较敏感的猛炸药，如泰安、黑索今等。桥丝用易于汽化的金属(如金、银、铝、铁、铂)制成。

当强大电流通过金属桥丝后，在大约 10^{-7} s 时间内，金属丝汽化，形成高温、高压气体，向外膨胀形成冲击波。桥丝附近的炸药受到冲击波和高温等离子体的作用产生爆炸。

其特点是：抗射频、抗静电的能力较强，发火能量较大。

4. 金属膜式电雷管

金属膜式电雷管又称薄膜式电雷管，是以导电薄膜构成电桥的电雷管。导电膜的工作原理与桥丝式电雷管中的电阻丝相同。金属膜式电雷管由壳体、加强帽、塑料塞、导电薄膜、起爆药、猛炸药组成(见图 9－9)。导电薄膜可用真空蒸发、电镀、沉淀或涂覆等方法制成，薄膜两端用导线连接即形成电桥。

导电材料多采用镍铬合金或石墨。其特点是：感度高，可在小于 10^{-4} J 的能量下 100％发火；作用时间短；抗静电干扰性能差。

在压电引信在大着角(＞60°时)激发能量低的情况下，金属膜式电雷管可确保引信发火。

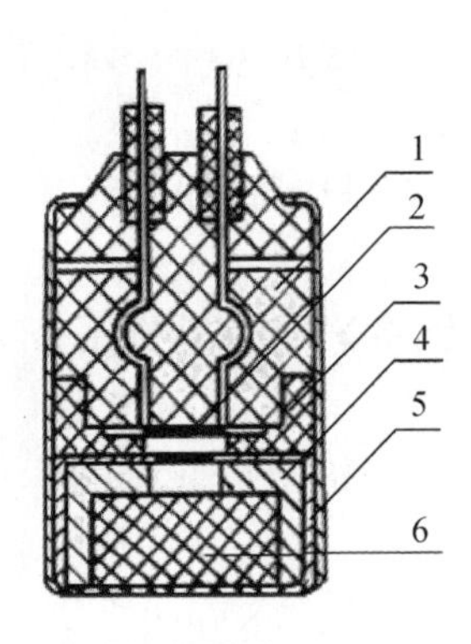

图 9-8　爆炸桥丝电雷管

1—电极塞；2—桥丝；3—衬垫；
4—剪切垫；5—管壳；6—猛炸药

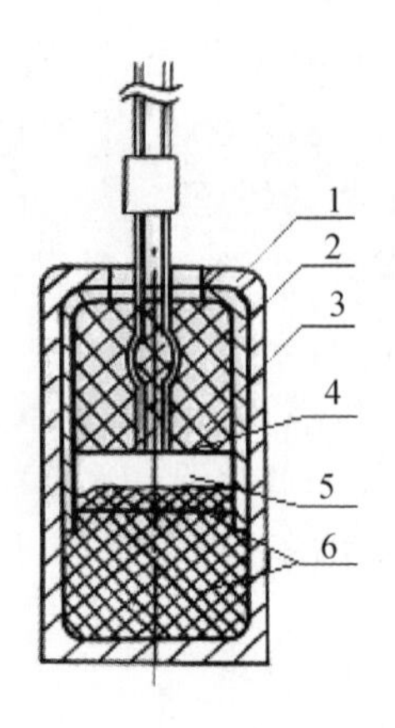

图 9-9　金属膜式电雷管

1—管壳；2—加强帽；3—电极塞；
4—导电薄膜；5—起爆药；6—猛炸药

(三)其他雷管

1. 半导体桥雷管

半导体桥(SCB)火工品是指以特殊半导体材料作为火工品电桥的一类新型产品。采用微电子技术中的互补型金属氧化物半导体(CMOS)工艺，在零点几毫米厚的蓝宝石或硅基片上的外延层扩散生成 n 型掺杂(磷)硅或多晶硅层，再经掩膜光刻形成“H”形半导体桥，然后再覆盖铝焊接区，用于焊接引线至陶瓷塞上的脚线上。典型桥体积为 7.6×10^{-8} cm^3，是镍铬桥丝的 1/35，尺寸为 100 μm×380 μm×2 μm，在一块 ϕ50 mm 左右的基片上可以同时制造出几百个。

常温下半导体桥电阻为 1 Ω 左右，但它的电阻是负温度系数。当给 SCB 通电时，电阻随温度上升而减小，使通过电桥的电流急剧增加，电桥汽化，并在几微秒内形成等离子体。SCB 主要的起爆机理是热等离子体贯穿装药，形成能量微对流机理，即等离子体透入炸药，将冷凝热传递给装药，引爆起爆药、烟火药和炸药。引爆所需能量很低，通常为 1～3 mJ，作用时间短；同时，由于半导体桥是薄片状结构，所以散热快，安全电流大。

由于用 CMOS 工艺制作，SCB 与集成电路相容，可以与计算机控制的数字逻辑电路连接。半导体桥爆炸装置也可以用光导纤维控制，输入编码的光信号，利用光电能量转换原理，设计成半导体桥光电阵列一体化火工品。

把 SCB 与穿芯电容器、微电路固态开关、数字逻辑电路等先进技术结合起来，可设计成一系列性能优越的半导体桥火工品，如半导体桥雷管、高精度延伸电雷管、快速电点火器、推冲器等。图 9-10 是一个带有编码信号控制的半导体桥雷管，美国桑迪亚研究所称之为灵巧装置，它把 SCB、炸药、可控硅(SCR)开关、电源、逻辑电路和定时电路等全部包含在 ϕ25 mm×25 mm的壳体中。

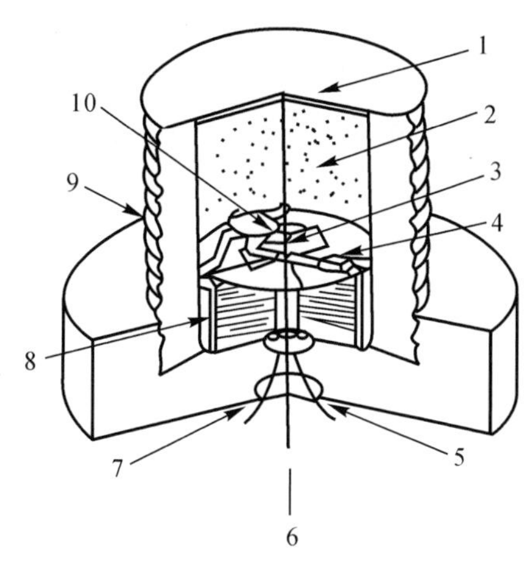

图 9-10　带有编码信号控制的半导体桥雷管

1—密封圈；2—炸药装药；3—半导体桥；4—电阻；5—光或电编码电压信号输入；
6—负极；7—电源输出正极；8—电容器；9—管壳；10—可控硅开关

2.冲击片雷管

冲击片雷管，或称爆炸箔起爆器(Exploding Foil Initiator)，是新一代高能无起爆药电雷管，是典型的高技术火工品。其结构如图 9-11 所示，包括桥箔(通常为厚约数微米的铜箔)、飞片(51～76 μm 厚的聚酰亚胺膜)、加速膛(带中心孔，厚约 76 μm 的绝缘片)、反射片和钝感炸药柱等。该雷管的特点是桥箔与炸药被飞片和加速膛完全隔离，可直接引爆非常钝感的高密度(接近结晶密度)的炸药，如六硝基芪炸药(HNS)。作用时，需给桥箔施加一个快速、高压大电流脉冲，桥箔被汽化并加热至等离子态。等离子体膨胀剪切并驱动飞片穿过加速膛，被加速的飞片撞击炸药柱，从炸药柱端面传入一个冲击波。当冲击波能量超过炸药的起爆阈值时，药柱爆轰。目前，最高水平的冲击片雷管的起爆能量可以低至 0.3 J 左右。

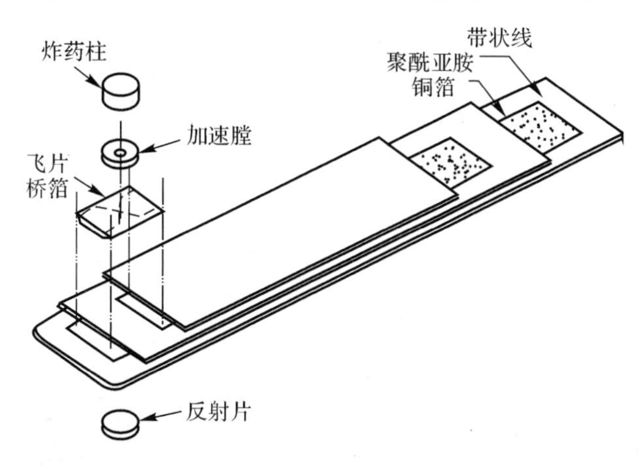

图 9-11　冲击片雷管结构

冲击片雷管得以实现的关键之一是能供给其起爆能量的高能起爆装置。高能起爆装置中包括发火电容器、能量馈线、火花隙开关、升压变压器及控制电路等。一般把高能起爆装置与冲击片雷管合在一起，称为爆炸箔起爆系统(Exploding Foil Initiation System，EFIS)。为满足现代武器的适用要求，爆炸箔起爆系统的研究、设计和生产中大量应用了现代科学技术的最新成果。例如，发火电容器、火花隙开关、能量馈线等均为高技术产品。又如，采用电格尼能模型可以对放电回路及冲击起爆过程进行数字仿真，以确定最佳的设计参数；使用先进的β逆散射仪器或X射线荧光方法对爆炸箔的厚度等进行精确的检测和控制；冲击片雷管的生产、起爆电路性能的测定都采用了计算机控制的自动化系统等。

爆炸箔起爆器突出的优点是有着固有的高安全性，表现在：

(1)发火使用高能量电脉冲，环境危害源不可能产生这种脉冲；

(2)采用低电感线路，降低了电磁脉冲感度；

(3)飞片以短持续时间(10 ns)、高压力(0.1 MPa)的机械冲击直接起爆炸药，现有环境很难产生这种冲击；

(4)不使用起爆药，不用松装的炸药，只使用 MIL-STD-1316D 中引信直列式爆炸序列许用的高密度钝感炸药，具有极高的耐冲击振动能力，能满足侵彻战斗部的坚固性要求；

(5)使用了耐高温炸药，可在高温下使用，而且炸药与桥箔不接触，长贮性能优于 EBW，环境适应性好。

所有这些固有安全性在核武器应用中已得到证实。此外，爆炸箔起爆器的优越性还表现在：

(1)瞬发度高，作用时间可小于 1 μs；

(2)时间精度高，能满足各种战术应用要求(包括常规弹药)，尤其适用于多点起爆系统，其作用同时性偏差小于 2 ns；

(3)具有非常窄的发火/不发火转变区域，起爆阈值重现性好；

(4)爆炸序列元件少，并易于采用冗余系统，可靠性高；

(5)尺寸安排灵活：冲击片雷管的尺寸可以做得极小，其纵向尺寸不大于 3 mm，虽然发火系统所占体积较大，但可以放在引信的边角部位，特别适用于体积较大而轴向尺寸紧张的引信。

这种先进起爆系统改变了传统引信火工品的概念，可使引信取消隔爆机构。对于近炸引信，尤其定向引信，EFIS 是一种较理想的起爆系统，可以极大地提高武器系统的安全性、可靠性和服役寿命，适用于各种导弹、灵巧弹药、智能弹药等高技术武器系统。

二、其他常用火工品

(一)导爆索

导爆索是装有猛炸药传输爆轰能量的一种线状火工品，常用雷管起爆。

导爆索由内部装填的猛炸药及表皮组成。表皮为数层棉线、麻线或玻璃丝，其外面有一层聚氯乙烯薄膜或防湿剂，直径为 5～6 mm。内部装填的猛炸药一般为泰安、黑索今、奥克托今、特屈儿与黑索今或雷汞的混合物。爆速在 6 500 m/s 以上，有的高达 9 000 m/s。当受摩擦、撞击或燃烧时，导爆索都可能被引爆。

导爆索用于传递能量，引爆药柱，可用于同时引爆多个装药，还可用于延时。

(二)切割索

切割索是应用聚能原理制成的线状切割器材，其结构示意如图 9－12 所示。

切割索的外表面是薄铝管或塑料管，内装小型楔形药型罩与炸药，长度根据需要而定。外壳通常采用柔性软管，以便使用时可以按需要进行弯曲。

当切割索内部的装药起爆后，产生爆轰波作用于楔形药型罩，形成速度很高的金属射流。金属射流具有很强的定向切割能力，可用于切割战斗部壳体。

图 9-12　切割索结构示意图

（三）爆炸螺栓

爆炸螺栓是由装于内部的炸药爆炸而断开或分离的连接螺栓。依靠螺栓的爆炸分离，可将两个原来连接在一起的组件分开。爆炸螺栓的外形与普通螺栓相似。按能源可以分为以炸药为能源的爆炸螺栓和以火药为能源的爆炸螺栓。前者做功能力较大，螺栓爆炸后易形成破片；后者做功能力较小，一般不形成破片。按分离方式爆炸螺栓可分为炸断式爆炸螺栓和剪断销式爆炸螺栓。

典型炸断式爆炸螺栓如图 9-13(a)所示，内腔装电点火头和炸药，通过导管与外部控制电路连接。螺栓外部靠近装药部分有一圈环形凹槽，形成薄弱环节，炸药爆炸时在此断裂，被连接件分离。如图 9-13(b)所示，剪断销式爆炸螺栓的内筒和外筒体由销子连接，当内腔炸药爆炸时，内筒和外筒相对运动将销子剪断，被连接件分离。

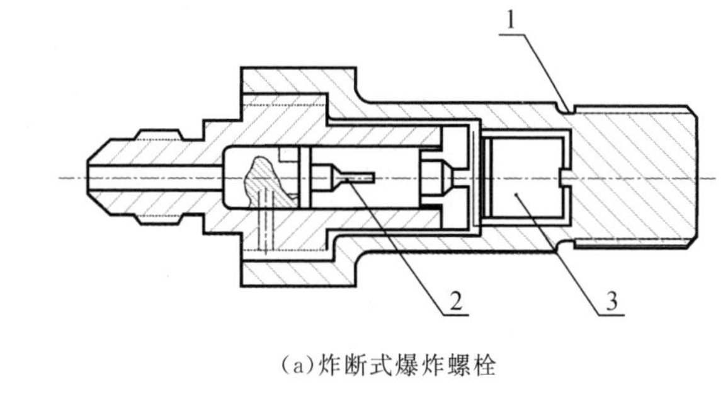

(a)炸断式爆炸螺栓

1—凹槽；2—点火头；3—炸药

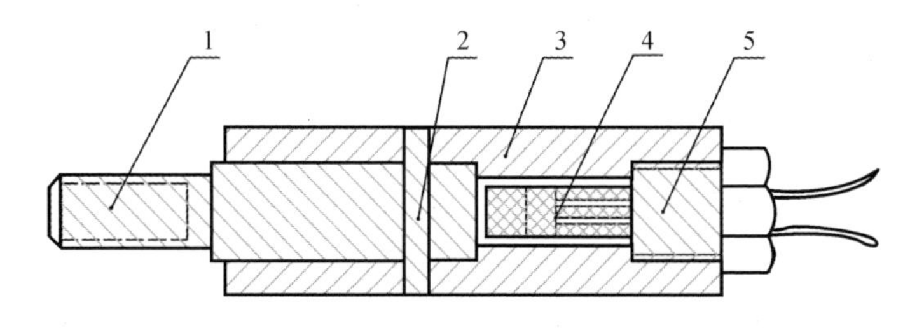

(b)剪断销式爆炸螺栓

1—螺栓杆；2—销子；3—本体；4—电爆管；5—塞子

图 9-13　爆炸螺栓的结构图

爆炸螺栓的质量轻，作用可靠，用途广泛。除了用于导弹弹头与弹体分离之外，还广泛应用于导弹和多级火箭的级间分离以及宇宙飞行器对接舱段的分离等。

(四)爆炸开关

爆炸开关是利用爆炸产物作动力启动或关闭各种机械或电开关的动力源火工品。通常根据需要,可以设计为两对、三对或多对接点的开关。

当开关内装的点火头及装药爆炸时,产生的高压气体推动开关内的运动构件,使开关的相应接点接通。开关作用时,要求结构不能破坏,对外界其他构件不产生影响。

爆炸开关常用于航天飞行器及导弹武器系统中,如接通特殊气路的爆炸阀门、接通控制电路的爆炸开关等。

(五)点火具

点火具是一种受激发后可点燃火药、发射药或烟火药剂的点火器具。它一般由发火机构、点火药、扩燃药和管壳组成,广泛应用于导弹等多种武器上,完成程序点火、传火序列的点火及液体燃料的点火等功能。

点火具按激发方式,可分为电点火具和惯性点火具等。其中,电点火具是导弹武器上使用较多的一种。电点火具中有引火头,根据其发火部分的结构而分为桥丝式、火花式和中间式三种,常用的是桥丝式的。它的优点是结构简单、使用方便。桥丝式点火具由电引火头和点火药组成。根据它们的相对位置关系,又可分为以下两类。

(1)整体式:将点火药与电引火头做成一个整体的点火装置,如图 9-14 所示。

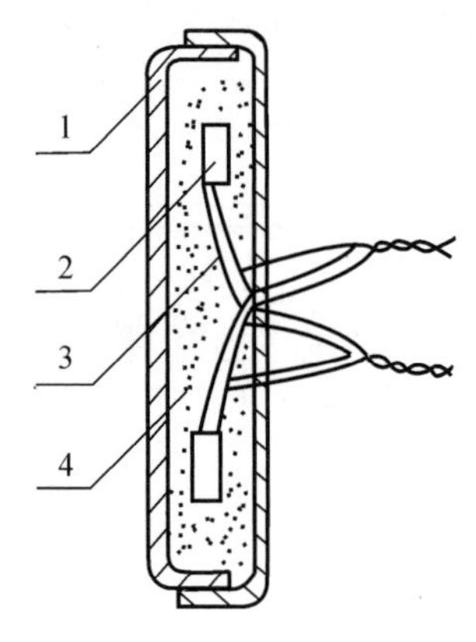

图 9-14　整体式点火具

1—点火药盒;2—引火头;3—导线;4—点火药

整体式点火具是将引火头放在点火药盒内,将导线引出,与电源相接。为了保证点火的可靠性,一般都采用两个或两个以上并联的电引火头。这种点火具的优点是结构简单、点火延迟时间较短等。

(2)分装式:点火药与电引火头不做成一体而分别安装的点火装置。这样做具有如下优点:

1)安全性好。引火头和点火药可以分别储存和运输。

2)使用方便。出现损坏需要更换其中个别零件时,不需拆卸整个装置,也不致使整个装置报废。

(六)传爆管

传爆管是安装在雷管与主装药之间,用以增强主装药等的输入能量,保证主装药可靠、完全起爆的传爆元件。如果传爆管仍不足以使装药量大的战斗部主装药迅速达到爆轰，则需在主装药中设置辅助传爆管。传爆管应满足下列要求：冲击波感度等于或稍高于主装药；输出能量大；药柱能经受高惯性力的冲击，在无保险装置条件下使用安全。常用的传爆药剂有钝化黑索今混合炸药、钝化泰安混合炸药、聚黑混合炸药、聚奥混合炸药等。

（七）电发火管

电发火管是传火系列或传爆系列的始发元件，它是一种最简单的电点火器材，由点火药、两根导线和高电阻率细金属丝的灼热电桥构成，靠电流释放的热量引爆。

电发火管可单独使用，或在电火帽、电雷管中作始发元件。

（八）火帽

火帽是在撞击、针刺、摩擦等作用下产生火焰的炸药元件。它的作用是将机械冲量转化为热冲量——火焰，点燃延期药、时间药盘或火焰雷管等。

火帽按激发方式可分为以下几种。

（1）撞击火帽：由撞针撞击而发火。

（2）针刺火帽：由击针刺穿火帽盖片（或加强帽）引起火帽装药发火。

（3）摩擦火帽：由摩擦生热而发火。

（4）压空火帽：由空气绝热压缩升温而发火。

（5）碰炸火帽：由引信头部碰撞变形挤压发火。

思考与练习题

1. 火工品设计时应满足哪些要求？

2. 火花式电雷管、爆炸桥丝电雷管和冲击片雷管的作用机理分别是什么？

第十章　炸药、火工品安全使用与管理

第一节　炸药、火工品静电防护

一、静电产生和人体静电

(一)静电的产生

静电现象是十分普遍的电现象。用胶木梳子梳头时可能听到轻微的放电声;脱下毛衣或化纤衣服时除可能听到放电声外,在黑暗的地方还可能看到放电的闪光;穿塑料底鞋行走在地毯上的人与地毯以外的人或物接触时可能发生放电,给人以电击的感觉;等等。这些现象都是生活中常见的静电现象。静电产生的方式很多,主要的是以下三种。

1.摩擦起电

接触摩擦使物体带上静电称为摩擦起电。摩擦起电的机理为:两种不同的物质接触,当其距离小于 25×10^{-8} cm 时,由于物质的电子逸出功不同,就会出现电子转移。逸出功小者失去电子带正电,逸出功大者带负电。摩擦的作用会增加两种物质的接触机会和面积,增加电子转移的数量,从而产生比单独接触情况下更为显著的静电。

2.感应起电

静电感应是指导体(包括人体)在外电场力的作用下,发生电荷重新分布的现象。例如,一个在野外作业的导弹发射车上,当其上端靠近带电云层时,在外电场力作用下的导弹靠近云层的一端带正电荷(若云层电荷为负),而远离云层的一端带负电荷。由于两种符号的电荷数量相等、符号相反,云层过后,它仍然保持电中性。人体也是导体,在外电场作用下,也会因感应带电。这种感应带电能够引爆敏感的起爆药和桥丝式电雷管。

3.剥离起电

两个接触非常紧密的物体,在外力作用下突然分开称为剥离。剥离会导致物体产生静电。因剥离而使物体带电的现象称为剥离带电。例如,人快速脱掉上衣或将盖在绝缘台上的塑料布突然揭掉,将会产生高达 7.5～15.8 kV 的静电压。由于剥离起电速率非常快,产生的静电电压很高,因而可以引燃和引爆火炸药和电火工品。

(二)人体的静电

人体是一个良导体,当人体与大地用绝缘物(穿绝缘鞋或绝缘地面)隔离后,人体对地就变成了一个电容器。摩擦、剥离、感应等作用产生的静电荷在电容器上积累。另外,人体静电又会通过鞋子泄漏到大地中去。当起电量超过泄漏量时,人体就会带较高的静电电位。

1.人体静电的产生

摩擦起电是人体带电的主要原因之一。人体摩擦起电包括人在地面上行走时鞋子与地面摩擦带电,人体和装备间的摩擦带电,人体突然从塑料软皮椅上站起来,衣服和塑料之间的摩擦起电,衣服与肌体之间的摩擦带电,脱毛衣或化纤袜子时的摩擦带电,等等。人体带电量的大小不仅与人体活动情况有关,还与人体电阻、人体电容及环境的温湿度等多种因素有关。

感应带电与接触传导带电是人体起电的另一个主要原因。一个身带高电位的人或物体与正在操作者接近或接触,就会因感应或传导使操作者带上高电位的静电,构成静电事故隐患。

2.人体的静电特性

(1)人体电阻

人体自身的电阻具有相当宽的变化范围,为 25 Ω～10 MΩ。静态条件下,人体电阻一般在 500～5 000 Ω 的范围内。因为人体各部分电阻率不同,所以各部分的电阻也不相同。

人体电阻是人体的静电放电特性和抗静电电压能力的决定因素。

(2)人体电容

人体电容是指人体对地的电容。在工厂生产条件下,人体电容在 50～5 000 pF 之间。静态条件下,人体电容在 80～1 600 pF 范围内;动态(如行走)条件下,人体电容在 50～600 pF 的范围内。

(三)静电对炸药、火工品的危害

由于炸药、起爆药是极容易产生静电的活性材料,加上这些药剂的最小点火能为微焦耳级,远小于一般情况下人体的静电贮能(25 μJ～1 mJ),因此,静电放电的火花能量能引燃或引爆雷管等火工品,形成爆炸事故,造成重大的经济损失。

在炸药、火工品的作业过程中,主要有两种静电源:一是前面讲述的人体活动起电,二是物质之间的摩擦起电。这两种静电源都能通过传导、静电感应等方式导致炸药、火工品带上静电。不存在放电回路时,储存在炸药或雷管等火工品中的静电能量能保持很长的时间而缓慢地释放,不会发生爆炸。但当存在放电回路时,就会引起火工品爆炸。例如,人体接触带有静电的火工品时,构成放电回路,火工品静电将通过人体向大地泄漏,此时有可能引爆雷管。因此,在炸药、火工品的作业过程中,要对静电源进行全面分析,在此基础上,认真做好静电的防护工作,避免意外爆炸事故的发生。

二、静电安全防护

为了使炸药、火工品操作在静电电位很低或无静电产生的环境下进行,必须采取严密的静电安全防护措施。无静电产生的环境实际上是不可能实现的,因此,只能尽量设法限制静电的产生,使静电量保持在安全水平以下,以确保炸药、火工品作业过程的安全。

静电防护措施大致分为两类:一是泄漏法,使静电电荷尽快地流散和泄漏,避免静电电荷的积累;二是中和法,以相反符号的电荷中和带电体上的静电电荷,达到消除静电的目的。具体来说,有以下几种方法。

(一)静电接地

所谓静电接地是用接地的方法提供一条静电电荷泄漏的通道。实际上,静电的产生和泄漏是并行的,静电荷的积累量就是静电产生量和泄漏量之差。因为静电产生速率是一个随机变量,它随时间可以很缓慢地变化,也可能急剧变化,所以,静电接地方法是确保火工品操作安全的一种有效的静电防护措施。

接地的目的不同,要求也不相同。火工品的电阻大多在 10^{13} Ω 量级,其上的静电荷不容易通过简单的接地线导走。对防静电,接地电阻的大小需视具体情况而定,不能一概而论。因此,对火工品,防静电接地电阻一般要求控制在 $10^4 \sim 10^6$ Ω 之间。

(二)增加空气湿度

通过增加环境中空气的相对湿度来消除静电,防止静电危害,仍是目前火工品生产及使用中普遍采用的简单易行而又有效的一种方法。相对湿度,是指空气中水气饱和程度。空气中水分含量的增加使操作对象容易吸附一定量水分,从而降低其表面电阻率。从静电产生和积累规律可知,表面电阻率低的物体不容易产生静电、积累静电。所以,增加空气相对湿度的目的在于提高带电体本身的电导率,以利于静电泄漏到大地。

还应指出的是,静电积累不但与空气相对湿度有关,还与空气的绝对湿度(即水气含量)有关。在同一相对湿度下,低温时绝对湿度低,静电就容易产生和积累。

(三)控制温度

在相对湿度一定的情况下,不同的温度对应的绝对湿度不同。温度低时,绝对湿度小;温度高时,绝对湿度大。另外,当温度低于 18℃时,人体皮肤僵冷,容易起电。从防静电方面考虑,环境温度宜控制在 20℃±5℃范围内。

(四)减少人体对地电阻

人体电阻是影响人体静电积累和泄漏的主要因素,所以减少人体对地电阻是静电防护的有效方法之一。人体对地电阻包括人手到脚的电阻、鞋袜电阻及地板电阻的总和。操作人员身穿棉布工作服,脚穿导电工作袜和导电工作鞋,操作场地面铺设导电地板等措施,都能降低人体对地电阻,加速静电电荷的泄漏,防止静电危害。

(五)控制人体对地电容

人体所带的静电饱和电荷量及泄漏速率都与对地电容有关。人体对地的电容与人体的姿势有关。人体站立时,人体对地电容有 60%以上是人的脚底对地的电容,40%以下是人体其他部分对地的电容。人体单脚站立和双脚站立,对地电容是不同的。实验研究得出,单脚站立时人体对地电容约为 110 pF,双脚站立时对地电容约为 170 pF。根据静电学理论,在人体带电量一定且未泄漏的情况下,人体对地电容越小,人体对地电位就越高。因此,增大人体对地电容有利于预防静电危害。在操作火工品时,动作要稳健,双脚站立,这对静电防护是有益的。

(六)减少起电速率

人体的饱和静电电位随起电速率增加而增大。一般情况下,操作者工作速度快、动作幅度大时,起电速率高,人体所带的静电电位也高;反之,操作速度慢、动作幅度小时,起电速率低,人体所带电位也低。因此,在弹头装配过程中,操作人员要谨慎、细心,动作要缓和,不要剧烈摩擦任何物体。

（七）防止静电感应

预防感应起电的措施是：严格按有关规定控制操作人员的数量，参观人员应采取预防静电的措施。

三、静电安全管理

静电管理包括三个方面的内容：①调查分析静电源，测量静电产生的状态；②研究和采用消除或防止静电产生的方法；③采用安全系统工程综合评价静电灾害防护的效果。

（一）调查分析静电源，测量静电电压

从静电防护的角度来讲，首先根据火工品工作环境的静电安全限值，确定最大静电电压允许值。调查分析工作环境中各种可能的起电部位的静电积累和泄漏情况，找出所有可能的静电源。

静电测量最主要的是静电电位测量。静电电位基本上反映了物体的带电程度，是衡量静电安全程度的重要参数。测量静电电位时，应该注意测量条件要满足仪器使用说明所规定的测量条件，例如间接式测量仪表的距离等，还要对仪器进行定期标定，使其始终保持良好的测量精度。

静电测量的另一个重要方面是对测量结果进行评价。评价内容包括工作场所一切静电源静电电位测量结果的准确性及可信度，评述易产生静电部件及其积累泄漏过程，提出可能导致静电灾害性事故的静电源清单。

（二）研究和采用消除静电的方法

静电的产生和积累与多种因素有关，所以对消除和防止静电发生的措施不能机械照搬，要根据具体情况，合理选择。只有这样，才能有效地达到消除静电、防止静电危害的目的。

静电安全管理的另一个重要方面是加强对操作人员进行静电防护知识的教育，使他们了解静电产生和积累的一般规律、静电的危害、消除和防护静电的基本方法和静电安全管理的基本规程，使操作人员自觉遵守静电防护的有关规定，这对预防静电事故是至关重要的。

（三）静电安全评价

静电防护的目的在于，在一定条件下，采取各种预防静电产生和积累的措施，使工作环境的静电电位保持在安全限值之下，防止静电灾害的发生。为了达到这一目的，必须以安全系统工程对静电防护系统进行评价。

静电防护评价是一项技术复杂、工作量大的工作。首先要了解火工品抗静电特性，调查分析可能产生的静电部位；然后确定需要采用什么样的静电防护措施，对静电防护效果进行跟踪调查；最后估计出整个静电防护系统的静电防护效率。

第二节　炸药、火工品的储存和运输

一、炸药、火工品的保管与储存

炸药和火工品在长期储存中，要发生一定的物理变化和化学变化。这些变化的速度随外界变化条件不同而不同。若外界条件如热、湿气、光的直接作用和雨雪的侵袭等，能促使变化加速，则它们就可能在短期内变质。物理变化过程中包括药剂的吸湿（如黑火药等）、重结晶、渗油（如梯恩梯）等。化学变化过程主要是包括火工品本身的分解变化，药剂与壳体之间的作用，药剂与大气中氧的化学反应，壳体与空气中水蒸气、氧、二氧化碳或其他有害气体之间的化学反应，微生物的作用，等等。

对炸药来说，温度每升高 10 ℃，化学反应的速度要增加 3～4 倍；而有水蒸汽存在时，H_2O 也可以促使或参与反应。因此，在储存中应避免高的温度和湿度。温度一般夏季不超过 35℃（以 20～30℃为宜），冬天不低于－15℃。为什么低温也不行呢？这是由于热胀冷缩的作用会使壳与药之间或其他各部分之间的接触变化，从而影响性能。

由于炸药和火工品须经常入库、出库，这也存在一定的不安全因素。据此，一般把储存库分为三类。

(1)工序周转库（暂存库）是满足工序间的成品和半成品的日周转用，存放的数量比较少，一般设在火工生产的工房内，其最大储存量不超过 4 h 生产需要量。

(2)车间转手库是车间用来短期储存火炸药、火工品的成品和半成品的库房。在火工品生产中库内储存的火炸药、火工品不超过 5 d 生产用量。

(3)工厂总仓库是工厂用来较长期储存待运的火炸药、火工品等的库房。总仓库是设置在独立的危险品总仓库区。

炸药、火工品的种类很多，其性质也各不相同，各种危险品均宜单独品种专库存放，但若因客观条件限制需要混放时，应遵循以下基本原则：

(1)易燃物不能和易燃物存放在一起。

(2)敏感度大的产品不能和敏感度小的产品存放在一起。

(3)在物理化学性质上能互相发生作用的不能存放在一起。

(4)失去了原有安定性的火炸药、火工品不能和合格品存放在一起。

(5)各种单独的火炸药、各种火工品不能存放在一起。

(6)各种单独的起爆器材，不能与各种爆破器存放在一起。

另外，还要注意日常储存保管中的安全，要求仓库的保管人员了解火工品、火炸药等产品的性能。库房要有严格的保管制度，无关人员不可随便出入库房。凡进入仓库的人员，不准穿有钉子的鞋或携带易燃、易爆品。在遇有雷电时，不能出、入库。

凡是修理仓库时，库内储存物品应全部搬到其他库内，并应在搬运前、后将库内药粉、积药清理干净。如修理门窗等小件，可将门窗拿到库外安全地点修理（在拆卸门、窗前，应将其附近的药粉清理干净），或采取安全措施后进行。仓库周围不准有枯草和易燃物，以防起火，危及库房安全。在库区内不准任意设置电器设备和线路。

库内不要漏雨、积水，不准有鼠蛇洞穴和有害虫类。仓库应通风良好，保持干燥，仓库室温应根据储存产品性能要求作出相应规定。不准在库房内进行敲、打操作，不应在库房内拖、拉包装箱。如需要开封、打包和取样，应将箱移至土围墙外进行。

库内储存物品的堆放应遵循便于检查、通风流畅、搬运方便和堆放稳固的原则。因此，堆垛下面应有一定高度的枕木，堆垛高度一般不应超过 2 m。雷管的堆放高度不得超过 1.6 m。堆垛不宜过大，要有适当间隔。堆垛之间的距离不得小于 700 mm，与墙的距离保持在 600 mm，与门口一面墙的距离不得小于 1.5 m。

要定期检查储存的物品，并进行有关的检验试验和分析。

二、炸药、火工品的运输安全

在运输工作的装、运、卸等作业中，不可避免地要发生振动、撞击、摩擦，甚至产生火花等现象，因此要十分注意运输工作中的安全，必须符合如下有关的安全要求。

(1)在工厂铁路线上运输火药、炸药、火工品的车皮与机车之间应有一节非危险车皮隔离。

(2)在公路上运输危险品时，应根据产品的危险程度选用安全可靠的运输车辆，宜用汽车运输，不宜采用三轮车和畜力车运输，禁止采用翻斗车和各种挂车运输。汽车载重量不得超过定额重量。装车高度超出车箱栏杆部分不得高于产品箱高的三分之一。

(3)机动车辆不应直接进入火工品生产工房，宜在建筑物门前不小于 2.5 m 处进行装卸作业。当建筑物内有较大火炸药粉尘或散发易燃液体蒸气时，宜在建筑物门前不小于 5 m 处进行装卸作业。

(4)人工提送起爆药、针刺药、击发药、拉火药等危险品时，应设专用人行道路，其路面应平整，不宜设置台阶，不宜与机动车行驶的道路交叉，坡度不宜大于 6%。运火工品，特别是运可能产生浮药的产品(废品)的人力车，其可能接触地面的部位，应包以软质材料。

(5)同车运输两种以上危险品，必须符合上述不同产品混放原则和有关分组规定。不同组的危险品不能同车运输。准许共同运输的爆炸物见表 10－1。

表 10－1　准许共同运输的爆炸物

	胶质炸药	硝胺炸药	猛炸药	黑火药	雷管	导爆索	导火索
胶质炸药	+	−	−	−	−	−	−
硝胺炸药	−	+	+	−	−	−	+
猛炸药	−	+	+	−	−	−	+
黑火药	−	−	−	+	−	−	+
雷管	−	−	−	−	+	−	+
导爆索	−	−	−	−	+	+	+
导火索	−	+	+	+	+	+	+

注：+代表可共同运输，−代表不可共同运输。

(6)运输危险品的车辆，出车前必须经过检查，车上插有红旗，夜间行车应打开车前、后的红色信号灯，中途不得随意停车，车速不应超过规定，两车间相距适当距离，并不准超车、追车。车上应有押运人员，无关人员不准乘车。

第三节　炸药、火工品销毁安全

在战争年代或在生产、储存、运输及试验过程中，都会产生火工品、烟火药、弹药(含特种弹)及引信的废品、过期品及次品。特别是用于武器弹药的火炸药都有一定的储存和使用寿命，其储存、使用的安全性和可靠性都有可能发生巨变，成为废弃的火炸药，即称之为过期和报废的火炸药。因为废弃火炸药仍具有燃烧和爆炸的特征，而且大部分火炸药都具有毒性，所以废弃火炸药是危害较大的污染源，不经处理或处理不当，都会严重危及人的生命和污染环境。一般的军事大国每年有数千吨至数万吨的废弃火炸药积累下来，若不能妥善处理这些危险品，将会给社会和环境带来严重的后果。

一、销毁场的选择

销毁场地点宜选择在生产区以外，防止日常销毁时产生的噪声及偶然事故对生产区的影响。

销毁场应选择在偏僻地带，且有天然屏障或隐蔽地区，如山沟、丘陵、盆地、河滩等。销毁场以不带石块土质为宜，应防止石块伤人及引燃物质造成火灾。

销毁场应选择在空旷、交通便利的地方，且周围没有重要建筑物和茂密的森林等易燃地带，禁止利用山洞、密封的容器进行大量炸药的烧毁，否则极易导致炸药转化为爆轰。

销毁场地面积可根据当地具体条件确定。炸毁场直径不小于 300 m，烧毁场直径不小于 100 m。销毁场外应有 30 m 防火区。炸毁场最好是在有自然屏障遮挡处，无自然屏障可利用时，宜在场地周围设置防护土堤。

炸毁场边缘距铁路、公路、高压线、工厂、村庄及其他建筑物距离应不小于 1 500 m，且不应设在机场航线下方。

销毁场周围应设置围墙，使无关人员不致轻易进入，防止发生意外。

销毁场应规定有明确的联络信号，如鸣笛、高架红旗等，必要时设警戒岗。

一般工厂销毁场应设有警卫、收发室、生活间、爆炸物良品库、废品周转库、销毁场地等。

场内设置人体掩体和点火元件、起爆元件的掩体，掩体之间距离应不小于 30 m，其位置应在常年主导风向的上方向。出入口应背向销毁场地，距离不小于 50 m，且应保证掩体的牢固性，故应采用钢筋混凝土结构，一旦发生爆炸事故，不致危及人身安全。

爆炸场地布置如图 10 - 1 所示。

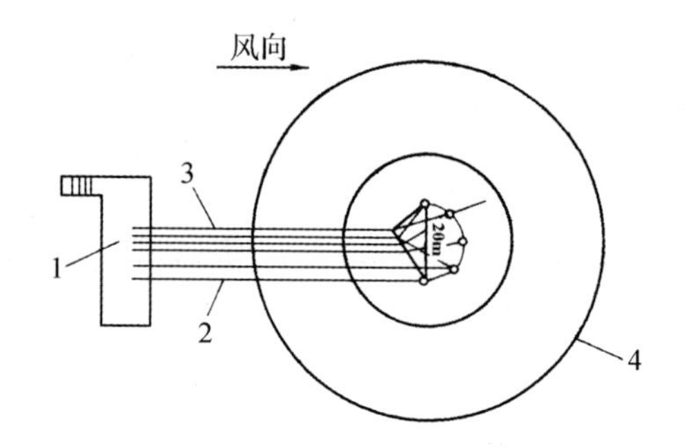

图 10 - 1　爆炸法销毁场平面布置示意图

1—地下掩体；2—电源子线；3—电源母线；4—场地平面图

二、销毁方法

对于过期火炸药的处理，各军事大国早在 20 世纪 50 年代初就开始了多方面的探索研究，并取得了一些研究成果。归纳起来，主要有以下四种处理方法。

(一)爆炸销毁法

爆炸销毁法又称炸毁法。它适用于销毁猛炸药、起爆药、炸药压制品、废火工品等，但在销毁前应进行分类(按感度不同)，如猛炸药与起爆药分开，炸药及弹药同雷管分开等。对于感度大的物品还应进行钝化处理，如起爆药用机油钝化。

在销毁雷管时，将其扎捆好，起爆初始部分外部盖少量猛炸药，雷管放在中间，且雷管应放在事先挖好的土坑或沙坑内。每次销毁以不大于 1 kg 为宜，视场地条件而定。同时进行多堆炸毁时，最好采用电起爆方法。

在选用导火索引爆法时，绝对不能用速燃导火索，其长度由燃速及人员掩体远近而定。注意将导火索固定好，防止火星过早引入废品堆。

在进行点火起爆前，管好电源、发爆机及火源。在现场要有安全员实施监督及指挥，为保证作用可靠，可采用两套起爆序列。

(二)燃烧销毁法

燃烧销毁法(简称烧毁法)通常应用于感度不高的药剂和点火器材以及包装、污染药剂的材料，如各种散状猛炸药、梯恩梯、黑索今、泰安、烟火药、装烟火药器材。另外，浸油废起爆药、击发药、点火药、火帽、底火、导火索、点火具、电发火头、拉火管、传火管及 37 mm 以下小口径引信，均可用烧毁法销毁。在具体实施中应分类进行。

在实施中，应在地上先挖 1 m 深坑，下面放引火柴，上面放待销毁的废品。

烧毁实施应在干燥天气进行，引火柴大小，应以中途不需添加燃料为原则。

在烧毁散状药时应先用机油浸透，铺成条厚约为 2 mm，宽为 1～20 mm。当同时销毁两条废药时，条间的距离不小于 5 m。当需第二次铺药销毁时，绝对禁止在原销毁线倒药，因地温较高不易冷却，易于发生意外伤亡事故。在铺药条时，应顺着风向铺设，避免断火。点火时应逆风间接点火，先点燃引火物，不准直接点燃待销毁的炸药，防止发生废品在人员进入掩体前着火而发生意外，如图 10－2 所示。

机油浸透药剂的作用是：①钝化药剂，尤其是起爆药，可以大大降低其机械感度、静电感度及热感度，保证操作者安全；②机油钝化药剂后，不易燃烧转爆轰；③炸药采用机油钝化后，在销毁场不易被风吹散，使烧毁更彻底，不留隐患。

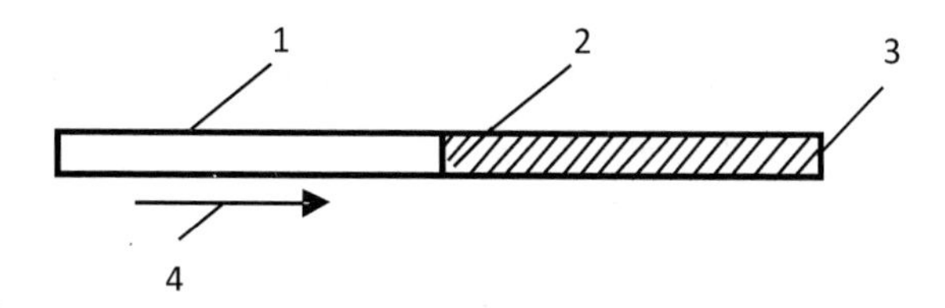

图 10－2　烧毁法示意图

1—处理废药；2—点火路；3—点火处；4—风向

在点火时，切忌直接点燃废品，而通过缓燃物经 2 m 以上长度燃烧再点燃废品。

销毁时的注意事项：

(1)必须有严格的安全操作方案及制度。

(2)销毁时至少有 2 人在场，无关人员不要在销毁现场，在点火时 1 人实施为好。

(3)销毁工作程序：先报告批准，按实施方案准备点火及起爆器材，先布置好警戒再具体实施，点火及起爆由现场指挥负责发出指令，进入清理现场和撤出也由指挥发出。

(4)残、废、次品搬动按运输规定执行。

(5)夜间、大雨、大雪、大风、大雾天都不准销毁。

(三)沉浸法及溶解法

对于感度大、燃烧速度快、容易转化为爆炸的火炸药,如黑火药、传爆药等,不适合用燃烧法处理,而应采用浸泡法、化学法等方法处理。例如,黑火药可以用水将硝酸钾溶出,再将木炭及硫磺烧掉。

对不耐水的炸药、火工药剂、烟火药剂,可沉入河、海中进行沉浸。用沉浸法在江河、湖、海中销毁爆炸品时,必须经过当地公安机关批准。

(四)化学销毁法

根据被销毁炸药的化学性质,使其与酸、碱或盐水溶液反应而失去爆炸性能。化学销毁法适用于少量废药、浮药、含炸药废溶液,下水道中沉积废药,管道及窗口上浮药及维修、通风回收和设施土建中的浮药。它不适用于压制品、大量药剂,因为其销毁不彻底,甚至还会发生爆炸。

在化学销毁炸药时,几乎都是放热反应。当一次投入销毁液中废药量较大时,反应放热来不及散失,会引起炸药爆炸。常用化学销毁方法见表10-2。

表10-2 常用炸药化学销毁法

炸药名称	销毁液及销毁方法	备　注
雷　汞	用浓度为25%的硫代硫酸钠处理,还可用硫化钠溶液、氢氧化钠溶液、盐酸、硝酸处理	禁用硫酸,因与浓硫酸作用会爆炸
四氮烯	沸水煮3 h以上,残渣烧毁	
二硝基重氮酚	用0.5%氢氧化钠溶液或10%~15%硫化钠溶液处理	
三硝基间苯二酚铅	(1)用硝酸处理; (2)溶于40倍量20%氢氧化钠溶液,或100倍20%醋酸铵中,并加入半倍量重铬酸钠和10倍量水溶液	禁止用固体氢氧化钠直接进行销毁
叠氮化铅	(1)用10%~15%稀硝酸在有良好通风橱内进行分解,加入亚硝酸钠时使HN_3破坏; (2)溶解在10%醋酸铵溶液中,并另加注10%重铬酸钠(或重铬酸钾)溶液,直至沉淀出铬酸铅为止	禁止用浓硝酸、浓硫酸处理,否则会爆炸。销毁是否彻底可用三氯化铁溶液检查,产生红色时证明存在氮化铅尚未销毁彻底
梯恩梯	用硫化钠或亚硫酸钠处理	
黑索今	用20倍的5%氢氧化钠溶液进行处理	
特屈儿	将炸药缓慢加入13%硫化钠溶液中,并进行搅拌	
泰　安	溶于丙酮中,再烧毁	

(五)其他方法

在环境保护法规的要求下,传统的处理过期火炸药的方法逐渐被废止,需要由环境污染小的方法取而代之。由于废弃火炸药还是一种含能量很大的材料,所以各国处理过期火炸药的研究不仅仅立足于保护环境,还把过期火炸药作为一种可利用的资源加以回收利用,从而一举两得。从目前的资料看,针对环境保护和资源回收利用这两点,人们已经研究出了多种处理过期火炸药的方法,总的来看可以分成三大类,即物理方法、化学方法、生物方法。

1.物理方法

该方法通过一些物理手段(例如机械粉碎、机械压延、溶剂萃取等),使过期火炸药的不安全性降低,并转变成可以再利用的原材料或成品。主要的物理方法如下:

(1)溶剂萃取法。该方法可回收废弃火炸药中的有用物质。早在20世纪50年代初期,美国奥林公司利用适当的溶剂把单基发射药中除了硝化纤维素之外的其他组分萃取出来,使回收的硝化纤维素纯度达到98%～99.5%。据估计,这种硝化纤维素的回收费用仅为制造新硝化纤维素所需费用的1/10。

(2)熔融法。该方法利用废旧火炸药组成中各组分的熔点的不同,将各个组分分离开来。该法典型的应用例子是分离含有TNT和RDX的混合炸药组分,由于TNT的熔点较低,可采用适当的加热方法使混合炸药中的TNT熔融,然后将其与仍呈固态的RDX分离开来。这样既处理了废旧炸药,又回收了有用的物质。

(3)机械压延法。该方法通过加热及采用一定的溶剂浸泡,使过期火炸药软化后,用机械压延的方法可将废旧火炸药重新制成合格的火药成品。在加工中可以加入适量的安定剂,以提高火药成品的安定性。

(4)机械混合法。该方法无论是对于从过期火炸药中分离出来的火炸药组分,还是经过粉碎的过期火炸药本身,都可以通过机械混合的方式,添加进必要的安定剂、调节剂之后,制成各种形式的民用炸药,例如浆状炸药、乳胶炸药、粉状炸药等。而某些安定性仍有一定保证的退役火炸药,通过采用适当的引爆方式,也可以直接用于某些民用爆破场合。将过期火炸药制成民用炸药是变废为宝的一种措施。

2.化学方法

化学方法是指利用一定的反应条件,使过期火炸药发生一定的化学反应,变成安定性较好、对环境危害较小或无危害的产物,从而消除废旧火炸药的不安全隐患。废弃火炸药本身也是一种化学物质,其中含有多种成分,可以利用化学方法加以回收。主要的化学方法如下:

(1)钝感处理方法。由于废旧火炸药属于易燃易爆危险品,对于一些不易从中回收组成成分的过期火炸药以及被火炸药污染的物质,可采用一定的化学方法使之发生分解或降解,变成环境可接受的、危险性较低或无危险性的物质,有的分解或降解产物还可以通过进一步的分离处理,成为有用的化工原材料。国内外研究者们已找出了不少可用来对废旧火炸药进行钝感化处理的方法,其中包括:①用碱(例如氢氧化钠、氨水等)使废旧火炸药发生水解反应,得到能量较低的有机盐和无机盐；②采用熔融盐，例如碱金属或碱土金属的碳酸盐和卤化物，作为热传递物质和反应介质，一方面催化废旧火炸药的分解反应，另一方面中和掉反应产生的酸性气体，形成稳定的盐；③采用超临界水氧化法破坏废旧火炸药，在超临界水的反应条件下，呈溶液状态的废旧火炸药被氧化破坏的百分率可达99.9%，其产物主要是N_2，CO_2，N_2O，硝酸根离子和亚硝酸根离子；④使用紫外线-臭氧和紫外线-过氧化物使废旧火炸药氧化分解；⑤采用热解法破坏废旧火炸药中的不稳定组分，并可分离出较稳定组分（如Al粉），据报道，热解火炸药方法的优点是可以省去研磨火炸药步骤，并可借助于热解产物中的气态还原剂CO和H_2将氮的氧化物还原成N_2，从而有利于保护环境；⑥用硫化物对含有火炸药的沉积物进行还原处理，使其钝感化；⑦用高能电子束或γ射线照射的方法使废旧火炸药钝感化。

(2)制备化工原料。废弃火炸药中含有多种原材料，它们在市场上的售价很高，某些组分的生产也存在诸多的困难，是高耗费的产品。因此，从废弃的火炸药中分离组分再利用，具有一定的经济效益。处理废弃的火炸药，一方面，可以从中分离出硝化棉、硝化甘油、硝基胍、二硝基甲苯、苯二甲酸二丁酯等原料再利用；另一方面，也可以通过化学反应，使其转化为其他化工产品，例如用单基药制备草酸，我国研究者采用硝硫混酸进行反应，使反应的草酸得率达到70%左右。

3. 生物方法

利用生物降解的技术（例如堆肥技术、真菌转变等），使废旧火炸药或含有火炸药的沉积物中发生火炸药分解反应，有的反应产物甚至可以成为有用的肥料，堆肥过程中产生的热也可被用作加热源。

堆肥法是一种受控生物降解废物的技术，它利用热和耐热菌的共同作用来降解有机物，该方法所需的基本材料是耐热菌和含有碳、氮的有机物。火炸药大多是含有碳、氮、氢、氧等元素的有机物质，它们可以作为微生物营养物而被消耗掉。堆肥过程是先把废物混合搅拌，与空气接触，经过一段时间，废物逐步被驯化的好氧微生物分解和氧化，有机物降解为新物质。该物质进一步降解的速率很小，这时的产物就是稳定的堆肥产物，它具有良好的吸水能力和肥力。堆肥过程可在土壤介质中进行，则细菌中真菌和兼性菌种占主导地位。堆肥法可在露天或建筑内进行，可以在土地上进行。

在生物处理方法中采用白腐真菌处理难降解有机物的研究备受关注，这是由于白腐真菌抗污染能力强，具有高度的非特异性和无选择性。白腐菌是一种生于树木或木材上、能引起木质白色腐朽的真菌。近年来的研究表明，白腐菌能够有效降解多种难降解的污染物，其独特的细胞外解毒机制使得它能承受并降解相当高浓度的有毒物质。国外已有将白腐菌引入受TNT污染的土壤中进行生物补救工程的成功范例。

白腐菌降解有机污染物的过程分为细胞内和细胞外两个过程。在细胞内，白腐菌降解有机污染物的活动需要一系列的酶（这些酶不是外界供给的，是靠白腐菌自身供给的）的支持，它在降解污染物之前，细胞内的葡萄糖在分子氧（外界供给）参与下氧化相应底物激活过氧化物酶，从而启动酶的催化循环，同时，合成重要的木质素过氧化物酶。在细胞外，木质素过氧化物酶作为一种高效催化剂参与反应，先形成高活性的酶中间复合物，将化学物质氧化成自由基，继而以链反应方式产生许多不同的自由基，促使底物氧化。在降解过程中，降解对象不需要进入细胞内代谢，微生物不易受到有毒物质的侵害，故对毒性较大的污染物有很强的耐受力。

思考与练习题

1. 消除静电的具体措施有哪些？

2. 销毁炸药、火工品的方法有哪些？

附　　录

一些物质和炸药的生成热(定压,298K)

物质名称	一些物质和炸药的生成热		
	分子式	相对分子质量	生成热(Q_f)/(kJ・mol^{-1})
碳(固体)	C	12	0.0
氢气	H_2	2	0.0
氧气	O_2	32	0.0
氮气	N_2	28	0.0
一氧化碳	CO	28	110.5
二氧化碳	CO_2	44	393.5
水(汽)	H_2O	18	241.8
水(液)	H_2O	18	286.2
过氧化氢	H_2O_2	34	187.9
氨气	NH_3	17	46.2
叠氮化铵	NH_4N_3	60	−79.5
甲烷	CH_4	16	74.9
甲醇	CH_3OH	32	201.2
甲酸	CH_2O_2	46	362.2
氧化亚氮	N_2O	44	−75.3
一氧化氮	NO	30	−90.4
二氧化氮	NO_2	46	−17.2
氢氰酸	HCN	27	−130.5
氰气	C_2N_2	52	−309.2
甲醛	CH_2O	30	115.9
乙炔	C_2H_2	26	−229.7
乙烷	C_2H_6	30	104.6
乙醇	C_2H_5OH	46	235.3
硝基甲烷	CH_3NO_2	61	107.1
硝基胍	$CH_4N_4O_2$	104	75.3
硝酸脲	$CH_5N_3O_4$	123	543.9
硝酸甲胺	$CH_6N_2O_3$	94	242.7
硝酸胍	$CH_6N_4O_3$	122	378.7
硝基乙烷	$C_2H_5NO_2$	75	148.1
硝酸乙烷	$C_2H_5NO_3$	91	141.0
二硝酸乙烷	$C_2H_4N_2O_6$	152	234.3
二硝酸乙二胺	$C_2H_{10}N_4O_6$	186	623.4
硝化甘油	$C_3H_5O_9N_3$	227	346.0
黑索今	$C_3H_6O_6N_6$	222	−76.6

续表

物质名称	一些物质和炸药的生成热		
	分子式	相对分子质量	生成热(Q_f)/($kJ \cdot mol^{-1}$)
奥克托今	$C_4H_8O_8N_8$	296	−75
三叠氮三聚氰	C_3N_{12}	204	−928.8
二硝酸二乙酯	$C_4H_6N_4O_{12}$	302	477.0
二甘醇二硝酸酯	$C_4H_8N_2O_7$	196	415.9
二硝酸二乙酯硝胺	$C_4H_8N_4O_8$	240	324.3
泰安	$C_5H_8N_4O_{12}$	316	514.6
三硝基三氮苯	$C_6N_{12}O_6$	336	−1 138.0
1,2,4-三硝基苯	$C_6H_3N_3O_6$	213	9.6
1,3,5-三硝基苯	$C_6H_3N_3O_6$	213	−51.9
苦味酸	$C_6H_3N_3O_7$	229	223.8
2,4,6-三硝基间苯二酚	$C_6H_3N_3O_8$	245	523.0
2,4,6-三硝基苯胺	$C_6H_4N_4O_6$	228	113.0
硝基苯	$C_6H_5NO_2$	123	25.9
2,3-二硝基苯胺	$C_6H_5N_3O_4$	183	64.9
硝基苯胺	$C_6H_6N_2O_2$	138	66.9
苦味酸铵	$C_6H_6N_4O_7$	246	393.3
硝基甘露糖醇	$C_6H_8N_6O_{18}$	452	636.0
六胺二硝酸盐	$C_6H_{14}N_6O_6$	266.2	407.9
三硝基苯甲醚	$C_7H_5N_3O_7$	243	184.9
四硝基苯甲醚	$C_7H_4N_4O_9$	288	119.2
梯恩梯	$C_7H_5O_6N_3$	227	54.4
特屈儿	$C_7H_5O_8N_5$	287	−38.9
二硝基甲苯	$C_7H_6O_4N_2$	182	28.9
二硝基萘	$C_{10}H_6O_4N_2$	218	−19.2
1,3,8-三硝基萘	$C_{10}H_5O_6N_3$	263	28.0
1,3,6,8-四硝基萘	$C_{10}H_4O_8N_4$	308	−4.2
萘胺	$C_{10}H_9N$	143	87.4
樟脑	$C_{10}H_{16}O$	152	313.4
二乙烯胺基甲酸乙酯	$C_{11}H_{15}O_2N$	193	360.7
二苯胺	$C_{12}H_{11}N$	169	−131.4
二苯脲	$C_{13}H_{12}ON_2$	212	4.2
硝化棉(含 14.1%N)	$C_{20.2}H_{23.6}O_{37.0}N_{10.1}$	999.4	2 092.0 kJ/kg
硝化棉(含 13.45%N)	$C_{21.0}H_{25.4}O_{36.7}N_{9.8}$	999.0	2 460.2 kJ/kg

续表

物质名称	一些物质和炸药的生成热		
	分子式	相对分子质量	生成热(Q_f)/(kJ・mol^{-1})
硝化棉(含 12.74%N)	$C_{21.8}H_{27.2}O_{36.5}N_{9.1}$	1000.2	2 531.3 kJ/kg
硝化棉(含 12.2%N)	$C_{22.5}H_{28.8}O_{36.2}N_{8.7}$	999.8	2 778.2 kJ/kg
硝化棉(含 11.63%N)	$C_{23.2}H_{30.3}O_{35.9}N_{8.3}$	999.3	2 924.6 kJ/kg
硝化棉(含 11.05%N)	$C_{23.9}H_{31.9}O_{35.7}N_{7.9}$	1000.5	3 154.7 kJ/kg
雷汞	$HgC_2O_2N_2$	284.6	−273.6
叠氮化铅	PbN_6	291.3	−468.6
斯蒂酚酸铅	$PbC_6H_3O_9N_3$	468.0	854.0
2,4,6-三硝基氯苯	$C_6H_2O_6N_3Cl$	247.6	−46.4
环氧乙烷(气)	C_3H_6O	58	−92.8
环氧乙烷(液)	C_3H_6O	58	−120.7
丙烷	C_3H_8	44	103.6
丁烷	C_4H_{10}	58	124.3
戊烷	C_5H_{12}	72	145.2
已烷	C_6H_{14}	86	167.4
庚烷	C_7H_{16}	100	190.0
正辛烷	C_8H_{18}	114	220.5
硝酸钾	KNO_3	101.10	494.1
硝酸钠	$NaNO_3$	85.01	467.4
硝酸铵	NH_4NO_3	80.05	365.7
氯酸钾	$KClO_3$	122.55	389.9
氯酸钠	$NaClO_3$	106.45	349.8
高氯酸钾	$KClO_4$	138.55	437.2
高氯酸钠	$NaClO_4$	122.45	389.1
高氯酸铵	NH_4ClO_4	117.50	293.7
三氧化二铝	Al_2O_3	101.96	1 669.8
三氧化二铁	Fe_2O_3	159.68	830.5
四氧化三铁	Fe_3O_4	231.52	1 111.7
三硫化锑	Sb_2S_3	339.40	159.8
氧化镁	MgO	40.31	601.8
石蜡	$C_{18}H_{38}$	254	558

参考文献

［1］ 张国伟，韩勇，荀瑞君. 爆炸作用原理[M]. 北京：国防工业出版社，2006.

［2］ 艾军. 猛炸药概述[J]. 警察技术，2008(5)：61－63.

［3］ 王振宁. 国外近年研制的新型不敏感单质炸药[J]. 含能材料，2003(4)：228.

［4］ TRAN T D，PAGORIA P F，HOFFMAN D M，et al. Characterization of LLM-105 as an IHE boostermaterial[C] // Proceedings of 33rd International Annual Conference of ICT. Karlsruhe，Germany，2002.

［5］ 吴志远，胡双启. 新型钝感高能炸药 LLM-105 国内外研究进展[J]. 化学工程与装备，2008(12)：103－105.

［6］ 张力永. 分子间炸药的研究现状与发展[J]. 机械管理开发，2008(3)：57－58.

［7］ 张宝钚，张庆明，黄风雷. 爆轰物理学[M]. 北京：兵器工业出版社，2009.

［8］ 欧育湘. 炸药学[M]. 北京：北京理工大学出版社，2006.

［9］ 孟宪昌，张俊秀. 爆轰理论基础[M]. 北京：北京理工大学出版社，1988.

［10］ 王宝孝，等. 弹药王国[M]. 北京：兵器工业出版社，1998.

［11］ 刘士杰，等. 火工品[M]. 北京：国防工业出版社，1984.

［12］ 王凯民，温玉全. 军用火工品设计技术[M]. 北京：国防工业出版社，2006.

［13］ 蔡瑞娇. 火工品设计原理[M]. 北京：北京理工大学出版社，1999.

［14］ 洪昌仪. 兵器工业高新技术[M]. 北京：兵器工业出版社，1994.

［15］ 刘伟钦，等. 火工品制造[M]. 北京：国防工业出版社，1981.

［16］ 《炸药理论》编写组. 炸药理论[M]. 北京：国防工业出版社，1982.

［17］ 汪佩兰，李桂茗. 火工与烟火安全技术[M]. 北京：北京理工大学出版社，1996.

［18］ 松全才，杨崇惠，金韶华，等. 炸药理论[M]. 北京：兵器工业出版社，1997.

［19］ 肖忠良，胡双启，吴晓青，等. 火炸药的安全与环保技术[M]. 北京：北京理工大学出版社，2006.

［28］ 中国北方化学工业总公司. 火炸药技术现状与发展[M]. 北京：化学工业出版社，1995.

［21］ 顾国维. 绿色技术及其应用[M]. 上海：同济大学出版社，1999.

［22］ 沈先锋，石运开. 废旧黑索今再生技术研究[J]. 火炸药学报，2000(4)：53－54.

［23］ 张丽华. 过期火炸药的处理与再利用研究[J]. 火炸药学报，1998(1)：47－50.

［24］ 付蓉，樊青青，罗亚田，等. 国内外过期火炸药的处理现状[J]. 辽宁化工，2009(2)：109－112.

［25］ 张世胜，史成军. 起爆药和火工品[M]. 北京：国防工业出版社，1983.

［26］ 郝志坚，王琪，杜世云. 炸药理论[M]. 北京：北京理工大学出版社，2015.

［27］ 张恒志. 火炸药应用技术[M]. 北京：北京理工大学出版社，2010.

［28］ 黄正祥. 聚能装药理论与实践[M]. 北京：北京理工大学出版社，2014.

［29］ 黄正祥，祖旭东. 终点效应[M]. 北京：科学出版社，2014.

［30］ 黄寅生. 炸药理论[M]. 北京：北京理工大学出版社，2016.